Die Unsterblichkeit der Zeit

Paul Davies

Die Unsterblichkeit der Zeit

Die moderne Physik zwischen Rationalität und Gott

Aus dem Englischen
von Wolfgang Rhiel

Scherz

Die Originalausgabe erschien unter dem Titel
«About Time. Einstein's Unfinished Revolution»
bei Simon & Schuster, New York.
Einzig berechtigte Übersetzung
aus dem Englischen von Wolfgang Rhiel

Erste Auflage 1995

Schutzumschlag von Gerhard Noltkämper.

Ich widme dieses Buch meiner Familie,
die lange gelitten hat.
Die Zeit, die ich aufgewendet habe,
es zu schreiben, gehört ihr.

Inhalt

Vorwort

Dies ist das zweite Buch, das ich über die Zeit schreibe. Das erste, das 1974 herauskam, war speziell für Physiker gedacht. Ich hatte immer vor, ein zweites Buch über dieses Thema für einen größeren Leserkreis zu schreiben, aber irgendwie fand ich nie die Zeit dazu. Nun bin ich doch am Ziel.

Das Rätsel Zeit fasziniert die Menschen seit jeher. Die ersten schriftlichen Zeugnisse verraten Verwirrung und Angst über das Wesen der Zeit. Viele griechische Philosophen versuchten, den Begriffen Ewigkeit und Vergänglichkeit Sinn zu geben. Die Zeit steht im Mittelpunkt aller Weltreligionen und war jahrhundertelang Ursprung zahlloser Auseinandersetzungen zwischen den Lehren.

Obwohl die Zeit mit Galilei und Newton als meßbare Größe in die Wissenschaft trat, wurde sie doch erst in diesem Jahrhundert ein eigenständiges Fachgebiet. Vor allem Albert Einstein zeichnet dafür verantwortlich. Die Geschichte der Zeit im 20. Jahrhundert ist ganz überwiegend die Geschichte der Einsteinschen Zeit. Auch wenn ich einige biographische Details angeführt habe, wo dies angebracht war, ist dieses Buch doch keine Biographie von Einstein, denn davon sind schon mehrere seit seinem hundertsten Geburtstag im Jahr 1979 erschienen. Ich hatte auch nicht vor, eine systematische und umfassende Abhandlung über die Zeit zu schreiben. Ich habe vielmehr einige Themen ausgewählt, die ich persönlich besonders aufregend oder geheimnisvoll finde, und sie dazu benutzt, die allgemeinen Grundlagen der Zeit darzustellen, wie wir sie heute verstehen.

Obwohl Einsteins Relativitätstheorie inzwischen fast einhundert Jahre alt ist, sind ihre ungewöhnlichen Voraussagen immer noch weitgehend unbekannt. Der größte Teil des Buchs behandelt zwar die direkteren Folgen der Theorie, ich komme jedoch zu dem allgemeinen Schluß, daß wir die Zeit noch längst nicht restlos begreifen. Einstein hat mit seiner Arbeit unser Verständnis von der Zeit revolutioniert, doch die Folgen sind noch lange nicht ganz aufgearbeitet. Die Relativitätstheorie ist in weiten Bereichen noch ein weißer Fleck auf der Landkarte, und wichtige Fragen, wie die Möglichkeit einer Zeitreise, haben erst in jüngster Zeit Beachtung gefunden. Es gibt auch einige Schwierigkeiten, die auf grundlegende Grenzen der Theorie schließen lassen. Differenzen über das Alter des Universums und Hindernisse, die Einsteinsche Zeit mit der Quantenphysik in Einklang zu bringen, sind zwei der hartnäckigeren Probleme. Noch bedenklicher ist vielleicht, daß die Einsteinsche Zeit ernstlich über Kreuz mit der Zeit ist, wie wir Menschen sie erleben. All das bringt mich zu der Vermutung, daß es an der Zeit ist, Einsteins Gedanken aufzugreifen, aber weiterzugehen. Die herkömmliche Darstellung der Zeit überläßt uns hilflos einem Chaos aus Rätseln und Widersprüchen. Nach meinem Dafürhalten eignet sich die Einsteinsche Zeit nicht, das Universum und unsere Vorstellung von ihm restlos zu erklären.

Ich habe dieses Buch für den wissenschaftlich oder mathematisch nicht vorgebildeten Leser geschrieben. Die Fachsprache ist auf ein Minimum reduziert, desgleichen die Angaben von Zahlen. Es läßt sich jedoch nicht leugnen, daß das Thema kompliziert ist und einige Anforderungen an den Geist stellt. Um die Bürde ein wenig zu erleichtern, habe ich die Figur eines friedlichen fiktiven Skeptikers eingeführt, der von Zeit zu Zeit mögliche Einwände oder Fragen des Lesers äußert.

Viele Menschen haben mir im Lauf der Jahre beim Formulieren meiner Gedanken geholfen. Besonders profitiert habe ich von Gesprächen und Diskussionen mit John Barrow, George Efstathiou, Murray Gell-Mann, Ian Moss, James Hartle, Stephen Hawking, Don Page, Roger Penrose, Frank Tipler, William Unruh und John Wheeler. Andere, deren Arbeiten mich beeinflußt haben, werden im Text erwähnt. Danken muß ich auch meinen Kollegen und Freunden, die viele nützliche Gedanken und Einsichten beigesteuert haben. Zu ihnen gehören Diane Addie, Philip Davies, Susan Davies, Murray Hamilton, Angas Hurst, Andrew Matacz, James McCarthy, Jesper Munch, Graham Nerlich, Stephen Poletti, Peter Szekeres, Jason Twamley und David Wiltshire. Als letzte, aber keineswegs zuletzt, sei Anne-Marie Grisogone genannt, deren kritische Lektüre des Manuskripts und Anregungen zu Diskussionen über das Thema sich als äußerst wertvoll erwiesen haben.

Einführung

Die Unterscheidung zwischen Vergangenheit, Gegenwart und Zukunft ist nur eine Täuschung, wenn auch eine hartnäckige.

Albert Einstein

Jeder Mensch hat Helden gern. Von der griechischen Mythologie bis zur Neuzeit mit ihren Popstars und Sportidolen waren die spektakulären Leistungen einiger immer weit attraktiver als die der Gemeinschaft insgesamt. Die Wissenschaft macht da keine Ausnahme: Aristoteles, Galileo Galilei, Isaac Newton, Charles Darwin ... diese Namen ragen heraus aus der Menge und stehen für Männer, die die Wissenschaft revolutioniert haben. In dieser Auflistung genialer Wissenschaftler verkörpert insbesondere ein Name geistige Brillanz und den Anstoß zum dramatischen Wandel unserer Weltsicht: Albert Einstein. Schon zu Lebzeiten eine Legende, steht Einstein für all das, was die Öffentlichkeit mit wissenschaftlicher Genialität verbindet. Er hatte ein exzentrisches, leicht schlampiges Äußeres, sprach Englisch mit deutschem Akzent, drückte seine Theorien in schwerverständlichen mathematischen Formeln aus und brachte seine revolutionärsten Ideen offenbar fast im Alleingang hervor, indem er ungewöhnliche neue Vorstellungen aus irgendeinem rein theoretischen Bereich nahm und feststellte, daß die Natur sich ihnen entgegenkommenderweise fügte.

Wie alle Legenden enthält auch die vom Wissenschaftler Einstein einiges Wahres. Er war ein Genie, er hat die Wissenschaft revolutioniert, und ein Großteil seiner Arbeit war weitgehend das Ergebnis eigener Bemühungen.

Einstein war vor allem ein Mensch seiner Zeit. Die Physik war um die Jahrhundertwende an einem Scheideweg angelangt. Die Methoden dieser bereits bewährten Disziplin waren erprobt und ihre Leistungen beeindruckend. Nach Meinung einiger begeisterter Physiker näherte sich das ganze Fach einem Zustand der Vollendung. Man konnte glauben, daß Newtons Bewegungsgesetze und sein Gravitationsgesetz, Maxwells Theorie vom Elektromagnetismus, die Hauptsätze der Thermodynamik und eine Handvoll weiterer Grundsätze alle physikalischen Erscheinungen angemessen erklärten. In dieser Hinsicht ähnelte die Physik am Ende des 19. Jahrhunderts der am Ende des 20. Eine alles umfassende, endgültige Theorie – eine einheitliche Feldtheorie – schien im Bereich des Möglichen zu liegen. Dummerweise trübten dann, damals wie heute, einige unerklärliche Geheimnisse die ansonsten glänzende Erfolgsbilanz. Im experimentellen Bereich deutete die Entdeckung der Radioaktivität auf eine energetische Welt innerhalb des Atoms hin, die außerhalb der Gravitation oder des Elektromagnetismus lag. Das gewaltige Alter der Erde, das aus fossilen Funden abgeleitet wurde, war mit keinem der bekannten physikalischen Prozesse in Einklang zu bringen, die zum Beispiel die Sonne scheinen lassen. Und die scharfen Linien in den Gasspektren widersetzten sich allen Erklärungen mittels anschaulicher Atommodelle.

Noch schwerwiegender war, daß Widersprüche in den grundlegenden Theorien selbst wie unsichtbare Riffe nur darauf zu warten schienen, das stolze Schiff der «klassischen» Physik zu versenken. Eine komplette Welttheorie kann nicht aus Teilen entstehen, die nicht richtig zusammenpassen. In dieser Hinsicht irritierten vor allem zwei seltsame Phänomene, und sie erkämpften sich dann auch einen Platz auf der Tagesordnung der Physiker. Das erste betraf die Verschmelzung der Theorie der elektromagnetischen Strahlung mit der Thermodynamik. Beide Bereiche waren für sich genommen äußerst erfolgreich. Maxwells elektromagnetische Gleichungen erklärten sehr elegant, wie elektrische und magnetische Felder ineinandergreifen, und bildeten die theoretische Grundlage für praktische Vorrichtungen wie Elektromotoren und Dynamos. Sie führten außerdem zur richtigen Vorhersage elektromagnetischer Wellen und lieferten eine überzeugende Erklärung der Eigenschaften des Lichts als elektromagnetische Welle. Die Hauptsätze der Thermodynamik waren genauso beeindruckend, erklärten sie doch nicht nur die Wirkungsweise von Wärmekraftmaschinen, Dampfmaschinen und Kühlschränken, sondern auch die Eigenschaften von Gasen und chemischen Reaktionen. Aber sobald man diese beiden großartigen theoretischen Systeme zusammenbrachte, ergab sich ein verheerender Widerspruch. Nach der gängigen Vorstellung war der freie Raum mit einem unsichtbaren Stoff erfüllt, dem sogenannten Äther.

Elektromagnetische Felder wurden als Spannungen oder Verformungen in diesem Medium angesehen. Das Problem bestand nun darin, daß der angenommene Äther eine unbegrenzte thermische Kapazität zu haben schien, einen unersättlichen Appetit auf Wärme. Nichts konnte anscheinend die gewöhnliche Materie davon abhalten, in zunehmendem Maße ihre gesamte Wärme in Form elektromagnetischer Wellen mit beliebig hoher Frequenz an den Äther abzugeben. Diese anscheinend unausweichliche Instabilität bedeutete, daß materielle Körper nicht in der Lage wären, Wärme zu speichern oder im thermischen Gleichgewicht mit ihrer Umgebung zu bleiben, was in krassem Widerspruch zum normalen Menschenverstand und auch zu den experimentellen Beweisen stand.

Die zweite rätselhafte Erscheinung hatte ebenfalls mit dem Elektromagnetismus zu tun, in diesem Fall mit der Beschreibung bewegter elektrischer Ladungen. Zwischen Maxwells Theorie vom Elektromagnetismus und den Bewegungsgesetzen Newtons gab es eine feine, aber wesentliche mathematische Abweichung. Newtons Gesetze galten als die Gründungsaussage der Physik und hatten lange als ein Modell für jede wissenschaftliche Beschreibung von Veränderung gedient. Formuliert im 17. Jahrhundert, hatten sie Ende des 19. Jahrhunderts die Zeitprobe hervorragend bestanden. Und doch gerieten sie nicht nur wegen eines technischen Details in Konflikt mit der elektromagnetischen Theorie, sondern grundsätzlich auch darüber, wie sie den Gedanken der Bewegung darstellten.

Beide Widersprüche betrafen, wie ich in den folgenden Kapiteln zeigen werde, das Wesen der Zeit. Der erste – der Konflikt zwischen der elektromagnetischen Theorie und der Thermodynamik – erwuchs aus dem Versuch, den sogenannten Zeitpfeil zu verstehen, also die Tatsache, daß die meisten physikalischen Prozesse eine eingebaute Richtung aufweisen, die sich insbesondere in der Richtung des Wärmeflusses zeigt – von warm nach kalt. Der zweite hatte mit einem Konflikt zwischen Newtons Vorstellung von einer absoluten Zeit und der Relativität der Bewegung zu tun, die auf elektrisch geladene Teilchen angewandt wird.

Diese beiden theoretischen Probleme hatten noch vor dem Ende des ersten Jahrzehnts des 20. Jahrhunderts die traditionelle oder klassische Physik einfach gesprengt und nicht nur eine, sondern zwei wissenschaftliche Revolutionen ausgelöst. Aus dem ersten Rätsel entwickelte sich die Quantenmechanik, eine völlig neue und höchst eigenartige Theorie der Materie – die tatsächlich so eigenartig war, daß viele sie selbst heute noch nicht recht glauben können: Einstein hat sich ein Leben lang geweigert, ihre verblüffenden Konsequenzen zu akzeptieren. Das zweite Rätsel ließ die Relativitätstheorie entstehen. Einstein spielte in beiden Fällen eine Schlüsselrolle, wird jedoch überwiegend mit der Relativitätstheorie in Verbindung gebracht.

Das Wort «Relativität» bezieht sich hier auf die Tatsache, daß die Erscheinungsform der Welt ringsum von unserem Zustand der Bewegung abhängt: die Bewegung ist «relativ». Das wird an einigen einfachen Beispielen sogar im täglichen Leben erkennbar. Wenn ich auf einem Bahnsteig stehe, scheint sich der vorbeirasende Zug sehr schnell zu bewegen; sitze ich jedoch im Zug, sieht es so aus, als husche der Bahnhof vorbei. Diese offensichtliche und unstrittige Relativität der Bewegung war schon Galilei bekannt und tauchte bereits im 17. Jahrhundert in Newtons Mechanik auf. Einstein entdeckte dagegen später, daß nicht nur die Bewegung relativ ist, sondern *Raum und Zeit ebenfalls*. Das war eine weit aufregendere und sinnverwirrendere Feststellung. Wie wir noch sehen werden, ist die Einsteinsche Zeit eine höchst beunruhigende Herausforderung an unsere normale Vorstellung von der Wirklichkeit.

Für Wissenschaftler des 19. Jahrhunderts war es möglich zu glauben, die Physik wäre vollständig, wenn sie die Kräfte erklären könnte, die zwischen den Materieteilchen wirken, und die Art und Weise, wie diese Teilchen sich unter der Einwirkung der Kräfte bewegen. Darauf lief alles hinaus: Kräfte und Bewegung. Die Teilchen selbst und der Raum und die Zeit, in denen sie sich bewegten, wurden einfach angenommen. Sie waren gottgegeben. Wenn die Natur mit einem großen kosmischen Drama verglichen werden kann, in dem der Inhalt des Universums – die Atome – die Besetzung war und Raum und Zeit die Bühne, dann hielten die Wissenschaftler es lediglich für ihre Aufgabe, die Handlung auszuarbeiten.

Heute würden Physiker ihre Aufgabe erst dann als erfüllt betrachten, wenn sie das Ganze gut erklärt hätten: Besetzung, Bühne und Stück. Sie würden nichts weniger als eine vollständige Erklärung für die Existenz und Eigenschaften aller Materieteilchen erwarten, die die Welt bilden, für das Wesen von Raum und Zeit und sämtliche Aktivitäten, zu denen diese Systeme in der Lage sind. Einsteins größter Beitrag war der, zu zeigen, daß die Trennung zwischen Besetzung und Bühne künstlich war. Raum und Zeit sind selbst Teil der Besetzung, sie spielen eine eigenständige und aktive Rolle im großen Drama der Natur. Raum und Zeit sind nicht, wie sich herausstellt, einfach als ein unveränderlicher Hintergrund der Natur *da*; sie sind *materielle* Dinge, veränderlich und formbar und dem Gesetz der Physik genauso unterworfen wie die Materie.

Es bedurfte der Jugend, des Genies und des Wagemuts eines Einstein, nicht nur die technische Richtigkeit der gesamten begrifflichen Grundlage der Newtonschen Physik in Frage zu stellen. Nachdem Newtons Vorstellungen von Raum, Zeit und Bewegung sich über zweihundert Jahre bewährt hatten, waren sie nicht ohne weiteres abzutun. Es ist ein Beweis für die Größe Einsteins, daß sein Frontalangriff auf das Gebäude der Newtonschen Physik innerhalb nur einer Generation die neue Lehre brachte.

Aber obwohl Einstein sein ganzes Leben der Aufgabe widmete, gelang es ihm doch nicht, eine umfassende physikalische Theorie aufzustellen. Er befreite Zeit und Raum zwar von den unnötig strengen Beschränkungen Newtonschen Denkens, war jedoch nicht in der Lage, die jetzt befreiten Begriffe eines flexiblen Raums und einer flexiblen Zeit zu einer einheitlichen Theorie zusammenzufügen. Die Suche nach einer einheitlichen Feldtheorie oder Theory of Everything, wie sie im Englischen auch genannt wird, steht bei den Wissenschaftlern immer noch ganz oben auf der Tagesordnung, aber das Ziel ist nach wie vor schwer faßbar. Selbst beim Thema Zeit ließ Einstein die Dinge in einem seltsam unfertigen Zustand. Seit Menschengedenken hat sich das Wesen der Zeit als äußerst rätselhaft und widerspruchsvoll erwiesen. Sie ist in mancher Hinsicht der grundlegendste Aspekt dessen, wie wir die Welt erleben. Schließlich hängt gerade der Gedanke der Individualität von der Bewahrung der persönlichen Identität in der Zeit ab. Als Newton die Zeit in die wissenschaftliche Untersuchung einführte, erwies sich das als brauchbare Methode zur Analyse physikalischer Prozesse, aber es sagte uns wenig über die Zeit selbst.

Das wissenschaftliche, sterile Bild der Zeit schiebt verächtlich das angehäufte Wissen der traditionellen Kulturen beiseite, in denen die Zeit intuitiv erlebt wird, Zyklen und Rhythmus das Messen beherrschen und Zeit und Ewigkeit komplementäre Begriffe sind. Die Uhr, ein Kennzeichen unserer wissenschaftlichen Welt, ist auch das Symbol einer geistigen Zwangsjacke. Vor Galilei und Newton war die Zeit etwas Organisches, Subjektives, keine veränderliche Größe, die mit mathematischer Präzision gemessen wurde. Die Zeit war wesentlicher Bestandteil der Natur. Newton entriß der Natur die Zeit, gab ihr ein abstraktes, unabhängiges Dasein und raubte ihr damit ihre alte Bedeutung. Sie existierte in Newtons Darstellung der Welt lediglich als Mittel, Bewegungen mathematisch zu verfolgen; sie *tat* selbst nichts. Einstein gab der Zeit ihren angestammten Platz im Herzen der Natur als wesentlicher Bestandteil der physikalischen Welt zurück. Im Grunde ist Einsteins «Raumzeit» in vieler Hinsicht nur ein anderes Feld, das neben die elektromagnetischen und die Kernkraftfelder gestellt werden kann. Es war ein gewaltiger erster Schritt zur Wiederentdeckung der Zeit.

Wie wichtig sich die Einsteinsche Zeit auch erwies, löste sie doch noch nicht «das Rätsel der Zeit». Die Menschen fragen oft: Was *ist* Zeit eigentlich? Vor vielen Jahrhunderten gab Augustinus von Hippo, einer der einflußreichsten Denker über das Wesen der Zeit, eine scharfsinnige, wenn auch rätselhafte Antwort auf diese Frage. Er sagte: «Wenn niemand mich danach fragt, weiß ich es; wenn ich es jemandem auf seine Frage hin erklären soll, weiß ich es nicht.»[1] Die Zeit, die in der theoretischen Physik behandelt wird, auch die Einsteinsche Zeit, hat nur entfernt Ähnlichkeit mit der subjektiv empfundenen Zeit des einzelnen, der Zeit, die wir zwar kennen, aber nicht erklären können. Einsteins Zeit hat zum Beispiel keinen Pfeil, sie ist blind für die Unterscheidung zwischen Vergangenheit und Zukunft. Ganz sicher *fließt* sie nicht wie die Zeit von Shakespeare oder James Joyce oder auch wie die von Newton. Daraus läßt sich leicht schließen, daß etwas Entscheidendes fehlt, eine zusätzliche Eigenschaft der Zeit nicht in den Gleichungen enthalten ist, oder aber daß es mehr als eine Art von Zeit gibt. Die von Einstein eingeleitete Revolution bleibt enttäuschend unvollendet.

Dennoch kam Einstein mit einer uralten Seite der Zeit in Berührung, der traditionellen Verbindung zwischen Zeit und Schöpfung. Das ehrgeizigste Unterfangen, das aus der Arbeit Einsteins hervorgegangen ist, ist die moderne wissenschaftliche Kosmologie. Als die Wissenschaftler anfingen, die Auswirkungen der Einsteinschen Zeit für das gesamte Universum zu erkunden, machten sie eine der größten Entdeckungen in der Geschichte des menschlichen Denkens: daß die Zeit und damit die ganze materielle Wirklichkeit einen eindeutigen Ursprung in der Vergangenheit gehabt haben muß. Wenn die Zeit flexibel und veränderlich ist, wie Einstein gezeigt hat, ist es ihr auch möglich zu entstehen – und ebenso, wieder zu verschwinden. Die Zeit kann einen Anfang und ein Ende haben. Der Ursprung der Zeit wird heute «Urknall» oder «Big Bang» genannt. Religiöse Menschen sprechen in diesem Zusammenhang von der «Schöpfung».

Doch Einstein blieb so im Newtonschen Denken gefangen, daß er diesen bedeutenden Schluß selbst nicht zog. Er klammerte sich an den Glauben, daß das Universum ewig und im wesentlichen unveränderlich sei, und trat für eine statische Kosmologie ein, bis die immer schwerer wiegenden Beweise ihn zum Umdenken zwangen. Doch hier begegnen wir der größten Ironie. Um sein Universum einzufrieren, führte Einstein eine neuartige Kraft in die Physik ein, eine Art Antigravitationskraft. Als nachgewiesen wurde, daß sich das Universum ausdehnt, ließ Einstein diese kosmische Kraft mit schlechtverhülltem Verdruß fallen und nannte sie später den größten Fehlschlag seines Lebens. Widerstrebend räumte er ein, daß das Universum vielleicht doch nicht seit ewigen Zeiten besteht, sondern möglicherweise vor mehreren Milliarden Jahren bei einem Urknall entstanden ist.

Heute ist die Urknalltheorie die anerkannte Theorie zur Entstehung und Entwicklung des Weltalls. Trotzdem fällt es ihr noch ziemlich schwer, überzeugend darzulegen, wie das Universum als Folge eines physikalischen Prozesses aus dem Nichts entstehen konnte. Für den größten Erklärungsnotstand sorgt dabei die Frage, wie die Zeit selbst auf natürliche Weise entstehen konnte. Wird die Wissenschaft den Beginn der Zeit überhaupt jemals innerhalb ihres Rahmens abhandeln können? Diese Herausforderung wurde in den achtziger Jahren von einigen Theoretikern, insbesondere Stephen Hawking, im großen Stil angenommen und der Öffentlichkeit in einer Flut populärwissenschaftlicher Bücher nähergebracht. Die aktuellen Bemühungen kreisen um die Quantenphysik – die inzwischen von einer Theorie der Materie zu einer Theorie des gesamten Universums erweitert wurde. Doch die Zeit hat immer außerhalb der Quantenphysik gestanden, und die Versuche, sie einzubeziehen, enden paradoxerweise damit, daß sie eliminiert wird. Die Zeit verschwindet! Wie ich noch zeigen werde, gibt es bei der Quantenzeit noch vieles, was wir nicht verstehen.

Trotz ihrer Popularität ist die Urknalltheorie nicht ohne Kritiker geblieben. Gleich zu Beginn bekamen die Astronomen mit ihrem Versuch, die Schöpfung zeitlich festzulegen, Ärger. Das errechnete Alter erwies sich als falsch. Es blieb nicht genug Zeit für die Entstehung der Sterne und Planeten. Noch schlimmer war, daß einige astronomische Objekte anscheinend älter als das Universum waren – offensichtlich ein Unding. Konnte es sein, daß Einsteins Zeit und die kosmische Zeit nicht identisch sind? Ist Einsteins flexible Zeit einfach nicht so flexibel, daß sie bis zur Schöpfung zurückreicht?

Die Schwierigkeiten im Zusammenhang mit dem Alter des Kosmos waren unangenehm und wurden, wenn möglich, unter den Teppich gekehrt. Im Verlauf der Jahrzehnte traten sie jedoch immer wieder störend zutage.

In den Anfangsjahren konnten die Kosmologen immer noch die Schultern zucken und sich damit herausreden, ihre Daten seien noch sehr ungenau und ein Faktor von zwei oder drei sei unter Freunden noch kein Grund für einen Grundsatzstreit. In den letzten Jahren, da die Teleskopie und Satellitendaten immer besser wurden, ist die Kosmologie jedoch beinahe zu einer exakten Wissenschaft geworden. 1992 lieferte der Satellit zur Erforschung der kosmischen Hintergrundstrahlung (COBE) jedoch das für die meisten Kosmologen entscheidende Material, an dem die Feinheiten der Urknalltheorie festgemacht werden konnten. Durch die Messung leichter Kräuselungen in der Hintergrundstrahlung des Universums konnte COBE für das kosmologische Modell ein neues Präzisionsniveau schaffen. Der Haken daran ist nur, daß die COBE-Daten zusammen mit anderen neueren Beobachtungen das Problem des Alters des Universums nur mit neuer Schärfe haben wiederaufleben lassen.

Die Schwierigkeiten werden, während ich diese Zeilen schreibe, hitzig debattiert. Einige Astronomen meinen, man könnte die Zeitmaßstäbe schon in den Griff bekommen, wenn man ein wenig nachhelfen würde. Andere sind ganz und gar nicht dieser Meinung und verwerfen das ganze Urknallszenario. Aber immer mehr Kosmologen vermuten, daß Einstein selbst vielleicht die Antwort geliefert hat. Seine unrühmliche Antigravitationskraft, die er erfand, um einer Auseinandersetzung mit dem Ursprung der Zeit aus dem Weg zu gehen, lieferte vielleicht gerade den Mechanismus, den man braucht, um Übereinstimmung mit dem extremen Alter bestimmter astronomischer Objekte herzustellen. Sein größter Fehlschlag könnte sich am Ende als sein größter Triumph erweisen.

1

Eine ganz kurze Geschichte der Zeit

Die Zeit ist im Innersten all dessen, was dem Menschen wichtig ist.

Bernard d'Espagnat

Wessen Zeit ist das überhaupt?

In einem Labor in Bonn befindet sich ein U-Boot-förmiger Metallzylinder. Er ist etwa drei Meter lang und liegt fest in einem von Drähten, Rohren und Meßgeräten umgebenen Gestell. In Wirklichkeit ist es eine Uhr – oder besser gesagt *die* Uhr. Der Apparat in Bonn stellt, zusammen mit einigen ähnlichen, über die ganze Welt verteilten Instrumenten, «die Standarduhr» dar. Diese Instrumente, von denen das in Deutschland das genaueste ist, sind Cäsiumuhren. Sie werden mittels Radiosignalen von Satelliten und Fernsehstationen überwacht, verglichen und nachgestellt, damit sie möglichst gleich gehen. Im Internationalen Büro für Maße und Gewichte in Sèvres bei Paris werden die Daten gesammelt, analysiert und in die Welt ausgestrahlt. So entstehen die berühmten Pieptöne bei der Zeitansage im Radio, nach denen wir unsere Uhren stellen.

Wenn wir also unserer täglichen Arbeit nachgehen, nimmt die Bonner Cäsiumuhr die Zeit. Sie ist gewissermaßen ein Wächter der Zeit auf Erden. Das Dumme ist, daß die Erde selbst die Zeit nicht immer gut einhält. Unsere Uhren, die alle vermeintlich wie eine Schar gehorsamer Sklaven mit dem Zentralsystem in Frankreich verbunden sind, müssen hin und wieder um eine Sekunde korrigiert werden, um Abweichungen von der Erdrotation zu berücksichtigen. Die letzte derartige «Schaltsekunde» wurde am

30. Juni 1994 eingefügt. Die Umdrehung des Planeten, die genau genug war, um für Tausende von Generationen als perfekte Uhr zu fungieren, reicht heute als zuverlässiger Zeitmesser nicht mehr aus. Im Zeitalter der hochpräzisen Zeitmessung ist die gute alte Erde nicht mehr ganz auf der Höhe der Zeit. Nur die Atomuhr, von Menschenhand geschaffen und geheimnisvoll, liefert jenes so wichtige Ticktack mit der Präzision, die von Navigatoren, Astronomen und Piloten verlangt wird. Eine Sekunde wird nicht mehr definiert als der 86 400. Teil eines Tages, sondern entspricht 9 192 631 770 Schlägen eines Cäsiumatoms.

Aber wessen Zeit zeigt die Bonner Uhr eigentlich an? Ihre Zeit? Meine Zeit? Gottes Zeit? Sind die Wissenschaftler in jenem vollgestopften Labor, die den Pulsschlag des Universums überwachen, unermüdlich irgendeiner kosmischen Zeit auf der Spur? Gibt es womöglich eine andere Uhr, vielleicht auf einem anderen Planeten irgendwo, die sehr zur Freude ihrer Schöpfer treu und brav eine völlig andere Zeit angibt?

Wir wissen, daß Uhren nicht übereinstimmen müssen: Die Erduhr geht anders als die Uhr in Bonn. Welche geht richtig? Wahrscheinlich die Uhr in Bonn, weil sie genauer geht. Aber relativ zu was genauer? Zu uns? Schließlich wurde die Uhr deshalb erfunden, um die Zeit für Zwecke des Menschen anzugeben. Aber erleben alle Menschen die gleiche Zeit? Der Patient beim Arzt und die Menschen, die eine Sinfonie von Beethoven hören, erleben die gleiche, atomar markierte Zeitdauer ganz verschieden.

Vieles von dem, was wir von der Zeit halten, ist also das Ergebnis kultureller Konditionierung. Ich habe in Bombay einmal einen Mystiker kennengelernt, der behauptete, durch Meditation seinen Bewußtseinszustand ändern und so den Ablauf der Zeit verzögern zu können; Atomuhren beeindruckten ihn überhaupt nicht. Bei einem Vortrag in London vor einigen Jahren saß ich zu meiner Überraschung zusammen mit dem Dalai Lama auf dem Podium. Wir hatten die Aufgabe, die Zeit im wissenschaftlichen Denken des Westens und in der Philosophie des Ostens zu vergleichen und einander gegenüberzustellen. Der Lama sprach mit ruhiger Gewißheit, aber leider auf tibetisch. Ich bemühte mich, der Übersetzung zu folgen, um zur Erleuchtung zu gelangen, aber bedauerlicherweise ohne großen Erfolg. Kulturelle Unterschiede, vermute ich.

Nach meinem Vortrag gab es eine kurze Pause, der Dalai Lama nahm meine Hand, und wir gingen aus dem Saal hinaus in die Sonne. Irgend jemand kniete vor ihm nieder und überreichte Seiner Heiligkeit eine Narzisse, die der Lama dankend entgegennahm. Ich hatte den Eindruck, mit einem liebenswerten und intelligenten Mann zusammenzusein, der Erkenntnisse besaß, die für uns alle wertvoll waren, aber durch sein Amt daran gehindert wurde, sie den versammelten westlichen Wissenschaftlern zu vermitteln. Ich hatte das Gefühl, eine Gelegenheit verpaßt zu haben.

Die Suche nach der Ewigkeit

In der überdrehten Welt der modernen westlichen Gesellschaft ist alles dem Diktat der Uhr unterworfen. Unser hektisches Leben ist fest in die Tretmühle der Zeit eingespannt. Aber war das immer so? Wie ein roter Faden zieht sich der Glaube durch die Geschichte des menschlichen Denkens in Ost und West, Nord und Süd, daß das gesamte Muster des Zeitlichen in irgendeiner gewaltigen Täuschung wurzelt und nichts als eine Ausgeburt des menschlichen Geistes ist:

> «Auch ist die Zeit kein Ding an sich, nein, unsere Sinne nehmen erst ab von den Dingen, was in der Vergangenheit vorging,...
> Niemand kann ja die Zeit an sich mit den Sinnen erfassen,
> Wenn man die Ruhe der Dinge und ihre Bewegung nicht abmißt.»[1]

Das schrieb der römische Schriftsteller und Philosoph Lukrez im ersten Jahrhundert in seinem Lehrgedicht *Die Natur der Dinge.* Von diesen beunruhigenden Gedanken ist es nur noch ein kleiner Schritt zu dem Glauben, daß der Ablauf der Zeit durch Geisteskraft gesteuert oder gar aufgehoben werden kann, wie wir in der betörenden Worten des mystischen Dichters Angelus Silesius aus dem 16. Jahrhundert entdecken:

> «Du selbst machst die Zeit, das Uhrwerk sind die Sinnen;
> Hemmst du die Unruh nur, so ist die Zeit von hinnen.»[2]

Für diese zeitlichen Relativisten liegt die wahre Wirklichkeit in einem Reich, das die Zeit überwindet, im Land jenseits der Zeit. Die Europäer nennen es «Ewigkeit», die Hindus bezeichnen es als «Moksha» und die Buddhisten als «Nirvana». Für die Ureinwohner Australiens ist es die «Traumzeit».

Bei unserem Bemühen, die geistige und physische Wirklichkeit zu bewältigen, irritiert uns nichts stärker als das Wesen der Zeit. Die widersprüchliche Verbindung von Zeitlichkeit und Ewigkeit stellt den Menschen seit jeher vor die schwierigsten Fragen. Plato kam zu dem Schluß, daß die flüchtige Welt des täglichen Erlebens nur halb real sei, ein vergängliches Spiegelbild aus einem zeitlosen Reich reiner und perfekter Formen, die das Reich der Ewigkeit bevölkern. Die Zeit selbst ist nur ein unvollkommenes «bewegliches Bild der Unvergänglichkeit... der in dem Einen verharrenden Unendlichkeit», die wir Menschen jedoch unverbesserlicherweise vergegenständlichen: «...das ‹war› und ‹wird sein› sind gewordene Formen der Zeit, die wir, uns selbst unbewußt, unrichtig auf das unvergängliche Sein übertragen.»[3]

Die ständige Spannung zwischen dem Zeitlichen und Ewigen durchdringt die großen Religionen der Welt und hat immer wieder zu erhitzten und manchmal erregten theologischen Debatten geführt. Ist Gott innerhalb oder außerhalb der Zeit? Zeitlich oder ewig? Verlauf oder Sein? Nach Plotin, einem nichtchristlichen Philosophen aus dem 3. Jahrhundert, bedeutet in der Zeit leben, unvollkommen zu leben. Das reine Sein (d. h. Gott) muß folglich gekennzeichnet sein durch das völlige Fehlen jedes zeitlichen Bezugs. Für Plotin ist die Zeit ein Gefängnis für den Menschen, das uns vom göttlichen Reich trennt – der wahren, absoluten Wirklichkeit.

Der Glaube, daß Gott außerhalb der Zeit steht, wurde auch bei vielen frühen christlichen Denkern zur beherrschenden Lehre, so bei Augustinus, Boethius und Anselm, und leitete eine Tradition ein, die sich bis heute gehalten hat. Augustinus verweist Gott, wie schon Plato und Plotin vor ihm, in das Reich der Ewigkeit, die über der Zeit steht, weil sie eine nie endende Gegenwart ist. In dieser Daseinsform vergeht die Zeit nicht; Gott nimmt vielmehr alle Zeiten gleichzeitig wahr:

> «Deine Jahre stehen alle und sind zugleich. Weil sie stehen, verdrängen nicht die kommenden die gehenden, denn sie vergehen nicht... Heute ist deine Ewigkeit.»[4]

Der Gott des klassischen Christentums existiert also nicht nur außerhalb der Zeit, er kennt auch die Zukunft genauso wie die Vergangenheit und Gegenwart. Diese weitreichenden Gedanken sind von der Kirche im Mittelalter, aber auch von Theologen und Philosophen der Neuzeit eingehend analysiert und zum Teil heftig kritisiert worden. Bei der Auseinandersetzung geht es im Kern um das gewaltige Problem, eine Brücke zu schlagen zwischen der angenommenen Ewigkeit Gottes einerseits und der offenkundigen Zeitlichkeit des physischen Universums andererseits. Kann ein Gott, der vollkommen zeitlos ist, überhaupt in irgendeiner Form in Beziehung zu einer sich wandelnden Welt, zur menschlichen Zeit stehen? Es ist doch bestimmt unmöglich, daß Gott *sowohl* innerhalb *wie auch* außerhalb der Zeit existiert. Nachdem man sich jahrhundertelang gestritten hat, besteht unter den Theologen noch immer keine Einigkeit über die Lösung dieser grundsätzlichen Frage.

Der Zeit entfliehen

Während Theologen und Philosophen noch um Einzelheiten der logischen Beziehung zwischen Zeit und Ewigkeit ringen, glauben viele religiöse Menschen, daß nicht akademische Debatten, sondern direkte Offenbarungen die tiefsten Einsichten in diese Frage gewähren:

> «Ich weiß noch, wie ich zum Baden an ein Uferstück aus Kies ging, das die wenigen Menschen, die im Dorf blieben, selten aufsuchten. Plötzlich war das Summen der Insekten verstummt. Die Zeit schien stillzustehen. Ein Gefühl unendlicher Kraft und Ruhe überkam mich. Ich kann diese Verbindung von Zeitlosigkeit und erstaunlicher Daseinsfülle am besten mit dem Gefühl vergleichen, das man hat, wenn man den Rand eines großen, stillen Schwungrades oder die unbewegliche Oberfläche eines tiefen, schnell fließenden Flusses betrachtet. Nichts geschah: Doch das Dasein war ganz erfüllt. Alles war klar.»[5]

Diese ganz persönliche Geschichte, die der Physiker und anglikanische Bischof Earnest Barnes 1929 bei einem Vortrag erzählte, erfaßt sehr beredt die Verbindung von Zeitlosigkeit und Klarheit, die so oft mit mystischen oder religiösen Erfahrungen assoziiert wird. Kann ein Mensch der Zeit wirklich entfliehen und die Ewigkeit schauen? Bei Barnes kam das Ereignis aus heiterem Himmel, wie es in Berichten von Menschen der westlichen Welt sehr oft geschieht. Östliche Mystiker haben dagegen besondere Techniken entwickelt, die ein solches Entrücken in die Zeitlosigkeit angeblich herbeiführen können. Der Mönch Lama Govinda beschreibt seine Erfahrungen wie folgt:

«Der zeitliche Ablauf wird verwandelt in eine gleichzeitige Ko-Existenz, das Nebeneinanderbestehen von Dingen in einem Zustand gegenseitigen Durchdringens... eine lebende Kontinuität, in der Zeit und Raum zusammenfallen.»[6]

Es gibt viele ähnliche Schilderungen von tiefer Meditation, in denen das menschliche Bewußtsein den Beschränkungen der Zeit entflieht und die Wirklichkeit wie ein zeitliches Kontinuum erscheint.

Die indische Philosophin Ruth Reyna glaubt, daß die wedischen Weisen «kosmische Erkenntisse besaßen, die dem heutigen Menschen fehlen. Sie konnten nicht nur die Gegenwart sehen, sondern Vergangenheit, Gegenwart und Zukunft gleichzeitig, und die Nicht-Zeit.»[7] Shankara, der Vertreter des Advaita-Vedanta aus dem 8. Jahrhundert, lehrte, daß Brahman – das Absolute – vollkommen und ewig im Sinne *absoluter Zeitlosigkeit* ist und das Zeitliche zwar in der Welt des menschlichen Erlebens wirklich ist, aber dennoch keine letzte Wirklichkeit besitzt. Wenn man dem Pfad der Selbstverwirklichung durch Advaita folgt, kann man eine wahrhaft zeitlose Wirklichkeit erlangen: «Zeitlos nicht im Sinn endloser Dauer, sondern im Sinn von Vollendung, die weder ein Vorher noch ein Nachher braucht», wie Reyna schreibt. «Es ist diese erstaunliche Wahrheit, daß die Zeit sich in Unwirklichkeit verflüchtigt und Zeitlosigkeit als das Wirkliche gesehen werden kann...»[8]

Die Sehnsucht nach einer Flucht aus der Zeit ist nicht auf ausgefeilte meditative Praktiken angewiesen. In vielen Kulturen ist sie lediglich ein durchdringender, aber unbewußter Einfluß, ein «Terror der Geschichte», wie der Anthropologe Mircea Eliade es nennt, der sich in einer zwanghaften Suche nach dem Land jenseits der Zeit ausdrückt. Tatsächlich ist diese Suche *der* Gründungsmythos fast aller Kulturen der Menschheit. Das tiefe menschliche Bedürfnis, den Ursprung der Dinge zu erklären, zieht uns unwiderstehlich zurück in eine Zeit vor der Zeit, in ein mythisches Reich zeitloser Zeitlichkeit, in einen Garten Eden, ein Urparadies, und seine starke Kreativität erwächst gerade aus diesen zeitlichen Widersprüchen. Ob es Athene ist, die dem Haupt des Zeus entsprang, oder Mithras, der den Urstier tötete, überall treffen wir auf die gleiche berauschende Symbolik eines verlorenen, zeitlosen, vollkommenen Reichs, das irgendwie – paradox und zeitlos – in schöpferischer Beziehung zur jetzigen Welt des Zeitlichen und Sterblichen steht.

Diese widersprüchliche Verbindung ist in ihrer fortgeschrittensten Form eingefangen in der «Traum»-Vorstellung der australischen Ureinwohner, die manchmal auch als die «ewige Traumzeit» bezeichnet wird. Der Anthropologe W. E. H. Stanner schreibt:

> «Eine zentrale Bedeutung des Träumens ist tatsächlich die einer heiligen, heldenhaften, längst vergangenen Zeit, als der Mensch und die Natur so wurden wie sie sind; diese Bedeutung umfaßt aber weder die ‹Zeit› noch die ‹Geschichte›, wie wir sie verstehen. Ich bin bei den Ureinwohnern nie auf ein Wort für *Zeit* als abstrakten Begriff gestoßen. Und der Sinn für ‹Geschichte› ist hier vollkommen fremd. Wir werden das Träumen immer nur als eine Gesamtheit von Bedeutungen verstehen können.»[9]

Auch wenn die Traumzeit Anklänge an eine heroische Vergangenheit hat, wäre es doch falsch, sich diese Zeit als inzwischen vergangen vorzustellen. «Man kann das Träumen zeitlich nicht ‹fixieren›», schreibt Stanner. «Es war und ist zu allen Zeiten.» Das Träumen behält also einen Bezug zu den aktuellen Angelegenheiten der Ureinwohner, weil es Teil der gegenwärtigen Wirklichkeit ist; die «Schöpfer» sind auch heute noch tätig. Was die Europäer «die Vergangenheit» nennen, ist für viele Ureinwohner Vergangenheit *und* Gegenwart. Schöpfungsgeschichten spielen oft in der jüngsten Vergangenheit, wie die Europäer sagen würden, was sogar noch die Zeit der Besiedlung durch die Weißen umfassen kann. Ein Gefühl der Unvereinbarkeit kommt nicht auf, weil Ereignisse für die australischen Ureinwohner wichtiger sind als Daten. Dieses Differenzierungsvermögen ist den meisten Europäern verlorengegangen, weil wir besessen davon sind, die Zeit in unserem Alltagsleben rational zu erfassen und zu messen. Stanner zitiert einen alten australischen Schwarzen, der diese kulturelle Kluft in Gedichtform faßte:

> «Weißer Mann hat keinen Traum.
> Er geht einen anderen Weg.
> Weißer Mann geht anders,
> Er hat eine eigene Straße.»

Die Vorstellung von der «Zeit des weißen Mannes» als einer «Straße», der er folgt, ist, wie ich meine, eine besonders gelungene Beschreibung der linearen Zeit im Westen. Es ist eine Straße, die vielleicht zum Fortschritt führt, aber der psychologische Preis, den wir dafür zahlen, daß wir auf ihr gehen, ist hoch. Die Angst vor dem Tod liegt so vielem, was wir tun und denken, zugrunde, und damit auch das verzweifelte Bestreben, die kostbare Zeit, die uns zugeteilt wurde, optimal zu nutzen, das Leben voll auszukosten und etwas von bleibendem Wert zu leisten. Der moderne Mensch, schrieb J. B. Priestley,

> «...fühlt sich an ein Seil gebunden, das ihn unerbittlich zum Schweigen und zur Dunkelheit des Grabes zieht... Doch kein Gedanke an eine ‹ewige Traumzeit›, in der Götter und Helden (von denen er nicht auf immer getrennt ist) ihr Dasein haben, bricht sich Bahn, der den modernen Menschen seine Kalender und Uhren vergessen ließe, seine Tage sind gezählt.»

Aber selbst diejenigen von uns, die in der Falle der westlichen Kultur sitzen und denen kein magischer, mystischer Fluchtweg aus der Zeit offensteht können doch die mächtigen alten Symbole wahrnehmen, die in der Kunst und Literatur wirken und durch die Jahrhunderte widerhallen. Von *Das verlorene Paradies* bis *Narnia*, von König Arthurs *Avalon* bis zu jener weit entfernten und längst vergangenen Galaxie, wo der *Krieg der Sterne* ausgetragen und gewonnen wurde, lag das Reich der Ewigkeit nie sehr weit unter der Oberfläche. Die beziehungsreichen Ewigkeitssymbole liegen schattenhaft und undeutlich in unserer Zivilisation und dienen lediglich als verlockende Ablenkung von der normalen «Wirklichkeit» der unbarmherzig verrinnenden Zeit. Doch Priestley versichert uns, daß sie weiterleben:

> «Unter den Vorstellungen, die uns verfolgen – Vorstellungen, über die wir vielleicht lachen, die uns jedoch keine Ruhe geben, Vorstellungen, die oft ein geheimnisvolles Glück versprechen, wenn alles andere uns zu verlassen scheint –, ist auch die von der Großen Zeit, der mythologischen Traumzeit, die hinter und über der normalen Zeit und qualitativ ganz anders als sie ist. Wir erschaffen kein großartiges zentrales System mehr aus ihr. Wir lassen unser Leben nicht mehr von ihr prägen und lenken. Sie ist geschrumpft und sieht jetzt klein und schäbig aus, ziemlich lächerlich; aber sie läßt sich nicht fortlachen, sie weigert sich abzutreten.»[10]

Zyklische Welten und die ewige Wiederkehr

Im Altertum wurde die Verbindung zur Ewigkeit dadurch lebendig gehalten, daß man den Zyklus in die Welt einführte. In seinem klassischen Buch *Der Mythos der ewigen Wiederkehr* beschreibt Mircea Eliade, wie traditionelle Gesellschaften ständig gegen den geschichtlichen Begriff der Zeit rebellieren und sich statt dessen sehnen «nach einer periodischen Rückkehr zur mythischen Zeit der Uranfänge, zur ‹Großen Zeit›».[11] Er behauptet, daß die Symbole und Rituale der alten Kulturen den Versuch darstellen, der geschichtlichen, linearen, «profanen» Zeit zu entfliehen, hin zu einer mythischen oder heiligen Epoche, und glaubt, daß die Aufhebung der weltlichen Zeit «einem tiefen Bedürfnis des archaischen Menschen entspricht».[12] Auch Walter Ong, ein Experte für zeitliche Symbolik, findet in der Mythologie und Folklore Beweise für den Wunsch, die Fesseln der Zeit abzuwerfen:

> «Die Zeit stellt den Menschen vor viele Probleme, von denen die Unwiderstehlichkeit und Unumkehrbarkeit nicht die geringsten sind: Der Mensch wird in der Zeit getrieben, ob er will oder nicht, und kann nicht einen Augenblick der Vergangenheit zurückholen. Er ist gefangen, wird wider Willen weitergetragen... Der Rückzug in die Mythologie, die zeitliche Ereignisse mit dem Zeitlosen verbindet, entwaffnet die Zeit und mildert deren Bedrohung ab. Diese Flucht vor den Auswirkungen der Zeit kann zu einem späteren Zeitpunkt eventuell durch verschiedene zyklische Theorien rationalisiert werden, die den Menschen und seine Philosophien vom Altertum bis heute verfolgt haben.»[13]

Befreiung von der geschichtlichen Zeit sucht man vielleicht in religiösen Riten wie der rituellen Wiederholung von Sätzen oder Gesten, die die ursprünglichen Ereignisse symbolisch neu erschaffen. Berührung mit geheiligter Zeit wird oft gleichgesetzt mit Regeneration und Erneuerung. Die alte Neujahrsfeier, die traditionellen und modernen Kulturen gemeinsam ist, verkörpert die periodische Erneuerung oder Wiedergeburt der Natur. In einigen Fällen stellt sie eine Wiederholung der Schöpfung selbst dar – den mythischen Übergang vom Chaos zum Kosmos.

Die Symbolik, die diesen weitverbreiteten Volksbräuchen zugrunde liegt, kommt aus dem alten Glauben an die Zeitzyklen. Viele Jahresrituale der westlichen Welt haben vorchristlichen Ursprung, wurden jedoch von der

Kirche jahrhundertelang geduldet. Tatsächlich spielen periodisch wiederkehrende Rituale auch in der Kirche eine wichtige Rolle, auch wenn die Kirche sich der zyklischen Zeit hartnäckig widersetzt.

Obwohl westliche Kunst, Dichtung und Literatur stark von der Vorherrschaft der linearen Zeit geprägt sind, verraten sie doch in vielem eine verborgene und gelegentlich auch eine ganz offene Bindung an das Zyklische. In einigen extremen Beispielen ist der Text selbst zeitlich verzerrt strukturiert, wie in James Joyces *Finnegans Wake*, wo die letzten Worte des Buches wieder in dessen Anfang münden, oder in Martin Amis' *The Arrow of Time*, in dem die ganze Erzählung rückwärts läuft.

Das Zyklische zieht einige Menschen magisch an, andere schreckt es ab. Wie wir noch sehen werden, gibt es eine moderne Variante der Einsteinschen Kosmologie, die ein zyklisches Universum annimmt, und jedesmal, wenn ich einen Vortrag über Kosmologie halte und vergesse, sie zu erwähnen, fragt garantiert jemand danach. Vielleicht liegt der Reiz des Modells in der Aussicht auf Auferstehung in späteren Zyklen. Es besteht jedoch ein gewaltiger Unterschied zwischen einer allgemeinen kosmischen Erneuerung und einem Universum, das sich endlos bis ins kleinste Detail wiederholt. Platos Annahme einer kosmischen *Zyklizität* übte einen starken Einfluß auf das griechische und später das römische Denken aus. Bis zum logischen Extrem wurde sie von den Stoikern getrieben, die an die *Palingenese* glaubten – das buchstäbliche Wiedererscheinen derselben Menschen und Ereignisse in immer neuen Zyklen, eine Vorstellung, die den Menschen heute sehr steril und abschreckend vorkommt.

Newtons Zeit und das Uhrwerk Universum

Die Verbindung der Zeit mit dem Mystischen, dem Geistigen und dem Organischen hat, so faszinierend und unwiderstehlich sie auch sein mag, zweifellos jahrhundertelang eine angemessene wissenschaftliche Erforschung der Zeit behindert. Für die griechischen Philosophen, die eine systematische Geometrie entwickelten und diese zu einer philosophischen Weltsicht erhoben, ist die Zeit immer etwas Vages und Geheimnisvolles geblieben, eher eine Sache der Mythologie als der Mathematik. In den meisten alten Kulturen trat der Gedanke der Zeiterfassung nur in wenigen Zusammenhängen in Erscheinung: in der Musik, in der rhythmischen Wiederkehr der Jahreszeiten, in den Bewegungen der Himmelskörper sowie im Menstruationszyklus. All diese Dinge hatten einen starken mystischen und okkulten Einschlag, wie ihn Masse, Geschwindigkeit und Raum nicht hatten.

Die Erforschung der Bewegung von Körpern brachte Aristoteles dazu, die grundlegende Bedeutung der Zeit richtig einzuschätzen. Doch er schaffte es nicht, den Zeitbegriff als einen abstrakten mathematischen Parameter einzuführen. Für Aristoteles war Zeit Bewegung. Das ist nichts sonderlich Revolutionäres, denn wir nehmen die Zeit durch Bewegungen wahr, ob sich nun die Sonne am Himmel bewegt oder die Zeiger auf einem Zifferblatt. Die Vorstellung von der Zeit als einem eigenständig existierenden *Ding*, einer Sache für sich, kam erst im europäischen Mittelalter auf. Das Vorhandensein einer Ordnung in der Natur ist von allen Kulturen anerkannt worden, doch erst mit dem Vormarsch der modernen Wissenschaft konnte dieser Ordnung eine genaue und objektive Bedeutung gegeben werden. Bei dieser quantitativen Festlegung erwies sich die Rolle der Zeit als ganz entscheidend.

Am 8. Juli 1714 beschied die Regierung der Königin Anna, «daß vom Parlament eine Belohnung ausgesetzt werde für diejenige Person oder Personen, die eine genauere und praktischere Methode zur Bestimmung der Längengrade finden, als bisher angewendet wird».[14] Ausgelobt wurde die stattliche Summe von 20 000 £, die für den Bau eines Zeitmessers vergeben werden sollte, der in der Lage war, nach einer sechswöchigen Fahrt auf See den Längengrad mit einer Genauigkeit von mindestens 30 Meilen anzugeben. Nichts verdeutlicht besser den Übergang von der organischen, rhythmischen Zeit des traditionellen Volkstums zum modernen Begriff der Zeit als einem funktionalen Parameter von wirtschaftlichem und wissenschaftlichem Wert.

Die Herausforderung wurde von einem Mann namens John Harrison aus Yorkshire angenommen, der mehrere Uhren baute, die auch auf See funktionierten. Harrisons viertes Instrument mit einer Weiterentwicklung, die Temperaturschwankungen ausglich, wurde 1759 fertiggestellt und zwei Jahre später erprobt. Es kam auf die *Deptford*, die nach Jamaika segelte, wo man etwa zwei Monate später feststellte, daß die Abweichung insgesamt nur fünf Sekunden betragen hatte.

Die Geschichte belegt, daß vor allem Galilei die Zeit als eine fundamentale Größe im gesetzesgleichen Wirken des Kosmos etablierte. Als er einmal in der Kirche saß, maß er die Schwingungen einer Lampe mit Hilfe des Pulsschlags und entdeckte so das grundlegende Pendelgesetz – daß die Schwingungsdauer des Pendels unabhängig von der Schwingungsamplitude ist. Bald darauf brach in Europa die Zeit der Präzisionsuhren an, in der die Handwerker immer genauere Zeitmesser bauten. Der Antrieb zu größerer Genauigkeit bei der Zeitmessung ging nicht von hochfliegenden philosophischen oder wissenschaftlichen Überlegungen aus, sondern von ganz handfesten Belangen der Navigation und des Handels. Die Seeleute müssen die genaue Zeit wissen, damit sie aus der Stellung der Sterne ihren Längengrad berechnen können. Die Entdeckung Amerikas, die eine mehrwöchige Fahrt von Ost nach West erforderlich machte, beflügelte die Entwicklung von Borduhren.

Wie entscheidend die Stellung ist, die die Zeit in den Gesetzen des Universums einnimmt, wurde erst durch die Arbeit Newtons im späten 17. Jahrhundert deutlich. Newton schickte seiner Darstellung eine berühmte Definition voraus: «Die absolute, wahre und mathematische Zeit verfließt an sich und vermöge ihrer Natur gleichförmig und ohne Beziehung auf irgendeinen äußeren Gegenstand.»[15] Wesentlich für das gesamte System Newtons war die Hypothese, daß materielle Körper sich auf *berechenbaren Bahnen* durch den Raum bewegen, und zwar aufgrund von Kräften, die sie nach genauen mathematischen Gesetzen beschleunigen. Nachdem Newton diese Gesetze entdeckt hatte, konnte er die Bewegung des Mondes und der Planeten berechnen und auch die Bahnen von Geschossen und anderen irdischen Körpern. Dies war ein gewaltiger Fortschritt im menschlichen Verständnis von der materiellen Welt und der Anfang der wissenschaftlichen Theorie, wie wir sie heute verstehen.

Die Mechanikgesetze Newtons erwiesen sich als so erfolgreich, daß viele meinten, sie wären auf buchstäblich alle physikalischen Prozesse im Universum anwendbar. Aus diesem Glauben entstand das Bild vom Kosmos als einem riesigen Uhrwerk, dessen Mechanismus in allen Details berechenbar sei. Das Uhrwerk Universum schloß die Zeit als fundamentalen Parameter im Wirken der materiellen Welt ein. Es war diese universelle, absolute und vollkommen abhängige Zeit, die in die Mechanikgesetze einging. Es war die Zeit, die die kosmische Uhr angab, die Zeit, mit der jede Bewegung gemessen und alle Ereignisse bestimmt werden sollten. Sie verkörperte die Vernunft des Kosmos. Und sie schenkte der Welt das eindrucksvolle Bild von Gott als Uhrmacher.

Der große französische Physiker Pierre de Laplace, der Napoleon erklärte, er «brauche diese Hypothese nicht», als sie über Gottes Handeln im Universum Newtons diskutierten, erkannte, daß, wenn jede Bewegung genau vorgegeben ist, dann der gegenwärtige Bewegungszustand des Universums genügt, seine Zukunft (und Vergangenheit) für alle Zeiten festzulegen. In diesem Fall wird die Zeit praktisch überflüssig, denn die Zukunft ist bereits in dem Sinn in der Gegenwart enthalten, als die Informationen, die man braucht, um die künftigen Zustände des Universums zu schaffen, im gegenwärtigen Zustand liegen. Der belgische Chemiker Ilya Prigogine machte dazu einmal die poetische Bemerkung, Gott der Uhrmacher sei zu einem bloßen Archivar geschrumpft, der die Seiten eines kosmischen Geschichtsbuchs umblättert, das schon geschrieben ist.[16] Während die meisten alten Kulturen den Kosmos als einen launischen lebenden Organismus betrachteten, der feinen Zyklen und Rhythmen unterliegt, bescherte Newton uns einen rigiden Determinismus, eine Welt träger Körper und Kräfte, die in unendlich genauen, gesetzesgleichen Prinzipien gefangen sind.

Die Newtonsche Zeit ist ihrem ganzen Wesen nach mathematisch. Ausgehend von dem Gedanken eines universellen Zeitflusses entwickelte Newton tatsächlich seine «Fluxionentheorie» – Differentialrechnung sagt man heute. Unsere Fixierung auf die präzise Zeiterfassung läßt sich auf die Newtonsche Vorstellung von einem mathematisch genauen, ständigen Zeitfluß zurückführen. Nach Newton wurde das Verrinnen der Zeit mehr als nur unser Bewußtseinsstrom; es spielte eine immer größere Rolle bei unserer Darstellung der materiellen Welt, etwas, das mit unendlicher Genauigkeit analysiert werden konnte. Newton machte mit der Zeit das, was die Griechen mit dem Raum machten: Er idealisierte sie zu einer exakt meßbaren Größe. Man konnte nicht länger überzeugend behaupten, die Zeit sei eine Illusion, eine geistige Konstruktion, die übriggeblieben ist von dem gescheiterten Versuch sterblicher Menschen, die Ewigkeit zu begreifen, weil die Zeit gerade in die Gesetze des Kosmos ganz weit eindringt, den Urgrund der physikalischen Wirklichkeit.

Einsteins Zeit

In diese Welt starrer Zeitlichkeit wurde Albert Einstein hineingeboren. Die Newtonsche Zeit hatte zwei Jahrhunderte überdauert und wurde im Westen kaum in Frage gestellt, wenngleich sie immer etwas unbehaglich neben dem östlichen Denken stand und den Ureinwohnern in Amerika, Afrika und Australien gänzlich fremd ist. Aber die Newtonsche Zeit ist die Zeit des «gesunden Menschenverstands» (der westlichen Welt). Sie ist außerdem leicht zu verstehen. Für Newton gab es nur eine einzige, alles umfassende, universelle Zeit, die einfach da ist. Die Zeit kann durch nichts beeinflußt werden, sie geht einfach weiter und verrinnt mit gleichbleibender Geschwindigkeit. Jede Vorstellung von einer Veränderung der Geschwindigkeit der Zeit wird als falsche Wahrnehmung angesehen. Wo immer man ist und wann, wie immer man sich fortbewegt, was immer man tut, die Zeit läuft einfach weiter, zuverlässig und für jeden gleich schnell, und bezeichnet unbeirrt die aufeinanderfolgenden Augenblicke der Wirklichkeit im gesamten Kosmos.

Die Newtonsche Vorstellung von der Zeit animiert uns unter anderem dazu, die Zeit absolut und universell in Vergangenheit, Gegenwart und Zukunft aufzuteilen. Weil das ganze Universum eine gemeinsame Zeit und ein gemeinsames «Jetzt» hat, würde jeder Beobachter überall, auch jedes grüne Männchen auf dem Mars oder sonstwo, das, was dazu bestimmt ist, vergangen zu sein, und das, was noch kommen wird, gleich auffassen. Dieses hübsche Bild von der Zeit als einer Abfolge universeller gegenwärtiger Augenblicke hat bedeutende Auswirkungen auf das Wesen der Wirklichkeit, denn nach der Newtonschen Weltsicht kann nur das, was *jetzt* geschieht, als wirklich bezeichnet werden. So nehmen viele wissenschaftliche Laien fraglos die Wirklichkeit wahr. Die Zukunft wird als «noch nicht existent», vielleicht noch nicht einmal als entschieden betrachtet, während die Vergangenheit in einen schattenhaften Zustand von Halbwirklichkeit abgedriftet ist, an den man sich vielleicht erinnert, der aber für immer vorbei ist. «Handle, handle in der lebendigen Gegenwart!» schrieb Longfellow, denn nur der Zustand der Welt *jetzt* scheint ganz konkret wirklich zu sein.

Doch diese einfache Sicht der Zeit als unveränderlich und absolut hat, so mächtig und allgemeinverständlich sie sein mag, grundlegende Mängel. Um die Wende zum 20. Jahrhundert führte die Newtonsche Vorstellung von der universellen Zeit zu absurden oder widersprüchlichen Schlußfolgerungen im Zusammenhang mit dem Verhalten von Lichtsignalen und der Bewegung von Körpern. Binnen weniger Jahre brach die Newtonsche Weltsicht zusammen. Dieser grundlegende und folgenreiche Wandel ging vor allem auf die Arbeit Einsteins zurück.

Einsteins Relativitätstheorie führte den Begriff einer an sich flexiblen Zeit in die Physik ein. Er stellte zwar nicht ganz die alten mystischen Vorstellungen von der Zeit als im wesentlichen persönlich und subjektiv wieder her, verband das Erleben der Zeit jedoch fest mit dem einzelnen Beobachter. Es war nicht mehr möglich, von *der* Zeit zu sprechen, nur noch von meiner Zeit und deiner Zeit, je nachdem, wie man sich bewegt. Das Schlagwort lautete: Zeit ist relativ.

Obwohl die Einsteinsche Zeit weiterhin den strengen Gesetzen der Physik und den Regeln der Mathematik unterlag, hatte die Abschaffung der universellen Zeit doch enorme psychologische Auswirkungen. In den Jahrzehnten nach Einstein drangen die Wissenschaftler immer tiefer in die Geheimnisse der Zeit ein. Konnten unterschiedliche Uhren unterschiedliche Zeiten messen? Gibt es eine natürliche Uhr oder Zeitmessung für das Universum als Ganzes? Hatte die Zeit einen Anfang, und wird sie ein Ende haben? Was prägt der Zeit eine eindeutige Richtung auf, eine Asymmetrie zwischen Vergangenheit und Zukunft? Woher kommt unser Gefühl für das Fließen der Zeit? Sind Zeitreisen möglich, und wenn ja, wie können die Widersprüche hinsichtlich einer Reise in die Vergangenheit aufgehoben werden? Bemerkenswerterweise sind trotz fast einhundertjähriger Erforschung viele dieser Fragen immer noch nicht zufriedenstellend beantwortet: Die von Einstein eingeleitete Revolution bleibt unvollendet. Wir warten immer noch auf ein vollständiges Verständnis des Wesens der Zeit.

Stirbt das Universum?

Es ist unmöglich, die wissenschaftlichen Bilder von der Zeit vom kulturellen Hintergrund zu trennen, der Europa in der Renaissance und der Neuzeit prägte. Die europäische Kultur ist wesentlich von der griechischen Philosophie und den religiösen Systemen des Judaismus, des Islam und des Christentums beeinflußt. Das griechische Erbe bestand in der Annahme, daß die Welt geordnet und rational ist und durch menschliches Denken begriffen werden kann; und wenn das so ist, kann ein Sterblicher das Wesen der Zeit im Prinzip erfassen. Aus dem Judaismus kam die westliche Vorstellung der Zeit, die für die wissenschaftliche Weltsicht so wichtig ist. Im Gegensatz zur vorherrschenden Vorstellung der Zeit als zyklisch glaubten die Juden an eine *lineare Zeit*. Ein zentraler Lehrsatz des jüdischen Glaubens, der sowohl vom Christentum als auch vom Islam übernommen wurde, war der vom geschichtlichen Prozeß, wonach Gottes Plan für das Universum einem festgelegten zeitlichen Ablauf folgt. Nach diesem Glaubenssystem wurde das Universum von Gott in einem bestimmten Augenblick der Vergangenheit erschaffen, und zwar in einem ganz anderen Zustand als heute. Die theologische Reihenfolge der Ereignisse – Erschaffung,

Sündenfall, Erlösung, Tag des Jüngsten Gerichts, Auferstehung – läuft parallel zu einer göttlich gelenkten Abfolge naturwissenschaftlicher Ereignisse – Ordnung nach dem Urchaos, Ursprung der Erde, Ursprung des Lebens, Ursprung des Menschen, Zerstörung und Zerfall.

Die Vorstellung einer linearen Zeit bezieht einen Zeitpfeil mit ein, der von der Vergangenheit in die Zukunft weist und die Richtung der Ereignisabfolge anzeigt. Der Ursprung des Zeitpfeils als physikalisches Prinzip ist noch ein eigenartig umstrittenes wissenschaftliches Geheimnis, auf das ich in Kapitel 9 zurückkomme. Wissenschaftler und Philosophen sind sich über die Bedeutung des Zeitpfeils absolut uneins. Die Streitfrage lautet, grob gesprochen: Wird das Universum besser oder schlechter? Die Bibel erzählt von einer Welt, die im Zustand der Vollkommenheit beginnt – im Garten Eden – und aufgrund der Sündhaftigkeit des Menschen untergeht. Ein wesentlicher Bestandteil von Judaismus, Christentum und Islam ist jedoch eine Botschaft der Hoffnung und des Glaubens an eine persönliche Besserung und die endgültige Erlösung der Menschheit.

Mitte des 19. Jahrhunderts entdeckten Physiker die drei Hauptsätze der Thermodynamik, und man erkannte bald, daß sie einen universellen Grundsatz der Entartung enthielten. Der zweite Hauptsatz der Thermodynamik wird häufig so wiedergegeben, daß jedes geschlossene System einem Zustand völliger Unordnung oder einem Chaos zustrebt. Im täglichen Leben stoßen wir in vielen vertrauten Zusammenhängen immer wieder auf den zweiten Hauptsatz, was beispielsweise auch in alltäglichen Redensarten zum Ausdruck kommt («Zerbrechen ist einfacher als machen») oder uns aus Murphys Gesetz, Parkinsons Gesetz etc. geläufig ist. Auf das Universum als Ganzes angewandt, besagt der zweite Hauptsatz, daß der gesamte Kosmos wie auf einer Rutsche einem Endzustand totaler Entartung zustrebt, also der maximalen Unordnung, die identisch mit dem Zustand eines thermodynamischen Gleichgewichts ist.

Eine Möglichkeit, den unerbittlichen Anstieg des Chaos zu messen, bietet die sogenannte «Entropie», die, grob gesprochen, definiert ist als das Maß der Unordnung in einem System. Der zweite Hauptsatz der Thermodynamik besagt nun, daß in einem geschlossenen System die Entropie insgesamt niemals abnehmen kann; sie bleibt bestenfalls unverändert. Fast alle natürlichen Veränderungen tendieren dahin, die Entropie zu erhöhen, und wir stoßen in der Natur immer wieder auf das Wirken des zweiten Hauptsatzes. Eines der bemerkenswertesten Beispiele ist, wie die Sonne allmählich ihren Kernbrennstoff verbraucht, unwiederbringlich

Wärme und Licht in die Weite des Alls schleudert und die Entropie des Kosmos mit jedem freigesetzten Photon erhöht. Irgendwann wird der Sonne der Brennstoff ausgehen, und sie wird nicht mehr scheinen. Die gleiche schleichende Entartung trifft alle Sterne des Universums. Mitte des 19. Jahrhunderts bekam dieses mißliche Schicksal den Namen «kosmischer Wärmetod». Der thermodynamische Niedergang des Kosmos stellte einen eindeutigen Bruch mit der Vorstellung vom Newtonschen Uhrwerk Universum dar. Statt das Universum als perfekte Maschine zu betrachten, sahen die Physiker es jetzt als einen riesigen Wärmemotor an, dem allmählich der Treibstoff ausgeht. Man stellte fest, daß Perpetuum mobiles wirklichkeitsfremde Idealisierungen waren, und zog den beunruhigenden Schluß, daß das Universum langsam sterbe. Die Wissenschaft hatte eine pessimistische Zeit entdeckt, und eine neue Generation atheistischer Philosophen unter Führung von Bertrand Russell klagte von der schrecklichen Unausweichlichkeit des kosmischen Untergangs.

Der zweite Hauptsatz der Thermodynamik führt einen Zeitpfeil in die Welt ein, weil die Zunahme der Entropie ein unumkehrbarer Prozeß «abwärts» zu sein scheint. Es war ein seltsames Zusammentreffen, daß, gerade als die schlechte Nachricht vom sterbenden Universum bei den Physikern die Runde machte, Charles Darwin sein berühmtes Buch *Über die Entstehung der Arten* herausbrachte. Die Evolutionstheorie schokkierte die Menschen zwar weit mehr als die Vorhersage eines kosmischen Wärmetodes, doch die Hauptbotschaft von Darwins Buch war grundsätzlich optimistisch. Die biologische Evolution führt ebenfalls einen Zeitpfeil in die Natur ein, der jedoch in die entgegengesetzte Richtung wie der des zweiten Hauptsatzes der Thermodynamik zeigt, d. h. die Evolution scheint ein Prozeß «aufwärts» zu sein. Das Leben auf der Erde begann mit primitiven Mikroorganismen, machte jedoch im Verlauf der Zeit Fortschritte und brachte eine Biosphäre von unglaublicher organisatorischer Vielfalt mit Millionen kompliziert gebauter Organismen hervor, die hervorragend an ihre ökologischen Nischen angepaßt waren. Während die Thermodynamik Entartung und Chaos vorhersagt, scheinen die biologischen Prozesse progressiv zu verlaufen und aus dem Chaos Ordnung zu schaffen. Das war eine optimistische Zeit, die in der Wissenschaft gerade dann aufkam, als die pessimistische Zeit im Begriff war, ihre Saat der Hoffnungslosigkeit zu säen.

Darwin glaubte fest daran, daß es in der Natur einen angeborenen Trieb zur Verbesserung gibt. «Und da die natürliche Zuchtwahl nur durch und für den Vorteil der Geschöpfe wirkt, so werden alle körperlichen Fähigkeiten und geistigen Gaben immer mehr nach Vervollkommnung streben», schrieb er.[17] Die Biologen sprachen bald von einer «Leiter des Fortschritts», an deren Fuß sich die Mikroben befanden und der Mensch an der Spitze. Obwohl also die Evolutionstheorie den Gedanken verwarf, daß Gott jede einzelne Art sorgfältig geplant und erschaffen habe, ließ sie doch Raum für einen planenden Gott, der differenzierter handelte, indem er den Verlauf der Evolution über Milliarden Jahre aufwärts hin zum Menschen lenkte oder führte, und vielleicht noch darüber hinaus.

Diese progressive Lebensanschauung wurde von einigen führenden europäischen Denkern wie Henri Bergson, Herbert Spencer, Friedrich Engels, Teilhard de Chardin und Alfred North Whitehead begeistert begrüßt. Sie alle sahen im Universum als Ganzem, nicht nur in der Biosphäre der Erde, Beweise für eine innere Fähigkeit der Natur, aus dem Chaos Ordnung zu schaffen. Die lineare Zeit dieser Philosophen und Wissenschaftler war eine Zeit eines schwankenden, jedoch letztlich zuversichtlichen Fortschritts.

Leider vertrug sich die Entwicklung in der Natur weder mit dem blinden thermodynamischen Chaos noch mit dem ziellosen Chaos, das der Darwinschen Evolution zugrunde liegen soll. Spannungen zwischen der Vorstellung von einer progressiven Biosphäre einerseits und einem zum Wärmetod bestimmten Universum andererseits führten zu verrrückten Reaktionen. Einige Biologen, vor allem in Frankreich, spielten Darwins zentrale These von den Zufallsmutationen zugunsten einer Eigenschaft herunter, die sie *élan vital*, Lebenskraft, nannten, die dafür sorge, daß die Organismen sich in eine progressive Richtung und gegen die chaotischen Tendenzen der unbelebten Vorgänge entwickeln. Der Glaube an eine solche Lebenskraft existiert in bestimmten nichtwissenschaftlichen Kreisen noch heute. Einige Philosophen und Wissenschaftler, die sich um das Schicksal des Universums Sorgen machten, erklärten, der zweite Hauptsatz der Thermodynamik könne unter bestimmten Umständen umgangen werden oder sollte nicht auf das Universum als Ganzes angewandt werden.

Der Streit tobt noch immer. Die Biologen haben die Lebenskraft längst abgeschrieben und viele erklären mit Nachdruck, daß jeder Eindruck eines Fortschritts in der biologischen Evolution einfach das Ergebnis von Wunschdenken und kultureller Konditionierung sei. Der Weg evolutionärer Veränderungen, behaupten sie, beruht im wesentlichen auf dem Zufall – «im Flug erhaschter Zufall», um Jacques Monods anregende Formulierung zu gebrauchen. Andere Wissenschaftler, von denen viele durch die Arbeit Ilya Prigogines beeinflußt wurden, glauben an die Existenz selbstorganisierender Prozesse in der Natur und erklären, die Entwicklung zu größerer organisatorischer Vielfalt sei eine universelle, gesetzmäßige Tendenz. Spontane Selbstorganisation muß dem zweiten Hauptsatz der Thermodynamik nicht widersprechen. Diese Prozesse erzeugen nebenher immer Entropie, und es muß somit ein Preis dafür gezahlt werden, daß aus dem Chaos Ordnung entsteht. Was das endgültige Schicksal des Universums angeht, so hängt die Entscheidung, welche dieser gegenläufigen Tendenzen – fortschreitende Komplexität oder zunehmende Entropie – am Ende die Oberhand behält, maßgeblich von der Wahl des kosmologischen Modells ab.

Die Wiederkehr der ewigen Wiederkehr

Auch wenn die Optimisten und Pessimisten sich um die Jahrhundertwende noch stritten, in welche Richtung der Zeitpfeil weise, hielt der Gedanke des zyklischen Kreislaufs überraschenden Einzug in die westliche Wissenschaft. Die Physiker bemühten sich darum, den Ursprung der thermodynamischen Hauptsätze von der Seite der atomaren Theorie der Materie her zu verstehen. Der elementarste thermodynamische Prozeß ist der Fluß des Warmen zum Kalten, ein Einbahnprozeß, der den zweiten Hauptsatz verkörpert. In Wien entdeckte Ludwig Boltzmann eine Methode, diesen Fluß über die Molekularbewegung zu berechnen. Er stellte sich eine gewaltige Ansammlung winziger Moleküle in einem festen Behälter vor, die chaotisch durcheinanderfliegen, zusammenstoßen und von der Wand des Behälters zurückprallen.

Boltzmann arbeitete bei seinem Modell mit Gas. Er erkannte, daß die willkürlichen Bewegungen der Moleküle dahin tendieren würden, jede Ordnung aufzubrechen und die Gesamtheit der Teilchen gründlich zu vermischen. Die Temperatur des Gases z. B. wird durch die Durchschnittsgeschwindigkeit der Moleküle bestimmt; wenn also das Gas in einem bestimmten Bereich irgendwann heißer wäre, würden die Moleküle sich dort im Durchschnitt schneller bewegen als die übrigen. Aber dieser Zustand würde nicht lange andauern. Die sich schneller bewegenden Moleküle würden mit den langsameren Teilchen ringsum zusammenstoßen und etwas von ihrer Bewegungsenergie abgeben. Die überschüssige Energie der Moleküle aus dem heißen Bereich würde sich auf die Gesamtmenge der Teilchen verteilen, bis eine einheitliche Temperatur erreicht und die Durchschnittsgeschwindigkeit der Moleküle in allen Bereichen des Gasbehälters gleich wäre.

Boltzmann untermauerte sein einleuchtendes physikalisches Bild mit einer umfassenden Berechnung, bei der er Newtons Bewegungsgesetze auf die Moleküle anwandte und dann mit statistischen Methoden das kollektive Verhalten großer Molekülmengen ableitete. Er fand eine Größe, die nach den Molekülbewegungen bestimmt war und einen Wert für den Grad des Chaos im Gas angab. Diese Größe, so wies Boltzmann nach, nimmt als Energie der molekularen Kollisionen umfangsmäßig ständig zu, was darauf schließen läßt, daß sie mit der thermodynamischen Entropie identisch ist. Wenn das zutraf, liefen Boltzmanns Berechnungen auf eine Abweichung des zweiten Hauptsatzes der Thermodynamik von den Newtonschen Gesetzen hinaus.

Kurz nach diesem Triumph wurde die Argumentation Boltzmanns vom französischen Physiker und Mathematiker Henri Poincaré schwer angeschlagen, der eindeutig nachwies, daß eine endliche Ansammlung von Teilchen, die sich in einem Behälter befinden und den Newtonschen Bewegungsgesetzen unterliegen, nach einer genügend langen Zeit stets zu ihrem Anfangsstadium zurückkehren müssen (oder zumindest sehr nahe dorthin). Der Zustand des Gases erlebt also «Wiederholungen». Poincarés Lehrsatz enthält die offensichtliche Folgerung, daß die Entropie des Gases, wenn sie irgendwann zunimmt, auch wieder abnehmen muß, damit das Gas zum ursprünglichen Zustand zurückkehren kann. Das Gas verhält sich mit anderen Worten auf lange Sicht zyklisch. Dieser zyklische Kreislauf im Zustand des Gases kann bis auf die Zeitsymmetrie zurückverfolgt werden, die den Newtonschen Gesetzen zugrunde liegt, welche nicht zwischen Vergangenheit und Zukunft unterscheiden.

Die Länge der Poincaréschen Zyklen ist allerdings gewaltig, etwa 10^n Sekunden, wobei n die Zahl der Moleküle ist (n ist etwa eine Billiarde Billiarden in einem Liter Luft). Das Universum ist dagegen 10^{17} Sekunden alt; die Zyklen sind also wirklich enorm lang, selbst für eine Handvoll Moleküle. Trotzdem ist die Länge der Zyklen endlich, so daß die Möglichkeit einer Entropieabnahme zu irgendeinem Zeitpunkt in sehr ferner Zukunft nicht ausgeschlossen werden kann. Boltzmanns Folgerung, daß die Entropie als Ergebnis molekularer Kollisionen nur zunehmen kann, wurde immerhin als falsch entlarvt und später durch die weniger klare statistische Behauptung ersetzt, daß die Entropie des Gases *sehr wahrscheinlich* zunimmt. Eine Abnahme der Entropie ist möglich, und zwar als Folge statistischer Schwankungen. Die Chancen für eine entropievermindernde Schwankung sinken jedoch drastisch mit der Größe der Schwankung, was bedeutet, daß große Entropieabnahmen höchst unwahrscheinlich sind – aber dennoch rein rechnerisch möglich. Boltzmann selbst erklärte, daß das Universum als Ganzes vielleicht Poincarésche Zyklen gewaltiger Dauer erlebe und der gegenwärtige relativ geordnete Zustand des Universums das Ergebnis einer unglaublich seltenen Entropieabnahme sei. Fast die ganze Zeit würde der Zustand des Universums dicht beim Gleichgewicht liegen, d. h. beim Zustand des Wärmetods. Diese Gedanken legten nahe, daß der kosmische Wärmetod nicht ewig währt und eine Auferstehung möglich ist, wenn man nur lange genug wartet.

Mit der Entdeckung der Poincaréschen Wiederholungen wurde der Gedanke der ewigen Wiederkehr Bestandteil des wissenschaftlichen Diskurses, allerdings in einer ganz anderen als der volkstümlichen Version. Erstens braucht die Welt unvorstellbar lange, um zu ihrem gegenwärtigen Zustand zurückzukehren. Zweitens ist der betreffende Zyklus nicht genau periodisch, sondern nur eine statistische Wiederholung. Der Unterschied läßt sich am besten anhand eines Kartenspiels erklären. Wenn ein nach Farben und Reihenfolge geordnetes Kartenspiel gemischt wird, ist es nach dem Mischen fast sicher in einem weniger geordneten Zustand. Da der Kartenstapel aber nur eine endliche Anzahl von Zuständen hat, *muß* bei ständigem Mischen jeder mögliche Zustand wieder und wieder erscheinen, unendlich oft. Die ursprüngliche Ordnung nach Farbe und Reihenfolge wird irgendwann rein zufällig wiederhergestellt. Der Zustand der Karten kann als analog zu den Zuständen des Gases betrachtet werden, und das Mischen spielt die Rolle der chaotischen molekularen Kollisionen.

Der oben erwähnte Streit wurde von dem deutschen Philosophen Friedrich Nietzsche aufgegriffen, der zu dem Schluß kam, daß kosmische Wiederholungen dem Leben des Menschen jeden Endzweck nähmen.[18] Die Sinnlosigkeit endloser Zyklen mache das Universum lächerlich, erklärte er. Seine Philosophie des Nihilismus machte den Gedanken an Fortschritt verächtlich, den menschlichen wie den kosmischen. Sicher, wenn das Universum eines Tages zu einem ursprünglichen Zustand zurückkehrt, wird jeder Fortschritt schließlich aufgehoben. Diese Schlußfolgerung veranlaßte Nietzsche zu seinem berühmtesten Aphorismus: «Gott ist tot!»

Einstein war sich der widerstreitenden Gedanken um den Zeitpfeil durchaus bewußt. Tatsächlich leistete er in dem Jahr, in dem er seine Relativitätstheorie aufstellte, auch einen größeren Beitrag zur statistischen Mechanik der Molekularbewegungen. Aber obwohl er es anders wußte, beruhte sein erster Versuch, ein Modell des Universums zu entwerfen, auf der Annahme, daß es statisch und unveränderlich sei. Er war mit dieser Annahme nicht allein. Die meisten Astronomen des 19. Jahrhunderts meinten, das Universum bleibe im wesentlichen unverändert. Dieser Glaube an einen stabilen, ewigen Kosmos, in dem negative Prozesse ständig durch eine Regeneration ausgeglichen werden, geht auf die alten Griechen zurück. Solche Modelle haben sich im Gewand der verschiedenen Theorien vom stationären Kosmos bis heute gehalten.

In der Kosmologie gibt es heute vier Klassen. Erstens das orthodoxe wissenschaftliche Modell eines Universums, das zu einem bestimmten Zeitpunkt der Vergangenheit entstanden ist und allmählich einem Wärmetod entgegentreibt. Zweitens ein Universum mit einem eindeutigen Ursprung, das jedoch trotz des zweiten Hauptsatzes der Thermodynamik fortschreitet. Drittens das zyklische Universum ohne Anfang oder Ende, das sich entweder ganz streng oder im Rahmen statistischer Wahrscheinlichkeit wiederholt. Viertens schließlich das statische oder stationäre Universum, in dem lokale Prozesse entarten oder fortschreiten können, das Universum als Ganzes aber mehr oder weniger ewig gleich bleibt.

Keine Frage, daß die weitverbreitete Annahme des ersten kosmologischen Modells viel der westlichen Kultur und Jahrhunderten eines festverwurzelten Glaubens an ein erschaffenes Universums zu verdanken hat. Dieser Glaube brachte die Vorstellung einer universellen Zeit, der Zeit Gottes, mit sich, aus der geschlossen wurde, daß es einen bestimmten *Zeitpunkt* für die Erschaffung geben müsse. Versuche, diesen Zeitpunkt aus der Bibel abzuleiten, landeten immer wieder bei nur einigen tausend Jahren vor Christus. Im Europa der Renaissance erschien eine solche Zahl nicht ungewöhnlich. Man wußte wenig über geologische Verfahren oder biologische Veränderungen und noch weniger über die wirkliche astronomische Anordnung des Universums. Es war ohne weiteres möglich zu glauben, daß das Universum erst ein paar tausend Jahre alt sei.

Als die Geologen im 19. Jahrhundert die Versteinerungen als Beweis für das enorme Alter der Erde vorlegten, hielten einige Kirchenmänner dagegen, diese Abbilder habe der Teufel geschaffen, um uns zu verwirren. Es gibt religiöse Eiferer, die bis auf den heutigen Tag erklären, daß wir unseren Uhren oder Sinnen nicht trauen könnten. Sie glauben fest daran, daß das Universum vor ein paar tausend Jahren von Gott erschaffen wurde und lediglich alt aussieht.

Haben sie vielleicht recht? Können wir sicher sein, daß das Universum wirklich so alt ist? Bedenken wir dies. Der Stern Sanduleak 69202 explodierte vor 170 000 Jahren Erdzeit. Kein Mensch wußte davon, bis ein technischer Assistent im Las Campanas-Observatorium in Chile das Ereignis in der Nacht vom 23. auf den 24. Februar 1987 beobachtete. Die Explosion war am dunklen Nachthimmel mit bloßem Auge sichtbar. Die Nachricht brauchte so lange, uns zu erreichen, weil Sanduleak 69202 etwa anderthalbtausend Billiarden Kilometer von uns entfernt in der nahen Minigalaxie der Großen Magellanschen Wolke liegt und das Licht der Explosion sich mit endlicher Geschwindigkeit ausbreitet.

Wäre das Universum vor einigen tausend Jahren entstanden, hätte Sanduleak 69202 schon explodiert sein müssen, ein totgeborener Stern. Aber das wäre noch nicht alles. Im Raum zwischen dem betroffenen Stern und der Erde liegt ein Lichtstrahl, der sich ohne Unterbrechung von unseren Augen zurück bis zu dem Stern erstreckt. Und auf diesem Strahl bewegt sich die Aufzeichnung dessen, was dem Stern widerfahren ist, unaufhaltsam auf uns zu. Stellen Sie sich diesen 170000 Lichtjahre langen Strahl am Tag der Schöpfung vor. Der Sternenstrahl, der insgesamt entstanden sein muß, als der Stern noch existierte, enthält auf dem größten Teilstück das Bild eines toten Sterns, der explodiert ist. Aber in der Nähe der Erde, auf einem Abschnitt, der nur einige tausend Lichtjahre lang ist, verschlüsselt der Strahl eine eigenartige Fik-tion – Bilder von einem lebenden Stern, der nie existiert hat. Das ganze wurde lediglich bewerkstelligt, damit es so aussieht, als ob es einmal einen lebenden Stern gegeben hätte, während Gott in Wirklichkeit einen toten Stern erschaffen hat.

Aber woher wissen wir, daß dieser seltsame, bewerkstelligte Schöpfungsakt sich vor einigen tausend Jahren ereignete? Wenn Gott ein junges Universum schaffen kann, das alt aussieht, wie können wir dann sicher sein, daß er es nicht vor, sagen wir, zweitausend Jahren erschaffen hat, damit es mit der Geburt Christi zusammenfiel? Das würde bedeuten, daß auch einige menschliche Zeugnisse wie das Alte Testament hätten erschaffen werden müssen, und auch fossile Zeugnisse wie die Dinosaurier und stellare Zeugnisse wie der auf so seltsame Weise erhaltene Lichtstrahl vom Sanduleak 69202. Warum eigentlich nicht? Ein Wesen, das tote Sterne erschaffen kann, kann sicher auch ein paar Unterlagen fälschen. Wieso können wir sicher sein, daß das Universum nicht erst vor hundert Jahren erschaffen und alles nur so eingerichtet wurde, daß es sehr viel älter erscheint? Oder vielleicht besteht die Welt auch erst seit fünf Minuten, und wir alle wurden bereits mit entsprechenden Erinnerungen an unsere früheren Betätigungen im Kopf geschaffen.

Es geschieht, wenn es geschieht

Als ich noch ein kleiner Junge war, lag ich nachts oft wach in banger Erwartung irgendeines unangehmen Ereignisses am nächsten Tag, etwa einem Besuch beim Zahnarzt, und wünschte mir, ich könnte irgendeinen Knopf drücken, der mich vierundzwanzig Stunden weiter beförderte. In der Nacht darauf fragte ich mich, ob dieser Zauberknopf wirklich existierte, und wunderte mich, daß der Trick tatsächlich funktioniert hatte. Denn schließlich waren inzwischen vierundzwanzig Stunden vergangen, und auch wenn ich mich an den Gang zum Zahnarzt erinnern konnte, war er zu dem Zeitpunkt doch nur noch eine Erinnerung an ein Erlebnis, nicht ein Erlebnis.

Natürlich gab es auch einen anderen Knopf, der mich in der Zeit zurück beförderte. Dieser Knopf hielt Bewußtsein und Erinnerung in dem Zustand fest, in dem sie an jenem zurückliegenden Tag gewesen waren. Ein Druck, und ich konnte wieder ein Kind sein und erneut zum ersten Mal meinen vierten Geburtstag erleben...

Dank dieser Knöpfe gab es nicht mehr jenen ordentlichen Ablauf von Ereignissen, die offensichtlich mein Leben ausmachten. Ich konnte nach Belieben vor und zurück springen in der Zeit, alle unangenehmen Vorkommnisse sofort hinter mir lassen, die guten Zeiten sooft ich wollte herholen, dem Tod selbstverständlich immer aus dem Weg gehen, und das *ad infinitum*. Ich hatte nicht das Empfinden der Willkür, denn in jedem Stadium verschlüsselte mein Geisteszustand einen einheitlichen Ablauf von Ereignissen.

Es ist nur ein kleiner Schritt von diesen wilden Vorstellungen zu dem Verdacht, daß vielleicht jemand anders – ein Dämon oder eine fundamentalistische Gottheit womöglich – diese Knöpfe für mich drückt, und ich armer Tölpel merke von der ganzen Gaunerei überhaupt nichts. Solange sich der geheimnisvolle Knopfdrücker andererseits an die Spielregeln hält, kommt es mir so vor, als genösse ich eine Art Unsterblichkeit, auch wenn sie an vorgegebene Ereignisse gebunden ist. Vielleicht ist das ja immer noch besser als Sterblichkeit. «In der Ewigkeit gibt es nichts Vergangenes und nichts Zukünftiges, sondern nur Gegenwärtiges», schrieb Philo von Alexandria.[19] Aber das war im ersten Jahrhundert. Wir müssen vorsichtig sein. Die Zeiten haben sich seitdem geändert.

Das Aufregende an den obigen «Gedankenexperimenten» ist die Frage, ob sich mein Leben verändern würde, wenn es tatsächlich zu diesem Knopfdrücken käme. Was bedeutete es überhaupt, zu sagen, daß ich mein Leben auf sprunghafte, willkürliche Art erlebe? Jeder Augenblick meines Erlebens *ist* dieses Erlebnis, wie immer es zeitlich zu anderen Erlebnissen steht. Solange die Erinnerungen einheitlich sind, welche Bedeutung kann da der Behauptung zugeschrieben werden, mein Leben geschehe in einer wirren Abfolge?

In seinem Roman *October the First Is Too Late* hat der britische Astronom und Science-fiction-Autor Fred Hoyle sich ebenfalls eine Art Knopfdrücker ausgedacht, allerdings einen, der die Dinge versiebte und einiges zeitlich durcheinanderbrachte. Menschen durchquerten «Zeitzonen» und trafen staunend auf Gemeinschaften, die zu verschiedenen geschichtlichen Zeiten lebten. Der Wissenschaftler in Hoyles Roman hat, gefangen in seinem Alptraum, nichts mit dem Begriff der Zeit als «einem ewig fließenden Strom» im Sinn und tut sie als «eine groteske und absurde Illusion» ab. Er sagt: «Wenn es in der Physik eins gibt, worüber wir sicher sein können, dann dies, daß alle Zeiten mit gleicher Wirklichkeit existieren.»[20] Wir sind aufgefordert, über Ereignisse im Universum in Form einer ungewöhnlichen Metapher nachzudenken: als eine Reihe numerierter Ablagefächer, die Botschaften über benachbarte Fächer enthalten. Die Botschaften geben genau den Inhalt der Fächer mit kleineren Nummern wieder («die Vergangenheit»), bleiben bei denen mit höheren Nummern («die Zukunft») jedoch vage. Das ahmt die Kausalität und die Asymmetrie zwischen unserem gesicherten Wissen über die Vergangenheit und den verschwommenen Voraussagen über die Zukunft nach. Aber es gibt keinen Zeit*fluß*. Statt dessen erscheint ein metaphorischer Angestellter, der die Fächer eins nach dem anderen überprüft. Jeder Prüfungsvorgang schafft einen Augenblick von Bewußtsein in der Welt: «Sobald ein bestimmter Zustand gewählt ist und ein imaginärer Büroangestellter einen Blick auf den Inhalt eines bestimmten Fachs wirft, hat man das subjektive Empfinden eines bestimmten Augenblicks, dessen, was man Gegenwart nennt», erklärt der Wissenschaftler.

Das eigenartige Merkmal dieses Bildes ist, daß der Angestellte die Fächer nicht in numerischer Reihenfolge prüfen muß. Er könnte nach Belieben umherspringen, sogar willkürlich, ohne daß wir es merken würden; wir hätten immer noch den Eindruck der Zeit als einem ständigen, ewig fließenden Strom. Jeder vom Angestellten aktivierte Augenblick menschlichen Bewußtseins bedeutet ein Erinnerungserlebnis des «Inhalts aus dem Fach» weiter in der numerischen Reihenfolge, auch wenn der Angestellte diese Fächer schon eine Weile nicht mehr überprüft hätte. Außerdem kann nichts den Angestellten davon abhalten, dasselbe Fach eine Million Mal zu prüfen. Vom subjektiven Standpunkt des mit diesem Fach verbundenen Bewußtseins erscheint die Welt bei jedem Gang gleich. «Es ist egal, ob man einige oder alle eine Million Mal auswählt, man erführe nie etwas anderes als bei der normalen Reihenfolge.»

Es kommt noch schlimmer. Der Wissenschaftler denkt sich zwei Reihen mit Fächern. Eine ist für Sie (d. h. die Fächer enthalten Ereignisse, die Ihr Bewußtsein betreffen), die andere für mich. Der Angestellte wird in Hoyles Geschichte in diesem Stadium durch einen weniger anthropomorphen bewegten Lichtpunkt ersetzt. «Unser Bewußtsein entspricht gerade dem, wohin das Licht fällt, wenn es über die Fächer tanzt», erfahren wir. Aber das Licht braucht die Fächer nicht paarweise und gleichzeitig zu prüfen (d. h. zu beleuchten), eins aus jeder Reihe. Es kann zwischen den Reihen hin und her springen. Es gäbe wirklich nur ein Bewußtsein, aber zwei Reihen Fächer, und das aktivierte Bewußtsein in einer Reihe würde anders als das in der anderen Reihe empfinden – und sich auch als eine andere Person betrachten. Wenn man das fortführt, könnten alle bewußten Wesen im Universum – menschliche, tierische und fremde – praktisch dasselbe Bewußtsein haben, jedoch in unterschiedlichen Zusammenhängen zu unterschiedlichen Zeiten aktiviert sein. Selbst wenn der Vorgang vollkommen willkürlich wäre, würde er doch den Eindruck einer geordneten Abfolge von Ereignissen hervorrufen, die von unzähligen verschiedenen Wesen erlebt werden.

In der wirklichen Welt drückte Papst Gregor XIII. 1582 einen metaphorischen Knopf (d. h., er erließ ein Dekret), und auf den 4. Oktober folgte gleich der 15. Oktober. So war es zumindest in den katholischen Ländern. Die Protestanten mißtrauten diesem römischen Kunstgriff. Wurden ihnen vielleicht zehn Tage ihres Lebens gestohlen? Einige verwirrte Geister konnten *Datum* und *Zeit* nicht unterscheiden. England und Amerika übernahmen den Gregorianischen Kalender erst im 18. Jahrhundert, während die Russen es erstaunlicherweise bis 1917 aushielten. Die Anpassung durch den Papst war notwendig, weil die Erde nicht so entgegenkommend ist, die Sonne in einer genauen Zahl von Tagen zu umkreisen; deshalb die Notwendigkeit der Schaltjahre. Der alte römische Kalender berücksichtigte die Schaltjahre nicht genau genug, und so wurde das Osterfest immer wärmer, weil Kalenderjahr und Jahreszeiten immer weiter auseinanderdrifteten. Papst Gregor ordnete an, daß Jahrhundertjahre nur dann ein Schaltjahr sein sollten, wenn sie durch 400 teilbar waren. Das regelt die Dinge für die nächsten 3300 Jahre. Neuere Verbesserungen der Regelung haben für weitere 44 000 Jahre Ordnung geschaffen. Es geht jedoch das Gerücht, daß die Bewohner einer Insel der Äußeren Hebriden noch immer keine Neigung zeigen, den neumodischen Gregorianischen Kalender zu übernehmen.

Ich will die Frage der psychologischen «Fächerzeit» im Augenblick beiseite lassen und mich nur mit der physikalischen, meßbaren Zeit befassen, als wäre sie Wirklichkeit. Denn das ist die Grundvoraussetzung der Wissenschaft – daß es da draußen eine wirkliche Welt gibt, auf die wir uns einen Reim machen können. Und zu dieser Welt gehört auch die Zeit. Ein rationales Universum vorausgesetzt, können wir auch nach Antworten auf rationale Fragen nach der Zeit suchen, etwa zur Herkunft des Zeitpfeils und dem Datum, an dem das Universum angefangen hat, falls es tatsächlich einen Anfang hat.

Newtons rationale Uhrwerkskosmologie und die thermodynamische Todeskosmologie jedoch, die danach kamen, beruhten auf einer stark vereinfachten Sicht der Zeit. Auch wenn Newtons Zeitbegriff für zwei Jahrhunderte genügte, hat er doch wesentliche Mängel. Es bedurfte des Genies von Albert Einstein, sie aufzudecken.

2

Zeit für einen Wechsel

Von dem Augenblick, wo er die herkömmliche Vorstellung von der Zeit in Frage stellte, brauchte er nur fünf Wochen zur Niederschrift seiner These, obwohl er tagsüber im Patentamt arbeitete.

G. J. Whitrow

Ein Geschenk des Himmels

Fünfzehnhundert Lichtjahre entfernt, im Sternbild des Adlers, liegt ein sonderbares astronomisches System. Unter dem geheimnisvollen Namen PSR 1913+16, oder einfacher «der Doppelpulsar», besteht es aus zwei ausgebrannten, kollabierten Sternen, die sich in einem zeitlupenähnlichen Todestanz umkreisen. Jeder Stern enthält mehr Materie als unsere Sonne; die Materie ist jedoch so stark komprimiert, daß sie im Durchmesser kaum die Fläche von Manhattan bedecken würde.

Meine Geschichte über die Einsteinsche Zeit beginnt mit einem dieser Sterne. Er rotiert mehrere Male pro Sekunde, und sein Magnetfeld, das eine Billiarde Mal stärker als das der Erde ist, erzeugt dabei einen gewaltigen kosmischen Dynamo. Vagabundierende Elektronen verfangen sich im Magnetfeld und werden fast auf Lichtgeschwindigkeit beschleunigt. In Kreisbahnen gezwungen, schleudern die Elektronen in einem schmalen Strahl elektromagnetische Strahlung ins All. Da der Stern rotiert, streicht der Strahl wie der eines Leuchtturms über das Universum. Jedesmal, wenn er über die Erde huscht, können unsere Radioteleskope ein kurzes Signal empfangen. Die Signalfrequenz von PSR 1913+16 weist ihn als ein ganz besonderes Objekt aus – als einen Pulsar. Als 1967 der erste Pulsar entdeckt wurde, sprach man halb im Scherz von außerirdischen Funksignalen, weil die Pulse so exakt waren. Aber Pulsare sind völlig natürliche Objekte, und die Wissenschaftler merkten bald, daß sie aufgrund ihrer präzisen Signale zu den genauesten Uhren im Universum gehören. Am 1. September 1974, kurz nach seiner Entdeckung, wurde z. B. die Pulsationsperiode von PSR 1913+16 bestimmt – sie beträgt 0,059029995271 Sekunden.

Beim Doppelpulsar macht der Uhrenstern mehr als nur rotieren und piepen: Er dreht sich auf einer sehr schnellen Umlaufbahn auch um seinen Begleitstern. Diese Orbitalbewegung hinterläßt einen charakteristischen Abdruck im pausenlosen Geplapper der Radioimpulse. Die Pulsationsrate, die bei einem stationären Pulsar so regelmäßig ist, schwankt in der Frequenz. Die Astronomen haben auch die winzigste Einzelheit dieser Schwankung festgehalten und das Stakkato der Impulse bis auf 50 Mikrosekunden genau untersucht. Für sie ist PSR 1913+16 ein astronomisches Juwel – so nützlich und unerwartet, daß man ihn als ein Geschenk des Himmels bezeichnen kann.

Dieses spezielle Geschenk war das Abfallprodukt einer routinemäßigen Suche nach neuen Pulsaren, die der Doktorand Russel Hulse von der University of Massachusetts in Amherst durchführte. Hulse war von seinem Doktorvater, einem jungen Professor aus Amherst namens Joseph Taylor, einen Sommer nach Arecibo in Puerto Rico geschickt worden, wo sich das größte Radioteleskop der Welt befindet. Hulse hatte das Glück, das schwache Signal am 2. Juli zu entdecken, weil es gerade noch über der Aufzeichnungsschwelle lag. Nachdem seine Neugier durch die regelmäßigen Piepssignale geweckt war, kam Hulse im August wieder, um das Objekt weiter zu beobachten. Überrascht stellte er fest, daß sich die Periodendauer geändert hatte und sich während der Beobachtungen weiter veränderte. Wenn das Objekt ein Pulsar war, mußten seine Pulse absolut regelmäßig sein. Bis zum September hatte Hulse herausgefunden, daß die Schwankungen in der Periodendauer einem Muster folgten, und er erkannte, daß der Pulsar Teil eines Doppelsternsystems sein mußte und die Schwankungen durch die Umlaufbahn des Pulsars hervorgerufen wurden. Es wurde klar, daß der Begleiter wie der Pulsar ebenfalls ein kollabierter Stern war und die Astronomen in PSR 1913+16 einen fast perfekten Prüfstand für Einsteins Relativitätstheorie gefunden hatten. Die Entdeckung wurde für wert befunden, Hulse und Taylor 1993 dafür einen Nobelpreis für Physik zu verleihen.

Die genau überwachten Schwankungen der Pulse des Doppelpulsars wären ohne die Arbeit Einsteins vollkommen unverständlich. Das Urgenie spielte in der Geschichte der Wissenschaft eine einzigartige Rolle. Auch ihn könnte man als ein Geschenk des Himmels bezeichnen. Bekannte Fotos zeigen ihn mit salopper Kleidung, zerzausten grauen Haaren und einem verträumten Blick. Doch der Einstein unserer Geschichte hier war ein ziemlich eleganter aufgeweckter Sechsundzwanzigjähriger, ein zweifellos vielversprechender junger Mann, mit dessen Name allerdings noch keine herausragenden Leistungen verbunden waren. Und im Gegensatz zur Legende war er kein mathematisches Genie. Hermann Minkowski, Einsteins mathematischer Tutor an der Universität, beklagte sogar seine schwachen mathematischen Leistungen und nannte ihn einen «faulen Hund». Einstein besaß jedoch ein bestechendes physikalisches Gespür.

Einstein, am 14. März 1879 in Ulm geboren, war der Sohn einer recht gebildeten und künstlerisch veranlagten Mutter (Pauline) und eines nüchternen Geschäftsmanns (Hermann). Die Eltern waren Juden, praktizierten ihren Glauben jedoch nicht, und Albert wurde auch nicht religiös erzogen. Mit fünf Jahren kam er sogar auf eine katholische Schule in München, wohin die Familie 1880 gezogen war. Albert fühlte sich auf der Grundschule nicht sonderlich wohl und war auch kein guter Schüler. Der Direktor erklärte dem Vater, daß Albert höchstwahrscheinlich nicht gut abschließen werde. Albert war in Mathematik gut und methodisch, ließ aber nichts von seiner enormen wissenschaftlichen Begabung erkennen.

Mit zehn Jahren kam Albert in München auf das Luitpold-Gymnasium. Wieder tat er sich schwer. Die sehr formalen Lehrmethoden und die starke Betonung der Klassik behagten ihm nicht. Viel mehr Anregung bekam er von seinem Onkel Jakob, dem Partner seines Vaters in einem ziemlich heruntergewirtschafteten Elektrogeschäft. Jakob gelang es, die Phantasie des Jungen mit Gesprächen und Büchern über Naturwissenschaft und Mathematik zu fesseln. 1894, als Albert gerade fünfzehn war, beschlossen Hermann und Jakob, ihr Geschäft nach Mailand zu verlegen; Albert sollte die letzten drei Schuljahre als Internatsschüler hinter sich bringen. Er blieb nur sechs Monate. Entmutigt und unglücklich entschloß er sich zu türmen. Daraufhin wurde er offiziell vom Gymnasium verwiesen mit der Begründung, im Unterricht zu stören und den Lehrern gegenüber ungehörig zu sein.

Der rebellische Albert tauchte unerwartet in Italien auf und erklärte seinen geschockten Eltern, daß er nicht nur seine deutsche Staatsbürgerschaft aufgeben wolle, sondern auch seinen jüdischen Glauben. Was seine Ausbildung anging, wollte er auf die angesehene ETH in Zürich gehen, die Eidgenössische Technische Hochschule. Unglücklicherweise fiel er durch die Aufnahmeprüfung. Ende 1896 gelang ihm endlich die Aufnahme in die ETH, wo er Naturwissenschaft und Mathematik belegte. Nach ein paar angenehmen Jahren als typischer Student, der zwar intelligent war, aber zum Eigensinn neigte, machte er am 28. Juli 1900 sein Examen. Sein Notendurchschnitt waren achtbare, wenn auch keine sensationellen 5 von 6 Punkte.

In dieser Zeit erwarb Einstein auch die schweizerische Staatsbürgerschaft. Vom Militärdienst wurde er wegen seiner Plattfüße und Krampfadern freigestellt. Nach einem kurzen Wiedersehen mit seiner Familie in Italien nahm er vorübergehend einen Lehrerposten an einer Schule bei Schaffhausen an. Er verliebte sich in eine junge Serbin namens Mileva Maric, eine Kommilitonin von der ETH. Im Juli 1901 verkündete Mileva, daß sie schwanger sei, was einen handfesten Familienkrach nach sich zog. Sie gebar eine Tochter, Lieserl, die zur Adoption freigegeben wurde und ein wohlgehütetes Geheimnis blieb. Albert und Mileva heirateten schließlich und bekamen noch zwei Söhne.

Mitten in der Zeit, als der Familiensegen wegen Milevas Schwangerschaft schief hing, saß Albert an seiner Doktorarbeit und bewarb sich mit Erfolg um eine Anstellung beim schweizerischen Patentamt in Bern. An diesem unscheinbaren Platz begann er seine Arbeit, die zwei, drei Jahre später die Grundfesten der Physik erschüttern sollte. 1905, in seinem annus mirabilis, trug Einstein binnen weniger Monate Bedeutendes zu drei revolutionären Durchbrüchen in der Physik bei. Der erste war die Quantentheorie, der zweite die statistische Mechanik. Einsteins schöpferische Beiträge waren in Arbeiten über den photoelektrischen Effekt und die Brownsche Bewegung enthalten. (Die Brownsche Bewegung ist die zitternde Bewegung, die sehr kleine, in einer Flüssigkeit aufgeschwemmte Teilchen ausführen und die auf ein molekulares Bombardement zurückgeht. Sie ist benannt nach dem Botaniker Robert Brown, der den Effekt als erster bei Pollenkörnern beobachtete.)

Es war jedoch vor allem der dritte und in vieler Hinsicht weitreichendste Beitrag, der Einstein unsterblich machte. Unter dem unscheinbaren Titel «Zur Elektrodynamik bewegter Körper» wurde er in der Zeitschrift *Annalen der Physik* veröffentlicht. Der Beitrag bestand aus mehreren

Seiten elementarer mathematischer Beweisführung und hatte zum Ziel, das Verhalten bewegter elektrischer Ladungen zu erklären. Diese wenigen Seiten sollten das ganze wissenschaftliche Gebäude erschüttern und einen Wandel unseres Verständnisses von der Welt einleiten. Im Auge des gedanklichen und begrifflichen Orkans, den Einstein entfachte, befindet sich das Thema *Zeit*. Wir werden bald sehen, daß unsere gefühlsmäßige, allgemeinverständliche Sicht der Zeit hoffnungslos und vehement mit den beharrlichen Impulsen des Doppelpulsars kollidiert. Diese verräterischen Impulse hämmern und wirken ihr mathematisches Muster mit der Präzision eines Uhrwerks in eine Botschaft, die so klar ist wie die zwölf Dezimalstellen ihres Meßwertes: *Newtons universelle Zeit ist eine Täuschung*.

Der Pulsar selbst ist ein totes Überbleibsel, der Kern eines einst leuchtenden Sterns, der seinen Kernbrennstoff hastig verbraucht hat und dann, der lebensnotwendigen Wärmequelle beraubt, die er zur Aufrechterhaltung des inneren Drucks brauchte, kollabierte. Der Kern kollabierte weiter, bis seine Dichte eine Milliarde Tonnen pro Kubikzentimeter erreichte. Das entspricht der Materiedichte in einem Atomkern, und der Pulsar ist im Grunde ein riesiger Atomkern – ein Ball aus Neutronen. Er ist, wie die Fachleute sagen, ein «Neutronenstern». Neutronensterne sind so kompakt, daß sie eine enorme Schwerkraft haben. Auf ihrer Oberfläche würden Sie eine Milliarde Tonnen wiegen! Deshalb kann ein Neutronenstern rotieren, ohne auseinanderzufliegen; einige Neutronensterne rotieren, wie man weiß, über tausend Mal in der Sekunde.

Der Doppelpulsar ist ungewöhnlich, weil er aus zwei Neutronensternen besteht, die einander umkreisen. Jeder hat etwa 1,4 Sonnenmassen. Es wird noch viele andere derartige Doppelsysteme im Universum geben und auch andere, bei denen ein Neutronenstern ein schwarzes Loch umkreist. Die Bedeutung von PSR 1913+16 für uns liegt darin, daß der Pulsar – diese Uhr par excellence – sich in einer Umgebung befindet, wo er zwei Wirkungen ausgesetzt ist, die sich für unser Verständnis der Zeit als äußerst wichtig erweisen: Bewegung und Gravitation.

Abschied vom Äther

Newton hat nicht angenommen, daß die Bewegung die Zeit beeinflussen könnte. Wenn die Zeit universell ist, kann sie schließlich nicht davon abhängen, ob Sie, der Beobachter, sich entschließen, sich zu bewegen oder nicht. In der Weltsicht Newtons kann Bewegung (wie bei den Zeigern einer Uhr) dazu benutzt werden, eine alles durchdringende, bereits existierende Zeit zu *messen*, aber nicht dazu, sie zu schaffen oder auch nur um ein Jota zu verändern.

Newtons Annahme von der Unveränderlichkeit der Zeit mußte zu ernsten Schwierigkeiten führen. Ihre Mängel hätten sich den Wissenschaftlern früher oder später auf irgendeine Weise gezeigt. So brachten die Ereignisse um die Jahrhundertwende, sowohl experimentelle Merkwürdigkeiten wie auch theoretische Widersprüche, die Sache auf dem Gebiet des Elektromagnetismus zum Ausbruch. Die Bewegung der elektrisch geladenen Teilchen war es, die Einstein in jenen frühen Jahren im Patentbüro irritierte. Um zu erkennen, was das Problem war, muß man einen Gedanken verstehen, der für Newton genauso wichtig war wie seine universelle Zeit: die *Relativität der Bewegung*.

Stellen Sie sich vor, Sie befinden sich in einer Kiste weit draußen im All. Sie sind schwerelos und empfinden keinerlei Bewegung. Was besagt die Feststellung, Sie bewegen sich? Sie können durch eine Öffnung in der Kiste blicken und sehen vielleicht eine Raumkapsel vorbeisausen. Heißt das, daß Sie sich bewegen? Oder bewegt sich die Raumkapsel, oder beide? Ein Gespräch mit dem Astronauten in der Kapsel über Funk bringt auch nichts: «Ich empfinde keinerlei Bewegung», sagt er. Sie sind vom Weltraum umgeben, aber es gibt keine Möglichkeit festzustellen, ob Sie sich *durch* den Weltraum bewegen, denn der Weltraum hat keine Anhaltspunkte, an denen Sie Ihre Bewegung ablesen können. Es ergibt einen Sinn zu sagen, man bewege sich *relativ* zur Raumkapsel, aber der Aussage, man bewege sich *absolut durch den Raum*, ist offenbar kein Sinn zuzuordnen.

Newton, und auch Galilei vor ihm, war klar, daß Bewegung bei gleichbleibender Geschwindigkeit in einer festen Richtung rein relativ ist. Veränderungen der Bewegung haben dagegen sehr wohl absolute Auswirkungen. Wenn die Kiste, in der Sie sich befinden, plötzlich losprescht oder zu einer Seite abdreht, werden Sie herumgeschleudert und spüren Kräfte wirken. Sie würden es sofort merken. Aber eine stetige, gleichförmige, geradlinige Bewegung wird von solchen Auswirkungen nicht begleitet. Wenn Sie in einem Flugzeug fliegen, können Sie z. B. nicht sagen, ob es ruhig am Boden steht oder mit gleichbleibender Geschwindigkeit fliegt. Bis auf die Vibration fühlt es sich genau gleich an. Erst wenn Sie aus dem Fenster blicken und sehen, ob Sie sich relativ zum Boden bewegen, können Sie den Unterschied feststellen.

Newton nahm dieses «Relativitätsprinzip» in seine Bewegungsgesetze auf, und es blieb auch um die Jahrhundertwende ein zentraler Grundsatz der physikalischen Theorie. Auch für Einstein war es ein Grundprinzip der Physik, das unbedingt beibehalten werden mußte. Aber die Sache hatte einen Haken. Die Gesetze des Elektromagnetismus, die das Verhalten elektrisch geladener Teilchen und die Bewegung elektromagnetischer Wellen wie Licht- und Radiowellen beschreiben, vertrugen sich offenbar nicht mit dem Relativitätsprinizip, bewährten sich aber bestens. Um die Mitte des 19. Jahrhunderts von Michael Faraday und James Clerk Maxwell geschaffen, hatte die elektromagnetische Theorie zur Vereinigung von Elektrizität, Magnetismus und Optik geführt und das moderne Zeitalter der Elektronik angekündigt. Wie konnte etwas, das so richtig war, in einem so wichtigen Punkt Mängel aufweisen?

Am deutlichsten trat der Konflikt bei der Ausbreitung des Lichts zutage. Das Relativitätsprinzip implizierte, daß die Lichtgeschwindigkeit sich entsprechend der Bewegung des Beobachters in bezug auf einen Lichtimpuls ändern müsse: Wenn man sich sehr schnell auf den Impuls zubewegt, müßte er eher bei einem ankommen als wenn man versucht, vor ihm davonzulaufen. Die Geschwindigkeit des Lichtimpulses sollte nur relativ zum Bezugsrahmen des Beobachters bedeutsam sein. Dagegen gab die elektromagnetische Theorie einen festen Wert für die Lichtgeschwindigkeit an – ungefähr 300 000 km pro Sekunde –, der keinen Raum für Veränderungen zuließ, die von der Bewegung des Beobachters abhingen. Es herrschte Ratlosigkeit. Interessanterweise hatte Einstein schon als Jugendlicher über dieses Problem gerätselt und sich vorgestellt, er könnte neben einer Lichtwelle herrasen. Wenn er genauso schnell wie die Welle wäre, könnte er bestimmt die wellenförmigen elektrischen und magnetischen Felder beobachten, die ringsum im Weltraum eingefroren waren. Aber das mußte Unsinn sein, denn derartige statische Felder konnten im leeren Weltraum nur existieren, wenn sie von nahen Magneten und elektrischen Ladungen erzeugt wurden. (Veränderliche elektrische Felder können Magnetfelder erzeugen und umgekehrt.)

Die bevorzugte Lösung dieses Konflikts bestand darin, sich auf den Äther zu berufen, auf den ich in der Einführung schon kurz hingewiesen habe. Dieses hypothetische Medium füllte angeblich den gesamten Kosmos aus und damit auch den Raum zwischen den materiellen Körpern. Die Physiker konnten dann behaupten, die Lichtwellen breiteten sich relativ zu diesem Äther mit der besagten konstanten Geschwindigkeit aus, ähnlich wie die Schallwellen sich mit einer bestimmten Geschwindigkeit durch die Luft ausbreiten. Dieser Äther war offensichtlich ein ganz besonderer Stoff, weil er anscheinend keine feststellbaren mechanischen Wirkungen – weder Kraft noch Reibungswiderstand – auf Körper ausübte, die sich in ihm bewegten. Die Erde z. B. konnte auf ihrer Bahn rund um die Sonne fröhlich durch den Äther pflügen, ohne den geringsten Widerstand zu erfahren; und das war auch besser so, denn sonst wäre sie immer langsamer geworden und am Ende in die Sonne gestürzt. Der Äther war nicht nur ein etwas mysteriöser Stoff, sondern auch ein wenig geschätzter Begriff, weil er das Relativitätsprinzip verletzte. Er implizierte, daß einem Körper eine Art absolute Bewegung im Raum zugewiesen werden konnte, selbst wenn er sich gleichförmig bewegte, wenn man feststellte, wie schnell er sich durch den Äther bewegt.

Ärgerlich oder nicht, der Gedanke an einen Äther wurde weithin akzeptiert. Selbst heute spricht mancher bei Radiosignalen noch von «Wellen im Äther», und Spiritualisten reden ganz bewußt von «ätherischen Körpern». Aber wenn der Äther die Bewegung von Körpern nicht beeinflußte, wie konnte seine Existenz dann nachgewiesen werden? Eine wissenschaftliche Regel besagt, daß man keine zusätzlichen Systeme einführen soll, wenn sie keine feststellbare physikalische Wirkung haben. Ein unsichtbarer Stoff, der in *keinem* Experiment nachweisbar ist, ist absolut überflüssig. Im Fall des Äthers schien es dennoch eine Möglichkeit zu geben, seine geisterhafte Existenz nachzuweisen. Wenn das auch nicht die Bewegung der Erde durch den Weltraum berührte, war das Vorhandensein eines Äthers doch für die Bewegung des Lichts von Belang. Stellen wir uns vor, wie die Erde lautlos mit einer bestimmten Geschwindigkeit und in einer bestimmten Richtung durch den unsichtbaren Äther gleitet. Nehmen wir nun an, es gäbe zwei entgegengesetzt gerichtete Lichtstrahlen, von denen der eine durch den Äther direkt auf die Erde zukommt, der andere sich in derselben Richtung, wie die Erde zieht, von der Erde entfernt. Die Geschwindigkeit des ersten Lichtstrahls müßte, von der Erde aus gemessen, höher sein als die des zweiten Strahls, weil die Erde sich bewegt. Natürlich könnte niemand sagen, wie schnell die Erde sich durch den Weltraum bewegt (d. h. durch den Äther), aber wir wissen, daß sie die Sonne mit etwa 100 000 km pro Stunde umkreist, so daß also zumindest eine solche Geschwindigkeit durch den Äther möglich wäre.

Ende der 90er Jahre des vorigen Jahrhunderts machte sich der amerikanische Physiker Albert Michelson, unterstützt von Edward Morley, daran, mit Hilfe von Lichtstrahlen die Geschwindigkeit der Erde durch den Weltraum zu messen. Dazu bauten sie einen Apparat, der einen einzelnen Lichtstrahl in zwei rechtwinklig zueinander stehende Teilstrahlen spaltete. Jeder Teilstrahl wurde auf einen Spiegel gelenkt und reflektiert. Die reflektierten Strahlen wurden dann wieder vereint und durch ein Mikroskop betrachtet. Die Theorie war wie folgt: Die Erde rast durch den Äther, so daß der Äther in einer Art ständigem Gleitstrom an uns vorbeiströmt. Wir merken nichts davon, aber das Licht. Ein Lichtstrahl, der dem Ätherstrom entgegenkommt, wäre, wie ich erklärt habe, relativ zur Erde langsamer als ein Strahl, der sich mit dem Strom ausbreitet. Ein Lichtstrahl quer zum Strom hätte eine Geschwindigkeit dazwischen. Generell müßten Lichtimpulse, wenn sie in verschiedene Richtungen aus- und wieder zurückgesandt werden, wegen dieser Geschwindigkeitsunterschiede relativ zum Laboratorium zu etwas unterschiedlichen Zeiten zurückkommen.

Michelson brauchte dann nur die Zeit zu vergleichen, die die Teilstrahlen unterwegs waren, um die Geschwindigkeit des Ätherstroms zu erhalten. Und so machte er es auch. Licht besteht aus Wellen. Wenn der Strahl aufgespalten wird, machen sich die Wellen jedes Teilstrahls im Gleichschritt auf den Weg: Wellenberg an Wellenberg, Wellental an Wellental. Aber wenn sie zurückkommen und die Zeiten, die sie unterwegs waren, etwas voneinander abweichen, sind sie nicht mehr im Gleichschritt. Im schlimmsten Fall kommen sie Berg an Tal zurück, Tal an Berg. Wenn die Teilstrahlen wieder vereint werden, wird diese fehlende Übereinstimmung deutlich: Die Wellenberge löschen die Wellentäler aus und die Täler die Berge. Die Wirkung besteht darin, daß die Lichtstärke drastisch abnimmt. Durch Beobachten der Lichtstärke und Schwenken des Apparats in verschiedene Richtungen (die Experimentatoren hatten keine Ahnung, in welche Richtung der Äther strömt) hoffte Michelson, eine Auslöschung festzustellen und die Geschwindigkeit des Äthergleichstroms messen zu können. Das wiederum hätte einen Wert für die Geschwindigkeit ergeben, mit der die Erde sich durch den Weltraum bewegt.

Das Michelson-Morley-Experiment ist in der Geschichte der Wissenschaft inzwischen ein Klassiker. Das Experiment konnte nicht den geringsten Beweis für einen Ätherstrom liefern. Genauer gesagt, es war keine von Null verschiedene Geschwindigkeit für den Ätherstrom meßbar. Falls es einen Äther gibt, ruht die Erde mehr oder weniger in ihm. Da dies bedeutet, daß die Sonne und die Sterne die Erde umkreisen müßten, wie in der vorkopernikanischen Kosmologie, dauerte es nicht lange, bis die Physiker dem Vorbild Einsteins folgten und erklärten, daß der Äther einfach nicht existiert.

Eine Lösung zur Zeit

Wie kann man das Relativitätsprinzip angesichts des Fehlens eines Äthers mit dem Verhalten von Licht und anderen elektromagnetischen Erscheinungen versöhnen? Hier setzte Einstein ein Zeichen. Bevor ich seine eigenartige und revolutionäre Lösung des Rätsels beschreibe, möchte ich etwas dazu sagen, wie er über physikalische Probleme dachte. Einstein war durch und durch ein theoretischer Physiker. Selbstverständlich kannte er die experimentelle Physik, aber er legte sehr viel mehr Gewicht auf die abstrakte Beweisführung. Es ist nicht sicher, ob er von dem inzwischen berühmten Michelson-Morley-Experiment wußte oder es zur Kenntnis nahm. Er erwähnte 1905 lediglich beiläufig in seinem Beitrag über die Elektrodynamik bewegter Körper «die mißlungenen Versuche, eine Bewegung der Erde relativ zum ‹Lichtmedium› zu konstatieren».[1]

Einstein ist als ein Mann bezeichnet worden, der «von oben nach unten» dachte. Damit ist gemeint, daß er mit irgendwelchen großartigen, übergreifenden Grundsätzen begann, die, weil sie philosophisch reizvoll oder logisch zwingend waren, seiner Meinung nach richtig sein mußten, und dann versuchte, nach unten zu projizieren auf die vertrackte Welt der Beobachtung und Experimente, um die Folgerungen aus diesen Grundsätzen zu ziehen. Es machte nichts, wenn die Folgerungen zunächst seltsam und widersinnig erschienen. Die Menschheit hat von Mutter Natur keine Garantie dafür erhalten, daß ihre Geheimnisse der menschlichen Eingebung oder dem gesunden Menschenverstand entgegenkommen. Einstein war von der Überlegenheit des menschlichen Denkens gegenüber der empirischen Be- obachtung so überzeugt, daß er auf die Frage, was er gesagt hätte, wenn seine Theorie nicht durch Beobachtungen bestätigt worden wäre, antwortete, dann hätte er den lieben Gott bedauern müssen. Die Theorie sei trotzdem richtig.[2]

1905 war Einstein davon überzeugt, daß das Relativitätsprinzip unter allen Umständen erhalten bleiben müsse. Dabei wurde er stark von der Arbeit des österreichischen Philosophen und Wissenschaftlers Ernst Mach beeinflußt, der am bekanntesten durch die nach ihm benannte

«Mach-Zahl» wurde, die das Verhältnis der Geschwindigkeit einer Strömung oder eines Körpers zur Schallgeschwindigkeit bezeichnet. Mach gehörte zur sogenannten positivistischen Schule, die die Ansicht vertrat, daß nur solche Dinge wirklich sind, die beobachtbar oder in irgendeiner Weise wahrnehmbar sind. Für Mach mußte *jede* Bewegung relativ sein (nicht nur die gleichförmige). Die Vorstellung, daß ein Körper wie die Erde sich «wirklich» durch den unsichtbaren Raum bewegen könnte, wurde als bedeutungslos abgetan. Wir sagen, erklärte Mach, daß ein Körper sich bewegt, indem wir seine Lage mit anderen Körpern vergleichen, nicht indem wir uns vorstellen, daß er durch das Nichts gleitet.

Auf der anderen Seite wollte Einstein die schöne und erfolgreiche Theorie der Elektrodynamik mit ihrem einzigartigen Wert für die Lichtgeschwindigkeit nicht verwerfen. Und so tat er einen beherzten Sprung und machte beide, das Relativitätsprinzip der gleichförmigen Bewegung und die Konstanz der Lichtgeschwindigkeit, zu den Grundprinzipien einer völlig neuen Relativitätstheorie. Diese beiden Voraussetzungen sind aber offenbar unvereinbar. Wenn die Bewegung relativ ist, müßte ein Lichtimpuls eine Geschwindigkeit haben, die sich relativ zur Bewegung des Beobachters verändert. Die einzige Möglichkeit, das auf einen Nenner zu bringen, bestand darin, etwas aufzugeben, was seit den Anfängen der Wissenschaft angenommen worden war, ohne in Frage gestellt zu werden: die Universalität von Raum und Zeit. Es ist einfach zu erkennen, warum dieser Schritt notwendig ist: Es ist die einzige Möglichkeit, daß zwei Beobachter, die sich relativ zueinander bewegen, sehen können, wie *derselbe* Lichtimpuls sich mit *derselben* Geschwindigkeit relativ zu ihnen bewegt.

Lassen Sie mich diesen Punkt eingehender erläutern. Stellen Sie sich vor, Sie schalten ganz kurz eine Taschenlampe an und senden einen Lichtimpuls in den Weltraum. Das Licht entfernt sich mit 300 000 km pro Sekunde von Ihnen. Springen Sie nun in eine Rakete und sausen Sie hinterher. Angenommen, die Rakete erreicht eine Geschwindigkeit von 200 000 km pro Sekunde relativ zur Erde. Der normale Menschenverstand würde sagen, daß der Lichtimpuls sich jetzt mit nur noch 100 000 km pro Sekunde von Ihnen entfernt. Aber laut Einstein ist das nicht der Fall. Der Impuls entfernt sich mit 300 000 km pro Sekunde, *sowohl* wenn Sie auf der Erde stehen *als auch* wenn Sie ihm mit 200 000 km pro Sekunde hinterherfliegen. Von welchem Bezugssystem aus Sie die Geschwindigkeit des Impulses messen – von der Erde oder von der Rakete aus –, Sie bekommen die gleiche Antwort! Es ist egal, wie schnell Sie dem Lichtimpuls hinterherjagen, Sie können seine relative Geschwindigkeit nicht um einen Kilometer pro Sekunde verringern. Ähnlich ist es, wenn der Lichtimpuls auf Sie zukommt: Dann passiert er Sie mit derselben Geschwindigkeit, ob Sie auf der Erde stehen oder mit hoher Geschwindigkeit auf den Impuls zufliegen. Eine sehr wichtige Bedingung dieser Hypothese ist, daß die Rakete nicht schneller als das Licht fliegen kann, denn dazu müßte die Rakete einen sich entfernenden Lichtimpuls überholen können, was der Annahme widerspricht, daß das Licht sich immer mit der gleichen Geschwindigkeit von der Rakete entfernt. Da das gleiche Prinzip für alle Beobachter und Bezugssysteme gilt, impliziert Einsteins Theorie, daß kein Objekt die Lichtgeschwindigkeit übertreffen kann.

Wie können wir diesem anscheinend absurden Sachverhalt einen Sinn geben? Geschwindigkeit ist zurückgelegte Entfernung pro Zeiteinheit, die Lichtgeschwindigkeit kann somit in allen Bezugssystemen nur dann konstant sein, wenn die Entfernungen und Zeitspannen für verschiedene Beobachter *verschieden* sind, je nach ihrem Bewegungszustand. Die technischen Einzelheiten brauchen uns hier noch nicht zu interessieren. In seinem Aufsatz gab Einstein 1905 die Formeln an, die die in einem Bezugssystem gemessenen Längen und Zeitintervalle in Beziehung setzen zu ihren entsprechenden (abweichenden) Werten, wenn sie von einem anderen Bezugssystem aus beobachtet werden. Ich bringe später ein paar ausführliche Beispiele dazu, wie diese Formeln anzuwenden sind.

Das eigentliche Ergebnis seiner neuen Relativitätstheorie war die Voraussage, daß Zeit und Raum nicht, wie Newton erklärt hatte, einfach *da* sind, ein für allemal absolut und universell für alle Beobachter festgelegt. Sie sind vielmehr in gewisser Hinsicht *verformbar*, können sich strecken oder schrumpfen, je nachdem wie der Beobachter sich bewegt. Einstein kam diese Idee der flexiblen Zeit und des elastischen Raums ganz plötzlich. Er hatte einige Monate über dem Problem der Bewegung elektrisch geladener Teilchen gesessen und besuchte eines Tages Michele Besso, seinen Freund aus dem Patentamt, um ihn als Resonanzboden für seine Gedanken zu gebrauchen. Nach ausführlichen Erörterungen mit Besso meinte Einstein unvermittelt: «Plötzlich verstand ich.» Er suchte Besso am nächsten Tag auf, bedankte sich und sagte: «Ich habe das Problem vollständig gelöst.» Einstein war zu dem Schluß gekommen, daß der normalverständliche Begriff der Zeit ersetzt werden müsse:

«Meine Lösung bezog sich auf den Zeitbegriff. Die Zeit ist nicht absolut definiert, und es gibt eine unlösbare Verbindung zwischen der Zeit und der Signalgeschwindigkeit.»[3]

Fünf Wochen später war der folgenreiche Aufsatz geschrieben und wurde zur Veröffentlichung vorgelegt.

Hatte Einstein recht? Der Doppelpulsar war keineswegs die erste Gelegenheit, Einsteins Relativitätstheorie zu überprüfen, aber eindeutig eine der besten. Der Pulsar bewegt sich mit etwa 300 km pro Sekunde relativ zu seinem Begleiter. Das System insgesamt bewegt sich, auf die Erde bezogen, sehr viel langsamer, und der betroffene Neutronenstern rast manchmal auf uns zu, manchmal von uns weg. Die Radioimpulse, die er aussendet, breiten sich mit Lichtgeschwindigkeit aus (Funk- und Lichtwellen sind elektromagnetische Wellen und breiten sich mit Lichtgeschwindigkeit aus). Wir haben hier also ein System, das alle wichtigen Merkmale für den experimentellen Test der Einsteinschen Relativitätstheorie in sich vereint: Veränderungen der relativen Bewegung, Lichtsignale, Uhren. Die Signale bestätigen, daß selbst nach einer Reise von fünfzehnhundert Jahren die von dem Stern kommenden Impulse, wenn er sich uns nähert, nicht diejenigen überholt haben, die aus dem Teil der Umlaufbahn kommen, in dem er sich von uns entfernt, was beweist, daß die Lichtgeschwindigkeit unabhängig von der Geschwindigkeit der Quelle ist. Die Auswirkungen der Verformungen von Raum und Zeit, die Einstein in seiner Theorie vorausgesagt hat, sind anhand des präzisen Impulsmusters ebenfalls gut meßbar. Die Analyse der Signale wird allerdings erschwert, weil sie sowohl durch die Gravitation als auch die Bewegung beeinflußt werden, aber die Astronomen haben alles entschlüsselt und können die verschiedenen Auswirkungen erklären. Das Entscheidende ist, daß Einsteins Formeln mit sehr hoher Präzision bestätigt worden sind. Die Zeit ist tatsächlich relativ und wird durch Bewegung verzerrt.

Zwischenspiel

Die Morgenpost liegt geöffnet auf dem Schreibtisch. Ich habe eine kostbare halbe Stunde Zeit, sie durchzulesen. Unter den üblichen Briefen, Rundschreiben und Notizen sind auch drei dicke Manuskripte von Privatpersonen, aus England, Kalifornien und Westaustralien. Alles sind unverlangte Manuskripte mit Begleitbriefen, die ähnlich anfangen: «Obwohl ich kein Wissenschaftler bin...» Ich überfliege die Seiten kritisch. Wie meine Kollegen erhalte auch ich jeden Monat mehrere solche Arbeiten. Meist enthalten Sie etwas Mathematik auf Unterstufenniveau. Die Botschaft ist immer die gleiche: «Einstein hatte unrecht; ich habe es herausgefunden. Bitte, helfen Sie mir, es der Welt mitzuteilen.»

Eingehendere Lektüre enthüllt die tiefsitzenden Ängste der Verfasser. Wie kann die Zeit für unser Erleben relativ sein, fragen sie unter Protest. Das muß doch zu Widersprüchen führen. Da muß doch etwas falsch sein. Die Manuskripte enthalten komplizierte Diagramme mit Beobachtern, die mit Uhren umhersausen, und quälende Fragen, wessen Zeit die richtige ist und wer getäuscht wird.

Das Problem ist, daß die westliche Kultur sich offenbar nicht von dem Glauben befreien kann, die Zeit sei unabhängig wirklich, gottgegeben und absolut. Die Menschen können hinnehmen, daß Uhren vielleicht komische Sachen machen und der menschliche Geist mit Tricks arbeitet. Aber sie wollen das nicht für die Zeit gelten lassen, sondern nur dafür, wie wir die Zeit erleben oder messen.

Immer wenn ich von abweichenden Ansichten über die Zeit lese, muß ich an Herbert Dingle denken, einen reizbaren, aber dennoch angesehenen britischen Philosophen, der ein Buch über Einsteins Relativitätstheorie geschrieben hat, das *Relativity for All* hieß und 1922 herauskam. Er wurde Professor für Wissenschaftsgeschichte und -philosophie am University College in London und muß auch noch dort gewesen sein, als ich von 1964 bis 1970 dort Physik studierte.

In seinen letzten Jahren zweifelte Dingle Einsteins Zeitbegriff immer mehr an. Es fiel ihm nicht schwer, eine kunterbunte Schar Anhänger von der Unsinnigkeit der relativen Zeit zu überzeugen, und der Professor nahm jede Gelegenheit wahr, seine Kollegen dafür anzugreifen, daß sie der Relativitätstheorie anhingen. Redakteure erhielten Leserbriefe auf ganz normale und harmlose Artikel über die Relativität. Die Redakteure wurden wütend und wiesen die Briefe zurück. Dingle vermutete eine Verschwörung. Er schrieb Artikel für Zeitschriften, um Einsteins Irrtümer nachzuweisen, doch die Artikel wurden abgelehnt. Man munkelte von dunklen Drohungen mit rechtlichen Schritten. Die Kampagne fand mit Dingles Tod ein jähes Ende, doch die Zwietracht, die er säte, lebt und schwelt weiter. Warum? Einstein hat offenbar einen wunden Nerv getroffen.

Die Zeit dehnen

Als theoretischer Physiker finde ich selten Gelegenheit, in meinen Vorlesungen etwas vorzuführen, aber von Zeit zu Zeit nehme ich einen Geigerzähler mit. Die Vorführung ist so einfach, daß selbst ich nichts falsch machen kann. Ich schalte das Gerät ein, und schon bald vernehmen die Zuhörer ein unregelmäßiges Ticken. Das ist alles. Ich erkläre ihnen, daß der Geigerzähler Impulse registriert, die größtenteils von kosmischen Strahlen hervorgerufen werden. Das sind hochenergetische Teilchen aus dem Weltall, die unablässig die Erde bombardieren. Niemand weiß genau, wodurch sie erzeugt werden, aber wenn die Atmosphäre nicht wie ein Schutzschild wirken würde, wäre ihre Intensität so hoch, daß die Strahlung uns töten würde. Wie die Dinge liegen, führt die kosmische Hintergrundstrahlung zu Mutationen bei biologischen Organismen, was wiederum die Evolution vorantreibt, so daß es uns ohne diese Strahlung vielleicht gar nicht gäbe. Doch zuviel davon wäre schädlich.

Wenn diese energiegeladenen Teilchen in der oberen Atmosphäre auf Atome treffen, erzeugen sie gewaltige Schauer subatomarer Trümmer. Die meisten der entstehenden Teilchen zerfallen sofort wieder, aber unter den längerlebigen sind die sogenannten «Müonen». Ein Müon ist wie ein Elektron, nur schwerer. Müonen zeigen keine sehr starke Wechselwirkung mit normaler Materie, und die meisten gelangen bis zur Erdoberfläche, manche sogar tief in den Boden. Das Ticken im Geigerzähler geht zu einem großen Teil auf Müonen zurück.

Ich möchte mit meiner kleinen Vorführung folgendes zeigen: Wenn man auf dem Labortisch einen Behälter mit neuentstandenen Müonen hätte, wären nach wenigen millionstel Sekunden fast alle in Elektronen zerfallen. Und warum? Müonen sind von Natur aus instabil und zerfallen mit einer Halbwertszeit von etwa 2 Mikrosekunden. Wie ich schon erwähnt habe, kann kein materielles Objekt schneller als das Licht sein, und das gilt auch für Müonen. Sie können höchstens Lichtgeschwindigkeit erreichen. In einigen millionstel Sekunden legt das Licht weniger als einen Kilometer zurück. Die Müonen, die durch den Aufprall kosmischer Strahlen normalerweise in etwa zwanzig Kilometer Höhe entstehen, dürften es folglich nicht sehr weit in Richtung Erdoberfläche schaffen. Doch der Geigerzähler registriert sie trotzdem auf Bodenniveau.

Die Erklärung liefert die Zeitdilatation. Wenn ein Müon sich annähernd mit Lichtgeschwindigkeit bewegt, wird seine Zeit nach Einsteins Relativitätstheorie stark verzerrt. In unserem auf die Erde fixierten Bezugssystem wird die Zeit eines bewegten Müons erheblich gedehnt – etwa um das Tausendfache. Statt also in einigen Mikrosekunden Erdzeit zu zerfallen, kann ein sehr schnelles Müon sehr viel länger leben, lange genug, um die Erdoberfläche zu erreichen. Das Ticken im Geigerzähler ist also ein hörbarer Beweis für die Flexibilität der Zeit.

Als ich mich über die experimentelle Bestätigung der Auswirkungen der Zeitdilatation sachkundig machte, stellte ich überrascht fest, daß der erste direkte Test erst 1941 durchgeführt wurde, etwa sechsunddreißig Jahre nachdem Einstein den Effekt zum ersten Mal vorausgesagt hatte. Das Experiment war eine präzise Version des oben beschriebenen Müonenversuchs und wurde von Bruno Rossi und David Hall von der Universität Chicago an zwei Orten bei Denver, Colorado, durchgeführt. Rossi und Hall wollten nachweisen, daß schnellere Müonen länger leben (wie wir beim irdischen Bezugssystem gesehen haben). Dazu brachten sie Metallplatten unterschiedlicher Bremswirkung an, um die langsamen Müonen auszusondern, und stellten dann auf zwei verschiedenen Höhen die Überlebenden fest, wobei sie mehrere miteinander verbundene Geigerzähler benutzten. Sie konnten zeigen, daß die langsamen Teilchen, die sie eigen- artigerweise «Mesotronen» nannten, etwa dreimal schneller zerfielen als die schnellen. Diese bahnbrechende Arbeit wurde durchgeführt, lange nachdem andere Aspekte der speziellen Relativität bestätigt worden waren und die Theorie von den Physikern längst anerkannt wurde. Insbesondere Einsteins berühmte Formel $E = mc^2$, ein bekanntes Ergebnis der Theorie, war 1941 fest etabliert; tatsächlich wurde in Großbritannien sogar schon über den Plan einer Atombombe nachgedacht, bei dem diese Formel verwendet wird.

Skeptiker waren natürlich mit dem Ticken eines Geigerzählers nicht von der Zeitdilatation zu überzeugen. Da mußte man schon etwas mehr bieten. Dingle z. B. war von den Experimenten nicht beeindruckt. «Ich glaube nicht, daß Einstein diese Beobachtungen kosmischer Strahlen als Beweis für seine Theorie angesehen hätte», meinte er.[4] 1972 veröffentlichte Dingle einen verbitterten und sarkastischen Angriff auf den Glauben an den Zeitdilatationseffekt im besonderen und die Doppelzüngigkeit der Wissenschaftler im allgemeinen, und zwar in seinem Buch *Science at the Crossroads*, das allein zum Ziel hatte, die Einsteinsche Zeit lächerlich zu machen. «Es ist kaum zu glauben, daß Menschen, die die Intelligenz haben, die Wunder der modernen Technologie zu vollbringen, so dumm sein können», polterte er.[5] Einer der «Menschen», der Dingle so reizte, war niemand anders als der Nobelpreisträger Sir Lawrence Bragg, der eine Zeitlang Direktor des Cavendish Laboratoriums in Cambridge und der Royal Institution in London war. Bragg war ein ruhiger, methodischer Physiker aus Australien und hatte an der Universität von Adelaide studiert, wo ich heute arbeite. 1908 emigrierte er nach England. Gemeinsam mit seinem Vater William Henry Bragg entwickelte Lawrence Bragg das wichtige Verfahren der Röntgenkristallographie, die sich als höchst wertvoll bei der Enträtselung der Struktur von Kristallen und später auch von organischen Molekülen erwies. Im Verlauf seiner Korrespondenz mit Dingle war der arme Sir Lawrence so unvorsichtig, anzudeuten, daß kosmische Strahlen für Beobachter auf der Erde offenbar so lange leben, daß sie die Erde erreichen können. Das erregte den Zorn Dingles und veranlaßte ihn, nachdrückliche Einwendungen gegen Braggs «elementaren Irrtum» zu machen. Dingle wies darauf hin, wie einfach es sei, sich anzugewöhnen, Worte wie «Masse», «Länge» und «Zeit» für «hypothetische Teilchen» genauso zu verwenden wie im täglichen Leben. «Die Physiker haben vergessen, daß ihre Welt metaphorisch ist», belehrte er, «und legen die Sprache wörtlich aus.»[6]

Man muß zugeben, daß viele Nichtwissenschaftler Dingles Skepsis teilen, aus einer Kette mathematischer Beweisführung weitgehende Rückschlüsse zu ziehen, in diesem Fall bei «hypothetischen» Teilchen, die man nicht sehen kann und die nur mit Hilfe komplizierter Technologie aufzuspüren sind. Wenn die Zeit wirklich gedehnt wird, sagen sie, dann laßt uns das an *echten* Uhren beobachten. Wie das Glück es wollte, gelang zwei amerikanischen Physikern genau das ein paar Monate, bevor Dingles polemisches Traktätchen erschien.

Im Oktober 1971 liehen J. C. Hafele von der Washington University in St. Louis und Richard Keating sich vier Atomuhren vom amerikanischen Marineobservatorium aus, wo Keating arbeitete. Es waren Cäsiumuhren, die Hewlett-Packard gebaut hatte und die dazu verwendet werden, täglich unser Zeitzeichen zu erzeugen. Hafele und Keating luden die Uhren in zwei Linienflugzeuge und flogen mit ihnen um die Welt, zuerst nach Osten, dann nach Westen. Da Flugzeuge mit nicht einmal einem Millionstel der Lichtgeschwindigkeit fliegen, war die Zeitverzerrung an Bord natürlich sehr gering – etwa eine Mikrosekunde pro Tagesflug. Trotzdem lag das Niveau dieser Veränderung klar innerhalb der Möglichkeiten der Atomuhren, und das Experiment, das unter den Passagieren sicher Bestürzung und bei den Zollbeamten Fassungslosigkeit ausgelöst hat, erbrachte folgendes Ergebnis. Auf dem Flug nach Osten kamen die vier Uhren gegenüber einem Satz Atomuhren im Observatorium um durchschnittlich 59 Nanosekunden (eine milliardstel Sekunde) verspätet nach Amerika zurück. Auf dem Flug nach Westen gingen die Uhren durchschnittlich 273 Nanosekunden vor. Der Grund für diesen Ost-West-Unterschied liegt, wie Einstein in seinem ursprünglichen Aufsatz geschrieben hat, darin, daß auch die Erdumdrehung eine Zeitdilatation erzeugt. Eliminierte man den Effekt der Erdumdrehung, bestätigte die durch die Bewegung der Flugzeuge hervorgerufene Zeitdilatation die Formel Einsteins.

Für die Leser, die es interessiert, sei besagte Formel rasch genannt. Man nimmt die Geschwindigkeit, teilt sie durch die Lichtgeschwindigkeit, quadriert das Ergebnis, zieht es von 1 ab und zieht schließlich die Quadratwurzel. Nehmen wir z. B. eine Geschwindigkeit von 240 000 km pro Sekunde an. Teilt man sie durch die Lichtgeschwindigkeit, erhält man 0,8; das Quadrat ergibt 0,64; das von 1 abgezogen macht 0,36, und die Wurzel daraus ergibt die Antwort 0,6. Bei einer Geschwindigkeit von 240 000 km pro Sekunde oder 80 Prozent der Lichtgeschwindigkeit gehen die Uhren also um den Faktor 0,6 langsamer, d. h. sie gehen mit 60 Prozent ihrer normalen Geschwindigkeit oder 36 Minuten pro Stunde.

Das Problem mit Uhren, auch Atomuhren, ist, daß sie unhandlich und kompliziert sind. Sobald man sich entschlossen hat zu akzeptieren, daß der Dilatationseffekt der Zeit Realität ist, kann man glauben, daß kosmische Strahlen und andere sehr schnelle Teilchen ihn auch, wie behauptet, beweisen. Das heißt trotz Dingle, daß unser alltäglicher Umgang mit Worten wie «Uhr» und «Zeit» ohne weiteres auf diese indirekt beobachteten subatomaren Gebilde angewendet werden kann. Es ist dann auch sinnvoll, Einsteins Formel mit Hilfe von Müonen statt Atomuhren zu prüfen, da man höhere Geschwindigkeiten und größere Genauigkeit erreichen kann. 1966 erzeugte eine Gruppe Physiker am Europäischen Kernforschungszentrum CERN bei Genf künstlich einige Müonen und speiste sie mit 99,7 Prozent der Lichtgeschwindigkeit in eine ringförmige Vakuumröhre ein. Das brachte eine Dehnung der Müonenzeit etwa um den Faktor 12 relativ zum Labor, so daß sie ungefähr zwölfmal so lange lebten wie im Ruhezustand. Da das Experiment überwacht wurde, konnte Einsteins Zeitdilatationsformel bis auf 2 Prozent genau geprüft werden. Natürlich lieferte sie das richtige Ergebnis. 1978 wurde eine verbesserte Version des Experiments mit Müonen durchgeführt, die der Lichtgeschwindigkeit noch näher kamen, was ihre Lebenszeit um den Faktor 29 erhöhte.

Die Experimente lassen nicht den geringsten Zweifel: Uhren werden durch Bewegung beeinflußt. Aber warum bestehen die Physiker auf der Folgerung, daß die *Zeit* gedehnt wird? Die einfache Antwort lautet: Zumindest für die Physiker ist Zeit das, was die Uhren messen. Um konsequent zu sein, müssen wir selbstverständlich annehmen, daß *alle* Uhren durch Bewegung gleich beeinflußt werden, denn sonst wären wir eher geneigt, den Effekt den Uhren zuzuschreiben statt der Zeit. Soweit wir das sagen können, werden tatsächlich alle Uhren gleich beeinflußt (auch die Gehirntätigkeit und damit die zeitliche Beurteilung des menschlichen Beobachters). Wenn wir das nicht glauben, hätten wir auch keine Möglichkeit zu bestimmen, ob eine bestimmte Uhr läuft oder steht, und dann könnten wir gleich alles vergessen.

Das Rätsel der Zwillinge

So weit, so gut. Doch nun zu einem Rätsel. Wenn der Gang einer Uhr relativ ist, dann ist doch bestimmt auch der Zeitdilatationseffekt relativ, oder? Angenommen, wir haben zwei Uhren A und B, jede auf dem Schoß eines Beobachters, die sich relativ zueinander bewegen. Im Bezugssystem von A bewegt sich Uhr B und geht deshalb aufgrund der Zeitdilatation langsamer. Im Bezugssystem von B bewegt sich jedoch A und geht deshalb langsamer. Jeder Beobachter sieht also die *andere* Uhr langsamer gehen! Wie ist so etwas möglich? Es scheint ein Widerspruch zu sein. Wenn A langsamer geht, muß sie hinter B zurückbleiben. Aber wenn B langsamer geht, muß A im Vergleich zu B vorgehen. Wie kann A gleichzeitig hinter *und* vor B bleiben?

Das war, auf einen Punkt gebracht, Dingles Problem. Wie er sarkastisch bemerkte, «bedarf es keiner besonderen Intelligenz, um zu erkennen, daß dies unmöglich ist».[7] Das Problem wird häufig als «Zwillingsparadoxon» bezeichnet, weil es sich wie folgt darstellen läßt. Denken wir uns ein Zwillingspaar, Ann und Betty. Betty fliegt in einem Raumschiff mit annähernder Lichtgeschwindigkeit davon und kehrt einige Jahre später zur Erde zurück. Ann bleibt an Ort und Stelle. Von der Erde aus gesehen, verlangsamt sich die Zeit für Betty, so daß Ann, wenn Betty zurückkommt, älter als Betty sein müßte. Vom Raumschiff aus betrachtet, bewegt sich jedoch die Erde, so daß die Zeit für Ann langsamer vergeht und Betty bei ihrer Rückkehr feststellen müßte, daß *sie* selbst älter geworden ist. Beides zusammen kann nicht richtig sein: Wenn die Zwillinge schließlich wieder zusammen sind, könnte Betty entweder jünger oder älter als Ann sein, aber nicht beides. Daher die Bezeichnung Zwillingsparadoxon.

In Wirklichkeit besteht kein Widerspruch, wie Einstein schnell erkannte, der das Zwillingsproblem als erster 1905 in seinem Artikel zur Sprache brachte. Die Lösung ergibt sich aus der Tatsache, daß Anns und Bettys Sichtweisen nicht völlig symmetrisch sind. Auf ihrer Reise muß Betty zunächst beschleunigen, um von der Erde wegzukommen, eine Weile mit gleichförmiger Geschwindigkeit durch den Raum fliegen, dann abbremsen, wenden und erneut beschleunigen, wieder durch den Raum fliegen und am Ende wieder bremsen, um auf der Erde zu landen. Ann bleibt dagegen unbeweglich. Bettys Beschleunigungs- und Bremsmanöver heben die Symmetrie zwischen den beiden Beobachterpositionen auf. Erinnern wir uns: Das Relativitätsprinzip gilt für *gleichförmige* Bewegungen, nicht für Beschleunigungen. Eine Beschleunigung ist nicht relativ, sie ist absolut. Berücksichtigt man all das, dann ist es Betty, die weniger schnell altert. Wenn sie zurückkehrt, wäre Ann älter.

Es ist wichtig, sich zwei Dinge klarzumachen. Erstens, der Zwillingseffekt ist ein *realer* Effekt, nicht nur ein Gedankenexperiment. Zweitens, er hat nichts zu tun mit der Auswirkung der Bewegung auf den Alterungsprozeß. Man darf nicht denken, daß die im Raumschiff verbrachten Jahre für Betty irgendwie angenehmer sind, weil sie auf das All beschränkt ist oder sich in ihm bewegt. Nehmen wir der Einfachheit halber an, Betty fliegt im Jahr 2000 los und kommt im Jahr 2020 zurück. Ann hat während Bettys Abwesenheit zwanzig Jahre erlebt und ist selbstverständlich um zwanzig Jahre gealtert. Würde Betty mit 240 000 km pro Sekunde fliegen, würde die Reise nach Einsteins Formel in ihrem Bezugssystem nur *zwölf* Jahre dauern. Betty kommt im Jahr 2020 zur Erde zurück, hat tatsächlich nur zwölf Jahre erlebt und ist auch nur um zwölf Jahre gealtert. Vielleicht ist sie erstaunt, daß während *ihrer* zwölf Jahre zwanzig Erdenjahre vergangen sind, aber das Altern ihrer Schwester wird es ihr bekunden.

Am besten, man betrachtet das Zwillingsexperiment von den Ereignissen her. Es gibt zwei begrenzende Ereignisse: Bettys Abreise von der Erde und ihre Rückkehr zur Erde. Ann und Betty müssen sich darauf einigen, wann diese Ereignisse stattfinden, weil sie sie gemeinsam erleben. Es ist dann so, daß für Ann zwanzig Jahre zwischen den Ereignissen liegen, während es für Betty nur zwölf Jahre sind. Darin liegt kein Widerspruch, egal was Dingle gesagt haben mag. Man muß lediglich akzeptieren, daß verschiedene Beobachter verschiedene Zeitspannen zwischen den gleichen zwei Ereignissen verschieden erleben. Es gibt keinen festen Zeitunterschied zwischen den Ereignissen, keine «tatsächliche» Dauer, nur *relative* Zeitunterschiede. Es gibt Anns Zeit und Bettys Zeit, und die sind nicht identisch. Weder Ann noch Betty haben mit ihrer Berechnung recht oder unrecht, sie weichen einfach voneinander ab.

Ich möchte versuchen, Ihnen ein besseres Gefühl für die verwendeten Zahlen zu vermitteln. Stellen Sie sich vor, Sie werden eingeladen zu so einem Flug im Raumschiff, das im Jahr 2000 startet und 2020 zurückkommt. Sie dürfen außerdem wählen, wie schnell Sie das Erdenjahr 2020 «erreichen» möchten. Das entscheidet über Ihre Geschwindigkeit relativ zur Erde. Wenn Sie gern zehn Jahre warten möchten (also zwanzig Jahre zu zehn schrumpfen lassen wollen), müssen Sie mit 86 Prozent der Lichtgeschwindigkeit fliegen. Um die Dauer auf zwei Jahre zu verkürzen, müssen Sie 99,5 Prozent der Lichtgeschwindigkeit erreichen. Ich habe den betreffenden Zusammenhang in Abbildung 2.1 dargestellt. Je näher man der Lichtgeschwindigkeit kommt, desto kürzer ist die «Reise» zwischen dem Erdenjahr 2000 und dem Erdenjahr 2020. Die Müonen im Speicherring von CERN könnten es in ein paar Monaten schaffen – wenn sie so lange leben könnten.

Einen Augenblick, protestiert der Skeptiker mit einer heimlichen Sympathie für die Dingles dieser Welt, bringen wir etwas gesunden Menschenverstand in die Sache. Angenommen, Sie würden diese Reise im Raumschiff tatsächlich antreten, was würden Sie eigentlich sehen? Würde es so aussehen, als ob die Uhr auf der Erde vor- oder nachginge, oder was? Woher wissen die Uhren, daß das Raumschiff umkehrt und irgendwann zurückkommt und damit die Symmetrie aufhebt? Wessen Uhr geht richtig?

Es ist bemerkenswert, daß, fast einhundert Jahre nachdem Einstein die Relativität der Zeit entdeckte, die Menschen von dem Gedanken immer noch aus der Fassung gebracht werden und immer noch die gleichen Einwendungen erheben. Selbst wenn sie es genau erklärt bekommen, glauben viele Laien es immer noch nicht. Betrachten wir also ganz genau ein Beispiel und versuchen wir, die Sache ein für allemal zu klären. Wenn Sie technische Erörterungen nicht mögen, können Sie den Rest dieses Kapitels überschlagen, aber mit ein wenig einfacher Mathematik und etwas Phantasie würden Sie durchkommen.

Betty verläßt die Erde im Jahr 2000 und fliegt mit 240 000 km pro Se-

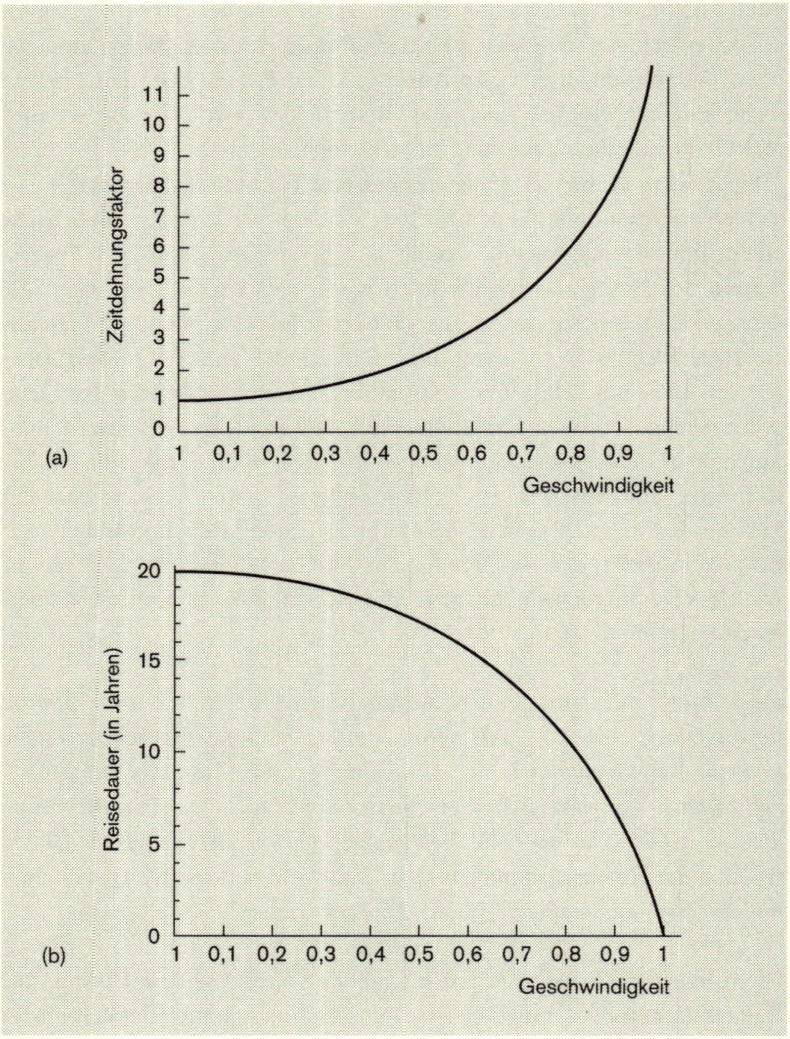

Abb. 2.1 Der Zeitdilatationseffekt. Das Diagramm (a) zeigt den Zeitdehnungsfaktor (der Faktor, um den eine Uhr langsamer geht) in Abhängigkeit von der Geschwindigkeit im Verhältnis zur Lichtgeschwindigkeit. Bei niedrigen Geschwindigkeiten ist der Faktor gering, er steigt jedoch bei zunehmender Annäherung an die Lichtgeschwindigkeit steil an und aus der Abbildung hinaus und wird bei Erreichen der Lichtgeschwindigkeit unendlich. Diagramm (b) zeigt die Abnahme der Dauer des Raumschiffflugs, wie sie an Bord selbst erlebt wird. Der Flug dauert zwanzig Jahre, wenn er von der Erde aus verfolgt wird.

kunde in einem Raumschiff zu einem Stern, der acht Lichtjahre entfernt ist (gemessen im Bezugssystem der Erde). Um die Sache nicht unnötig zu komplizieren, lasse ich die Perioden außer acht, die das Raumschiff zum Beschleunigen und Bremsen braucht (d. h. wir tun so, als würde dies in Augenblicken geschehen, und nehmen außerdem an, daß Betty keine Ausflüge macht, wenn sie den Stern erreicht. Um 80 Prozent der Lichtgeschwindigkeit zu erreichen, bedarf es einer ungeheuren Beschleunigung, die für jeden Menschen tödlich wäre, aber das ist für die Beweisführung nebensächlich. Man könnte die Frage der Beschleunigung durchaus realistischer angehen, aber das würde die Berechnung erschweren. Das Ergebnis würde dadurch nicht berührt.

Berechnen wir zuerst die Gesamtdauer der Reise für beide Zwillinge, wie Einstein sie vorausgesagt hat. Bei 80 Prozent der Lichtgeschwindigkeit braucht man zehn Jahre, um acht Lichtjahre zurückzulegen. Ann auf der Erde wird also feststellen, daß Betty im Jahr 2020 zurückkommt. Betty wird bei ihrer Rückkehr darauf beharren, daß für sie nur zwölf Jahre vergangen sind, und ihre Raumschiffuhr – eine normale Atomuhr, die vor dem Start mit Anns identischer Uhr auf der Erde synchronisiert wurde – bestätigt diese Behauptung: sie zeigt das Jahr 2012.

Nehmen wir nun an, unsere Zwillinge hätten starke Teleskope, so daß sie während der ganzen Reise die Uhr der jeweils anderen beobachten und selbst sehen könnten, was sich tut. Anns Uhr auf der Erde geht stetig weiter, und Betty blickt durch ihr Teleskop darauf zurück, während sie im Weltraum verschwindet. Nach Einstein müßte Betty sehen, wie Anns Uhr mit 60 Prozent der Geschwindigkeit ihrer eigenen Uhr geht. Mit anderen Worten, während einer Stunde Raumschiffzeit müßte Betty sehen, daß die Uhr auf der Erde nur 36 Minuten weiter ist. In Wirklichkeit sieht sie, daß sie noch langsamer geht. Der Grund dafür liegt in einem zusätzlichen Effekt, der nicht direkt mit der Relativität zusammenhängt und normalerweise bei der Erörterung des Zwillingsparadoxons außer acht gelassen wird. Es ist jedoch unerläßlich, diesen zusätzlichen Effekt mit einzubeziehen, wenn das, was die Zwillinge wirklich sehen, stimmen soll.

Ich möchte erklären, wodurch diese zusätzliche Verlangsamung hervorgerufen wird. Wenn Betty zur Erde zurückblickt, sieht sie sie nicht, wie sie in dem Augenblick ist, sondern so, wie sie war, als das Licht die Erde vor einiger Zeit verlassen hat. Die Zeit, die das Licht für den Weg von der Erde zum Raumschiff braucht, wächst ständig, da das Raumschiff immer weiter ins All vordringt. Betty sieht die Ereignisse auf der Erde also mit immer größerer zeitlicher Verzögerung, weil das Licht eine ständig wachsende Strecke zwischen Erde und Raumschiff zurücklegen muß. Nach einer Stunde Flug von der Erde aus gemessen ist Betty z. B. 0,8 Lichtstunden (48 Lichtminuten) entfernt, sieht also, was sich auf der Erde vor 48 Minuten ereignet hat, da das die Zeit ist (im Bezugssystem der Erde gemessen), die das Licht braucht, das die Bilder von der Erde zu Bettys augenblicklichem Standort übermittelt. Anns Uhr würde Betty *auf jeden Fall* als zu langsam erscheinen, unabhängig von der Relativitätstheorie – ich meine das aktuelle optische Erscheinungsbild. Nach zwei Stunden Flug würde es Betty so vorkommen, als würde die Uhr auf der Erde noch mehr nachgehen. Dieses «normale» Langsamerwerden von Uhren und Ereignissen generell, wie es ein bewegter Beobachter erlebt, wird «Dopplereffekt» genannt. Durch Addition des Dopplereffekts und des Zeitdilatationseffekts erhält man den kombinierten Verlangsamungsfaktor.

Auch Ann wird feststellen, daß Bettys Raumschiffuhr durch den Dopplereffekt langsamer wird, weil das Licht für den Weg vom Raumschiff zurück zur Erde immer länger braucht. Sie wird außerdem feststellen, daß Bettys Uhr aufgrund des Zeitdilatationseffekts immer mehr nachgeht. Wegen der Symmetrie müßte der kombinierte Verlangsamungsfaktor der anderen Uhr für beide gleich sein.

Berechnen wir nun den kombinierten Verlangsamungsfaktor, zuerst für Ann, dann für Betty. Dazu konzentriere ich mich auf den großen Moment der Ankunft Bettys auf dem Stern. Die Reise dorthin dauert nach auf der Erde gemessener Zeit zehn Jahre. Ann wird jedoch nicht wirklich sehen, wie das Raumschiff den Stern im Jahr 2010 erreicht, weil Betty zu dem Zeitpunkt acht Lichtjahre entfernt ist. Das Licht braucht noch acht Jahre, um zur Erde zu gelangen, so daß Ann Bettys Ankunft auf dem Stern erst im Jahr 2018 sehen könnte.

Welche Zeit registriert Bettys Uhr bei ihrer Ankunft auf dem Stern? Einsteins Formel besagt, daß Bettys Uhr 0,6mal so schnell wie die Uhr auf der Erde geht, so daß 10 Jahre irdischer Zeit 6 Jahre im Raumschiff bedeuten. Die Uhr im Raumschiff zeigt also bei Bettys Ankunft auf dem Stern 6 Jahre an. Wenn Ann diese Ankunft nun im Jahr 2018 miterlebt, zeigt die Uhr im Raumschiff das Jahr 2006. Soweit es das optische Erscheinungsbild der Raumschiffuhr betrifft, stellt Ann fest, daß in ihren 18 Jahren nur 6 Jahre vergangen sind, d. h. Bettys Raumschiffuhr ist nur $1/3$ so schnell gegangen wie Anns Uhr auf der Erde. Ann ist sehr wohl in der

Lage, Zeitdilatation und Dopplereffekt auseinanderzuhalten, und kann das «wirkliche» Tempo von Bettys Uhr berechnen, nachdem sie den Lichtverzögerungseffekt herausgerechnet hat. Sie wird in Übereinstimmung mit Einsteins Formel auf das Ergebnis 0,6 kommen. Ann leitet folglich ab (sieht es allerdings nicht wirklich), daß Bettys Uhr während ihres Fluges pro 60 Minuten von Ann nur 36 Minuten gelaufen ist.

Aus Bettys Sicht liegen die Dinge genau andersherum. Sie bestätigt selbstverständlich, daß ihre Uhr an Bord des Raumschiffs das Jahr 2006 anzeigt, als sie bei dem Stern ankommt, aber was zeigt die Erduhr für sie in diesem Augenblick an? Wir wissen, daß die Ankunft nach dem irdischen Bezugssystem im Jahr 2010 erfolgt, aber da die Erde acht Lichtjahre entfernt ist, ist das Licht, das in dem Moment bei dem Raumschiff ankommt, das von vor acht Jahren, d. h. das aus dem Jahr 2002. Wenn Betty also bei ihrer Ankunft auf dem Stern zurück zur Erde blickt, sieht sie, daß die Uhr dort das Jahr 2002 anzeigt. *Ihre* Uhr registriert das Jahr 2006. Vom bloßen Augenschein zeigt die Erduhr also den Ablauf von 2 Jahren für die 6 Jahre von Betty an. Betty folgert demnach, daß die Uhr auf der Erde nur ein Drittel so schnell gegangen ist wie ihre Uhr im Raumschiff. Das ist der gleiche Faktor, um den Bettys Uhr für Ann langsamer ging, so daß die Situation tatsächlich völlig symmetrisch ist. Auch Betty kann den Dopplereffekt aus dem Zeitdilatationseffekt herausrechnen und so ableiten, daß Anns Uhr «in Wirklichkeit» das 0,6fache der Ganggeschwindigkeit ihrer Uhr erreicht hat.

Betty macht sich ohne Aufenthalt sofort auf den Rückflug. Da sie sich jetzt der Erde nähert, statt sich von ihr zu entfernen, wirkt der Lichtverzögerungs- (d. h. der Doppler-)Effekt jetzt gegen den Zeitdilatationseffekt. Ersterer bewirkt, daß die Ereignisse jetzt *beschleunigt* erscheinen, auch wenn die Zeitdilatation noch verlangsamend wirkt. Setzen wir die Zahlen ein. Erstens, was sieht Ann, wenn Betty zur Erde zurückfliegt? Da wir einer Meinung sind, daß Betty im Jahr 2020 zur Erde zurückkehrt, und Ann sieht, daß Betty den Stern 2018 erreicht, kommt Ann der Rückflug nur auf 2 Jahre der Erdzeit komprimiert vor. Wir haben bereits festgestellt, daß 2018, wenn Ann Bettys Uhr zur Halbzeit sieht, diese das Jahr 2006 anzeigt und 2012, wenn Betty zur Erde zurückkehrt. In den 2 Erdjahren, in denen Ann das Raumschiff zurückfliegen sieht, erlebt sie also, wie die Raumschiffuhr die restlichen sechs Jahre anzeigt. Mit anderen Worten, Ann sieht, daß Bettys Uhr auf dem Rückflug dreimal schneller als ihre eigene Uhr geht. Das ist ein entscheidender Punkt: Während der

Rückreise erscheint die Raumschiffuhr von der Erde aus beschleunigt, nicht verlangsamt. Der Dopplereffekt schlägt den Zeitdilatationseffekt. Ann ist wiederum in der Lage, beide Effekte auseinanderzuhalten und abzuleiten, daß die Raumschiffuhr «in Wirklichkeit» 0,6mal so schnell wie ihre eigene Uhr geht, d. h., obwohl die Raumschiffuhr für Ann schneller zu gehen scheint, leitet Ann ab, daß sie «in Wirklichkeit» um genau den gleichen Faktor (0,6) langsamer geht wie auf dem Hinflug. Obwohl der optische Anschein der Raumschiffuhr beim Hin- und Rückflug also ganz unterschiedlich ist, bleibt der Zeitdilatationsfaktor mit 0,6 doch die ganze Zeit hindurch unverändert.

Betrachten wir nun noch die Rückreise, wie Betty sie vom Raumschiff aus sieht. Sie hat 6 Jahre für den Hinflug und 6 Jahre für den Rückflug erlebt und kehrt nach Anzeige ihrer Uhr 2012 zur Erde zurück. Auf der Rückreise beobachtet Betty jedoch auch die Uhr auf der Erde. Sie sah (tatsächlich, optisch), daß die Erduhr das Jahr 2002 anzeigte, als sie den Stern erreichte. Wir wissen, daß sie 2020 wieder daheim ist, so daß Betty während der 6 Jahre an Bord des Raumschiffs die Erduhr 18 Jahre weitergehen sieht. Für Betty scheint die Erduhr also dreimal *schneller* zu gehen als ihre eigene Uhr. Das ist der gleiche Faktor, um den auch Ann Bettys Uhr schneller gehen sah – auch beim Rückflug herrscht also völlige Symmetrie. Betty kann wieder den Lichtverzögerungseffekt herausrechnen und ableiten, daß die Erduhr «in Wirklichkeit» *langsamer* geht – nur mit dem 0,6fachen der Ganggeschwindigkeit ihrer Raumschiffuhr.

Das Entscheidende, das sich aus alldem ableiten läßt, ist, daß Ann in der Zeit, wo das Raumschiff mit gleichbleibender Geschwindigkeit unterwegs ist, folgert, daß Bettys Uhr langsamer geht, und auch Betty folgert, daß Anns Uhr langsamer geht. Beim Hinflug *sehen* beide tatsächlich, daß die Uhr der jeweils anderen (noch) langsamer geht, auf dem Rückflug dagegen *sieht* jede die Uhr der anderen schneller gehen. Die Folgerungen und Erlebnisse passen nahtlos zusammen und widerlegen die Behauptung, daß die Aussage «jede Uhr geht im Vergleich zur anderen langsamer» einen Widerspruch in sich birgt.

Für die Leser, die sich durch diese Arithmetik gekämpft haben, enthält sie eine verborgene Folgerung über Entfernungen. Wenn man die Tatsache nimmt, daß die Erde in Bettys Bezugssystem mit 0,8facher Lichtgeschwindigkeit zuzurückbleibt und der Flug zu dem Stern 6 Raumschiffjahre dauert, dann muß die Entfernung, wenn Betty sie mißt, $0{,}8 \times 6 = 4{,}8$ Lichtjahre betragen. Obwohl der Stern nach Anns Messung 8 Lichtjahre entfernt ist, mißt Betty also nur 4,8 Lichtjahre. Die Entfernung schrumpft um den gleichen Faktor (0,6), um den die Zeit gedehnt wird.

Abschied für die Gegenwart

Obwohl sowohl Anns als auch Bettys Erfahrungen am Ende der Reise nahtlos ineinandergreifen, kann man sich doch noch verfangen, wenn man z. B. Fragen stellt wie: Was macht Betty, wenn Anns Uhr das Jahr 2007 zeigt? Oder, was zeigt Anns Uhr an, wenn Betty beim Stern ankommt? Wenn Ereignisse an räumlich getrennten Orten erfolgen und Beobachter in unterschiedlichen Bewegungszuständen einbeziehen, kann man diesen Fragen keinen eindeutigen Sinn beimessen. Um sie zu präzisieren, muß man genau angeben, auf welchen Beobachter und welche Art der Beobachtung man sich bezieht. Wenn Uhren aus dem Gleichschritt kommen, gibt es kein universelles «Jetzt» oder einen gegenwärtigen Augenblick, auf den sich die verschiedenen Beobachter einigen können. Ann hat, sagen wir 2007, ihre Definition vom «Jetzt», Betty hat eine andere. Beide decken sich grundsätzlich nicht. Man kann z. B. keine schlüssigen Antworten auf spekulative Überlegungen wie diese erwarten:

Ann: «Hier auf der Erde haben wir das Jahr 2007. Ich frage mich, ob Betty schon auf ihrem Stern gelandet ist. Ich weiß, daß es nur sechs Jahre ihrer Zeit kostet und sie sieben Jahre meiner Zeit unterwegs war. Wenn ich durch das Fernrohr blicke, sehe ich das Raumschiff natürlich noch ein ganzes Stück vor dem Ziel, aber ich weiß, daß das Fernrohr mich nicht über den aktuellen Stand informiert, weil das Licht vom Raumschiff eine Weile braucht, um mich hier auf der Erde zu erreichen. Ich wüßte gern, wo Betty *jetzt* ist.»

In Anns Bezugssystem ist Betty $7 \times 0{,}8 = 5{,}6$ Lichtjahre entfernt und frühstückt in diesem Augenblick (Anns «Jetzt» von 2007), aber für Betty findet dieses Frühstück selbstverständlich nicht im Jahr 2007 statt. Ihre Uhr zeigt $7 \times 0{,}6 = 4{,}2$ Jahre seit dem Start an. Wenn sie zur Erde zurückblickt, sieht sie, wie die Erduhr $4{,}2 \times 1/3 = 1{,}4$ Jahre anzeigt, aber sie weiß natürlich, daß auf der Erde in diesem Augenblick nicht «wirklich diese Zeit» gilt. Um das zu berechnen, muß sie die Zeitverzögerung dazuzählen, die nach Anns Messung auf der Erde 5,6 Jahre beträgt. Betty rechnet also $1{,}4 + 5{,}6 = 7$ und leitet richtig das Jahr 2007 auf der Erde ab, das Ann als gleichzeitig mit dem besagten Frühstück im Raumschiff ansieht. Betty sieht die Dinge jedoch anders. Sie ist in ihrem Bezugssystem erst 4,2 Jahre unterwegs, das Licht kann also nicht 5,6 Jahre *ihrer* Zeit gebraucht haben, um sie von der Erde zu erreichen – da war sie noch gar nicht gestartet. Betty sieht, wie die Erde mit 80 Prozent der Lichtgeschwindigkeit zurückbleibt, in 4,2 Jahren wird sie also in ihrem Bezugssystem 3,36 Lichtjahre weit weg sein. Es dauert 3,36 Jahre ihrer Zeit, bis das Licht von der Erde beim Raumschiff ist. Aber weil Betty die Uhr auf der Erde nur mit $1/3$ der Geschwindigkeit ihrer eigenen Uhr gehen sieht, meint sie, daß erst $\frac{3,36}{3} = 1,12$ Jahre auf der Erde vergangen sind, seit das Licht vor 1,4 Jahren ausgesandt wurde. Das heißt, soweit es Betty betrifft, die Zeit auf der Erde «jetzt» (während sie bei jenem Frühstück über diese verwirrende Angelegenheit nachdenkt) ist 1,4 + 1,12 = 2,52 Jahre seit dem Start – also definitiv *nicht* 2007. Die gleiche Zahl kann man errechnen, ohne daß man sich Gedanken über die Lichtsignale macht, indem man einfach festhält, daß die Zeit, die auf der Erde seit Bettys Abflug vergangen ist, das 0,6fache ihrer eigenen beträgt, also $4,2 \times 0,6 = 2,52$. Die gleiche Rechnung, angewandt auf das Datum der Ankunft Bettys bei dem Stern (nach 6 Raumschiffjahren), ergibt, daß dieses Ereignis gleichzeitig mit dem Jahr 2003,6 auf der Erde ist. Ann dagegen sieht dieses Ereignis als gleichzeitig mit 2010. Die Folgerung aus alldem ist, daß Ann und Betty kein gemeinsames «Jetzt» haben. Ein «Betty-Ereignis» B wird von Ann vielleicht als gleichzeitig mit einem «Ann-Ereignis» A betrachtet, obwohl Betty A und B *nicht* als gleichzeitig ansieht, sondern dafür ein ganz anderes (in diesem Fall früheres) Ann-Ereignis heranzieht.

Aber das ist doch dummes Zeug, wirft unser Skeptiker ein. Was ist, wenn Ann Betty anruft und sie einfach fragt, was sie gerade «jetzt» macht?

Das kann sie nicht! Die gleiche Relativitätstheorie, die den Zwillingseffekt voraussagt, verbietet auch, daß irgendein Körper oder Einfluß schneller als Licht ist, so daß es *keine* gleichzeitige Kommunikation zwischen Ann und Betty geben kann. Die Tatsache, daß Ann und Betty nicht übereinstimmende «Jetzt» oder Definitionen von Gleichzeitigkeit an entfernten Orten haben, ist deshalb kein Grund zur Sorge. Man kann Ereignissen, die «jetzt» an einem weitentfernten Ort stattfinden, keine physikalische Bedeutung zuweisen, denn wir können von solchen Ereignissen nichts wissen oder sie beeinflussen. Die Berechnung entfernter «Jetzt-Ereignisse» ist reine Buchhalterei. Sobald Ann und Betty wieder beieinander sind, können sie ihre Aufzeichnungen vergleichen, und wie wir gesehen haben, stellen sie dann fest, daß ihre jeweiligen Geschichten perfekt übereinstimmen. Wenn Ihnen das Fehlen eines universellen, allgemein anerkannten, allgegenwärtigen «Jetzt» als etwas Verrücktes vorkommt, ist das nichts Neues. 1817 schrieb der englische Essayist Charles Lamb mit unheimlicher Voraussicht: «Dein ‹Jetzt› ist nicht mein ‹Jetzt›, und auch dein ‹Damals› ist nicht mein ‹Damals›, aber mein ‹Jetzt› kann dein ‹Damals› sein und umgekehrt.»[8]

Ich habe die Ann-Betty-Geschichte so ausführlich behandelt, weil ich immer wieder Briefe bekomme, in denen um eine Erklärung des Zwillingseffekts gebeten wird, oder Manuskripte, die ihn als falsch hinstellen, weil es eine Unvereinbarkeit gebe. Die Leser, die die Ausdauer besessen haben, sich durch meine Zahlen zu arbeiten, können hoffentlich zustimmen, daß alles perfekt zusammenpaßt. Es gibt keinen Widerspruch. Ich hoffe sehr, daß dies das letzte Wort ist, das zu dieser Frage gesagt werden muß, obwohl bestimmt ein paar hartnäckige Antirelativisten sich bemüßigt fühlen werden, Einwände gegen meine Berechnungen vorzubringen.

Zeit ist Geld

Wieso können wir sicher sein, daß Einstein mit dem Zeitdilatationseffekt recht hatte? Nach meinem Dafürhalten ist die Feuerprobe für jede ausgefallene Theorie die: Kann man Geld damit verdienen? Ein Grund, warum ich immer skeptisch gegenüber dem sogenannten Übernatürlichen gewesen bin, ist folgender: Wenn jemand, sagen wir, in die Zukunft blicken kann, kann er den normalen Fondsmanager am Aktienmarkt ausstechen. Selbst wenn der Effekt nur sehr schwach ist, müßten auf längere Sicht die Gewinne doch die Verluste übertreffen. Irgend jemand würde mittlerweile das Verfahren vermarkten und sehr reich werden. Darwin hat uns gelehrt, daß selbst ein ganz geringer Vorteil sich mit der Zeit zu einem phantastischen Erfolg auswachsen kann. Leider gibt es kaum Beweise für übernatürlichen finanziellen Scharfsinn unter Physikern (d. h. bis auf den Erfolg, leichtgläubigen Sponsoren das Geld aus der Tasche zu ziehen). Tatsächlich habe ich vor kurzem von einem Hellseher erfahren, der regelmäßig Topmanager und -politiker berät und es trotzdem fertigbrachte, das Familienvermögen im Spielkasino durchzubringen. Unvoreingenommen bin ich jedoch gegenüber den Wünschelrutengängern, weil die es wenigstens schaffen, auf ihre eigene Art mit dem Suchen von Wasser ihren Lebensunterhalt zu verdienen.

Im Gegensatz zum Hellsehen machen Leute regelmäßig Geld damit, daß sie die Zeit dehnen. Die Maschinen, die sie zu diesem Zweck bauen, nennt man Synchrotrons. Sie jagen Elektronen mit annähernder Lichtgeschwindigkeit durch einen evakuierten kreisförmigen Tunnel. Weil die Elektronen in eine gekrümmte Bahn gezwungen werden, emittieren sie starke elektromagnetische Strahlung, die in einem dünnen Strahl gebündelt ist. (Es ist übrigens diese «Synchrotronstrahlung», die die Piepsignale der Pulsare erklärt.) Als sie erstmals gesehen wurde, war die Synchrotronstrahlung ein Ärgernis. Synchrotrons wurden ursprünglich gebaut, um subatomare Teilchen zu beschleunigen, nicht um Strahlung zu erzeugen. Strahlung kostet Energie und damit Geld. Ein Grund dafür, warum Teilchenbeschleuniger so riesig sind, ist der, die Krümmung der Teilchenbahn zu verringern, um so die Strahlungsverluste zu minimieren. Aber wie so oft in der Wissenschaft, kann aus einer Sünde eine Tugend werden, und so stehen heute in einigen Ländern Synchrotrons, die eigens dazu betrieben werden, diese Strahlung zu produzieren. Synchrotronstrahlung ist sehr intensiv, umfaßt ein breites Frequenzspektrum vom sichtbaren Licht aufwärts und läßt sich leicht handhaben.

Der große Vorteil liegt in den sehr hohen Frequenzen, die erreicht werden können – bis in den Röntgenstrahlbereich des Spektrums. Synchrotron-Röntgenstrahlen werden mit großem Erfolg eingesetzt, um die Atomstruktur komplizierter Materialien zu erklären, wie die von Glas oder großen biologischen Molekülen. Die Bilder entstehen so schnell, daß die Wissenschaftler manchmal die Einzelheiten chemischer Veränderungen verfolgen können. Vor einiger Zeit haben Wissenschaftler von Wellcome Biotech und der Universität Oxford mit Hilfe des britischen Synchrotrons bei Daresbury in Cheshire den Aufbau des Virus entschlüsselt, das die Maul- und Klauenseuche bei Rindern hervorruft. Auch auf den Gebieten Arzneimittelentwicklung, Thermoplast und Keramik sind mit Erfolg Untersuchungen durchgeführt worden, während man mit der Synchrotronlithographie winzige Geräte von weniger als einem Millimeter Größe herstellt. Unternehmen sind bereit, mehrere tausend Dollar täglich für die Nutzung eines Synchrotrons zu zahlen, und diese Anlagen erwirtschaften jährlich Millionen Dollar aus kommerziellem Einsatz.

Synchrotronelektronen erreichen normalerweise 99,99999 Prozent der Lichtgeschwindigkeit. Das Geheimnis ihres Erfolgs liegt im Zeitdilatationsfaktor, der bei einem Wert von mehreren Tausend liegt. Das treibt die Strahlenfrequenz, wie sie im Bezugssystem des Laboratoriums beobachtet wird, enorm in die Höhe. Bei niedrigen Geschwindigkeiten, wenn relativistische Effekte vernachlässigt werden können, senden Elektronen in einem Synchrotron Strahlen mit einer Frequenz aus, die ihrer Umlauffrequenz in der Anlage entspricht. Bei hohen Geschwindigkeiten führen die Zeitdilatation und die entsprechenden relativistischen Effekte zu einem gewaltigen Unterschied. Das Synchrotron in Daresbury hat einen Umfang von 96 m, und die Elektronen legen pro Mikrosekunde drei Umrundungen zurück, und zwar im Frequenzbereich Megahertz, der dem Radiowellenbereich des elektromagnetischen Spektrums entspricht. Eine Quelle mit dieser Frequenz ist für die Untersuchung der Atomstruktur von Materialien normalerweise unbrauchbar. Doch im Bezugssystem der Elektronen wird der Weg aufgrund der Zeitdilatation sehr viel schneller zurückgelegt. Alles in allem erhöhen die Relativitätseffekte die Strahlenfrequenz, wie sie im Labor beobachtet wird, auf bis zu eine Billiarde Megahertz.

Falls die Zeitdilatation wirklich ein lukratives Phänomen ist, bin ich gezwungen anzuerkennen (räumt der Skeptiker ein), daß das Jetzt von Ann und das Jetzt von Betty aus dem Gleichschritt kommen können. Das bedeutet, daß mein Jetzt und Ihr Jetzt ebenfalls aus dem Gleichschritt kommen können. Aber falls es mehr als ein Jetzt gibt, gibt es dann nicht auch mehr als eine Wirklichkeit? Und was ist dann mit der Ordnung des Universums?

Eine gute Frage! Welchen Sinn kann die physikalische Wirklichkeit haben, wenn es eine Vielzahl von Jetzt gibt?

Zeitbild

Die meisten Menschen im Westen werden mit der festen Überzeugung groß, daß die Wirklichkeit sich in den Ereignissen des gegenwärtigen Augenblicks manifestiert. Die Trennung der Zeit in Vergangenheit, Gegenwart und Zukunft ist für unser Erleben der Wirklichkeit offenbar so elementar wie kaum etwas anderes. Die Vergangenheit betrachten wir, auch wenn wir uns an sie erinnern, als nicht mehr existent, während die unbekannte und geheimnisvolle Zukunft erst noch heraufbeschworen werden muß. Es ist eine Weltsicht, wie sie der Philosoph Arthur Schopenhauer gut erfaßt hat, als er schrieb: «Daher hat vor der bedeutendsten Vergangenheit die unbedeutendste Gegenwart die Wirklichkeit voraus.»[9] Eine solche Überzeugung sollte nicht einfach abgetan werden. Nach langer, eingehender Überlegung kam ein so großer Denker über zeitliche Fragen wie Augustinus zu genau dieser Position des «gesunden Menschenverstands»:

> «Aber auf welche Weise können denn diese beiden Zeiten sein, die Vergangenheit und die Zukunft, wenn doch das Vergangene schon nicht mehr und das Zukünftige noch nicht ist? Eine Gegenwart aber, die immer gegenwärtig bliebe und nicht überginge in die Vergangenheit, wäre nicht mehr Zeit, sondern Ewigkeit.»[10]

Das Problematische am gesunden Menschenverstand ist, daß er uns oft im Stich läßt. Schließlich redet uns der gesunde Menschenverstand auch ein, daß die Sonne und die Sterne sich um die Erde drehen. Einstein bezeichnete den gesunden Menschenverstand einmal als die Schicht von Vorurteilen, die sich im Kopf ablagern, bevor man achtzehn ist.[11]

Die Relativitätstheorie bedeutet nicht, daß man mit einem Raumschiff reisen kann, um in die *eigene* Zukunft zu springen, sondern nur in die eines anderen. Man kann durch Verändern des eigenen Bewegungszustands nicht sein *Hier*-und-jetzt verändern, nur sein *Dort*-und-jetzt. Die Unvereinbarkeit der beiden «Jetzt» von Ann und Betty bezieht sich auf das, wovon beide meinen, daß die *andere* es «in dem Augenblick» an einem in jedem Fall fernen Ort tut. Wenn die Zwillinge wieder beieinander sind, fallen ihre Jetzt wieder zusammen.

Man braucht kein Raumschiff, um sein Dort-und-jetzt ziemlich heftig zu verrücken, wenn das «Dort» weit genug entfernt ist, weil die Wirkung mit der Entfernung zunimmt. Stellen Sie sich vor, Sie legen dieses Buch aus der Hand, stehen von Ihrem Stuhl auf und gehen durch das Zimmer. Sie haben Ihr Dort-und-jetzt in der Andromeda-Galaxie soeben um einen ganzen Tag verändert! Mit dieser Aussage meine ich folgendes: Während Sie sitzen, können Sie annehmen, daß ein bestimmtes Ereignis E auf einem bestimmten Planeten in der Andromeda-Galaxie im selben Augenblick geschieht (nach Ihrer Einschätzung in Ihrem speziellen Bezugssystem) wie der Akt des «Sie lesen diese Passage». Wenn Sie durch das Zimmer gehen, wechselt das Ereignis auf jenem fernen Planeten, das zur gleichen Zeit wie Ihr Herumgehen stattfindet, von «gleich nach E» zu irgendeinem anderen Ereignis, das von E um einen Tag abweicht. Es springt entweder in die Zukunft oder die Vergangenheit von E, je nachdem ob Sie sich Andromeda zu dem Zeitpunkt nähern oder von ihm entfernen. Gleichzeitigkeit ist, wie Bewegung, relativ.

Dann kann die zeitliche Reihenfolge der beiden Ereignisse nach Belieben geändert werden? Heißt das nicht, daß wir die Macht haben, die Zeit einfach durch Herumschlendern umzukehren?

Ja und nein. Wenn zwei Ereignisse an verschiedenen Orten stattfinden (eins z. B. auf der Erde, ein anderes auf Andromeda), dann *kann* die zeitliche Abfolge der beiden Ereignisse umgekehrt werden, aber nur, wenn die beiden räumlich getrennten Ereignisse zeitlich so dicht aufeinanderfolgen, daß das Licht in der verfügbaren Zeit nicht vom einen zum anderen gelangen kann. Es kann folglich kein kausaler Zusammenhang zwischen den Ereignissen bestehen, weil nach Einstein keine Information und kein physikalischer Einfluß die Strecke zwischen den Ereignissen schneller als das Licht zurücklegen kann, um sie kausal zu verbinden. Eine Umkehr der zeitlichen Reihenfolge in diesem eingeschränkten Fall richtet also keinen Schaden an: Ursache und Wirkung werden nicht umgekehrt, weil die betreffenden Ereignisse kausal vollkommen unabhängig sind. Dennoch hat diese begrenzte Mehrdeutigkeit bei der zeitlichen Reihenfolge räumlich getrennter Ereignisse eine wichtige Auswirkung. Wenn die Wirklichkeit tatsächlich in der Gegenwart liegt, dann haben wir die Macht, diese Wirklichkeit überall im Universum zu ändern, vor und zurück in der Zeit, einfach dadurch, daß wir herumlaufen. Aber das gilt dann auch für einen empfindungsfähigen grünen Tropfen der Andromeda-Galaxie. Dadurch, daß er nach links und dann nach rechts sickert, durcheilt der gegenwärtige Augenblick auf der Erde (nach Einschätzung des Tropfens in seinem Bezugssystem) gewaltige Veränderungen in der Zeit, vor und zurück.

Wenn man kein Solipsist ist, kann man aus der Relativität der Gleichzeitigkeit nur einen rationalen Schluß ziehen: Ereignisse in der Vergangenheit und Zukunft müssen ohne Abstriche genauso real wie Ereignisse in der Gegenwart sein. Schon die Aufteilung der Zeit in Vergangenheit, Gegenwart und Zukunft ist physikalisch offenbar sinnlos. Um die «Jetzt» aller anzupassen – das von Ann, von Betty, vom grünen Tropfen, Ihres und meins –, müssen Ereignisse und Augenblicke «mit einem Schlag» über eine

Zeitspanne hinweg existieren. Wir sehen ein, daß man diese verschiedenen Dort-und-jetzt-Ereignisse nicht wirklich miterleben kann, «wenn sie stattfinden», weil eine unmittelbare Kommunikation unmöglich ist. Man muß statt dessen warten, bis das Licht sie uns mit seinen bescheidenen 300 000 km pro Sekunde übermittelt. Aber um dem Begriff Raum und Zeit Sinn zu geben, ist es notwendig, sich vorzustellen, daß diese Dort-und-jetzt-Ereignisse irgendwie wirklich «da draußen» sind, Tage umfassen, Monate, Jahre und, durch Ausweitung, die *ganze* Zeit (man kann das Unheil dadurch vergrößern, daß man seine Änderungen der Geschwindigkeit und die Entfernung zum «Dort» erhöht).

Der Gedanke, daß Ereignisse in der Zeit «mit einem Schlag» entworfen werden, veranlaßte Einstein zu den am Anfang dieses Kapitels zitierten Worten. Aber diese Vorstellung entstand keineswegs mit der Relativitätstheorie; sie greift ein schwaches Echo vom Begriff der Ewigkeit auf, den Newton im Denken der westlichen Zivilisation zerstört hat. Die große Faszination, die sie auf Schriftsteller und Dichter ausgeübt hat, kommt deutlich in den Worten William Blakes zum Ausdruck: «Ich sehe Vergangenheit, Gegenwart und Zukunft zugleich vor mir existieren»[12], und klingt beredt wider in den Zeilen T. S. Eliots:

> «Denn Ende und Anfang bestehen von jeher
> noch vor dem Anfang und noch nach dem Ende.
> Alles ist immer jetzt.»[13]

Es war allerdings etwas von der Stärke und Beweiskraft der Relativitätstheorie nötig, um die Wissenschaftler zu einer radikalen Neubewertung ihrer Vorstellung von der Zeit zu zwingen; vor allem, von dem Gedanken wegzukommen, daß Dinge in geordneter und universeller Abfolge «geschehen», und damit zu beginnen, die Zeit, wie den Raum, als einfach «da» zu betrachten. So wie wir den Raum wie eine Landschaft sehen können, die vor uns ausgebreitet ist, können wir auch die Zeit (zumindest vor unserem geistigen Auge) wie ein Bild sehen, das zeitlos vor uns liegt. Die Philosophen sprechen bei der Vorstellung vom Zeitbild von der statischen Zeit, um sie von den psychologischen Vorstellungen (und denen des normalen Menschenverstandes) von der «flüchtigen Gegenwart» zu unterscheiden.

Der Begriff der statischen Zeit legt nahe, die Zeit nach der Art des Raums darzustellen. Der erste Physiker, der dies anregte, war Hermann

Minkowski, einer der Professoren Einsteins an der ETH. 1908 hielt Minkowski in Köln einen Vortrag über die bemerkenswerte neue Relativitätstheorie seines ehemaligen Studenten, den er mit der starken Aussage begann: «Von Stund an sinken Raum für sich und Zeit für sich völlig in den Schatten, und nur noch eine Art Union der beiden soll Selbständigkeit bewahren.»[14]

Die «Union», auf die Minkowski anspielte, war seine Idee. Wenn die Zeit räumlich dargestellt werden kann, zumindest zum Zweck mathematischer Darstellung, muß sie wie eine *vierte* Dimension behandelt werden, weil es bereits drei Raumdimensionen gibt. Das klingt ziemlich geheimnisvoll, doch die räumliche Darstellung der Zeit gibt es, seit der Mensch die symbolische Darstellung gebraucht. Der Schriftsteller Anthony Aveni weist in seinem fesselnden Buch *Empires of Time* darauf hin, daß unsere Vorfahren aus der Altsteinzeit schon vor mindestens 20 000 Jahren zeitliche Abstände mit einer Serie von Kerben in Knochen wiedergaben, was zweifellos eine räumliche Darstellung der Zeit ist. Selbst der Begriff «die vierte Dimension» wurde, schon Jahre bevor die Relativitätstheorie auf der Szene erschien, zur Beschreibung der Zeit verwendet. In seinem Aufsatz «What Is the Fourth Dimension?» aus dem Jahr 1880 forderte der britische Wissenschaftler Charles Hinton uns auf, uns «ein riesiges Loch [vorzustellen], in dem alles, was je gewesen ist oder noch kommen wird, nebeneinander existiert».[15] Außerdem «hinterläßt [diese Anordnung] in diesem flackernden Bewußtsein, auf einen engen Raum und einen einzigen Augenblick begrenzt, ein ungeheures Arsenal an Veränderungen und Wechselfällen, die nur uns zu eigen sind».[16] Hinton erklärt mit anderen Worten, daß das Jetzt unseres Bewußtseins lediglich eine subjektive Wahrnehmung ist – darüber später mehr.

Das Neue an Einsteins Zeit war, daß Zeit und Raum *physikalisch* verbunden wurden, nicht nur metaphorisch. Die Relativitätstheorie verknüpft Raum und Zeit auf präzise und innige Art. Ich habe erwähnt, wie der Raum schrumpft, wenn die Zeit sich ausdehnt. Mathematisch werden diese Verformungen in den gleichen Formeln zusammengefaßt. Minkowski betonte, daß er den drei Raumdimensionen nicht einfach aus Spaß eine zusätzliche Zeitdimension hinzufüge, sondern weil das dabei entstehende System ein *vereintes* «Raumzeit-Kontinuum» bildete, in dem die rein räumlichen und die rein zeitlichen Aspekte nicht mehr entwirrt werden konnten. Die Relativitätstheorie verbietet uns, die Zeit vom Raum zu trennen, indem wir absolut und universell eine räumliche oder gleich-

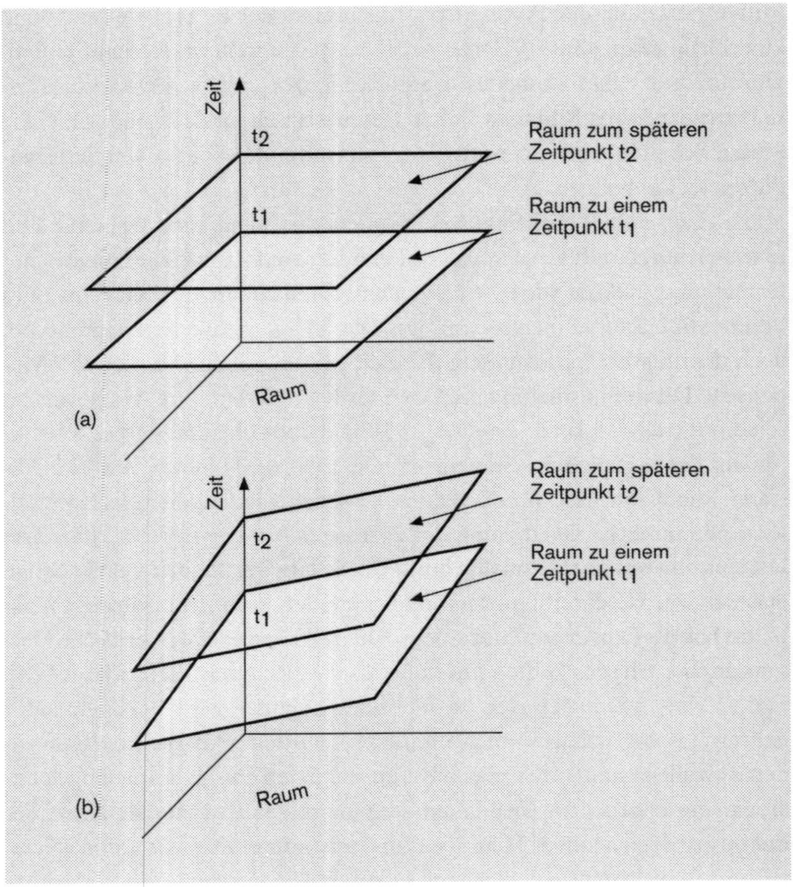

Abb. 2.2 Die Raumzeit nach der Relativitätstheorie von Einstein. In diesen sogenannten Minkowski-Diagrammen ist die Zeit senkrecht abgetragen, zwei Raumdimensionen waagerecht. Die waagerechten Scheiben in Abbildung (a) bezeichnen den Raum in den beiden Augenblicken t1 und t2, wie sie ein bestimmter Beobachter sieht. Alle Punkte auf einer Scheibe werden von diesem Beobachter als gleichzeitig angesehen. In Abbildung (b) ist die gleiche Raumzeit entsprechend der Sicht eines zweiten Beobachters, der relativ zum ersten in Bewegung ist, unterteilt. Der zweite Beobachter hält alle Punkte auf den geneigten Scheiben für gleichzeitig. Es gibt also nicht nur eine einzige, allgemein anerkannte Methode, die Raumzeit in «Raum» und «Zeit» aufzuteilen. Die Methode (a) wirkt vielleicht neutraler, weil die Scheiben waagerecht liegen, aber das liegt lediglich daran, daß ich die Achsen des Diagramms so gezeichnet habe, daß sie dem Bezugssystem des ersten Beobachters entsprechen.

zeitige Aufteilung der Raumzeit vornehmen. Jeder Beobachter hat seine eigene Aufteilung. Ein Bild von der Raumzeit könnte in diesem Stadium hilfreich sein. Abbildung 2.2 zeigt die sogenannten Minkowski-Diagramme, in denen Raum und Zeit gemeinsam dargestellt sind. Eine der Schwierigkeiten bei diesen Diagrammen ist die, daß man auf einem Blatt Papier nicht vier Dimensionen zeichnerisch darstellen kann, so daß also mindestens eine Raumdimension weggelassen werden muß. Der Raum wird horizontal dargestellt, die Zeit vertikal. Das Diagramm zeigt, wie unterschiedlich verschiedene Beobachter die Raumzeit in «Raum» und «Zeit» aufteilen.

Hermann Weyl, ein enger Vertrauter Einsteins, drückte die Sicht der neuen «Raumzeit» wie folgt aus:

> «Der Schauplatz der Wirklichkeit [ist] ... die vierdimensionale Welt, in der Raum und Zeit miteinander verbunden sind. So tief die Kluft ist, welche für unser Erleben das anschauliche Wesen von Raum und Zeit trennt – von diesem qualitativen Unterschied geht in jene objektive Welt, welche die Physik aus der unmittelbaren Erfahrung herauszuschälen sich bemüht, nichts ein. Sie ist ein vierdimensionales Kontinuum, weder ‹Raum› noch ‹Zeit›.»[17]

Einstein selbst war von dem Gedanken einer einheitlichen Raumzeit zunächst nicht sonderlich begeistert und tat Minkowskis neue vierdimensionale Geometrie als «überflüssig» ab, freundete sich aber früh genug mit dem Gedanken an. Die eigentliche Bedeutung dieser einheitlichen vierdimensionalen *Raumzeit* liegt darin, daß sie eine gemeinsame Geometrie besitzt, die die Raumteile und die Zeitteile gründlich vermischt. Minkowski entwarf sofort die Regeln der Raumzeitgeometrie. Leider stellen sie keine direkte Verallgemeinerung der dreidimensionalen Schulgeometrie dar, die erweitert wird, damit sie eine zusätzliche Dimension aufnehmen kann. Ich komme in Kapitel 7 genauer darauf zurück. Hier möchte ich jetzt nur festhalten, daß, wenn man Diagramme in Raumzeit zeichnet (im Gegensatz zur nur räumlichen Darstellung), unsere normale Vorstellung von Entfernungen und Winkeln uns in die Irre führen kann.

Die Minkowski-Diagramme können eine große Hilfe für die Vorstellung sein. Lassen Sie mich die Erfahrungen von Ann und Betty anhand eines Diagramms erläutern (Abb. 2.3). Aus zeichnerischen Gründen habe ich nur eine Raumdimension übernommen. Beachten Sie als erstes, daß ein Er-

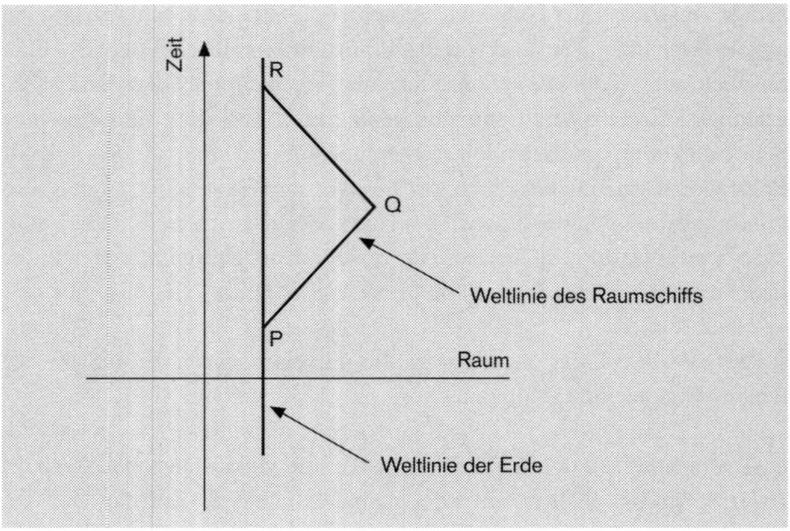

Abb. 2.3 Minkowski-Diagramm des Zwillings-Effekts. Betty verläßt die Erde beim Ereignis P. Die geneigte Gerade ist die «Weltlinie» ihres Raumschiffs, das den fernen Stern beim Ereignis Q erreicht. Die Richtungsänderung der Weltlinie bei Q markiert Bettys Umkehr. Das Wiedersehen auf der Erde erfolgt beim Ereignis R. Die Entfernungen entlang den alternativen Raumzeitwegen PR und PQR sind offensichtlich verschieden, was auf die unterschiedlich erlebte Zeitdauer zwischen den Ereignissen P und R hinweist. Aufgrund der eigenartigen Regeln der Minkowski-Geometrie ist die Strecke PQR tatsächlich die kürzere.

eignis wie der Abflug Bettys von der Erde einem einzelnen Punkt in der Raumzeit entspricht. Ein Objekt, etwa eine Person oder ein Raumschiff, beschreibt eine Bahn in der Raumzeit, die «Weltlinie» genannt wird. Anns Weltlinie, die mit derjenigen der Erde zusammenfällt, ist einfach eine Gerade. Die Gerade verläuft senkrecht, weil ich mich entschlossen habe, mit diesem Diagramm Ereignisse darzustellen, wie sie im Bezugssystem der Erde beobachtet werden. In diesem System bewegt Ann sich nicht, so daß sie, während die Zeit «weitergeht», einfach eine Linie mit festen räumlichen Koordinaten beschreibt. Betty fliegt im Raumschiff dagegen auf einer Weltlinie davon, die nach rechts geneigt ist, dann umkehrt und wieder zur Erde zurückgeht. Die Ereignisse, die Bettys Abflug von der Erde, ihre Ankunft auf dem Stern und ihre Rückkehr zur Erde darstellen, sind mit P, Q bzw. R bezeichnet.

Der entscheidende Punkt ist nun folgender. Die Dauer zwischen den beiden Ereignissen P und R liegt nicht fest, sondern hängt von der *Länge* der Weltlinie ab, der der Beobachter zwischen ihnen folgt. Aus der Zeichnung wird klar, daß die Entfernung zwischen P und R, wenn sie entlang den Weltlinien gemessen wird, unterschiedlich ist: Ann hat eine gerade Weltlinie, während die von Betty geknickt ist und durch Q geht. Man könnte meinen, daß dies Betty veranlaßt, die Dauer länger einzuschätzen, doch hier narrt uns die Zeichnung, wie ich schon warnend erwähnt habe. Die Geometrie des Minkowski-Raums unterscheidet sich hier von der «normalen» Geometrie dadurch, daß Geraden, die schräg zur Senkrechten stehen, mit einem besonderen Verkürzungsfaktor multipliziert werden müssen. Wenn das geschehen ist, zeigt sich, daß die *längste* Zeit zwischen zwei Ereignissen tatsächlich die Zeit ist, die eine Uhr anzeigt, die eine *gerade* Weltlinie zwischen den Ereignissen hat. Betty «erreicht» das Ereignis R also in kürzerer Zeit als Ann. Merke: Ich sage nicht, «Betty erreicht R als erste», denn R ist kein Ort, sondern ein Ereignis. Ein Ereignis, das sowohl Ann als auch Betty einbezieht (in diesem Fall ihr Wiedersehen), kann nicht in verschiedenen Augenblicken erlebt werden, auch wenn Ann und Betty unterschiedlicher Meinung über die Dauer seit der Zeit des Abflugs sind (Ereignis P).

Die räumliche Darstellung der Zeit auf diese Weise erhöht vielleicht unser Verständnis der Physik, es ist jedoch ein sehr hoher Preis zu zahlen. Das menschliche Leben kreist um die Aufteilung der Zeit in Vergangenheit, Gegenwart und Zukunft; die Menschen werden diese Kategorien nicht einfach aufgeben, nur weil die Physiker sagen, sie seien nicht haltbar. T. S. Eliot pflichtete Minkowski dichterisch bei, als er schrieb:

«Jetzige Zeit und vergangene Zeit
Sind vielleicht gegenwärtig in künftiger Zeit
Und die künftige Zeit enthalten in der vergangenen.»

Aber er fuhr fort und wies auf die Folgen hin:

«Ist aber alle Zeit ewig Gegenwart,
Wird alle Zeit unwiderrufbar.»[18]

Das ist es wahrscheinlich, was die Menschen am neuen Zeitbegriff am meisten verwirrt. Wenn die Zukunft «schon da» ist, dann können wir sie nicht mehr formen. Der Spruch «Was geschehen ist, ist geschehen» wäre dann mit gleicher Schwere auf die Zukunft wie die Vergangenheit anwendbar. Weyl hat einmal geschrieben: «Die Welt geschieht nicht, sie ist einfach.»[19] Geschehen, werden, der Fluß der Zeit, die Entfaltung von Ereignissen – all das ist Fiktion, wenn man Weyl glaubt. Einstein hat ihm geglaubt, daher das Zitat zu Beginn dieses Kapitels, das er der Witwe Bessos nach dem Tod ihres Mannes zum Trost schrieb (und wenige Wochen vor seinem eigenen).

In ihrem Beruf akzeptieren die meisten Physiker anstandslos die Vorstellung vom Zeitbild, aber privat handeln sie wie all die übrigen auch und gründen ihr Denken und Tun auf die Annahme eines sich bewegenden gegenwärtigen Augenblicks. Denn kann jemand wirklich davon überzeugt werden, daß die Zukunft nicht *geschieht,* sondern einfach irgendwie *ist* (wenn ihre Zeit kommt...)? Daß jeder Eindruck eine Täuschung ist? Stellen Sie sich vor, Sie hätten eine Krankheit, die eine Operation nötig macht, und Ihr Arzt würde Ihnen erklären, daß eine Narkose gefährlich ist. Würden Sie sich dennoch bereit erklären, den Eingriff ohne Narkose vornehmen zu lassen, weil der Schmerz nach der Operation «nur noch eine Erinnerung» wäre? Wahrscheinlich nicht. Es gibt jedoch ein Medikament, das die Kurzzeiterinnerung auslöschen kann. Wenn ein Patient während einer Operation unerwartet aufwacht und große Schmerzen hat, bewirkt das Medikament, daß er nach dem schrecklichen Erlebnis in seliger Unwissenheit bleibt. Der Patient ist nach der Operation der Meinung, die Narkose sei einwandfrei verlaufen. Die Frage ist nun, wenn Ihnen dieses Medikament anstelle einer Narkose angeboten würde, würden Sie annehmen? Oder würden Sie das Risiko einer Narkose vorziehen, auf der Grundlage, daß das Erleben des Schmerzes im entsprechenden Augenblick wirklich wäre (auch wenn Sie sich nachher nicht daran erinnern) und das schmerzvolle Erlebnis noch in der Zukunft läge – es wäre noch nicht «geschehen»? Wie ich antworten würde, weiß ich.

Selbst Einstein bekannte kurz vor seinem Tod, daß das Problem des Jetzt ihn sehr beunruhige. In einem Gespräch mit dem Philosophen Rudolf Carnap räumte er ein, daß es mit dem Jetzt etwas Grundlegendes auf sich habe, meinte jedoch, daß es, was immer es sei, außerhalb des Reichs der Wissenschaft liege.[20] Vielleicht, vielleicht auch nicht. Das ist alles, was ich jetzt über das Jetzt sagen möchte. Aber ich komme noch einmal darauf zurück...

3

Zeitmaschinen

Ist Einsteins Theorie ein überspannter Einfall? Offensichtlich ja.

New York Times, 1921

Die Lichtbarriere

Einer der trostlosesten Orte auf Erden liegt etwa 500 Kilometer nördlich von Adelaide in Südaustralien. Es ist Wüste, aber es sind nicht die wandernden gelben Sanddünen der Sahara. Hier ist die Erde von einem satten Rot, das Gelände fast topfeben und der Boden geschmückt mit trist wirkenden Büschen, denen es irgendwie gelingt, unter den heißen und trockenen Bedingungen am Leben zu bleiben.

Es scheint aberwitzig, hier eine Stadt zu suchen. Das Wasser wird über mehrere hundert Kilometer vom Murray hierher gepumpt. Die Stadt heißt Woomera, was in der Sprache der Aborigines Wurfstock heißt. Ich fuhr dorthin, um mit eigenen Augen und der Neugier eines Kindes den experimentellen Beweis für eine der größten jemals gemessenen Zeitverzerrungen zu sehen. Zumindest war ich gekommen, um mir die Anlage anzusehen. Noch genauer war ich gekommen, um die jüngste Erweiterung der Anlage zu sehen, die vom Wissenschaftsminister «enthüllt» wurde. Das neue System hört auf das lustige Akronym CANGAROO, das für «Collaboration between Australia und Nippon for Gamma Ray Observations in the Outback» steht.

Die Forschungsstation liegt nicht in der Stadt, sondern eine kurze Fahrt auf einer befestigten Straße durch die Wüste entfernt, in der Nähe der Stelle, wo früher Raketen gestartet wurden. Kaum jemand weiß, daß Australien einmal die vierte Weltraummacht war (Frankreich verdrängte Australien vom dritten Platz). Ein in Adelaide gebauter Satellit wurde 1967 an Bord einer serienmäßigen amerikanischen Rakete in eine Umlaufbahn geschossen. In Woomera wurden einmal Dutzende von Raketen pro Jahr getestet und gestartet, hauptsächlich für Großbritannien, dann auch für seine europäischen Partner. Anfang der 70er Jahre wurde die Finanzierung eingestellt, und die australische Regierung, die offenbar der Meinung war, daß die Raumfahrttechnologie keine Zukunft habe, ordnete den Abriß der Anlage an. Es gibt noch einen Militärstützpunkt in Woomera, und vielleicht starten auch eines Tages wieder Raketen, aber im Moment dreht sich die wissenschaftliche Betätigung dort um kosmische Strahlung. Um sie zu erforschen, wurde CANGAROO entworfen.

Daß Strahlung aus dem Weltraum zu uns dringt, wurde erstmals vor über einem Jahrhundert vermutet und sorgt seither für Wunder und Entdeckungen. Mehrere neue subatomare Teilchen wurden im Laufe der Jahre erstmals unter den Kollisionstrümmern kosmischer Strahlen entdeckt. Wie ich schon im vorigen Kapitel erklärt habe, sind die Teilchen, die an der Erdoberfläche aufgespürt werden, subatomare Bruchstücke, die entstehen, wenn sehr schnelle Teilchen aus dem Weltraum (hauptsächlich Protonen) auf Atomkerne in der Atmosphäre treffen.

Die Anlage in Woomera spürt kosmische Strahlen auf eine sehr geschickte Art auf. Wenn ein hochenergetisches Primärteilchen auftrifft, erzeugt es einen Schauer aus Sekundärteilchen, die selbst ziemlich viel Energie besitzen. Der Schauer wird durch den Aufprall des einfallenden Primärteilchens nach unten gelenkt und fächert etwas aus, bevor er auf die Erde trifft. Einige der elektrisch geladenen Teilchen dieser Schauer bewegen sich annähernd mit Lichtgeschwindigkeit. Tatsächlich bewegen sie sich schneller als Licht in Luft. Das ist ein sehr wichtiger Punkt. Die Relativitätstheorie verbietet, daß ein subatomares Teilchen schneller ist als Licht in einem Vakuum. In der Luft wird Licht jedoch etwas langsamer, so daß ein Kernteilchen in der Atmosphäre tatsächlich schneller als das Licht sein kann. Ist das Teilchen elektrisch geladen, erzeugt es eine Art elektromagnetische Stoßwelle, ähnlich einem Überschallknall, jedoch mit Licht statt mit Schall. Das Licht wird nach seinem russischen Entdecker «Cerenkov-Strahlung» genannt. Cerenkov-Strahlung ist leicht an ihrem Abstrahlwinkel zu erkennen, und die Wissenschaftler in Woomera haben eine Anlage gebaut, die genau das kann.

Das System sucht den dunklen Nachthimmel ab und registriert die winzigen Cerenkov-Blitze, die den Durchgang eines kosmischen Strahlenschauers verraten. Ich muß Ihnen die Geschichte eines früheren Systems erzählen, das in Buckland Park lag, näher bei Adelaide, und wie CANGAROO kosmische Strahlenschauer in der Luft untersuchen sollte. Der Hauptforscher war Roger Clay, ein begabter Experimentalphysiker und Posaunist, der den größten Teil seines Berufslebens der Erforschung kosmischer Strahlen gewidmet hat. 1974 brachten einige ungewöhnliche Daten in Buckland Park Clay und seine Kollegen total aus dem Häuschen. Auf den ersten Blick sah es so aus, als ob einige Teilchen der Schauer in der Luft den Erdboden nicht nur vor dem Licht erreichen würden, sondern auch *im Vakuum* schneller als das Licht wären.

Das war natürlich sensationell. Wie schon erwähnt, verbietet die Relativitätstheorie, daß irgendein Teilchen die Lichtbarriere durchbricht. Wenn dies doch geschehen würde, hätte das erhebliche Folgen für das Wesen der Zeit. Es gibt sogar einen Limerick, der uns warnt:

«There was a young lady named Bright
Whose speed was faster than light;
She set out one day, in a relative way,
And returned on the previous night.»

Kurz gesagt, schneller als das Licht kann bedeuten: rückwärts in der Zeit, mit all den Fragen und Widersprüchen, die sich daraus ergeben (vgl. Kap. 10).

Die Relativitätstheorie besagt keineswegs, daß «nichts schneller als das Licht sein kann», wie häufig erklärt wird. Sie läßt durchaus zu, daß Objekte Überlichtgeschwindigkeit erreichen, sogar im Vakuum, das aber nur, wenn diese Objekte sich nie *langsamer* als Licht fortbewegen können. Nach Einsteins Theorie kann mit anderen Worten nichts die Lichtbarriere durchbrechen, weder durch Erhöhung noch durch Verringerung der Geschwindigkeit. Die Physiker haben einen Namen für überlichtschnelle Teilchen erfunden: sie nennen sie «Tachyonen» nach dem griechischen Wort für «Geschwindigkeit». Roger Clay und seine Kollegen glaubten, solche Tachyonen entdeckt zu haben.

Auch wenn Tachyonen von der Relativitätstheorie nicht ausdrücklich ausgeschlossen werden, sind sie bei den Physikern unbeliebt, nicht zuletzt deswegen, weil sie erlauben würden, Signale in die Vergangenheit zu senden. (Fräulein Bright kann nicht körperlich in die Vergangenheit reisen, wie das vorhin beschrieben wurde, ohne die Relativitätstheorie zu verletzen, aber sie könnte vielleicht Tachyonen dahingehend manipulieren, eine Botschaft rückwärts in der Zeit zu schicken. Wenn es um die Widerprüche der Zeitreise geht, ist das mehr oder weniger genauso schlecht, wie wir noch sehen werden.) Die Einbeziehung von Tachyonen in das System der aktuellen physikalischen Theorie birgt auch noch andere, eher technische Probleme. Wenn man eine Umfrage unter den Physikern durchführen würde, würden sich, glaube ich, neunzig Prozent gegen die Vorstellung von Tachyonen aussprechen, ein Prozent dafür, und der Rest wäre «unentschieden». (Erstaunlicherweise erwähnte Lukrez die Möglichkeit von Teilchen, die schneller als Licht sind, wenn er auch nichts von den Auswirkungen auf die Zeit ahnte.) Ich erinnere mich noch sehr gut an den Aufruhr, der losbrach, als die australische Gruppe verkündete, möglicherweise Tachyonen entdeckt zu haben. Es wäre schon etwas Außergewöhnliches gewesen. Aber eine genauere Bewertung der Daten veranlaßte sie dann doch, die Behauptung abzuschwächen und sich anderen Dingen zuzuwenden.

Dazu gehören u. a. einige der schnellsten bekannten Teilchen im Universum (also nicht Tachyonen). Physiker beschreiben sehr schnelle Teilchen lieber nach ihrer Energie als nach ihrer Geschwindigkeit, weil alle sehr schnellen Teilchen, da die Lichtgeschwindigkeit eine Obergrenze darstellt, sich mehr oder weniger mit der gleichen Geschwindigkeit fortbewegen – nur etwas unter der Geschwindigkeit des Lichts *im Vakuum.* So kann ein Teilchen das Zehnfache der kinetischen Energie eines ähnlichen Teilchens haben, sich aber nur um einen Bruchteil schneller fortbewegen. Die Methode, die Energie festzustellen, ist auch natürlicher, wenn man an die Zeitdilatation denkt.

Um das zu vertiefen, möchte ich ein paar Zahlen ins Spiel bringen. Die Teilchenenergie wird in einer merkwürdigen Einheit gemessen, dem sogenannten «Elektronenvolt». Das ist die Energie, die ein Elektron erreicht, wenn es in einem elektrischen Feld mit einem Volt Potentialdifferenz beschleunigt wird. Um eine Vorstellung zu bekommen, mache man sich klar, daß die kinetische Energie eines Elektrons, das in einem Atom kreist, nur einige Elektronenvolt beträgt. Ein primäres kosmisches Strahlenteilchen bringt es dagegen auf eine Milliarde Elektronenvolt, was vermuten läßt, daß es irgendwo da draußen kosmische Dynamos gibt, die mindestens eine Milliarde Volt erzeugen. Die meisten Primärteilchen der kosmischen Strahlung sind Protonen. Ein Proton mit einer kinetischen

Energie von einer Milliarde Elektronenvolt bewegt sich mit etwa 99,9999 Prozent der Lichtgeschwindigkeit fort, während ein Proton mit einer Energie von zehn Milliarden Elektronenvolt etwa 99,999999 Prozent der Lichtgeschwindigkeit erreicht. Bei diesen Geschwindigkeiten ist es informativer, den *Unterschied* zwischen der Geschwindigkeit des Protons und der des Lichts anzugeben. Bei einem Teilchen mit zehn Milliarden Elektronenvolt sind es gerade 3 m pro Sekunde – etwa Schrittempo. Bei einhundert Milliarden beträgt der Unterschied nur noch 3 cm pro Sekunde – buchstäblich Schneckentempo –, während er bei eintausend Milliarden auf 0,3 mm pro Sekunde schrumpft. Und so fort. Man beachte, daß eine Zunahme der Energie eine immer geringere Zunahme der Geschwindigkeit zur Folge hat. (Als ich in Woomera war, mußte ich daran denken, daß etwas weiter im Norden der Lake Eyre liegt, ein meistens ausgetrocknetes Becken, in dem der britische Abenteurer und Playboy Donald Campbell 1964 den Geschwindigkeitsrekord zu Land brach. Er schaffte gerade einmal 691 km pro Stunde – 0,6 Millionstel der Lichtgeschwindigkeit.)

Um kosmische Strahlenenergie in einen Zeitdilatationsfaktor umzuwandeln, benutzt man eine einfache Formel: Man teilt die Energie des Protons in Elektronenvolt durch eine Milliarde. Das ergibt den Dehnungsfaktor für die Ganggeschwindigkeit der Uhr. Ein Proton mit einer Milliarde Elektronenvolt erfährt also eine Verlangsamung seiner Zeit um ein Tausendstel unserer Geschwindigkeit, während der Faktor bei einem Teilchen mit tausend Milliarden Elektronenvolt ein Millionstel beträgt.

Die CANGAROO-Anlage untersucht Teilchenschauer in der Luft, die nicht von Protonen hervorgerufen werden, sondern von *Photonen* der Gammastrahlung mit Energien im Bereich von einer Milliarde bis zehn Milliarden Elektronenvolt. (Ein Photon ist ein Lichtpaket oder Lichtquant. Gammastrahlen sind Photonen mit sehr kurzer Wellenlänge.) Selbst diese enormen Energien sind nach kosmischen Strahlenmaßstäben bescheiden. 1993 wurde ein primärer kosmischer Strahl (höchstwahrscheinlich ein Proton) mit einer Energie von 300 Millionen Milliarden Elektronenvolt von einer amerikanischen Gruppe entdeckt, die eine Anlage mit dem Namen Fliegenauge benutzte. Der eigenartige Name geht auf die optische Geometrie zurück, die eingesetzt wird. Das Detektorensystem des Fliegenauges besteht aus mehr als einhundert Spiegeln mit jeweils 1,5 m Durchmesser, die wie die Teile des Facettenauges einer Fliege in viele Richtungen ausgerichtet sind. Dank dieser Anordnung kann der größte Teil des Nachthimmels auf einmal erfaßt werden. Die Anlage liegt auf einer unwirtlichen Klippe, die fast so verlassen wie Woomera ist, mit Blick auf einen Raketensilo im Westen Utahs. Das Fliegenauge hält jedoch Ausschau nach Kernteilchen, nicht nach Kernwaffen, und spürt kosmische Primärteilchen mit den höchsten bekannten Energien auf.

Bei einhundert Millionen Milliarden Elektronenvolt hat ein einzelnes Proton die gleiche Wucht wie ein geworfener Baseball, und der Zeitstauchungsfaktor liegt bei sage und schreibe einhundert Milliarden. Eine Uhr, die sich zusammen mit einem solchen Teilchen fortbewegen würde, käme uns so vor, als ginge sie mit einem Einhundertmilliardstel der Geschwindigkeit der Uhr an der Wand in meinem Arbeitszimmer. Jeder Tag, der auf der Erde vergeht, entspricht gerade einer Mikrosekunde der Teilchenzeit (und natürlich umgekehrt). Ein Ticken einer Bürouhr, die einem solchen kosmischen Strahl vorauseilt, würde nur alle dreitausend Erdenjahre einmal zu hören sein. Dieser gewaltige Krümmungsfaktor wirkt sich auf die Natur der betroffenen kosmischen Strahlenteilchen aus. Niemand weiß genau, wie kosmische Strahlen erzeugt werden, insbesondere die mit Energien von einhundert Millionen Milliarden Elektronenvolt. Mögliche Quellen der kosmischen Strahlung sind Supernovas, explodierende galaktische Kerne, Pulsare und Schwarze Löcher, aber offenbar erklärt kein einfacher Mechanismus all die hochenergetischen Teilchen, die aus dem Weltraum kommen. Das Problem liegt zum Teil darin, daß kosmische Strahlen mehr oder weniger gleichmäßig aus allen Richtungen auf die Erde prasseln, so daß es schwerfällt, bestimmte Quellen festzustellen. Auf jeden Fall werden geladene Teilchen wie Protonen vom Magnetfeld der Galaxie abgelenkt, so daß die Richtung ihrer Ankunft kaum einen Hinweis auf ihren Ursprung gibt.

Eine Ausnahme bildet ein Objekt namens Cygnus X-3, eine Röntgenquelle, die aus zwei implodierten Sternen besteht und 35 000 Lichtjahre entfernt im Sternbild des Schwans liegt. Mitte der 80er Jahre stießen das Fliegenauge und andere Suchsysteme auf hochenergetische kosmische Strahlen, die in gerader Linie aus der Richtung von Cygnus X-3 kamen. Da sie nicht magnetisch abgelenkt wurden, mußten die Teilchen ungeladen sein; Protonen waren also ausgeschlossen. Die Physiker fragten sich, ob es sich vielleicht um einen exotischen neuen Typ elektrisch neutraler Teilchen handelte. Einige Theorien sagen die Existenz schwerer neutraler Teilchen voraus, sogenannter «Photinos». Waren die kosmischen Strahlen von Cygnus X-3 Photinos? Vielleicht. Aber es bestand noch eine andere exotische Möglichkeit. Das bescheidene Neutron ist ungeladen. War das geheimnisvolle Teilchen vielleicht ein Neutron? Neutronen tauchen in Untersuchungen über kosmische Strahlen normalerweise nicht auf, weil sie instabil sind. Die Halbwertszeit eines Neutrons beträgt etwa 15 Minuten, und in der Zeit kommt man nicht sehr weit. Doch hier kommt die Zeitkrümmung ins Spiel. Falls sich das Neutron schnell genug fortbewegt, könnte seine Halbwertszeit in unserem Bezugssystem enorm ausgedehnt werden. Bei einer Million Milliarden Elektronenvolt und einem Zeitfaktor von einer Milliarde werden aus fünfzehn Minuten dreißigtausend Jahre. Das heißt, ein solches Neutron könnte dreißigtausend Lichtjahre durch das Weltall fliegen, bevor es zerfällt, also länger als genug, um von Cygnus X-3 zur Erde zu kommen. Das ist Zeitdilatation in höchster Vollendung! Wenn Sie sich so schnell fortbewegen könnten, würden sie Milliarden Erdenjahre leben.

Heißt dies, daß hohe Geschwindigkeit das Geheimnis ewiger Jugend ist?

Nein! Darauf fallen sehr viele herein. Die obige Aussage über ein Leben von Milliarden Jahren bedeutet: Im Bezugssystem der Erde umfaßt Ihre Lebensspanne von 75 Jahren Milliarden Jahre Erdzeit. In Ihrem eigenen Bezugssystem bleiben 75 Jahre 75 Jahre. Aus Ihrer Sicht sind es die Ereignisse auf der Erde, die so enorm gedehnt werden. Ein Ticken einer Uhr auf der Erde entspräche dreitausend Ihrer Jahre. Leider können Sie nicht die relativistische Zeitdilatation nutzen, um den eigenen Alterungsprozeß im Vergleich zum eigenen Zeiterleben zu verzögern, sondern nur relativ zu dem eines anderen Menschen.

Jetzt bin ich aber doch irritiert über etwas, beklagt sich unser Skeptiker. Ich lese immer wieder, daß das Universum 15 Milliarden Jahre alt ist. Aber wessen 15 Milliarden Jahre sind das? Wenn irgendwelche kosmischen Strahlen Milliarden Jahre zu 75 Jahren zusammenziehen können, heißt das dann nicht, daß das Universum vor etwa einem Jahr entstanden ist, nach kosmischer Strahlenzeit? Oder vielleicht habe ich das auch falsch verstanden und ein Jahr unserer Zeit kommt Milliarden Jahren kosmischer Strahlenzeit gleich. Bestimmt erleben sie doch, wie unsere 15 Milliarden Jahre zu einer Milliarde Billionen Jahren gestreckt werden, oder? Denken Sie doch einmal nach, ist das Universum nicht voller Bewegung mit all den davonstrebenden Galaxien, von denen einige annähernd Lichtgeschwindigkeit erreichen? Einsteins relative Zeit macht es doch sicher illusorisch, den Ursprung des Universums zeitlich zu bestimmen. In Wirklichkeit hat es gar kein Entstehungsdatum, oder?

Ja und nein. Wir werden in einem späteren Kapitel sehen, wie wir diese verschiedenen Zeiten entwirren können. Aber der Einwand ist durchaus berechtigt. Sobald wir akzeptieren, daß die Zeit nicht mehr absolut und universell ist, bekommt die Frage, ob irgendeine kosmische Zeit existiert und ob sie einzigartig ist, entscheidende Bedeutung. Wir haben keine Eingebung, die uns hier leitet, denn im täglichen Leben gibt die Zeit eine überzeugende Vorstellung als absolute und universelle Dimension ab, die sie, wie wir wissen, nicht ist.

Der Grund, warum die relative Zeit nicht Teil unserer normalen Alltagserfahrung ist, liegt darin, daß die Menschen selten Geschwindigkeiten erreichen, die höher als ein Millionstel der Lichtgeschwindigkeit sind, und eine Zeitdilatation zu gering ist, um bemerkt zu werden. 1905 war die Eisenbahn die schnellste Beförderungsmöglichkeit, und frühe Diskussionen über relativistische Zeit bezogen häufig Beobachter auf dem Dache eines Zuges mit ein. Einstein machte sich jedoch die Tatsache zunutze, daß die Erde sich schneller dreht, als jeder Zug fährt, und kam zu dem Schluß, daß «eine am Äquator befindliche Unruhuhr um einen sehr kleinen Betrag langsamer laufen muß als eine genau gleich beschaffene, sonst gleichen Bedingungen unterworfene, an einem der Erdpole befindliche Uhr».[1] Was Einstein noch nicht wußte, als er diese Zeilen schrieb, ist, daß die Erde für *zwei Zeitkrümmungen* verantwortlich ist, die sich aufheben. Die eine geht auf die Erdrotation zurück, die andere auf die Schwerkraft der Erde. Einstein selbst entdeckte ein paar Jahre später die Gravitationswirkung auf die Zeit.

Warum wirkt sich die Schwerkraft auf die Zeit aus? Es gibt viele interessante Argumente, die darauf schließen lassen, daß sie es muß. Eins davon hat mit dem uralten Traum vom Perpetuum mobile zu tun.

Das Perpetuum mobile und der mühsame Kampf

Wenn Aufsätze über die Zeit die Liste der wunderlichen Manuskripte anführen, die den physikalischen Abteilungen der Universitäten ins Haus flattern, folgen die über das Perpetuum mobile dichtauf. Die Suche nach einer Maschine, die etwas umsonst liefert, hat eine lange und leidvolle Ge-

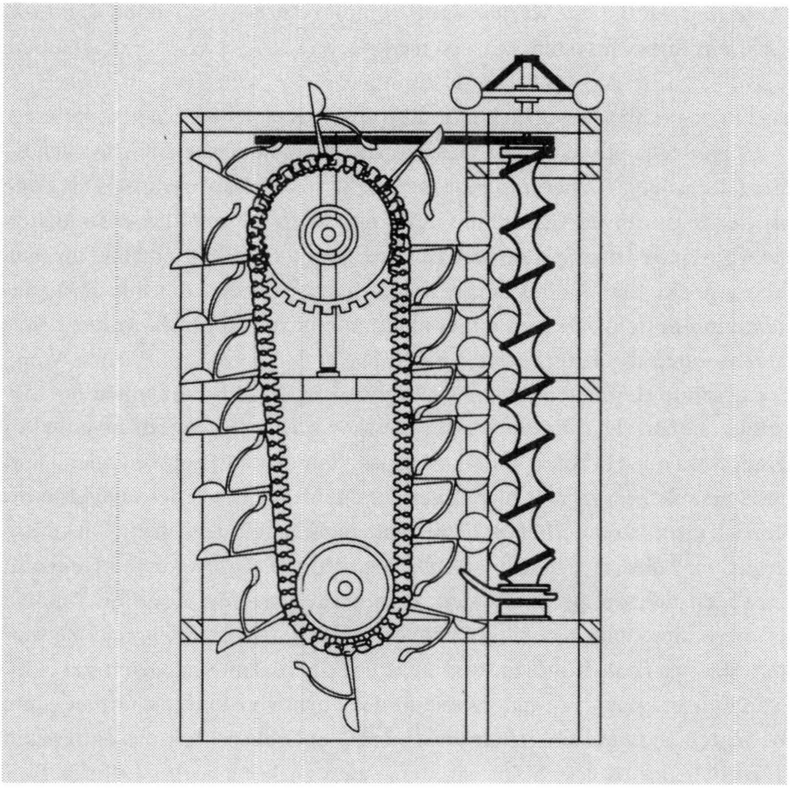

Abb. 3.1 Geschenkte Energie? Die Darstellung zeigt den frühen Entwurf eines typischen Perpetuum mobiles.

schichte, die bis in das Altertum zurückreicht. Zu ihrer Zeit beschäftigte sie so illustre Geister wie Leonardo da Vinci und Robert Boyle. 1906 schrieb der stellvertretende Prüfer beim britischen Patentamt, daß das Amt seit 1617 600 Patentanmeldungen für solche Maschinen erhalten habe.[2] Er schilderte sodann einen der üblicheren Eingänge, den ich in Abbildung 3.1 skizziert habe. Die Maschine besteht aus einem Endlosförderband mit angesetzten Schalen. Auf der einen Seite des Geräts sind die Schalen mit Kugeln gefüllt, auf der anderen Seite sind sie leer. Das Gewicht der Kugeln zieht das Band auf der Vorderseite nach unten. Wenn die Kugeln den Boden erreichen, rollen sie aus den Schalen in einen überdimensionalen, korkenzieherartigen Mechanismus, der sie wieder nach oben befördert. Die

Antriebskraft für den Mechanismus kommt vom sich drehenden Band, das über ein Zahnradsystem mit ersterem verbunden ist. Wir sollen glauben, daß der ganze Apparat sich dreht, ohne einen Antrieb zu brauchen, ja daß er sogar noch zusätzlich und umsonst überschüssige Energie liefert.

Es gibt zwei physikalische Gesetze, die besagen, daß die Suche nach einem derartigen Perpetuum mobile zum Scheitern verurteilt ist. Das erste ist der Satz von der Erhaltung der Energie. Er besagt, daß man aus einem geschlossenen System nicht mehr Energie herausholen kann als man hineinsteckt. Man kann Energie lediglich verschieben oder ihre Form ändern und hoffen, daß man dabei nicht zu sehr die Kontrolle verliert. Was einem durch die Finger gleitet, erscheint in der Form von Wärme. Wenn die gesamte Bewegungsenergie in Wärme umgewandelt ist, bleibt die Maschine stehen. Der Energieerhaltungssatz wird gelegentlich auch erster Hauptsatz der Thermodynamik genannt. Der zweite Hauptsatz der Thermodynamik besagt, daß man Energie, die in Wärme umgewandelt worden ist, nicht zurückerhalten kann, ohne nicht mindestens genausoviel Energie für diesen Prozeß einzusetzen. Wer Energie ohne Treibstoff erzeugen möchte, gerät mit dem ersten Hauptsatz in Konflikt. Wer ein Perpetuum mobile konstruieren will, gerät mit dem ersten und dem zweiten Hauptsatz in Konflikt, weil es in jedem realen System immer Umwandlungen gibt – normalerweise in der Form von Reibung –, die jedem bewegten System allmählich die Energie entziehen. Aus diesem Grund braucht jeder Motor Treibstoff, um laufen zu können. Im Fall des Förderbandes würde die durch die fallenden Kugeln gelieferte Energie nicht ausreichen, um für den Antrieb des Korkenziehers *und* die Wärme aufzukommen, die zwangsläufig entsteht, wenn die Zahnräder ineinandergreifen. Das Ganze würde bald zum Stillstand kommen.

Abbildung 3.2 zeigt einen Entwurf für ein Perpetuum mobile, der auf den Mathematiker Hermann Bondi zurückgeht und auf einer Idee von Einstein selbst beruhen soll. Auf jeden Fall ist er durch den alten Entwurf aus Abbildung 3.1 inspiriert. Es handelt sich wieder um ein Fördersystem mit mehreren Schalen in regelmäßigen Abständen. Die Schalen enthalten keine Kugeln, sondern jeweils ein Atom. Die Atome in den Schalen auf der linken Seite sind in einem angeregten Zustand, die auf der rechten Seite befinden sich im Grundzustand, der kleinsten Energie. Im Prinzip beruht der Apparat auf Einsteins Formel $E = mc^2$. Sie besagt, daß die Energie E der Masse m entspricht, und weil Masse Gewicht hat, können wir folgern, daß die angeregten Atome (die mehr Energie als die Atome

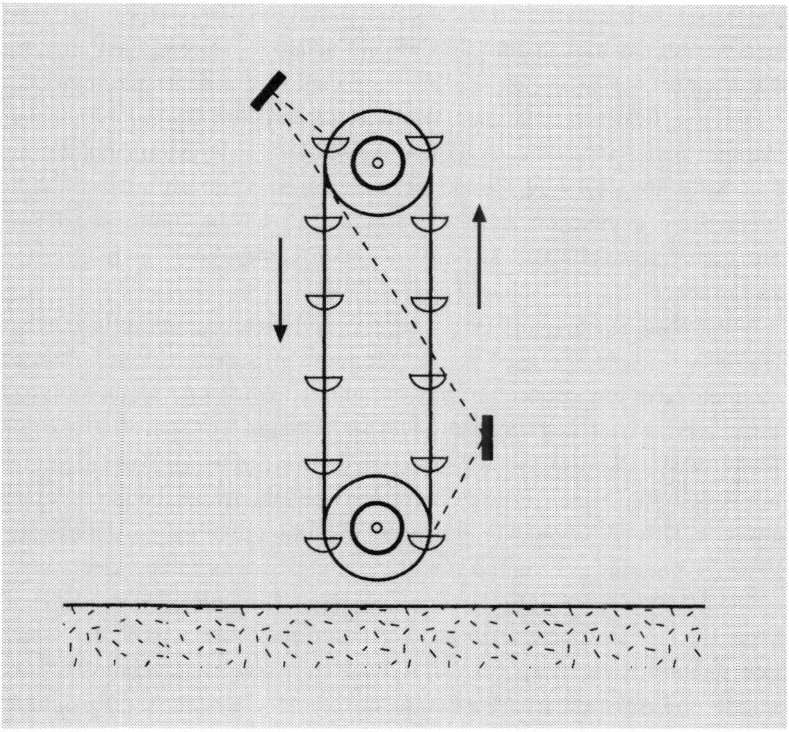

Abb. 3.2 Die gravitative Zeitstauchung verhindert, daß diese einfallsreiche, auf Hermann Bondi zurückgehende Vorrichtung Energie erzeugt.

im Grundzustand haben) auch mehr wiegen. Ich sollte vielleicht darauf hinweisen, daß dies in der beschriebenen Form kein praktikabler Vorschlag ist, weil das zusätzliche Gewicht der Atome minimal ist; die Anordung ist vielmehr als ein Gedankenmodell gedacht, um etwas Grundsätzliches darzustellen.

Die einseitige Gewichtsverteilung bewirkt, daß sich das Band bewegt, denn die schweren Atome auf der linken Seite ziehen das Band dort nach unten. Unten am Band befindet sich irgendeine Vorrichtung, die die erregten Atome veranlaßt, ihre Energie in Form von Lichtphotonen abzugeben. Eine induzierte Photoemission von Atomen ist den Physikern vertraut und ereignet sich z. B. beim Laser. Diese Anordnung sorgt dafür, daß die Schalen beim Erreichen der rechten Seite, wie verlangt, jeweils ein Atom im leichteren Grundzustand enthalten. Die emittierten Photonen werden nach oben zum Förderband gelenkt – sie gelangen ohne die Hilfe einer Wendeltreppe dorthin –, wo sie in die dort ankommenden Schalen reflektiert und dazu benutzt werden, die darin befindlichen Atome wieder anzuregen. Auf diese Weise bleiben die Atome auf der linken Seite angeregt und die auf der rechten Seite im Grundzustand. So bleiben die ungleichen Zustände erhalten, und man könnte die Bewegung zur Erzeugung von Strom verwenden, ohne irgendeinen Treibstoff zu brauchen und anscheinend *ad infinitum.*

Nun haben Einstein und Bondi nie angenommen, ein Schlupfloch in den Hauptsätzen der Thermodynamik gefunden zu haben. Sie akzeptierten vielmehr, daß ein Perpetuum mobile unmöglich ist, und argumentierten umgekehrt. Die in dem Fördersystem enthaltenen Annahmen müssen offenbar unphysikalisch sein. Es muß einen Grund geben, warum die unten am System freigesetzte Energie nicht ausreicht, die Atome oben wieder anzuregen. Das Defizit müßte genau der Energie entsprechen, die der Apparat vermeintlich erzeugt. Auf diese Weise gleicht sich alles wieder aus.

Die Energie des sich drehenden Förderbands kommt von der Schwerkraft, die die schwereren Atome nach unten zieht. Das läßt darauf schließen, daß die Schwerkraft einen Ausgleich zu den aufsteigenden Photonen schafft und ihnen die Energie nimmt, die die Atome beim Abstieg aufnehmen. Offensichtlich werden die Photonen, wenn sie sich gegen die Schwerkraft nach oben mühen, geschwächt. Sie kommen oben folglich mit weniger Energie an, als sie beim Start unten hatten, und können die Atome demnach nicht auf das gleiche Niveau wie vorher anregen. Das Förderband wird also langsamer und bleibt irgendwann stehen – das klägliche Schicksal aller *Perpetuum mobiles.*

Die Förderbandanlage deutet an, daß die Schwerkraft sich auf das Licht auswirkt, aber was hat das mit der Zeit zu tun? Bevor ich diesen Zusammenhang erläutere, möchte ich zwei ganz verschiedene Gedanken vorbringen, die die Verbindung zwischen Licht und Schwerkraft bestätigen.

Warum die Zeit im Weltraum schneller vergeht

Einstein kam auf einem ganz anderen gedanklichen Weg darauf, daß die Schwerkraft auf Licht einwirkt. Das war 1907. Die wissenschaftliche Welt war zu dieser Zeit bereits auf ihn aufmerksam geworden, aber Einstein war immer noch beim schweizerischen Patentamt angestellt; er hatte noch keine Professur. (Aus den Unterlagen geht nicht hervor, ob er mit ähnlichen Anträgen für ein Perpetuum mobile zu tun hatte wie seine britischen Kollegen.) Die Universität Zürich hatte ihm inzwischen jedoch den Doktortitel für ein Forschungsprojekt in statistischer Mechanik verliehen.

Offenbar wurde Einstein beruflich so wenig gefordert, daß er genug Zeit hatte, über das Wesen des Universums nachzudenken. 1907, als er sich mit den Geheimnissen der Gravitation beschäftigte, wartete er mit einer eleganten Argumentation auf, die charakteristisch für seine Fähigkeit war, rein gedanklich weitreichende Schlußfolgerungen über die Welt zu ziehen. Wie bei Galilei drei Jahrunderte vorher setzten auch Einsteins Überlegungen über die Gravitation beim Zusammenhang zwischen Gravitationskraft und Beschleunigung ein.

Als erstes überlegte er, wie sich eine Beschleunigung bemerkbar macht. In der letzten Fassung des Gedankengangs benutzte er das Beispiel eines plötzlich anfahrenden Aufzugs. Wir alle kennen das Gefühl, wie Beschleunigung «g-Kräfte» erzeugt. Ein nach oben fahrender Aufzug drückt uns auf den Boden und macht uns schwerer, während ein abwärts beschleunigender Fahrstuhl «alles nach oben kommen läßt», da er unser Gewicht vorübergehend verringert. Ein anderes Beispiel dafür, wie Beschleunigung die Schwerkraft nachahmt, ist die Rotation. In Stanley Kubricks Film *2001: Odyssee im Weltraum* hat die Raumstation die Form eines Rades, das sich langsam dreht, um am Rand «künstlich Schwerkraft» zu erzeugen. Obwohl Galilei und Newton von dem engen Zusammenhang zwischen Beschleunigung und Gravitation wußten, betrachteten sie ihn als ein zufälliges Merkmal der Natur. Einstein erhob ihn zu einem Grundprinzip, dem sogenannten «Äquivalenzprinzip», das besagt, daß die Beschleunigung in unmittelbarer Nähe eines beschleunigten Systems nichts anderes ist als eine Gravitationskraft.

Der nächste Schritt in Einsteins Gedankengang bestand in der Feststellung, daß Bewegung auf Licht einwirkt. Das ist der sogenannte Doppler-Effekt, benannt nach dem schwedischen Physiker Doppler, der mit seiner Hilfe als erster eine bekannte Eigenschaft der Schallwellen beschrieb. Ich habe im Zusammenhang mit dem Zwillingseffekt im letzten Kapitel bereits darauf hingewiesen. Ein gutes Beispiel für das Wirken des Doppler-Effekts in der Akustik ist ein Streifenwagen, der mit heulender Sirene an uns vorbeirast. Der Ton der Sirene sinkt urplötzlich, wenn der Wagen uns passiert (wiii-wiii-wiii-wauu-wauu-wauu...). Das geschieht deshalb, weil der näherkommende Wagen die Schallwellen vor sich zusammendrückt und damit ihre Frequenz erhöht. Wenn der Wagen sich dagegen entfernt, werden die zurückkommenden Wellen gestreckt und haben so eine niedrigere Frequenz. Das gleiche passiert bei Lichtwellen: Das Licht einer näherkommenden Quelle erfährt eine Frequenzerhöhung, während das Licht einer sich entfernenden Quelle einen Frequenzrückgang erfährt (bei nomalen Geschwindigkeiten nur eine sehr kleine Änderung). Weil die Lichtfrequenz mit der Farbe des Lichts zusammenhängt, äußert sich der Doppler-Effekt in einer Farbverschiebung. Das langwellige Ende des sichtbaren Spektrums ist rot, das kurzwellige blau, so daß eine sich nähernde Quelle sich zu Blau hin verfärbt, eine sich entfernende Quelle zu Rot. Der Doppler-Effekt gilt für alle elektromagnetischen Wellen; er wird z. B. von der Polizei bei Radarfallen genutzt, um Temposünder aufzuspüren.

Durch das Verbinden des Äquivalenzprinzips mit dem Doppler-Effekt leitete Einstein auf seine einmalige Art ab, daß die Schwerkraft auf das Licht einwirkt. Stellen Sie sich vor, Sie entfernen sich mit zunehmender Geschwindigkeit von einer Lichtquelle. In dem Maß, wie Ihre Geschwindigkeit steigt, erfährt das Licht durch den Doppler-Effekt eine zunehmende Rotverschiebung. Deshalb, so Einstein, sollte es auch durch ein Gravitationsfeld eine Rotverschiebung erfahren, weil eine Beschleunigung ein Gravitationsfeld nachahmt, und entsprechende physikalische Wirkungen hervorrufen. Mit Hilfe seiner speziellen Relativitätstheorie konnte er die Formel finden, die den gravitativen Rotverschiebungseffekt quantitativ beschreibt.

Diese Rotverschiebung rettet uns vor dem Widerspruch des *Perpetuum mobiles,* weil eine Beziehung zwischen der Frequenz des Lichts und der Energie der entsprechenden Photonen besteht. Die beiden Größen sind direkt proportional. Das heißt, wenn Licht eine Rotverschiebung erfährt, verringert sich die Photoenergie. Die Photonen, die in unserem Förderbandsystem oben ankommen, sind also tatsächlich geschwächt und unfähig, die Atome dort anzuregen.

Jetzt sind wir soweit und können die alles entscheidende Verbindung zur Zeit herstellen. Der Begriff «Frequenz» bedeutet Anzahl der Zyklen pro Sekunde; geht die Lichtfrequenz als Folge einer Gravitationsverschiebung zurück, verringert sich die Zahl der Wellenzyklen, die jeden Punkt im Raum pro Sekunde durchlaufen. Aber um die Frequenz zu messen, brauchen wir eine *Uhr*, die die Sekunden zählt. Wenn also Licht vom Boden des Förderbandsystems oben mit einer niedrigeren Frequenz ankommt, können wir entweder sagen, daß die Lichtfrequenz abgenommen hat, oder genausogut, daß die Zeit am Boden des Förderbandsystems etwas langsamer vergeht als oben. Schließlich können wir die Frequenz nur mit einer Uhr messen, und eine Änderung der Frequenz ist also gleichbedeutend mit einer Änderung der Ganggeschwindigkeit der Uhr. Oder nicht?

Das sieht mir etwas nach Trickserei aus, beklagt sich unser stets wachsamer Skeptiker. Warum können wir nicht einfach sagen, daß die Frequenz des Lichts sich mit der Höhe ändert, und erklären, daß die Zeit in jeder Höhe gleich ist?

Nehmen wir an, wir verwenden die Lichtzyklen als Takte einer Uhr. Das ergäbe eine sehr gute Uhr. In dem Fall würde die Gravitationsrotverschiebung direkt auf eine Änderung der Ganggeschwindigkeit der Uhr hinauslaufen.

In Ordnung. Aber wenn wir einen anderen Uhrentyp nähmen? Wir müssen doch keine Lichtwellenuhr benutzen. Man kann doch nicht behaupten, die Zeit selbst ändere sich mit der Höhe, wenn nicht alle Uhren gleich beeinflußt werden.

Allerdings. Und genau das werden sie! Hier der Grund warum. Mit dem Ticktack, dem Schlagen einer Uhr, verbindet sich eine gewisse Energie, und diese Energie hat ein Gewicht, wie jede Form der Energie ($E = mc^2$). Hebt man eine Uhr hoch, muß man auf sie einwirken, gegen ihr Gewicht sozusagen. Die geleistete Arbeit erscheint als Gravitationsenergie, die in der Uhr gespeichert wird; man könnte sie zurückgewinnen, indem man die Uhr wieder fallen läßt. Nun stammt ein ganz kleiner Teil des Gesamtgewichts der Uhr von ihrer inneren Energie – der Ticktack-Energie. Ein Teil der zusätzlichen Energie, die die Uhr erlangt, wenn sie hochgehoben wird, kommt also daher, daß wir das Ticktack-Gewicht hochheben. Dieser Teil (so klein er sein mag) zeigt sich in Gestalt zusätzlicher Ticktack-Energie, woraufhin die Uhr etwas schneller tickt. Eine Uhr hochheben bedeutet also, sie schneller gehen zu lassen! Eine genaue Untersuchung zeigt, daß die Ganggeschwindigkeit der Uhr sich mit der Höhe ändert, und zwar genauso, wie eine Lichtwelle oder ein Photon mit zunehmender Höhe Frequenz verliert. Der Effekt hat im übrigen nichts mit der Art der Uhr zu tun. Welche Uhr man auch nimmt (das menschliche Gehirn eingeschlossen), sie geht da oben schneller als hier unten. Und die Veränderung der Ganggeschwindigkeit ist bei allen Uhrenarten gleich. Statt zu sagen, «alle Uhren gehen da oben schneller», sagt man demnach besser, «die Zeit vergeht da oben schneller».

Halten wir fest, was wir bisher herausgefunden haben. Wir sind zu dem Schluß gekommen, daß die Zeit mit der Höhe «schneller geht». Einstein kam nach Gedankenexperimenten mit beschleunigenden Aufzügen und dem Doppler-Effekt zu dem gleichen Schluß. Beide Male lautet die Aussage, je höher man kommt, desto schneller vergeht die Zeit. Ich habe lediglich erwähnt, daß der Effekt minimal ist, und bisher keine Zahlen genannt, aber um ein Beispiel zu nennen: Eine Uhr auf der Erde verliert nach einer Stunde eine Nanosekunde (eine Milliardstel Sekunde) gegenüber einer Uhr im Weltraum. Der Effekt impliziert auch, daß die Zeit oben in einem Haus etwas schneller vergeht als unten. Auf ein ganzes Leben gerechnet, könnten Sie etwa gegenüber Ihren Nachbarn im Hochhaus einfach dadurch eine Mikrosekunde gewinnen, daß Sie im Erdgeschoß wohnen. Vielleicht neigen Sie zu der Ansicht, derart geringe zeitliche Verzerrungen seien sowohl unnachweisbar als auch absolut bedeutungslos. Tatsächlich sind sie weder das eine noch das andere. Sie können nicht nur gemessen werden, sondern unter bestimmten Umständen können gravitationsbedingte Zeitkrümmungen auch enorm anwachsen und gewaltige Auswirkungen haben, wie ich bald zeigen werde.

Sie hätten recht, skeptisch zu sein, nähme man die obigen theoretischen Überlegungen allein. Falls die Zeit sich wirklich mit der Höhe ändert, ist es wichtig, das experimentell nachzuweisen. Bevor wir jedoch dazu kommen, möchte ich ein letztes Argument für den Einfluß der Schwerkraft auf die Zeit anführen. Ironischerweise wurde dieses dritte Argument *gegen* Einstein verwendet – der es selbst übersehen hatte –, und zwar in einem berühmten Meinungsaustausch mit dem dänischen Physiker Niels Bohr. Begegnet sind sich die beiden erst sehr viel später, 1930, als Einstein schon ein internationaler Star und Nobelpreisträger war. Doch Bohr war Einstein geistig durchaus gewachsen.

Die Uhr im Kasten

Bohr und Einstein lagen sich jahrelang in den Haaren. Der Zankapfel war nicht die Relativitätstheorie, die von den Physikern weltweit rasch anerkannt wurde, sondern die ebenso revolutionäre und verwirrende Quantentheorie. Erinnern wir uns, daß Einstein bei der Taufe dieser Theorie die Hand im Spiel hatte, als er 1905 mit Erfolg den photoelektrischen Effekt erklärte, im gleichen Jahr, in dem er seinen ersten Beitrag über die Relativität veröffentlichte. Doch erst Ende der 20er Jahre wurde die Quantenphysik in Form einer umfassenden «Quantenmechanik» auf ein festes Fundament gestellt, was im wesentlichen unter der Führung von Niels Bohr geschah.

Einer der Begründer der neuen Quantenmechanik war der junge deutsche Physiker Werner Heisenberg. 1927 stellte er ein Grundprinzip der Quantenphysik auf. Bekannt geworden unter dem Namen «Unbestimmtheitsprinzip» oder «Unschärferelation», legte es strenge Grenzen für das Maß der Präzision fest, mit der wir die Eigenschaften eines Teilchens bestimmen können. Nehmen wir aus Gründen der Eindeutigkeit ein Elektron. Grob gesprochen unterliegen alle meßbaren Eigenschaften des Elektrons Unbestimmtheiten, was ihre Werte betrifft. Man möchte vielleicht wissen, wo sich das Elektron befindet und wie schnell es sich bewegt. Das Heisenbergsche Unbestimmtheitsprinzip besagt, daß man nicht *beide* Eigenschaften gleichzeitig ganz genau bestimmen kann. Je genauer man den Ort des Elektrons bestimmt, desto weniger kann man über seine Bewegung aussagen, und umgekehrt. Zwischen diesen beiden Variablen besteht ein unentrinnbarer Zusammenhang. Wenn man weiß, wo sich ein Elektron befindet, weiß man nur wenig über seine Bewegung; wenn man weiß, wie es sich bewegt, kann man nicht genau angeben, wo es sich befindet. Ähnliche Unschärferelationen gibt es für andere Größenpaare. Ein wichtiges Beispiel ist die Energie des Teilchens und der Zeitpunkt, zu dem die Energie gemessen wird; auch diese beiden Größen sind wechselseitig unbestimmt.

Diese elementaren Unbestimmtheiten lassen sich nicht von normalen oder allgemeinverständlichen Vorstellungen über Teilchen ableiten, also von dem, was wir als klassische Physik bezeichnen. Sie sind ganz und gar eine Eigenheit der Quantenwelt. Das Vage oder Verschwommene, das vom Unbestimmtheitsprinzip zum Ausdruck gebracht wird, ist eng mit einer anderen Unklarheit verbunden, der sogenannten «Welle-Teilchen-

Dualität». Ein Gebilde wie das Elektron, das wir normalerweise als Teilchen ansehen, nimmt manchmal die Merkmale einer Welle an. Umgekehrt kann Licht, das wir normalerweise als eine Welle betrachten, sich wie ein Strom aus Teilchen (Photonen) verhalten. Im täglichen Leben kann etwas offensichtlich nicht beides sein, eine Welle und ein Teilchen: Das sind zwei Paar Schuhe. Im Reich der Quanten ist eine solche Doppelnatur jedoch möglich, und es zeigt sich entweder der Wellen- oder der Teilchenaspekt des Quants, je nach den Umständen. Man darf nicht versuchen, sich vorzustellen, was beispielsweise ein Photon «wirklich» ist, denn diese Frage ist mit größter Wahrscheinlichkeit sinnlos. Es hat mit nichts Ähnlichkeit, dem wir in der makroskopischen Welt der menschlichen Erfahrung begegnen könnten.

Ich habe im vorigen Kapitel erwähnt, daß die Energie eines Photons proportional zur Lichtfrequenz ist. Diese Aussage hört sich zunächst belanglos an, birgt jedoch eine Feinheit. Die Vorstellung von der Frequenz macht nur Sinn, wenn man sie auf eine Welle anwendet, wohingegen die Energie des Photons sich auf ein Teilchen bezieht. Wir haben es hier also mit der Welle-Teilchen-Dualität zu tun. Das Messen einer Wellenfrequenz braucht offenbar Zeit – man muß die Welle ein paar Perioden durchlaufen lassen und dann ihre Dauer messen. Wenn man versucht, eine Lichtwelle in kleine Stücke sehr kurzer Dauer zu zerlegen, hat man keine Welle mit einer einzigen eindeutigen Frequenz mehr, und auch keine Photonen mit einer einzigen eindeutig bestimmten Energie mehr. Hier kommt also wieder der Heisenbergsche Zusammenhang zum Zuge: Der Versuch, die Energie des Photons zu messen, erfordert viele Wellenzyklen, was zwangsläufig eine bestimmte Zeit in Anspruch nimmt. Der Versuch, zu bestimmen, wo sich das Photon zu einem bestimmten Zeitpunkt befindet, bedeutet, ein kleines Stück aus der Welle herauszutrennen und damit die Energie zu verschmieren. Dies ist somit eine Möglichkeit, das Energie-Zeit-Unbestimmtheitsprinzip zu betrachten.

Die Heisenbergschen Unschärferelationen bringen bemerkenswerte und dramatische Auswirkungen auf atomarer Ebene mit sich, die wir im Alltagsleben jedoch nicht bemerken, dazu sind sie viel zu klein. Diese Relationen müssen jedoch aus Gründen der Widerspruchsfreiheit auf *sämtliche* physikalischen Systeme anwendbar sein, egal welche Größe oder Masse sie haben, da wir sonst makroskopische Objekte benutzen und das Unbestimmheitsprinzip verletzen könnten. Obwohl wir also keine unkontrollierten Quantenveränderungen bei den Orten oder Energien normaler Körper bemerken, müßten sie dennoch vorhanden sein, wenn die Theorie sinnvoll sein soll.

Einstein glaubte nicht an Heisenbergs Unbestimmtheitsprinzip. Oder genauer gesagt, er hatte nicht das Gefühl, daß die Quantenphysik, für die dieses Prinzip unentbehrlich ist, die Wirklichkeit umfassend darstellt. Er wandte viel Scharfsinn auf, um einen Fehler oder Widerspruch in der Quantentheorie zu finden, mit dem Erfolg, daß Bohr ihn jedesmal überzeugend widerlegte. 1930 hatte die Auseinandersetzung Bohr-Einstein neue, subtile Höhen erreicht. Im gleichen Jahr finanzierte das französische Chemieunternehmen Solvay eine Konferenz in Brüssel, auf der über Magnetismus gesprochen werden sollte. Das gab Einstein Gelegenheit, seine neuesten Argumente gegen die Quantenmechanik vorzubringen und Bohr etwas zum Nachdenken zu geben. In diesem Stadium waren fast alle Physiker bereit, die neue Quantenmechanik als genaue und vollständige Darstellung der Welt zu akzeptieren, so sonderbar ihre Schlußfolgerungen manchmal auch sein mochten. Doch Einstein weigerte sich hartnäckig, der Menge zu folgen.

In jenen Vorkriegsjahren blieb sehr viel von der Diskussion über atomare und subatomare Prozesse rein theoretisch. Man hatte zwar bestimmte Schlüsselexperimente durchgeführt, aber die Technologie, die nötig war, um die konzeptionellen Grundlagen sorgfältig zu testen, stand noch nicht zur Verfügung. Physiker sprachen häufig von Quantenprozessen und stellten sie graphisch dar, ohne jedoch ernstlich anzunehmen, daß die diskutierten Phänomene auch im Labor überprüft werden könnten. Es waren idealisierte «Gedankenexperimente», die im Prinzip durchführbar waren, aber praktisch viel zu schwierig. Bei vielen von ihnen ging es um Quanteneinflüsse auf makroskopische Objekte wie Metallschirme und Rollen, Einflüsse, die viel zu schwach sind, als daß Hoffnung bestanden hätte, sie messen zu können.

Vielleicht fragen Sie sich, wie Wissenschaftler etwas Sinnvolles über die Welt sagen können, wenn sie nur herumsitzen und sich Gedanken über kaum durchführbare Experimente machen. Das wirft interessante philosophische Fragen auf und ist eine kurze Abschweifung wert. Die Wissenschaft beruht auf der Annahme, daß die Welt rational ist und das menschliche Denken, wenn auch mit einigen Unsicherheiten, eine grundlegende Ordnung in der Natur erkennen kann. Die logische Konsistenz verlangt, daß die verschiedenen Gesetze und Prinzipien, die die natürliche Welt bestimmen, in sich schlüssig sind. Wenn man eine logische Spur hartnäckig verfolgt, ist es manchmal möglich, Entdeckungen über die wirkliche Welt zu machen, ohne auch nur ein einziges Experiment durchzuführen, einfach indem man sich einen bestimmten physikalischen Tatbestand vorstellt. In der Praxis ist es unerläßlich, derartige theoretische Voraussagen experimentell zu bestätigen, denn es gibt in der Geschichte viele Beispiele für scheinbar rationale Beweisführungen, die zu absurden Schlußfolgerungen führten. Gedankenexperimente können sowohl positiv als auch negativ sein; sie können neue Gesetze oder Prinzipien anregen oder auch Widersprüche bei bestehenden Theorien aufdecken.

Einstein war ein Meister des Gedankenexperiments. Er glaube, daß das reine Denken ausreiche, die Welt zu verstehen, hat er einmal gesagt, als er sein gedankliches Vorgehen erklärte.[3] Ich habe bereits erwähnt, wie er zu der Voraussage des gravitativen Zeitkrümmungseffekts kam: indem er sich vorstellte, daß eine Beschleunigung, die wie Schwerkraft spürbar ist, eine Dopplersche Rotverschiebung bei einem Lichtstrahl hervorruft. Er unternahm keinen Versuch, das experimentell zu beweisen, weil er auf die mathematische und logische Konsistenz der Natur vertraute. Tatsächlich haben Gedankenexperimente über die Schwerkraft eine lange und ruhmreiche Geschichte, die bis zu Galilei zurückreicht, der als erster nachwies, daß alle Körper gleich schnell fallen, wenn der Luftwiderstand ausgeschaltet wird. Um das zu beweisen, experimentierte er mit fallenden Körpern (wie es heißt, indem er Gewichte vom schiefen Turm von Pisa fallen ließ), machte jedoch auch ein Gedankenexperiment. Er wollte die allgemein anerkannte, auf Aristoteles zurückgehende Theorie widerlegen, daß schwere Körper schneller fallen als leichte. Stellen wir uns vor, ein schwerer Körper h ist durch ein dünnes Seil mit einem leichten Körper l verbunden, und wir lassen beide Körper von einem Turm fallen (vgl. Abb. 3.3). Wir können dann die Frage stellen: Erhöht oder verringert das Vorhandensein von l die Fallgeschwindigkeit von h? Hätte Aristoteles recht, müßte l hinter h zurückbleiben. Wenn das so wäre, würde sich das Seil spannen und l den Fall von h *verlangsamen.* Zusammengenommen ist das System l plus h dagegen schwerer als h allein und müßte demnach schneller fallen als h allein. Wenn das einträte, würde l den Fall von h *beschleunigen.* Aber das ist schlicht unsinnig: Die Theorie des Aristoteles hat uns zu zwei widersprüchlichen Folgerungen geführt, daß nämlich l die Fallgeschwindigkeit von h sowohl verringert als auch erhöht. Die einzige logische Auslegung ist die, daß das Vorhandensein von l *keine* Auswirkungen auf h hat: l und h fallen also mit der gleichen Geschwindigkeit.

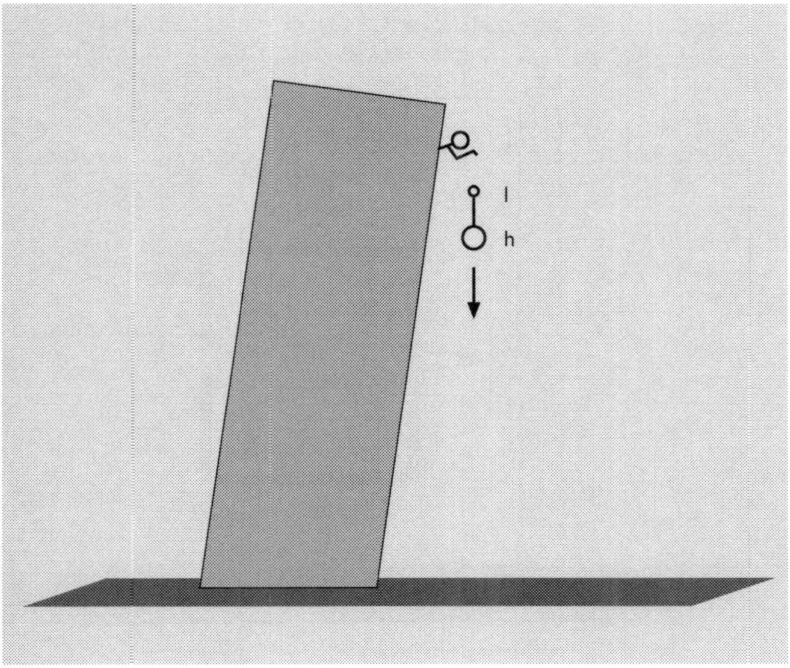

Abb. 3.3 Alle Gegenstände fallen gleich schnell. Der leichte Gegenstand I, der an den schweren Gegenstand h gebunden ist, kann die Fallgeschwindigkeit von h nicht beeinflussen, sonst bestünde ein logischer Widerspruch.

So konnte Galilei die Theorie des Aristoteles widerlegen, ohne auch nur eine Stufe des schiefen Turms von Pisa erstiegen zu haben. Auf die gleiche Art ging Einstein daran, die Quantenmechanik auseinanderzunehmen, als er 1930 auf der berühmten Konferenz das Wort ergriff.

Der hypothetische Apparat für Einsteins Gedankenexperiment bestand aus einem Metallkasten, der an einer Feder hing, die ihrerseits an einem starren Gestell befestigt war (vgl. Abb. 3.4). Der Kasten hat an der Seite ein kleines Loch. Er birgt außerdem eine Uhr, die so programmiert ist, daß sie einen Verschluß vor dem Loch steuert, der sich zu einem vorgegebenen Zeitpunkt öffnet und schließt. Die vertikale Position des Kastens kann mittels eines Zeigers und einer Skala abgelesen werden. In dem Kasten befindet sich nicht nur eine Uhr, er ist auch mit Licht gefüllt. Das Experiment besteht aus dem Versuch, mit höchster Präzision sowohl die Energie

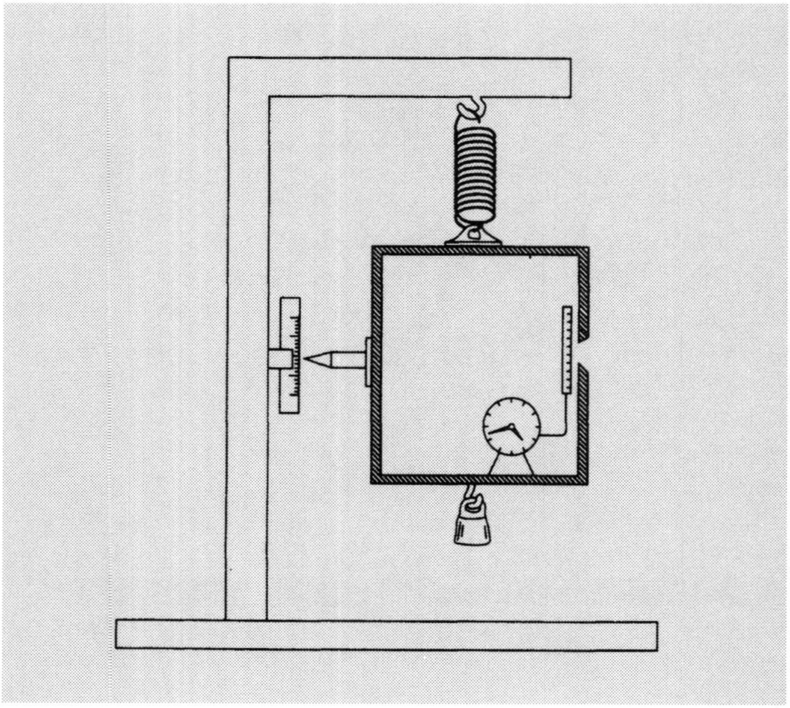

Abb. 3.4 Eine auf Niels Bohr zurückgehende Darstellung des Einsteinschen Gedankenexperiments zur Widerlegung der Quantenmechanik. Es zeigt sich tatsächlich, daß die Zeit mit zunehmender Höhe langsamer geht.

eines Photons als auch den Zeitpunkt seines Austritts aus dem Kasten zu messen, also unter krasser Verletzung des Heisenbergschen Unbestimmtheitsprinzips. Der Ablauf ist wie folgt: Zuerst wiegen Sie den Kasten. Dann warten Sie, bis der Uhrenmechanismus kurz den Verschluß öffnet, so daß ein Photon entweichen kann. Die Uhr hält den Zeitpunkt fest, wann das geschieht. Jetzt wiegen Sie den Kasten erneut. Weil ein Photon entwichen ist, ist er leichter. Der Gewichtsunterschied ergibt die Masse des Photons, und Sie können mit Hilfe der Einsteinschen Formel $E = mc^2$ seine Energie berechnen.

Der Wert der Photonenenergie wird nur durch die Genauigkeit des Wiegens begrenzt. Man braucht den Kasten nicht wirklich vorher und nachher zu wiegen, da man nur den Gewichtsunterschied benötigt. Der aber läßt sich an der vertikalen Bewegung des Kastens ablesen: Nachdem das Photon entwichen ist, ist er leichter, und der Zeiger wird eine höhere Position auf der Skala anzeigen. Durch Anhängen eines Gegengewichts am Boden des Kastens kann man den Zeiger wieder in seine ursprüngliche Ruhestellung bringen. Dieses Gewicht entspricht dann dem des entwichenen Photons. Die Öffnungszeit des Verschlusses kann beliebig kurz sein, solange man viele Photonen in dem Kasten hat. So kann man auch sehr genau den Zeitpunkt benennen, zu dem das Photon entwichen ist. Die Genauigkeit der Angaben über die Energie und die Zeit ist also anscheinend nur begrenzt durch zufällige Merkmale, die im Prinzip nach Belieben verfeinert werden können. Der weitreichende Schluß, den Einstein daraus zog, lautete, daß das Unbestimmtheitsprinzip mit diesem Versuch in der Theorie umgangen werden könne. Und deshalb könne es kein Grundprinzip der Natur sein.

Die meisten jüngeren Physiker taten Einsteins Herumreiten auf der Quantenmechanik achselzuckend und mit der Bemerkung ab, «es wird schon stimmen». Bohr dagegen, die graue Eminenz, nahm Einsteins Gedankenexperimente immer äußerst ernst und war in diesem Fall doch einigermaßen verunsichert. Leon Rosenfeld, der ebenfalls an dem Solvay-Treffen teilnahm, erinnert sich, daß Bohr wie schockiert schien und beim Essen in der Universität versuchte, Kollegen davon zu überzeugen, daß Einstein einen Fehler gemacht haben müsse. Bohr, äußerst lebhaft und erregt, begleitete einen heiteren Einstein zu ihrem Hotel zurück und hatte eine schlaflose Nacht.

Als Bohr jedoch am nächsten Tag mit seinem Vortrag an der Reihe war, triumphierte er. Bei seiner Schlußfolgerung, so Bohr, habe Einstein seine eigene Relativitätstheorie übersehen! Wenn man die Energie des Photons mißt, erklärte Bohr, muß man auch ganz genau die vertikale Ruhestellung des Zeigers an der Skala ablesen. Um sicher zu sein, daß der Zeiger sich tatsächlich in Ruhestellung befindet, muß man bestimmen, daß seine vertikale Bewegung null ist. Aber diese Variable unterliegt *ebenfalls* dem Unbestimmtheitsprinzip Heisenbergs: Je genauer man zu bestimmen versucht, ob der Zeiger sich in Ruhestellung befindet, desto weniger sicher kann man sich seiner Position sein, d. h., *wo* er auf der vertikalen Skala seine Ruhestellung einnimmt. Mit anderen Worten, es besteht eine zwangsläufige Unsicherheit hinsichtlich der *Höhe* des Kastens.

Das Wesentliche an Einsteins Experiment ist nun, daß man die Energie des Photons messen kann, indem man es wiegt. Die Schwerkraft spielt hier also eine unentbehrliche Rolle. Wie wir gesehen haben, sagt die Relativitätstheorie voraus, daß höhere Uhren schneller gehen als tiefere; wenn also Unbestimmtheit über die Höhe einer Uhr besteht, besteht auch Unbestimmtheit über ihre Ganggeschwindigkeit. Daraus wird eine Unbestimmtheit des Zeitpunkts, zu dem sich der Verschluß öffnet, um das Photon entweichen zu lassen. Somit bringt gerade der Vorgang, die Energie des Photons exakt zu messen, zwangsläufig einen unkontrollierbaren Fehler in die Bestimmung des Augenblicks, zu dem es entweicht. All diese Effekte sind selbstverständlich winzig, aber Bohr setzte die Zahlen ein und wies nach, daß die vertraute Unbestimmtheitsrelation für das Variablenpaar Energie-Zeit nach wie vor gilt.

Der arme Einstein war gezwungen, seinen Irrtum einzuräumen, und tatsächlich nahm diese entscheidende Widerlegung durch Bohr seinem langjährigen Kreuzzug den Schwung, auf dem er etwas Falsches an den Grundlagen der Quantenphysik hatte entdecken wollen. Im Jahr darauf schlug er Heisenberg für den Nobelpreis vor und erklärte: «Diese Lehre enthält nach meiner Überzeugung ohne Zweifel ein Stück endgültiger Wahrheit.»[4] Aber auch die ganze Wahrheit? Vielleicht nicht. Bis zu seinem Tod blieb Einstein dabei, daß die Quantentheorie wenn nicht widersprüchlich, dann doch zumindest unvollständig sei. Sie ließ seiner Meinung nach etwas Entscheidendes über die Wirklichkeit aus. Obwohl Einstein einen so außergewöhnlichen Ruf als Wissenschaftler hatte, blieb seine Ansicht die einer Minderheit, und heute, vierzig Jahre nach seinem Tod, haben verfeinerte Experimente Einsteins Position noch weiter geschwächt. Heutzutage zweifelt kaum noch ein Physiker die Quantenmechanik an, und das Uhr-in-der-Schachtel-Argument kann umgedreht werden. Wenn die Quantenphysik widerspruchsfrei sein soll, dann ist es besser, wenn die Uhren in unterschiedlichen Höhen unterschiedlich schnell gehen!

Die beste Uhr im Universum

Soviel über Gedankenexperimente. Aber wie sieht es mit echten Experimenten aus? Gehen Uhren im Keller wirklich langsamer? Es ist eigenartig, daß so viel gute Physik im Keller gemacht wird. Ich habe immer gedacht, das läge daran, daß die Universitätsverwaltungen das Fach nicht sonderlich achteten und den Physikern deshalb die schlechtesten Räume für ihre Laboratorien zuwiesen, dabei sind Keller oft der beste Platz für genaue und feine Messungen. Die Vibration ist gering; man kann etwas direkt auf dem Boden befestigen. Außerdem sind schwere Geräte leichter anzuliefern.

Eines meiner bevorzugten Kellerlabors befindet sich in Perth an der Universität von Westaustralien. Ein buntes Gemisch aus Räumen, Korridoren und Hallen unterschiedlichster Größe und Höhe, vollgestopft mit einem Gewirr aus Rohren, Drähten, chaotischen Arbeitstischen, Computerterminals und leeren Coladosen. Ein typisches Physiklabor also. In einer abgelegenen Ecke einer der Forschungshallen steht eine Reihe faszinierender, blauer Zylinder von etwa anderthalb Metern Höhe. Bei einigen steigt aus glänzenden Stahlventilen langsam und bedrohlich weißer Rauch. Ein oder zwei sind von elektronischen Geräten umstellt, deren Leuchtdiodendisplays dunkelrot blinken. An eine Wand hat jemand ein Foto von Einstein gepinnt. Herr über diese Anordnung komplizierter Geräte ist ein jugendlich aussehender Physiker namens David Blair. Blair, gebürtiger Australier, jettet mehrere Monate im Jahr um die Welt, besucht andere Laboratorien und nimmt an Konferenzen teil.

Blair, inzwischen in den Vierzigern, ist eine imposante Erscheinung. Mit dem buschigen Bart, dunklen, durchdringenden Augen, einem bereitwilligen Lächeln und dichten, schwarzen Wuschelhaaren könnte man ihn ohne weiteres für einen Farmer halten. Und das ist er in gewisser Weise auch. Der unermüdliche Kämpfer für ein Ende des ökologischen Irrsinns hat an der Südspitze Westaustraliens ein paar Hektar Karriwald erstanden, um zu verhindern, daß er von Holzfällern geschlagen wird. Mit seiner Frau hat er sich dort aus gestampfter Erde ein Haus gebaut, dessen einzige Energiequellen das Sonnenlicht und ein mit Holz befeuerter Ofen sind.

Die Blairs haben auch noch ein herkömmlicheres Haus in Perth, wo sie des öfteren Wissenschaftler beherbergen, die David aufsuchen, um sich fachlichen Rat zu holen. Blair hat sich ganz der Verfeinerung von Verfahren zur supergenauen Messung verschiedenster Art verschrieben. Sein Hauptziel ist es, die Kollision von Schwarzen Löchern und Neutronensternen in den Tiefen des Weltraums aufzuspüren. Diese gewaltige Aufgabe kann, wie er meint, dadurch gelöst werden, daß man den Durchgang von Gravitationswellen mißt. Diese flüchtigen Kräuselungen, die von Einstein 1916 vorausgesagt wurden, müssen erst noch entdeckt werden. Theoretisch müßte jedoch der Aufruhr stellarer Kollisionen in Form von Gravitationswellen im Universum widerhallen. Durch Messen der fast unvorstellbar schwachen Schallschwingungen, die entstehen, wenn eine solche Welle durch das Labor geht, hofft Blair, ein Ereignis «sehen» zu können, das andernfalls vollkommen unbemerkt bliebe.

Als Nebenprodukt dieses ehrgeizigen Projekts fiel für Blair und seine Kollegen auch noch die genaueste Uhr im uns bekannten Universum ab. Gerechterweise muß man sagen, daß sie diesen Rekord immer nur für etwa fünf Minuten halten kann; Atomuhren und Pulsare sind über längere Intervalle stabiler. Die Blair-Uhr beruht auf einem ultrareinen Saphirkristall, der die Form einer dicken Spindel mit mehreren Zentimetern Durchmesser hat. Wenn der Saphir angeschlagen wird, klingt er mit dem reinsten Ton, und darin liegt das Geheimnis der Uhr. Die Kristallschwingungen spielen die Rolle eines Pendels, das die Zeitintervalle mit beispielloser Präzision markiert. Der Trick besteht darin, den Kristall an einen elektronischen Schwingkreis anzuschließen und die Rückkoppelung dazu zu benutzen, eine höchstmögliche Frequenzstabilität und damit Zeitgenauigkeit zu erreichen.

Damit das gesamte System zuverlässig arbeitet, muß es mit flüssigem Helium bis fast auf den absoluten Nullpunkt (-273°C) abgekühlt werden. Damit die Uhren kalt bleiben, müssen sie in etwas besseren Thermosflaschen untergebracht werden – das sind die blauen Zylinder, die ich oben erwähnt habe. Der Saphir selbst sitzt in einem Hohlraum aus Niobium, das wegen seiner Supraleitfähigkeit bei niedrigen Temperaturen ausgewählt wurde. Das macht die Wände des Hohlraums zu fast perfekten Spiegeln. Mikrowellen aus dem elektronischen Schaltkreis werden in den Hohlraum eingespeist, wo sie ein charakteristisches Muster aus stehenden elektromagnetischen Wellen mit einer Frequenz erzeugen, die exakt mit den Kristallschwingungen schwingt. Selbstverständlich weist dieses System noch viele andere technische Feinheiten auf – Schaltkreise zur Stabilisierung der Temperatur, zusätzliche Metallkästen, eine Abschirmung, die ein Entweichen von Mikrowellen verhindert, eine Vorrichtung zur Rückgewinnung des verdampfenden Heliums und so fort. Das Endprodukt ist eine Uhr, die für 300 Sekunden genauer als eins zu einhundert Billiarden geht. Das ist so gut, daß man, wenn man eine Saphiruhr auf die Spitze des Empire State Buildings und eine zweite an dessen Fuß stellen würde, die Differenz feststellen können müßte. Praktisch müßte man zwei Uhren am Boden synchronisieren, eine davon in einem Aufzug nach oben bringen und das, was sie anzeigt, mit der Uhr, die unten geblieben ist, vergleichen. Es müßte eine kleine, aber meßbare Abweichung geben und wäre ein schöner und direkter Test für Einsteins Theorie. Blair hat genau das vor, doch es gibt technische Schwierigkeiten, z. B. wie man Störungen der Ganggenauigkeit der Uhr durch den Hin- und Hertransport vermeiden kann.

Ein einfacherer Test wäre es, eine Uhr sehr viel höher zu bringen, so daß die zeitliche Differenz größer wird. 1976 verwendeten Robert Vessot und Martin Levine vom Smithsonian Astrophysical Observatory Wasserstoffmaser, um den Einfluß der Schwerkraft auf die Zeit zu messen. Sie brachten eine Uhr an Bord einer Scout-D-Rakete und schossen sie von Wallops Island in Virginia in eine Höhe von 9600 km. Sie überwachten per Funk die Uhr an Bord der Rakete, verglichen ihr Fortschreiten mit dem einer ähnlichen Vorrichtung auf der Erde und konnten so die sich ändernde Zeitkrümmung nachweisen. Das Experiment wurde dadurch erschwert, daß sowohl die Bewegung der Rakete wie auch die Veränderung der Schwerkraft Zeitveränderungen bewirken und man die beiden Effekte bei der Aufbereitung der Daten trennen mußte. Beim Weg nach oben war der Bewegungseffekt zunächst vorherrschend, doch als die Rakete in größere Höhen kam, ging die Geschwindigkeit zurück, und der Gravitationseffekt nahm zu. Vessot verfolgte die Rakete zwei Stunden, bevor die Ladung schließlich im Meer vor den Bermudas versank und der kostspielige Apparat zerstört wurde. Weil diese Maseruhren bis auf eins zu eine Million Milliarden genau gingen, die gravitative Zeitverzerrung dagegen vier zu zehn Milliarden beträgt, konnte der Effekt mit sehr hoher Genauigkeit gemessen werden. Vessot konnte Einsteins siebzig Jahre alte Vorhersage von 1907 bis auf siebzig zu eine Million bestätigen. Die Zeit vergeht in größeren Höhen nicht nur tatsächlich schneller, sondern tut dies auch genau in dem Maße, wie es Einstein errechnet hatte.

Das verspätete Echo

Ursprünglich regte Einstein an, nach dem typischen Anzeichen der Rotverschiebung beim Sonnenlicht Ausschau zu halten. Die Zeit auf der Sonnenoberfläche vergeht um etwa zwei Millionstel langsamer als auf der Erde, was auf die sehr viel größere Schwerkraft der Sonne zurückzuführen ist. Die Spektrallinien der Sonne sollten in ihrer Frequenz daher um den gleichen Faktor verschoben sein. In der Praxis kommt der Effekt, der eigentlich leicht nachweisbar sein sollte, jedoch mit anderen Prozessen durcheinander und überzeugt für sich genommen nicht sonderlich. Der Zeiteffekt der Sonne zeigt sich jedoch auf andere Weise ganz deutlich

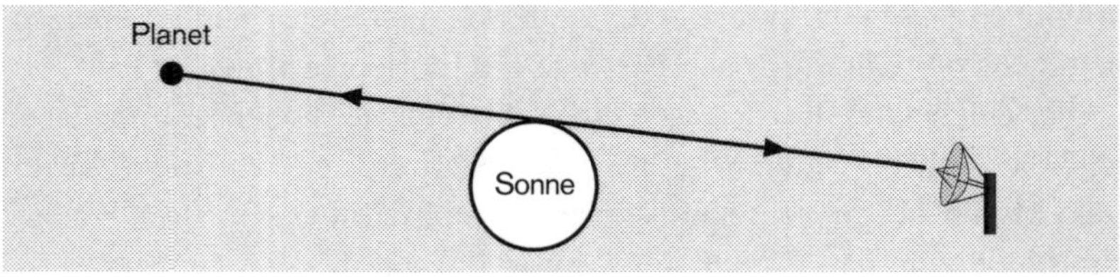

Abb. 3.5 Wenn die Sonne sich fast zwischen einen Planeten und die Erde schiebt, müssen Radarsignale und ihre Echos die Sonnenoberfläche in geringem Abstand passieren, wo die Zeit etwas langsamer geht. Das verzögert die Echos um einige hundert Mikrosekunden. Einsteins Theorie sagt außerdem voraus, daß der Radarstrahl (oder ein Lichtstrahl) leicht gebeugt wird.

und ist in dem Fall auch genau meßbar. Wenn die Erde und die Planeten die Sonne umkreisen, ändern sich aus der Sicht der Erde die Positionen der Planeten am Himmel. Manchmal scheint ein Planet sehr dicht bei der Sonne zu stehen (wo er normalerweise nicht zu sehen wäre). Befindet sich der Planet von der Erde aus gesehen hinter der Sonne, wie in Abbildung 3.5 dargestellt, dann muß ein Lichtstrahl, der vom Planeten zur Erde unterwegs ist, dicht an der Sonnenoberfläche vorbeilaufen, wo die Zeit etwas langsamer vergeht. Das Licht kommt daher auf der Erde etwas später an, als wenn die Sonne sich an einem anderen Teil des Himmels befunden hätte.

Einstein war sich dieser Zeitverzögerung bereits 1911 bewußt, ging ihren Folgen jedoch nicht weiter nach. Das mußte warten, bis im Jahre 1961 der junge amerikanische Physiker Irwin Shapiro berechnete, daß die sonnenbedingte Zeitverzögerung meßbar sei, wenn man statt Licht Radar benutzt. Radarwellen können von anderen Planeten reflektiert werden und in Gestalt eines schwachen Echos zur Erde zurückkehren – auf die gleiche Weise, wie man ein Flugzeug aufspürt, aber in größerem Maßstab. Wenn ein Planet am Himmel eine geeignete Position in der Nähe der Sonne hat, passiert der Radarstrahl die Sonnenoberfläche zweimal in großer Nähe, und sein Echo müßte nach Einsteins Theorie um einige hundert Mikrosekunden verzögert werden.

1959 war Shapiro bei der ersten Aufnahme eines Radarechos vom Planeten Venus dabeigewesen. Doch erst 1964 wurde es möglich, auch die relativistische Zeitverzögerung zu messen. In jenem Jahr wurde die Haystack-Radarantenne in Westford, Massachusetts, mit einer Leistungsabgabe von 400 Kilowatt in Betrieb genommen. Shapiro veröffentlichte seinen Gedanken später im selben Jahr in der führenden Fachzeitschrift *Physical Review Letters* und schmiedete kurz darauf mit seinen Kollegen den Plan. 1966 waren sie soweit, und die Haystack-Antenne wurde auf die Venus gerichtet, dann auf den Merkur. Hunderte von Echos wurden aufgefangen und vom Computer genau analysiert. Shapiro und seine Kollegen stellten fest, daß die Echos tatsächlich verzögert zurückkamen, und konnten die Vorhersage Einsteins auf bis zu 20 Prozent bestätigen.

Fehler bei dem Entfernungsexperiment mit Radar gehen zurück auf die rauhe Oberfläche des Zielplaneten, auf Unsicherheiten bei der Position der Planeten und auf Verzerrungen, die durch die Sonnenkorona hervorgerufen wurden. Das Verfahren läßt sich erheblich verbessern, wenn man ein Raumschiff einsetzt, das die Signale zurückschickt. 1977 landete die NASA zwei Viking-Raumschiffe auf dem Mars, was eine sehr viel genauere Entfernungsbestimmung ermöglichte. 1978 konnte Shapiro Einsteins Zeitverzögerung bis auf ein Tausendstel bestätigen.

Aufwärts

Der erste genaue Test der Auswirkungen der Gravitation auf die Zeit wurde bemerkenswerterweise auf der Erde durchgeführt, und zwar vollständig auf dem Gelände der Harvard Universität! 1959 beschlossen Robert Pound und Glen Rebka, die Gravitationsrotverschiebung nicht mit sichtbarem Licht zu messen, sondern mit Gammastrahlen. Gammastrahlen sind, wie das Licht und Radiowellen, elektromagnetische Wellen und können auch als Uhr dienen. In diesem Fall ist die Frequenz mehrere Millionen Male höher, was eine größere Genauigkeit verspricht. Der Pound-Rebka-Versuch erinnert an das *Perpetuum-mobile*-Förderband, nur daß diesmal Atomkerne angeregt werden, nicht die Elektronen in den Atomen, und es gibt kein Förderband. Das Experiment sollte zeigen, daß ein Gammastrahl, der von einem angeregten Kern am Fuß eines Turms emittiert wird, von einem identischen Kern an der Spitze nicht wieder absorbiert werden kann, weil die Frequenz nicht mehr stimmt. Der für das Experiment ausgewählte Turm war 22,5 m hoch und stand im Jefferson-Labor für Physik.

Das Schwierige an dem Versuch war, sicherzustellen, daß die Gammastrahlen mit einer sehr genauen Energie, also Frequenz, emittiert wurden, da der Verschiebungseffekt wirklich minimal ist (weniger als drei zu tausend Billiarden). Wenn ein Kern ein Gammaphoton aussendet, schwankt die Energie des Photons normalerweise ein wenig, weil der Kern einen Rückstoß erlebt und mehr oder weniger der Energie an sich bindet. Um diese Komplikation zu umgehen, verwendeten Pound und Rebka einen radioaktiven Eisenkristall. In einem Kristall ist das uns interessierende Atom fest in das Gitter eingeschlossen, und das ausgestoßene Photon kann sich deshalb gegen die gesamte Masse des Kristalls stemmen. Der Rückstoß kann daher vernachlässigt werden, und der Gammastrahl wird mit einer ganz präzisen Frequenz emittiert.

Das Experiment konnte leicht nachweisen, daß das Photon auf seinem Weg zur Spitze des Turms zu schwach war, einen Eisenkern in einem ähnlichen Kristall dort anzuregen. Um die Sache zu forcieren, bewegten Pound und Rebka den Kristall an der Turmspitze auf und ab. Im Bezugssystem des Kristalls erzeugt diese Bewegung im nach oben kommenden Photon eine sich ändernde Doppler-Verschiebung. Wenn man es behutsam so einrichtete, daß die durch die Abwärtsbewegung des Kristalls verursachte Dopplersche Blauverschiebung die durch das nach oben steigende Photon bedingte Gravitationsrotverschiebung aufhebt, konnte eine nukleare Anregung herbeigeführt werden. Die Geschwindigkeit der Auf-und-ab-Bewegung, die diesen Zustand herbeiführte, erbrachte dann einen Wert für die gravitationsbedingte Zeitstreckung. Pound und Rebka konnten die Voraussage Einsteins auf diese Weise bis auf ein Prozent Abweichung bestätigen.

Als Einstein erstmals voraussagte, daß die Schwerkraft die Zeit verlangsame, waren all diese hochkomplizierten Versuche noch Zukunftsmusik. Er war nicht sonderlich beunruhigt durch die Tatsache, daß eine so schwerwiegende Voraussage kaum Hoffnung hatte, experimentell überprüft zu werden. Wie schon erwähnt, vertraute Einstein der Kraft der Gedanken mehr als der von Experimenten. Im Juni 1907, die spezielle Relativitätstheorie hatte sich inzwischen durchgesetzt, und Einstein beschäftigte sich intensiv mit dem Wesen der Gravitation, machte er sich Gedanken über eine wissenschaftliche Laufbahn. Es mag heute erstaunen, daß jemand mit Einsteins Leistungen damals keine gesicherte Anstellung an einer Universität hatte, aber die akademischen Mühlen mahlten auch damals langsam.

Einsteins erster Schritt auf dem beruflichen Weg nach oben bestand in einer Bewerbung auf eine Lehrstelle an der Universität Bern, eine sogenannte Privatdozentur, die nicht vergütet wurde. Da Einstein nicht wohlhabend war, mußte er die Anstellung beim Patentamt beibehalten. Die Kommission lehnte ihn wegen eines Formfehlers ab: Einstein hatte siebzehn Veröffentlichungen eingereicht, jedoch eine unveröffentlichte Arbeit zurückgehalten, was gegen die Bestimmungen verstieß. Erst im Januar 1908 wurde er schließlich aufgenommen.

Einsteins Karriere als Dozent begann sehr bescheiden. Im Sommer 1908 hielt er eine Vorlesung über Wärme vor nur drei Studenten, darunter sein Freund Besso. 1909 erkannte man jedoch allmählich, mit welchem Talent man es zu tun hatte, und Einstein wurde außerordentlicher Professor für theoretische Physik an der Universität Zürich. Der Fakultätsausschuß beschloß fast einstimmig, den Lehrstuhl speziell für Einstein zu schaffen, obwohl er Jude war und es erhebliche antisemitische Anfeindungen im Vorfeld der Ernennung gegeben hatte. Im Juli des gleichen Jahres schied Einstein beim Patentamt aus. Er trat seine neue Stelle im Oktober an, nachdem er zu dem Zeitpunkt bereits die erste von mehreren Ehrendoktorwürden, von der Universität Genf, erhalten hatte.

Die folgenden Jahre in Einsteins Leben waren zweifellos produktiv, doch bei seiner Beschäftigung mit dem Wesen der Zeit oder der Gravitation machte er keine wesentlichen Fortschritte. Er befaßte sich weiter mit diesen Themen und arbeitete an einer umfassenden Synthese, aber bis dahin sollte noch einige Zeit vergehen. Derweil hielt er Vorlesungen und nahm an Konferenzen teil. 1910 gebar seine Frau Mileva ihren zweiten Sohn. 1911 zog die Familie Einstein nach Prag, wo Einstein eine ordentliche Professur erhielt. Gegen Ende des Jahres begann er, seine Gedanken über die Auswirkungen der Gravitation auf das Licht und die Zeit neu zu formulieren. Einstein erkannte ganz klar, daß er seine spezielle Relativitätstheorie verallgemeinern mußte, damit auch die Gravitationsfelder und die beschleunigte Bewegung berücksichtigt wurden, aber er wußte noch nicht, wie er das bewerkstelligen sollte. Besso gestand er, daß er diese Aufgabe als «teuflisch schwer» empfand.

Ein Durchbruch gelang Mitte 1912, ungefähr zu der Zeit, als die Einsteins wieder nach Zürich gingen, wo Albert an der ETH einen Lehrstuhl übernahm. Einstein kam zu dem Schluß, daß eine rundum befriedigende allgemeine Relativitätstheorie nur aufzustellen war, wenn die normalen Regeln der Geometrie aufgegeben wurden. Es war, wie er erkannte, falsch, anzunehmen, daß die Gravitation eine Verzerrung oder Krümmung der Zeit *verursacht*. Dieser Effekt mußte das Wesen der Gravitation sein! Noch allgemeiner, Zeit *und* Raum müssen gekrümmt sein. Ein Gravitationsfeld ist überhaupt kein Kraftfeld, sondern eine Krümmung in der Struktur der Raumzeit.

Einstein wußte kaum etwas über gekrümmte Geometrien. Er war jedoch mit dem Mathematiker Marcel Grossmann befreundet, der Einstein die nötigen Verfahren beibrachte, die im 19. Jahrhundert von Gauß und Riemann entwickelt worden waren. Alle Elemente für eine allgemeine Relativitätstheorie waren nun beisammen, doch in Einsteins Vorstellung blieben sie enttäuschend unzusammenhängend. Ein, zwei Jahre lang pirschten Einstein und Grossmann sich mühsam an die endgültige Synthese heran.

Während dieser Zeit waren Bemühungen im Gange, Einstein zu einem Umzug nach Berlin zu bewegen. Mehrere berufliche Möglichkeiten wurden diskutiert, und Ende 1913 nahm Einstein die offizielle Mitgliedschaft in der Preußischen Akademie der Wissenschaften an. Die Einsteins verließen Zürich im März 1914, als Europa dem Krieg entgegentaumelte. Für Einstein sollte es ein entscheidender Bruch mit der Vergangenheit werden. Er selbst blieb bis 1932 in Deutschland, Mileva erklärte jedoch schon bald, daß sie mit den beiden Söhnen in die neutrale Schweiz zurückgehen wolle. Die Ehe war nie besonders glücklich gewesen, und so kam es bald darauf zur Scheidung. Biographen meinen, Einstein habe schon damals ein Verhältnis mit seiner Cousine Elsa gehabt, die er später heiratete. Auf jeden Fall führte er eine Zeitlang das Leben eines Junggesellen und erklärte, nie glücklicher gewesen zu sein.

Im Gegensatz zum unrühmlichen Zusammenbruch seiner ersten Ehe erreichte Einsteins wissenschaftliches Schaffen einen sensationellen Höhepunkt. Er mühte sich nach wie vor, Raum, Zeit, Materie, Bewegung und Gravitation zu einem schlüssigen mathematischen System zusammenzufassen, aber binnen weniger Monate kam der Erfolg, und die Welt erfuhr von den überwältigenden Folgerungen seiner allgemeinen Relativitätstheorie.

4

Schwarze Löcher: Tore zum Ende der Zeit

Am Himmel existieren daher dunkle Körper, so groß und vielleicht so zahlreich wie die Sterne selbst.

Pierre de Laplace (1796)

Krümmungsfaktor unendlich

Ich habe einmal einen Brief von einem Mann aus Thailand bekommen, der allen Ernstes wissen wollte, ob man das Paradies durch ein Schwarzes Loch erreichen könnte. Seit der anschauliche Begriff 1967 von dem Princeton-Physiker John Wheeler geprägt wurde, üben Schwarze Löcher einen fast magischen Reiz auf die Öffentlichkeit aus. Vielleicht ist es ihre Fähigkeit, alles, was sich ihnen nähert, zu verschlingen und festzuhalten, die diese Faszination ausübt.

Das Schwarze Loch ist der letzte Prüfstein für Einsteins Vorstellungen. Auch wenn die Existenz gravitationsbedingter Zeitkrümmungen inzwischen durch ausgeklügelte Experimente auf der Erde und im Sonnensystem voll bestätigt worden ist, sind die Auswirkungen doch unglaublich gering und außer bei der Navigation und der Raumfahrt von nur beschränkter praktischer Bedeutung. Wären sie die einzigen Konsequenzen aus der allgemeinen Relativitätstheorie, so wäre dieser Aspekt der Arbeit Einsteins heute längst vergessen. Im Universum gibt es zahlreiche Objekte, die den Raum auf spektakuläre Weise krümmen.

1967 stolperte eine junge Engländerin namens Jocelyn Bell zufällig über eine gravitative Zeitverzerrung, die eine Million Mal größer war als die,

die von der Sonne erzeugt wird. Das gelang ihr im wesentlichen nur mit feinmaschigem Draht. Als Studentin beim Radioastronom Anthony Hewish von der Universität Cambridge war die Forschung Bells finanziell starken Beschränkungen unterworfen. Sie und Hewish wollten blinkende Radioquellen untersuchen, und statt ein teures Radioteleskop zu benutzen, bastelten sie sich selbst eins, indem sie auf einem Feld in Cambridgeshire ein feinmaschiges Drahtgeflecht ausbreiteten, ganz in der stolzen Tradition britischer Wissenschaft. Eines Tages bemerkte Bell erstaunt eine verschwommene Spur in der wöchentlichen Aufzeichnung des «Detektors». Sie stellte fest, daß sie jeweils um Mitternacht auftrat. Bell machte Hewish darauf aufmerksam, und gemeinsam untersuchten sie das Phänomen etwas eingehender. Schon bald kamen sie zu dem Schluß, daß die verschwommenen Spuren durch eine Radioquelle im Weltraum verursacht wurden, die regelmäßige Pulse aussandte. Jocelyn Bell hatte Pulsare entdeckt.

Wie schon in Kapitel 2 erwähnt, wird ein Pulsar von einem rotierenden Neutronenstern erzeugt, einem Objekt, das so kompakt ist, daß sein Gravitationsfeld eine Milliarde Mal stärker ist als das der Erde. Die Auswirkungen auf die Zeit sind enorm. Die Zeit auf der Oberfläche eines typischen Neutronensterns wird um etwa 20 Prozent im Vergleich zur Erdzeit verlangsamt. Es ist ein verblüffender Gedanke, daß die Erde aus der Sicht eines Beobachters auf einem Neutronenstern nur etwa 3,5 Milliarden (Erd-)Jahre alt ist und das Universum zwei oder drei Milliarden Jahre jünger, als wir denken.

Die Zeit wird auf einem Neutronenstern deshalb so stark verlangsamt, weil der Stern zwar die Masse der Sonne oder mehr besitzt, aber auf wenige Kilometer Durchmesser zusammengepreßt ist. Je stärker die Schwerkraft an der Oberfläche eines Objekts ist, desto träger wird die Zeit. In Abbildung 4.1 habe ich den Zeitkrümmungsfaktor in Abhängigkeit vom Radius eines Objekts mit der Masse der Sonne dargestellt. Das entscheidende Merkmal ist, daß die Kurve steil ansteigt, wenn der Radius sich dem Wert von etwa 3 km nähert. Die Zeitdehnung nimmt nicht einfach nur sehr stark zu, wenn der Körper zusammengepreßt wird, sondern steigt prinzipiell ins Unendliche.

Es ist interessant, daß der Grundgedanke dieses «Zeitstillstands» Einstein fast sofort nach der Formulierung seiner allgemeinen Relativitätstheorie bekannt war. Aber es war nicht seine Entdeckung. Wie schon im letzten Kapitel erwähnt, bemühte Einstein sich jahrelang, seine Re-

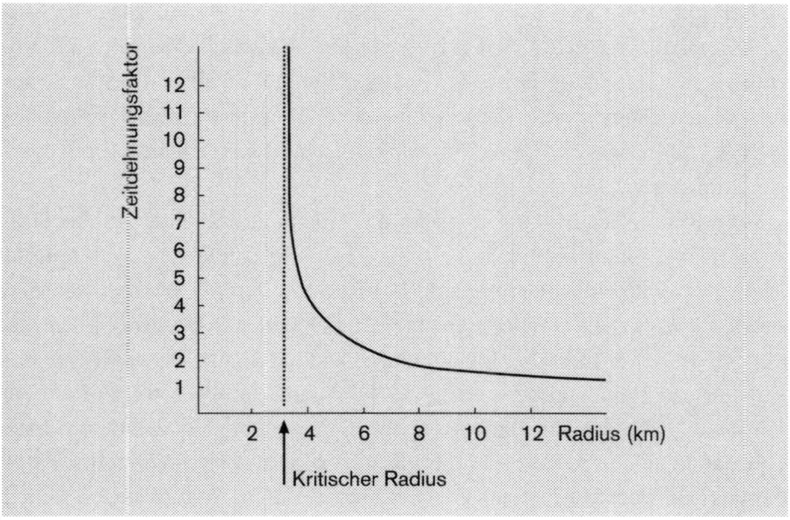

Abb. 4.1 Zunehmende Zeitdehnung. Die Darstellung zeigt den Dehnungsfaktor an der Oberfläche eines kugelförmigen Objekts von einer Sonnenmasse in Abhängigkeit von dessen Radius. Die Zeitdehnung steigt bei Annäherung an den kritischen Radius von etwa 3 km gegen unendlich.

lativitätstheorie so zu verallgemeinern, daß sie die Auswirkungen der Gravitation auf Raum und Zeit mit einbezog. Viele mathematische Darstellungen wurden erprobt, nur um wieder verworfen zu werden. Im Herbst 1915, als Europa mitten im Krieg steckte, büffelte der Pazifist Einstein höhere Mathematik. Nach einem abschließenden Intensivkurs fand er schließlich das System von Gleichungen, das ihn unsterblich machte. Heute sind sie unter der Bezeichnung Einsteinsche Feldgleichungen der Gravitation bekannt.

Am 2. November sprach Einstein in Hochstimmung vor der Preußischen Akademie der Wissenschaften und stellte die Gleichungen vor, die heute seinen Namen tragen. Am 16. Januar 1916 las er an gleicher Stelle einen Beitrag von Karl Schwarzschild vor, dem Direktor des Potsdamer Observatoriums. Schwarzschild war verhindert, da er an der russischen Front kämpfte, wo er bald darauf an den Folgen einer Krankheit starb. Der Beitrag war insofern ein Meilenstein, als er die erste exakte Lösung für Einsteins brandneue Feldgleichungen enthielt. Schwarzschild hatte Einsteins

Arbeit über die Gravitation verfolgt und konnte in der Ausgabe der *Verhandlungen der Preußischen Akademie der Wissenschaften* vom 25. November die endgültige Form der Feldgleichungen nachlesen. Er hatte sofort eine Lösung parat, die ein einfaches, aber physikalisch sinnvolles Beispiel beschrieb: das Gravitationsfeld im leeren Bereich außerhalb einer gleichförmigen Materiekugel.

Schwarzschilds Lösung war genau das, was man brauchte, um das Gravitationsfeld in der Nachbarschaft von Erde und Sonne zu berechnen, für das sie eine absolut überzeugende Berechnung lieferte. Wichtig war, daß sie sich korrekt auf Newtons Gesetz der Schwerkraft bei großen Entfernungen beschränkte. Die Lösung hatte jedoch etwas Eigenartiges, das Einstein zeit seines Lebens irritierte. Tatsächlich mußten weitere vierzig Jahre vergehen, bis die Bedeutung dieser Eigenart ganz erkannt wurde. Um das Problem zu verstehen, muß man zunächst eine Vorstellung von dem haben, worauf Einsteins Gleichungen abzielen. Erstens setzen sie die Stärke des Gravitationsfeldes an jedem Punkt im Raum in Beziehung zur Materie und Energie, die die Schwerkraft hervorrufen. Eine Lösung der Gleichungen setzt eine bestimmte Verteilung der Materie und Energie voraus (im Fall Schwarzschilds eine Staubkugel) und gibt das entsprechende, von ihr erzeugte Gravitationsfeld an. Aber da ist noch etwas. Weil ein Gravitationsfeld mit einer Raumzeitkrümmung zusammenhängt, sagt eine bestimmte Lösung uns auch, wie stark die Zeit an jedem Raumpunkt gedehnt wird. Im Fall der berühmten ersten Lösung Schwarzschilds wird die Krümmung durch eine ganz einfache Formel angegeben, die nur von der Entfernung vom Massezentrum abhängt. Diese Formel liegt der Zeichnung in Abbildung 4.1 zugrunde.

Die im Fall der Sonne beim Wert von 3 km gegen unendlich strebende Zeitkrümmung war das, was Einstein beschäftigte. Das Vorhandensein eines kritischen Radius, heute «Schwarzschild-Radius» genannt, bei dem die Zeit *unendlich* gedehnt wird, erschien ihm zutiefst unphysikalisch. Legte man das Verhalten des Lichts zugrunde, würde jedes Photon, das versuchte, vom kritischen Radius wegzukommen, eine unendliche Rotverschiebung erfahren – seine Frequenz und Energie würden auf Null sinken. Es würde stehenbleiben. Ein weit von dem Stern entfernter Beobachter könnte überhaupt nichts sehen. Wie hell die Oberfläche des Sterns auch wäre, aus der Ferne würde er schwarz erscheinen.

Einstein war sich 1916 durchaus bewußt, daß die Schwarzschild-Lösung dieses sonderbare Merkmal enthielt, aber damals schien das kein großes

Problem zu sein. Der Radius der Sonne beträgt 700 000 km – fast eine halbe Million mal mehr als ihr Schwarzschild-Radius –, und Schwarzschilds Lösung bezieht sich nicht auf den Bereich *innerhalb* der Sonne. Wenn die Kurve nur für den äußeren Bereich gilt, muß sie in Abbildung 4.1 weit nach rechts abgeflacht werden, wo die Zeitdehnung nur ganz bescheidene Anteile erreicht hat (etwa zwei Teile auf eine Million). Um einen stärkeren Effekt zu haben, müßte die Sonne auf weit weniger als die Erdgröße zusammengepreßt werden. Eine solche Aussicht wäre der Preußischen Akademie damals sicher höchst phantastisch vorgekommen.

Ein dunkles Geheimnis

Die konservative Einstellung Einsteins und seiner Schüler war von einigen wagemutigeren frühen Wissenschaftlern nicht geteilt worden. Sicher, weder die Erde noch die Sonne sind kompakt genug, um auch nur annähernd an ihre Schwarzschild-Radien heranzukommen, aber wie ist es bei anderen astronomischen Körpern? Waren sie vielleicht massiv oder kompakt genug, eine unendliche Zeitkrümmung zu erzeugen? Erstaunlicherweise hat bereits 1784 ein unbedeutender englischer Geistlicher namens John Michell im Grunde genau das angedeutet. In einem Artikel, der im November jenes Jahres der Londoner Royal Society übermittelt wurde, schrieb er:

> «Sollten in der Natur wirklich irgendwelche Körper existieren, deren Dichte nicht geringer als die der Sonne ist, und deren Durchmesser mehr als das 500fache des Durchmessers der Sonne beträgt, ...dann könnte ihr Licht nicht zu uns vordringen.»[1]

Michell wußte selbstverständlich nichts von Raumkrümmungen oder der allgemeinen Relativitätstheorie. Er stützte sich bei seiner Berechnung auf Newtons Theorie der Optik, die annahm, daß das Licht aus Teilchen besteht, sogenannten Korpuskeln, und auf dessen Gravitationstheorie. Zufällig deckt sich jedoch die Theorie Newtons bei einigen Schlußfolgerungen über die Auswirkung der Schwerkraft auf Licht mit derjenigen Ein- steins. «Nehmen wir an, daß die Lichtteilchen auf die gleiche Weise angezogen werden wie alle anderen Körper, mit denen wir vertraut sind», mutmaßte Michell. Er folgerte dann, daß ein Teilchen, das einem der

Schwerkraft unterliegenden Körper auf Dauer entfliehen wolle, mit einer bestimmten Mindestgeschwindigkeit von der Oberfläche dieses Körpers fortgeschleudert werden müsse – der sogenannten Fluchtgeschwindigkeit. Im Fall der Erde beträgt die Fluchtgeschwindigkeit z. B. 11,2 km pro Sekunde. Wird ein Körper mit einer geringeren Geschwindigkeit von der Erde ins All geschleudert, stürzt er früher oder später wieder auf sie zurück.

Die Fluchtgeschwindigkeit eines Objekts von einem kugelförmigen Körper hängt vom Radius und der Masse des letzteren ab. Wäre die Erde auf ein Viertel ihrer Größe zusammengepreßt, würde sich die Fluchtgeschwindigkeit verdoppeln; man müßte ein Objekt auf mindestens 22,4 km pro Sekunde beschleunigen, damit es endgültig im Weltraum verschwände. Auch wenn die Erde mehr Masse hätte, bei gleicher Größe, wäre die Fluchtgeschwindigkeit höher. Michell merkte an, daß die Fluchtgeschwindigkeit bei einem Körper mit gegebenem Radius und genügend großer Masse die Lichtgeschwindigkeit übersteigen würde. Unter solchen Umständen wäre Licht nicht imstande zu entkommen, und der Körper würde schwarz erscheinen. Die Formel, die Michell für diesen Tatbestand aufschrieb, ist bemerkenswerterweise identisch mit der, die die Masse mit dem Schwarzschild-Radius verbindet.

Michells Schlußfolgerung wurde einige Jahre später von dem großen französischen Mathematiker Pierre Laplace aufgegriffen. Obwohl Laplace als Wissenschaftler und Gelehrter einen guten Ruf hatte, nahm lange Zeit niemand die Spekulation über die «schwarzen Sterne» sonderlich ernst. Ein seltsamer Zufall wollte es, daß im gleichen Monat, in dem Karl Schwarzschild seine berühmte Lösung fand, der Astronom Walter Adams, der am Mount-Wilson-Oberservatorium in Kalifornien arbeitete, verkündete, er habe ein Spektrogramm des Lichts von einem sonderbaren Stern namens Sirius B aufgezeichnet. Sirius ist der hellste Stern am Himmel, hat jedoch einen sehr schwachen Begleiter, dessen Existenz 1834 aus der Schwerkraft abgeleitet wurde, mit der er Sirius anzieht. Adams stellte erstaunt fest, daß das Spektrum von Sirius B fast überhaupt nicht von dem von Sirius abwich. Das konnte nur eins bedeuten: Sirius B war genauso heiß wie Sirius. Aber warum war er dann so lichtschwach? Die Antwort mußte lauten, weil er sehr klein ist – etwa so groß wie die Erde. Ein heißer Stern von so geringer Größe wie die Erde hat eine Dichte, die viele tausend mal höher ist als die gewöhnlicher Materie.

Die Vorstellung von einem Stern, der auf eine so geringe Größe zusammengepreßt ist, führte zu einem Aufschrei, als Adams sie vorlegte. Im

Verlauf der Jahre dämmerte den Astronomen jedoch, daß extrem komprimierte Sterne nicht nur möglich waren, sondern unumgänglich. Aber schwarze Sterne? 1921 hielt Sir Oliver Lodge, ein wegen seiner psychischen Forschung angesehener britischer Wissenschaftler, Vorlesungen an der Universität Birmingham, deren erster Rektor er war. Er erklärte den Studenten: «Wenn Licht der Schwerkraft unterliegt, wenn Licht in irgendeinem wirklichen Sinn Gewicht hat, ...wäre ein hinreichend massiver und konzentrierter Körper in der Lage, das Licht zurückzuhalten und es am Entkommen zu hindern.»[2] Er stellte dann einige Berechnungen an: «Wenn eine Masse wie die der Sonne in einer Kugel mit einem Radius von etwa 3 km konzentriert werden könnte, hätte eine solche Kugel die oben genannten Eigenschaften. Die Annahme einer Konzentration dieses Ausmaßes liegt jenseits aller Vernunft.» Dennoch merkte Sir Oliver an, daß eine massive Galaxie, die auf einen Durchmesser von ein paar hundert Lichtjahren begrenzt ist, eine Lichtfalle darstellen würde, obwohl ihre durchschnittliche Dichte nur ein Tausendbillionstel derjenigen des Wassers wäre. «Und *das* scheint keine so unmögliche Materiekonzentration zu sein.»

Als Sir Oliver seine Vorlesung hielt, war Einsteins Ruhm bereits um die ganze Welt gegangen. 1919 war es dem hochangesehenen britischen Astronomen Sir Arthur Eddington gelungen, eine zentrale Voraussage der allgemeinen Relativitätstheorie zu bestätigen – die sehr schwache Beugung eines Sternenstrahls durch die Schwerkraft der Sonne –, und man vermerkte mit einiger Ironie, daß nicht lange nach Beendigung der Feindseligkeiten des Krieges ein britischer Wissenschaftler eine «deutsche» Theorie bestätigte. Der Begriff «Relativität» fand bald Eingang in die Umgangssprache. Einstein wurde gefeiert und mit Ehren überhäuft. Aus vielen Ländern strömten Einladungen nach Berlin. Jeder wollte ihn kennenlernen, vom Millionär über Größen aus der Unterhaltungsbranche bis zum Politiker. Seine berufliche Laufbahn näherte sich ihrem Gipfel. 1921 wurde er Mitglied der Royal Society – eine seltene Auszeichnung für einen Ausländer. Im Jahr darauf, als Einstein in Japan unterwegs war, erhielt er den Nobelpreis. Das Geld schenkte er Mileva, als Ausgleich für die Scheidung. Der Preis wurde Einstein nicht für die Relativitätstheorie verliehen, sondern für seine Arbeit über den photoelektrischen Effekt.

Obwohl Einstein inzwischen viel Ruhm für sich und seine Relativitätstheorie geerntet hatte, gab es viele Opponenten. Das lag zum Teil daran, daß die Vorhersagen der Theorie äußerst schwer nachzuweisen waren. Viel Haß schlug Einstein aber auch wegen seiner jüdischen Abstammung, seiner politischen Haltung (eine Mischung aus Zionismus und Pazifismus) und seiner Nationalität entgegen. Wieder andere neideten ihm seine Erfolge, und viele verstanden seine Arbeit einfach nicht. Er bemerkte einmal zynisch: «Wenn sich meine Relativitätstheorie als erfolgreich erweisen sollte, wird Deutschland mich als einen Deutschen bezeichnen, und Frankreich wird erklären, daß ich ein Weltbürger bin. Sollte meine Theorie sich als falsch erweisen, wird Frankreich sagen, ich sei ein Deutscher, und Deutschland wird erklären, daß ich Jude bin.»[3]

Die allgemeine Relativitätstheorie fand in den zwanziger Jahren zwar allmählich Anerkennung, stand aber in dem Ruf, ungeheuer schwierig zu sein. Es hieß, nur Einstein, Eddington und ein oder zwei andere verständen sie ganz. Das war sicher eine Übertreibung, aber die geringe Zahl meßbarer Anwendungsmöglichkeiten arbeitete gegen die Theorie, und so wurde sie zu einer Art Naturschutzgebiet für spezialisierte Wissenschaftler. Tatsächlich wurden ihre Konsequenzen erst in den 30er Jahren allmählich ernster genommen. Zu dem Zeitpunkt akzeptierten die Astronomen die Existenz extrem dichter Sterne wie Sirius B, die sie «Weiße Zwerge» tauften, aber man stritt sich noch heftig darüber, was aus einem Stern würde, der noch massiver oder kompakter als ein Weißer Zwerg war. Würde sein intensives Gravitationsfeld dazu führen, daß er schrumpfte? Konnte er sich seinem Schwarzschild-Radius annähern, und wenn ja, was würde verhindern, daß er unter seinem eigenen Gewicht zu einem unendlich dichten Punkt kollabierte?

1930 spielte Subramanyan Chandrasekhar, ein intelligenter neunzehnjähriger indischer Student, mit den Gleichungen, die einen Weißen Zwerg beschrieben; das geschah auf einer langen Seereise nach England, wo er an der Universität Cambridge bei dem berühmten Sir Arthur Eddington arbeiten wollte. Zu seiner Verblüffung stellte Chandrasekhar fest, daß seine Berechnungen ein höchst ungewöhnliches Resultat ergaben. Hatte der Weiße Zwerg eine Masse von mehr als 1,4 Sonnen, so konnte er nach den Berechnungen nicht stabil bleiben und mußte immer weiter zusammenschrumpfen. Bei seiner Ankunft in England zeigte Chandrasekhar seine Berechnungen britischen Astronomen, die sie als unbedeutende Marotte abtaten. Ein typischer Weißer Zwerg ist trotz seiner Verdichtung immer noch viele tausend Male größer als sein Schwarzschild-Radius. Vielen erschien der Gedanke, daß ein Körper mit der Masse der Sonne zu einer Kugel von nur einigen Kilometern Durchmesser komprimiert werden könnte, unvorstellbar.

Werner Israel ist ein international anerkannter Fachmann für Schwarze Löcher und hat eine geschichtliche Untersuchung über die Haltung von Wissenschaftlern zum Gravitationskollaps und der damit verbundenen unendlichen Raumkrümmung durchgeführt. Er ist dabei auf tiefsitzende psychologische und philosophische Vorurteile gestoßen, die selbst heute noch gegen den Gedanken vorgebracht werden:

> «Als sich das Netz aus Beobachtung und Theorie langsam zusammenzog, bot die wissenschaftliche Reaktion – zuerst Nichtbeachtung, dann Entsetzen, das nur allmählich einer beginnenden Akzeptanz wich – einen Vorgeschmack auf die Enthüllungen, die noch ausstanden.»[4]

Die Haltung Einsteins blieb kompromißlos. Noch 1939 schrieb er, die unendliche Raumkrümmung «kommt in der Natur nicht vor aus dem Grunde, weil Materie nicht beliebig konzentriert werden kann».[5] Wie weit Einstein und seinesgleichen in ihrer Skepsis unbewußt vom überholten Glauben an die absolute Festigkeit und Unzerstörbarkeit der Atome beeinflußt wurden – einem Glauben, der bis in die Zeit der Griechen zurückreicht –, ist unklar. Seit der Schwarzschildschen Lösung wußte man, daß ein Körper mit einem Radius von weniger als dem $1^1/_8$fachen seines Schwarzschild-Radius möglicherweise nicht bestehen kann, selbst wenn er aus an sich nicht komprimierbarer Materie ist, weil der zentrale Druck unendlich hoch würde. Allein der Gedanke an eine unbegrenzte totale Implosion war den meisten Wissenschaftlern so ungeheuerlich, daß sie sich erst gar nicht damit befaßten. Der immer wortgewandte und dogmatische Eddington war in seiner Ablehnung unmißverständlich. Den Schwarzschild-Radius nannte er «einen magischen Kreis, in den hinein uns keine Messung bringen kann».[6]

Der Vorstoß in den magischen Kreis

Einsteins offene Ablehnung der Möglichkeit, daß ein Stern sich in seinen Schwarzschild-Radius zurückziehen könnte, sollte sich als eine folgenschwere Aussage erweisen. Nur zwei Monate später schickte Robert Oppenheimer, der später am Institute for Advanced Study in Princeton Einsteins Chef werden sollte, einen Aufsatz an die Zeitschrift *Physical Review*, den er gemeinsam mit seinem Studenten Hartland Snyder verfaßt hatte und der den Titel «On Continued Gravitational Attraction» (Über fortgesetzte gravitative Anziehung) trug. Der Beitrag befaßte sich im wesentlichen mit dem Problem, was mit einem massiven Stern geschieht, wenn sein Kernbrennstoff endgültig zur Neige geht. Der Stern würde dann keinen ausreichend hohen Innendruck mehr aufrechterhalten können, der dem enormen Gewicht des Sterns entgegenwirken könnte. Der Aufsatz beginnt mit der prophetischen Aussage: «Ein ausreichend schwerer Stern kollabiert, wenn alle thermonuklearen Energiequellen erschöpft sind.»[7] Die anschließenden Berechnungen, die sich auf Einsteins Feldgleichungen der Gravitation stützten, ließen den Verfasser zu dem Schluß kommen, daß der Kollaps «sich unendlich fortsetzen» werde und der Stern über den kritischen Radius hinaus zusammenstürzt, wobei eine unendliche Raumzeitkrümmung erzeugt wird.

Oppenheimers grundlegende Arbeit über kollabierende Sterne ging in den Wirren eines neuen Krieges weitgehend unter. Die Kernenergie wurde zu mehr als nur einem Zweig der theoretischen Astrophysik, und Oppenheimer wurde herangezogen, um das Projekt Atombombe zu leiten. Noch immer herrschte die Ansicht vor, daß der Schwarzschild-Radius etwas physikalisch Unmögliches darstelle. Schließlich war er mathematisch singulär, d.h., er beschrieb, daß eine physikalische Größe unendlich wird. Es gibt ein in der Wissenschaft ungeschriebenes Gesetz: Wenn vorhergesagt wird, daß etwas potentiell Beobachtbares unendlich wird, ist das ein sicheres Zeichen dafür, daß die Theorie zusammenbrechen muß. Nach Auslegung Einsteins bedeutete diese Unendlichkeit, daß die den Stern bildenden Teilchen gezwungen würden, sich schneller als das Licht zu bewegen, wenn der Stern so stark zusammengepreßt wird, was Einstein aufgrund seiner speziellen Relativitätstheorie ausschloß. Bevor die unendliche Zeitkrümmung einsetzte, mußte sich irgend etwas anpassen.

Nach dem Krieg kam der kalte Krieg, und die Welt der Wissenschaft wurde in Ost und West geteilt. Werner Israel schrieb:

> «In westlichen Kreisen waren die Arbeiten von Oppenheimer und Snyder in den fünfziger Jahren Skelette, die man im Schrank vergessen hatte, und die Vorstellung von einem Gravitationskollaps wäre, falls überhaupt jemand sie erwogen hätte, als wilde Spekulation abgetan worden; in der Sowjetunion galt sie jedoch als Konsequenz der rechten Lehre.»[8]

Israel zitiert die Ausgabe des inzwischen klassischen Lehrbuchs *Statistical*

Physics von 1951 mit den Aufsätzen von Landau und Lifshitz über das Schicksal eines Sterns, der seine maximale Masse überschritten hat, jenseits der er dem eigenen Gewicht nicht mehr widerstehen kann:

> «Es ist von Anfang an klar, daß ein solcher Körper die Tendenz haben muß, sich unendlich zusammenzuziehen... Aus der Sicht eines ‹lokalen› Beobachters ‹kollabiert› die Masse mit einer Geschwindigkeit, die der des Lichts sehr nahekommt, und sie erreicht das Zentrum in einer endlichen, echten Zeit.»[9]

Im Westen war es im wesentlichen John Wheeler von der Universität Princeton, ein unbekümmerter und einfallsreicher Physiker, der bei Niels Bohr und im Geiste Einsteins gearbeitet hatte, der den Gravitationskollaps wieder auf die wissenschaftliche Tagesordnung brachte. Aber es blieben der nach wie vor unfaßbare Schwarzschild-Radius und der «magische Kreis», die so lange eine absolute Verbotszone geschaffen hatten, die von einem physikalischen Zaun einer unbekannten Art geschützt wurde.

Inzwischen wissen wir, daß das Rätsel der unendlichen Zeitkrümmung im Verlauf der Geschichte unbemerkt viele Male gelöst worden ist, bevor es den verwirrten Wissenschaftlern schließlich dämmerte. Bereits 1916 erkannte der holländische Physiker Johannes Droste, der unabhängig die Schwarzschildsche Lösung entdeckte, daß der kritische Radius ernstzunehmen war. Eddington löste das Problem erfolgreich in den zwanziger Jahren, und Oppenheimer und Snyder machten in ihrem berühmten Aufsatz von 1939 ebenfalls hinreichend klare Ausführungen. Doch die Botschaft all dieser Beiträge ging inmitten des allgegenwärtigen, von Einstein selbst genährten Vorurteils unter, daß eine ungehinderte Implosion über den Schwarzschild-Radius hinaus physikalisch unmöglich sei.

Ein singuläres Problem

Mathematiker stoßen in ihren Gleichungen oft auf die Unendlichkeit, ohne mit der Wimper zu zucken. Sie nennen unendliche Punkte in ihren Gleichungen *Singularitäten*. Es ist nicht unbedeutend, daß es Mathematiker und keiner Physiker bedurfte, das Rätsel um den kritischen Radius zu lösen. Das geschah erst 1960, als Martin Kruskal und David Finkelstein in den Vereinigten Staaten sowie George Szekeres in Australien unabhängig voneinander die Situation endlich klärten. Alle drei erkannten, daß die singuläre Natur des Schwarzschild-Radius ein rein mathematisches Kunstgebilde war: Dort tut sich überhaupt nichts *physikalisch* Singuläres. Keiner der beteiligten Wissenschaftler hatte aktiv mit der Relativitätstheorie zu tun. Finkelstein hatte, was neue Beziehungen zwischen Mathematik und Physik anging, seinen eigenen Plan und arbeitete überwiegend für sich. Kruskal war ein junger Wissenschaftler in Princeton, der weitgehend zum Spaß, nach einem Seminar über das Thema auf einem Briefumschlag eine Berechnung über die Geometrie der Schwarzschild-Raumzeit anstellte. Etwas unsicher zeigte er das Ergebnis Wheeler, weil er es für zu banal hielt, um es zu veröffentlichen. Das überließ er Wheeler. Szekeres begann seine Laufbahn als Chemieingenieur in Ungarn, von wo er Ende der dreißiger Jahre vor den Nazis nach Shanghai floh. Die Japaner ließen ihn während der Besetzung in Ruhe, und er arbeitete bei Kriegsende für die Amerikaner als Büroangestellter und beschäftigte sich in seiner Freizeit mit seiner großen Leidenschaft, der Mathematik. Ein paar Jahre später kam er auf einen Posten als Dozent für Mathematik an der Universität Adelaide. Er interessierte sich für die allgemeine Relativitätstheorie in erster Linie deshalb, weil sie ein geeignetes Feld für bestimmte mathematische Verfahren bot, die er entwickelte, und auch er betrachtete seine Lösung des Schwarzschildschen Singularitätsproblems nicht als sonderlich bedeutsam. Deshalb veröffentlichte er sie auch in einer obskuren ungarischen Zeitschrift, wo sie fast unbeachtet mehrere Jahre schlummerte.

Diese Mathematiker stießen alle darauf, daß die mathematische Singularität beim kritischen Schwarzschild-Radius dem entspricht, was mit den Längen- und Breitengraden am Nord- und Südpol auf der Landkarte des Erdballs passiert. Die normale Mercatorabbildung gibt die Antarktis und Grönland stark verzerrt wieder; die Entfernungen werden um so mehr gestreckt, je näher man den Polen kommt. In Wirklichkeit unterscheidet sich die Geometrie an den Polen selbstverständlich nicht von der an anderen Orten auf der Erdoberfläche. Die Illusion einer Verzerrung entsteht nur aufgrund des verwendeten Koordinatensystems für die Längen- und Breitengrade. Die Schwarzschildschen Koordinaten haben mit der gleichen Schwierigkeit zu kämpfen. Durch das einfache Mittel, auf andere Koordinaten überzuwechseln, verschwindet die mathematische Singularität beim Schwarzschild-Radius, und es wird möglich, in Eddingtons «magischen Kreis» (mathematisch!) einzudringen.

Das verstehe ich nicht, klagt unser geduldiger Skeptiker. Es gibt doch sicher eine unendliche Zeitkrümmung beim Schwarzschild-Radius, oder? Für mich klingt das ganz schön physikalisch und auch ganz schön eigenartig.

Das Entscheidende ist, daß beim Schwarzschild-Radius keine *lokale* physikalische Größe singulär ist. Eine Zeitkrümmung hat zu tun mit einem *nichtlokalen Vergleich* der Ganggeschwindigkeit von Uhren. Man muß Uhren am Schwarzschild-Radius mit weit entfernten Uhren vergleichen, um das herauszufinden. Wenn Sie sich tatsächlich am Schwarzschild-Radius befänden, würden Sie nicht sagen: «Oh, die Zeit ist hier unendlich gedehnt.» Sie würden in Ihrer unmittelbaren Umgebung in Wirklichkeit überhaupt nichts Eigenartiges an der Zeit oder irgendeinem anderen Aspekt der lokalen Physik bemerken. Nur durch den Vergleich Ihrer Zeit mit der eines anderen wird die Raumkrümmung offenbar.

Um in diesem Punkt Klarheit zu schaffen, wollen wir unsere furchtlosen Zwillinge Ann und Betty wiederauferstehen lassen. Nehmen wir an, Ann bleibt auf der Erde und Betty fliegt, ausgestattet mit einer Uhr, per Raumschiff in die Umgebung des zusammengestürzten Sterns. Stellen uns vor, der Stern sei auf weniger als seinen Schwarzschild-Radius geschrumpft und zu einer winzigen Kugel zusammengepreßt worden; wir werden gleich sehen, welches Schicksal ihm am Ende beschieden ist. Die Abbildung 4.2 zeigt uns, wie schnell Bettys Uhr im Vergleich zu der von Ann in dem Fall geht, daß die zusammengestürzte Masse derjenigen der Sonne entspricht. Aus der Darstellung ersehen wir z. B., daß Bettys Uhr, wenn sie 3 km vom Massezentrum entfernt ist, halb so schnell geht wie die von Ann. Das können die beiden überprüfen, indem sie sich Radiosignale zusenden. Um zu vermeiden, daß die bewegungsbedingte Zeitdehnung mit der gravitationsbedingten verwechselt wird, können wir uns denken, daß Betty die starken Raketen ihres Raumschiffs dazu benutzt, bewegungslos in einer festen Entfernung zu dem zusammengestürzten Stern zu bleiben. (Ein normaler Mensch könnte den enormen g-Kräften nicht widerstehen, die dabei auftreten.) Betty stellt dann fest, daß sie weniger schnell als Ann altert, und Ann stimmt dem zu. Es besteht keine Symmetrie bei den Umständen dieses Szenarios; es ist eindeutig Betty, die einem starken Gravitationsfeld und der damit verbundenen Dehnung der Zeit ausgesetzt ist. Ann und Betty können die Uhren, Daten und Erfahrungen vergleichen, um sich zu überzeugen, daß für Betty die Zeit wirklich «langsam vergeht», verglichen mit der von Ann. Wenn Betty etwas sagt, hört Ann ihre Worte zu einem tiefen Jaulen gedehnt. Sie sieht Bettys Uhr mit halber Geschwindigkeit gehen. Auch alle anderen physikalischen Vorgänge erscheinen verlangsamt, einschließlich der Schnelligkeit, mit der Betty denkt und altert.

Betty selbst bemerkt nichts Ungewöhnliches an ihrer Sprache, ihrer geistigen Verfassung, ihrem Altern oder dem Ablauf der Zeit. Alles in ihrer unmittelbaren Umgebung macht einen normalen Eindruck. Wenn sie jedoch durch ihr Teleskop die Erde betrachtet, scheinen die Ereignisse dort mit doppelter Geschwindigkeit abzulaufen. Wenn Betty Anns Uhr beobachtet, wird es ihr so vorkommen, als ginge sie in der Zeit, in der bei Betty eine Stunde vergeht, zwei Stunden weiter. Anns Worte klingen komprimiert und piepsig. Physikalische Vorgänge in Anns Umgebung scheinen Betty mit doppelter Geschwindigkeit abzulaufen, so als sähe sie eine Videoaufnahme im schnellen Vorwärtslauf. All das ist wirklich, keine bizarre optische Täuschung. Betty kann nach Hause zurückfliegen und das Alter und die Uhren direkt bei Ann vergleichen. Die Ergebnisse werden bestätigen, daß die Zeit für Betty durch ihren Flug zu einem Gebiet intensiver Schwerkraft tatsächlich langsamer abgelaufen ist. Sie ist nur halb so stark gealtert wie Ann.

Vielleicht ist das so. Es ist letztlich aber nur eine Verstärkung des Effekts, den Vessot und andere auf der Erde gemessen haben. Aber was geschieht, wenn Betty sich in die Nähe des Schwarzschild-Radius wagt? Es würde doch bestimmt etwas Eigenartiges passieren, oder? Dort soll die Raumzeitkrümmung unendlich *sein. Wie kann etwas Physikalisches wirklich unendlich sein?*

Wenn Betty sich dem Schwarzschild-Radius nähert, wird der Gravitationseffekt immer stärker. Sie sieht Anns Uhr schneller und schneller gehen, verglichen mit ihrer eigenen. Für Ann dagegen geht Bettys Uhr immer langsamer. Betty wird sich noch unwohler fühlen, denn wenn sie sich noch näher an das massive Objekt heran begibt, muß sie wahrhaft gewaltige g-Kräfte aushalten. Und noch etwas anderes wird wichtig. Die gleiche Verlangsamung der Zeit, die auf Bettys Uhren einwirkt, beeinflußt auch die Lichtwellen, die die Atome des Raumschiffs abstrahlen, und die Radiowellen, die Betty für ihre Gespräche mit Ann nutzt. Diese Wellen erfahren eine starke Gravitationsrotverschiebung, was bedeutet, daß das Raumschiff Ann immer roter erscheint. Tatsächlich erscheint es immer matter, selbst wenn Betty sich die Mühe machte, es für Ann anzustrahlen; der harte Aufstieg durch das mörderische Gravitationsfeld schluckt soviel Lichtenergie, daß nur noch ein schwaches Bild übrigbleibt. Außerdem muß Ann ihr Radio auf eine sehr niedrige Frequenz einstellen, um Bettys schleppende Sprache empfangen zu können.

Je näher Betty dem Schwarzschild-Radius kommt, desto ausgeprägter werden diese Effekte. Aber obwohl Ann die Ereignisse im Raumschiff grundsätzlich stark verlangsamt ablaufen sehen würde, wird es ihr in Wirklichkeit schwerfallen, wegen der zunehmenden Rotverschiebung überhaupt etwas zu erkennen. Diese Rotverschiebung verstärkt sich ohne Ende, wenn Betty sich dem Schwarzschild-Radius nähert. Die Lichtintensität tendiert entsprechend gegen Null. Betty und ihr Raumschiff entschwinden Anns Blicken vollkommen. John Michell hat es vor zweihundert Jahren vorausgesagt: wenn Ann in die Richtung des zusammengestürzten Sterns blickt, sieht sie nur schwarz – ein Schwarzes Loch.

Warum genau heißt es eigentlich Schwarzes Loch?

Damit Betty sich in der Nähe des Schwarzschild-Radius aufhalten kann, braucht ihr Raumschiff einen Antrieb, der dem kolossalen Sog der Schwerkraft dort entgegenwirken kann. Die g-Kräfte, die auf sie und ihr Raumschiff einwirken, nehmen ohne Ende zu, je mehr sich das Raumschiff dem kritischen Radius nähert; Bettys Gewicht steigt dort letztlich ins Unendliche. In dieser Beziehung hatte Einstein recht: Dieser *statische* Tatbestand hätte – lokal – etwas Unphysikalisches an sich. Es wäre für das Raumschiff physikalisch sicher unmöglich, sich genau am Schwarzschild-Radius aufzuhalten, wo die Zeit in Anns Bezugssystem zum Stillstand kommt. In Wirklichkeit ist keine Kraft im Universum stark genug, dem Sog der Schwerkraft dort zu widerstehen. Schon bevor das Raumschiff den kritischen Radius erreicht, würden seine Antriebsraketen den Kampf gegen die Schwerkraft unweigerlich verlieren, und es würde über den Schwarzschild-Radius hinaus verschwinden. Sobald es sich innerhalb des Radius befindet, hat das Raumschiff *keinerlei* Möglichkeit mehr, eine feste Entfernung zum Schwerkraftzentrum einzuhalten. Das gleiche gilt für die gesamte Materie dort, auch für das Material des zusammengestürzten Sterns: Es stürzt ebenfalls ins Zentrum. Der Bereich innerhalb des Schwarzschild-Radius kann keinerlei statische Materie enthalten. Dieser Bereich der Raumzeit ist somit *leer* und erscheint gleichzeitig *schwarz* (von außen): daher die Bezeichnung «Schwarzes *Loch*».

Aber ein genügend starker Antrieb könnte doch bestimmt jeder Gravitationskraft widerstehen, wie groß sie auch ist.

In diesem Fall nicht. Die Schwerkraft im Innern des Schwarzen Lochs ist derart stark, daß sie sogar *nach außen* gerichtetes Licht zurückhält – genau wie Michell vermutete – und es unwiderruflich zum Schwerkraftzentrum zieht, als würde es durch eine überdimensionale Linse gebündelt. Erstaunlich, daß dieses Bild bereits 1920 aufkam, durch einen gewissen A. Andersen vom University College Galway, der im *Philosophical Magazine* des gleichen Jahres schrieb:

> «Würde die Masse der Sonne auf eine Kugel mit einem Radius von 1,47 km zusammengepreßt, würde der Brechungsindex unendlich groß, und wir hätten wahrscheinlich eine sehr starke Sammellinse, sogar eine zu starke, denn das von der Sonne ausgestrahlte Licht hätte an ihrer Oberfläche keine Geschwindigkeit. Sie wäre somit in Dunkelheit gehüllt.»[10]

Damit das Raumschiff (oder das Material des implodierten Sterns) dieser enormen Gravitationskraft standhalten und sich auf einem festen Radius halten könnte, müßte es sich schneller als das Licht fortbewegen. Und das ist nach der Relativitätstheorie unzulässig.

Einen Moment. Das Raumschiff würde sich relativ zum Schwerkraftzentrum oder zu Ann überhaupt nicht bewegen. Warum sagen Sie dann, es würde schneller als das Licht fliegen?

Die Vorstellung von Geschwindigkeit ist im wesentlichen lokaler Art. Man kann z. B. die relative Geschwindigkeit von A messen, der B *passiert*, aber wenn A und B räumlich getrennt sind und sich in einem Gravitationsfeld befinden, wird ihre relative Geschwindigkeit etwas ziemlich Vages. Wenn man sie dadurch messen will, daß man Lichtsignale aussendet, die Bewegung zwischen Punkten im Raum mit der Uhr stoppt und so fort, stellt sich einem das Problem, wessen Uhr man nimmt. Und wenn A sich auf der Erde befindet und B in einem Schwarzen Loch, ergibt die Geschwindigkeit von B relativ zu A überhaupt keinen Sinn. Zugegeben, die Polizei mißt mit ihren Radarfallen die Geschwindigkeit auf eine Entfernung, aber das geht nur, weil sie die Auswirkungen der Gravitation außer acht lassen kann. Wenn sie versuchen würde, die *vertikale* Geschwindigkeit zu messen, würde sie Schwierigkeiten bekommen. In dem Fall würden Doppler-Verschiebung und Gravitationsrotverschiebung völlig durcheinandergeraten, und es würde problematisch, eine eindeutige Geschwindigkeit zu bestimmen. (Nicht so sehr im Fall der Erde natürlich, weil der Einfluß der Gravitationsrotverschiebung so gering ist, aber Sie sehen, worauf ich hinauswill.) Man *kann* dagegen durchaus klarkommen mit der relativen Geschwindigkeit zwischen einem Raumschiff und einem Lichtpuls, der dicht an ihm vorbei fliegt, selbst wenn beide sich in dem Schwarzen Loch befinden. Diese Geschwindigkeit muß stets die Lichtgeschwindigkeit sein. Wenn also das *nach außen* gerichtete Licht trotzdem *nach innen* gezogen wird, muß auch das Raumschiff nach innen gezogen werden, sonst würde es *lokal* schneller als das Licht fliegen, was gegen die spezielle Relativitätstheorie verstößt.

Wenn die Schwerkraft der kollabierten Materie Licht anzieht, heißt das nicht, daß abstrahlendes Licht von direkt außerhalb des Schwarzschild-Radius sich mit verringerter Geschwindigkeit zu Ann ausbreitet?

Ja und nein. Es ist sicher der Fall, daß Licht aus dem Bereich nahe beim Schwarzen Loch sehr lange brauchen kann herauszukommen, wenn Ann es mißt. Aber erinnern wir uns, sie kann die Geschwindigkeit des Lichts auf die Entfernung nicht direkt messen. Sie kann folgern, daß die Photonen sich mühsam zu ihr vorarbeiten, quälend langsam nach den Maßstäben *ihrer* Uhr, aber wenn sie berücksichtigt, daß die Zeit in der Nähe des Schwarzschild-Radius verlangsamt ist, stellt sie fest, daß in dem Bereich, wo ein gegebenes Photon zufällig ist, es sich mit der alten Geschwindigkeit bewegt – 300 000 km pro Sekunde. Und ein Beobachter in der Nähe des Schwarzen Lochs könnte selbstverständlich lokal die Geschwindigkeit des Lichts messen und würde zum gleichen Ergebnis kommen.

Heißt das nicht, daß Ann niemals wirklich sehen wird, wie Betty den Schwarzschild-Radius erreicht und in das Schwarze Loch fällt?

Das ist richtig. Das Licht, das die Position von Bettys Raumschiff übermittelt, braucht immer länger zu Ann, je näher das Raumschiff dem Schwarzschild-Radius kommt. Abbildung 4.2 vergleicht Bettys Uhr mit der von Ann, während Bettys Raumschiff im freien Fall in das Schwarze

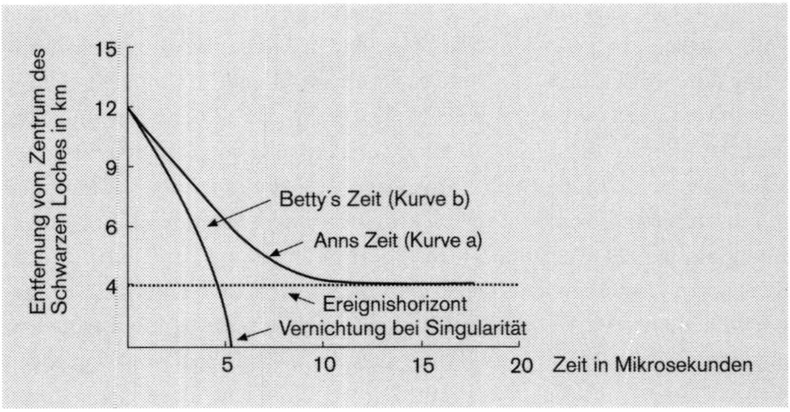

Abb. 4.2 Der Sturz in ein Schwarzes Loch. Dargestellt sind hier die Anzeigen auf der Uhr von Betty, wenn sie in ein Schwarzes Loch von einer Sonnenmasse fällt (Kurve b), und von Ann, die aus der Ferne zusieht (Kurve a). Beide Kurven sind als Funktion der Entfernung Bettys vom Zentrum des Schwarzen Lochs dargestellt. Betty startet in Ruhelage aus 12 km Entfernung. Sie erreicht den Schwarzschild-Radius (Ereignishorizont), der durch die gestrichelte Linie gekennzeichnet ist, nach 4,7 Mikrosekunden und trifft nach 5,3 Mikrosekunden auf die Singularität. Ann erlebt Bettys Sturz dagegen drastisch verlangsamt und wie er unmittelbar außerhalb des Schwarzschild-Radius für immer «eingefroren» wird. Der Bereich unterhalb der gestrichelten Linie liegt demnach «jenseits des Endes der Zeit», soweit es Ann betrifft.

Loch stürzt. Man sieht, daß Ann eine unendlich lange Zeit warten müßte, um zu sehen, wie Betty den verhängnisvollen Radius überquert.

Während Betty erlebt, wie sie unkontrolliert in das Loch stürzt, sieht Ann also Bettys Raumschiff einfach dort schweben, sozusagen eingefroren in Raum und Zeit?

Nicht wirklich. Aufgrund der zunehmenden Rotverschiebung und der schwindenden Lichtintensität, die vom Raumschiff ausgeht, wenn es sich dem Schwarzschild-Radius nähert, kann Ann den Beginn dieses «Einfrierens» nicht verfolgen. Sie sieht lediglich, daß das Raumschiff rasch immer roter und blasser wird, bis es einfach aufgeht in der rabenschwarzen Finsternis des Schwarzen Lochs. Es wird praktisch von der Schwärze geschluckt.

Aber das heißt doch immer noch, daß Betty den Schwarzschild-Radius in Wirklichkeit niemals *erreicht, oder? Das Schwarze Loch hat etwas von einer Fiktion, nicht wahr?*

Nein. Reizworte wie «niemals» oder «jemals» haben keinen absoluten Sinn. Man muß genau angeben, wessen «Niemals» oder «Jemals» man meint. Es stimmt, in Anns Bezugssystem erreicht Betty den Schwarzschild-Radius niemals, aber in Bettys Bezugssystem erreicht sie ihn sehr wohl. Betty würde normalerweise nur ein paar Mikrosekunden Raumschiffzeit brauchen, um aus der doppelten Entfernung des Schwarzschild-Radius in ein Schwarzes Loch mit Sonnenmasse zu fallen. Das geht schon, und zwar ziemlich schnell!

Aber Schwarze Löcher sind dennoch eine Fiktion, jedenfalls was uns im Universum außerhalb davon angeht. Der Stern, der zusammenstürzt und angeblich das Schwarze Loch erzeugt, bräuchte auch unendlich viel von unserer Zeit, um sich in den eigenen Schwarzschild-Radius zurückzuziehen. Der schwarze, vermeintlich leere Raum wäre in Wirklichkeit *mit den Überresten des Sterns erfüllt, oder?*

In gewisser Weise ist das richtig. Den Russen mißfiel der Begriff «Schwarzes Loch» ursprünglich tatsächlich aus ebendiesem Grund. Insgeheim nannten sie die Schwarzen Löcher scherzhaft «Arbeitslager», weil da nichts mehr herauskommen kann. Offiziell verwendeten sie den Begriff «gefrorene Sterne», womit sie anerkannten, daß Zeit und Bewegung beim Schwarzschild-Radius aus der Sicht eines fernen Beobachters eingefroren sind. Nun könnte man ableiten, daß rein technisch das, was wie ein Schwarzes Loch aussieht, «in Wirklichkeit» ein Stern ist, der im Endstadium des Kollapses eingefroren ist. Doch all die Eigenschaften dieses kollabierenden Sterns sind sehr schnell (normalerweise in Millisekunden oder weniger vom Beginn des Kollapses an) nicht mehr von einem *echten* leeren, bereits entstandenen Schwarzen Loch zu unterscheiden. Und wenn man sich in die Nähe wagen würde, um noch irgendeinen Unterschied festzustellen, würde man nichts finden, weil man am Ende der zusammenstürzenden Materie des Sterns über den Schwarzschild-Radius hinaus in die Leere hinterherfliegen würde. Wie Sie sehen, ist die Unterscheidung zwischen einem Schwarzen Loch und einem gefrorenen Stern im Grunde nichtssagend.

Jenseits des Endes der Zeit

Unser Skeptiker meint: *Nehmen wir an, Betty befände sich einen Augenblick im Innern des Schwarzen Lochs. Wenn Betty* ewig *braucht (das Ewig von Ann), um den Schwarzschild-Radius zu überschreiten und das Loch überhaupt zu betreten,* wann *(das Wann von Ann) kann Betty dann im Innern des Lochs sein? Befindet Betty sich dort nicht irgendwie jenseits des Endes der Zeit (Anns Zeit)?*

Darum geht es: Die Mikrosekunde der einen Frau, die Ewigkeit der anderen. Das Innere des Schwarzen Lochs ist ein Bereich von Raum und Zeit, der von außen niemals beobachtet werden kann. Der Schwarzschild-Radius trennt die Ereignisse innerhalb des Schwarzen Lochs, die für Ann auf ewig unbeobachtbar sind, wie lange sie auch wartet, von den Ereignissen außerhalb des Schwarzen Lochs, die Ann beobachten kann, wenn sie genug Geduld aufbringt. Der Schwarzschild-Radius wird deshalb oft «Ereignishorizont» genannt. In gewisser Hinsicht liegt das Innere des Schwarzen Lochs somit jenseits des Endes der Zeit, soweit es das äußere Universum betrifft, allerdings nicht jenseits des Endes von Bettys Zeit.

Das bedeutet, daß in den wenigen Mikrosekunden, die Betty braucht, um den Horizont zu überqueren, draußen die gesamte Ewigkeit vergangen ist. Die Bilder im schnellen Vorwärtslauf werden unendlich *beschleunigt. Betty weiß, sobald sie innerhalb des Lochs ist, daß das Universum draußen «vorbei» ist, selbst wenn es ewig bestanden hat!*

Genau wie beim früheren Zwillingsexperiment ist es am besten, nicht in Kategorien wie «Was macht Ann jetzt?» oder ähnlich zu denken. Wenn Betty hinaufblickt zum Universum draußen, sieht sie nicht tatsächlich eine Ewigkeit in jener flüchtigen Mikrosekunde ihrer Zeit vergehen, weil das Licht Zeit braucht von den fernen kosmischen Ereignissen zum Schwarzen Loch, und bevor das meiste davon dort ankommt, ist sie schon ins Zentrum des Lochs gestürzt, ins Vergessen. Die einzige Möglichkeit, wie Betty die unendliche künftige Geschichte des Universums erleben könnte, wäre die, sich beim Schwarzschild-Radius aufzuhalten und zu warten, daß all das ankommende Licht eintrifft. Aber wir haben festgestellt, daß es unmöglich ist, sich beim Schwarzschild-Radius aufzuhalten.

Wenn Betty sich jenseits des Endes der Zeit befindet, was passiert dann mit ihr? Ist es möglich, daß sie umkehrt und aus dem Schwarzen Loch wieder herauskommt?

Es versteht sich von selbst, daß man von jenseits des Endes der Zeit nicht zurückkommen kann, ohne in der Zeit zurückzugehen. Das geht wahrscheinlich nicht (vgl. jedoch Kap. 10). Betty erwartet offenbar zwei Schicksalsalternativen. Am wahrscheinlichsten ist, daß sie direkt ins Zentrum des Schwarzen Lochs stürzt und vernichtet wird. Folgt man der Schwarzschild-Lösung eisern bis zum genauen geometrischen Zentrum, sagt sie voraus, daß das Gravitationsfeld dort unendlich wird – das Zentrum des Schwarzen Lochs ist eine Raumzeit-Singularität. Im Gegensatz zum kritischen Radius kann diese zentrale Singularität nicht durch eine Änderung der Koordinaten aus der Welt geschafft werden. Sie ist von der Art her lokal und physikalisch – nicht nur mathematisch. Falls die Singularität existiert, dann ist sie eine Grenze für die Zeit, ein Rand der Unendlichkeit, an dem die Zeit aufhört zu existieren, und es gibt kein Jenseits. In dem Fall ist Bettys Sturz in das Schwarze Loch eine Reise ohne Wiederkehr ins Nirgendwo – und Nirgendwann. Wenn sie in die Singularität platscht, kann sie in der Raumzeit nicht fortbestehen und muß aufhören, als physisches Wesen zu existieren. Aber sie ist selbstverständlich schon vernichtet und vergessen, wenn sie dort ankommt.

Ein verwegenerer Gedanke ist der, das Innere eines Schwarzen Lochs könnte komplizierter in dem Sinn sein, daß Betty die Singularität verfehlt und überlebt. Alternativ verhindert vielleicht eine noch zu entdeckende neue Physik die Entstehung der Singularität. In beiden Fällen besteht Betty offensichtlich in der Raumzeit weiter, aber sie kann in keinen Bereich in «unserem» Raum gelangen, weil «dessen» Zeit bereits vergangen ist. Betty bleibt nur die Möglichkeit, in einem *anderen* Raum aufzutreten – in einem anderen Universum, wenn Sie so wollen –, der durch das Innere des Schwarzen Lochs mit unserem Raum verbunden ist. Dieser andere Raum wäre ein Universum, das jenseits des Endes der Zeit liegt, soweit es uns betrifft. So dicht ist die Wissenschaft der Bestimmung eines Kandidaten für das «Land jenseits der Zeit» vielleicht noch nie gekommen, und vielleicht erklärt es auch, warum der Mann aus Thailand die Frage nach dem Paradies stellte. Leider gibt es keinen Grund zu glauben, daß (a) ein solcher Raumzeitbereich tatsächlich existiert, daß man (b) wirklich «durch ein Schwarzes Loch hindurchgehen» könnte, um dorthin zu kommen, selbst wenn es existierte, und es sich (c) als ganz anders als unser Universum herausstellen würde, wenn man es täte. Außerdem ist da das Problem, daß man, wenn man diesen «Tunnel»-Trick einmal ausprobieren könnte, ihn erneut ausüben könnte – im anderen Universum. Aber da man nicht aus dem anderen Universum zurück in unser Universum fallen kann (ohne in der Zeit zurückzureisen), müßte man ein drittes Universum entdecken, dann ein viertes und so fort. Man müßte die mögliche Existenz einer *unendlichen* Zahl fast getrennter Universen annehmen, eine Vorstellung, die einige Leute begeistert, mir jedoch als schlicht absurd vorkommt.

«Absurd» ist das richtige Wort dafür. Ich glaube, Eddington hatte recht. Die Vorstellung von Schwarzen Löchern und unendlichen Zeitkrümmungen ist doch zu aberwitzig, um ernst genommen zu werden. Wo sind die Beweise, daß diese Dinge wirklich existieren?

Sind sie wirklich da draußen?

In den frühen siebziger Jahren war ich ein junger Dozent am Londoner King's College. Der Fachmann vor Ort für Schwarze Löcher war John G. Taylor, ein liebenswürdiger und gutaussehender Berufsschauspieler und mathematischer Physiker, dessen Forschungsinteressen vom Gehirn bis zur Supergravitationstheorie reichten. Es ist weitgehend dem Erfolg seines populärwissenschaftlichen Buchs *Black Holes; the End of the Universe?* und dessen eingängigem Stil zu verdanken, daß (zunächst) die britische Öffentlichkeit erstmals etwas über Schwarze Löcher erfuhr – nach Taylor «die unheimlichsten Objekte, die der Mensch kennt». Etwa zur gleichen Zeit, als das Buch herauskam, untersuchte Taylor Uri Gellers Behauptungen, Löffel verbiegen zu können, und viele warfen das in einen Topf, was zur Folge hatte, daß Schwarze Löcher häufig als der neueste Zweig der Schwarzen Magie angesehen wurden. Sie bekamen einen geheimnisvollen und spekulativen Hintergrund. Viele Wissenschaftler erklärten Schwarze Löcher daraufhin zur bloßen Fiktion eines Theoretikers.

Dessenungeachtet häuften sich bereits die Beweise, daß Schwarze Löcher ernster zu nehmen waren als Magie. Es war nie umstritten, daß Schwarze Löcher *theoretisch* möglich sind: Bei einer ausreichend großen Masse ist der Schwarzschild-Radius so groß, daß sich ein Schwarzes Loch bildet, bevor die Materie ungewöhnlich dicht zusammengepreßt wird. Die entscheidende Frage lautet, ob die notwendigen Bedingungen im wirklichen Universum auftreten.

Die Astronomen lenkten ihre Aufmerksamkeit überwiegend auf tote Sterne und richteten sich an der Arbeit Oppenheimers über den stellaren Kollaps aus. Das eigentliche Szenario ist klar: Wenn einem Stern der Brennstoff ausgeht, schrumpft er unter seinem Eigengewicht zusammen. Ist der Stern schwer genug, kann keine Kraft verhindern, daß er zu einem Schwarzen Loch implodiert – nach Einsteins allgemeiner Relativitätstheorie. Überschlägige Berechnungen lassen vermuten, daß Sterne mit mehr als etwa drei Sonnenmassen unweigerlich dieses Schicksal erleiden, vorausgesetzt, sie finden keine Möglichkeit, vorher etwas Material wegzusprengen. Wir kennen viele Sterne mit drei oder mehr Sonnenmassen, so daß die Existenz Schwarzer Löcher als stellares Überbleibsel auf den ersten Blick vollkommen vernünftig erscheint.

1960 hatten Astronomen einen guten Einfall, wie es zu einem katastrophenartigen stellaren Kollaps kommen könnte. Ein schwerer Stern zehrt seinen Brennstoff in wahnwitzigem Tempo auf, und wenn der Vorrat aufgebraucht ist, schrumpft er nicht einfach. Statt dessen implodiert der Kern des Sterns urplötzlich. Der dabei entstehende Schock setzt einen Energiepuls frei, der stark genug ist, die äußeren Schichten des Sterns in den Weltraum hinauszuschleudern. Es gibt eine ungeheure Explosion. Solche Explosionen sind von den Astronomen immer wieder beobachtet worden – sie werden «Supernova» genannt. Sie waren offenbar ein guter Ort, die Jagd auf durch Gravitation kollabierte Objekte zu eröffnen.

Damals waren die Wissenschaftler allerdings noch geistig blockiert, wenn es um den Schwarzschild-Radius ging. Kip Thorne, seinerzeit Schüler von John Wheeler, erklärt:

> «Vielleicht hinderte zwischen 1939 und 1958 nichts so sehr die Physiker, die Implosion eines Sterns zu verstehen, wie der Name, den sie für den kritischen Umfang benutzten: ‹Schwarzschild-Singularität›. Der Begriff ‹Singularität› beschwor das Bild eines Bereichs herauf, wo die Schwerkraft unendlich groß wird und bewirkt, daß die Gesetze der Physik zusammenbrechen – ein Bild, das, wie wir heute wissen, auf das Objekt im Zentrum des Schwarzen Lochs zutrifft, nicht aber auf den kritischen Umfang.»[11]

Es herrschte weitgehend das Gefühl, daß beim kritischen Radius alles irgendwie zum Erliegen kommt, daß die unendliche Zeitkrümmung, die Ereignisse aus der Sicht eines fernen Beobachters einfriert, auf irgendeine unklare und nicht näher erläuterte Weise auch das Ende des Wegs für den zusammenstürzenden Stern bedeutete. Es bedurfte der Berechnungen von Finkelstein, Kruskal und Szekeres, um die Wissenschaftler endgültig davon zu überzeugen, daß im Bezugssystem der hineinstürzenden Materie nichts bei der Schwarzschild-Singularität tatsächlich haltmacht. Thorne merkt dazu an: «Jemand, der auf einem implodierenden Stern durch die Schwarzschild-Singularität (den kritischen Umfang) gleitet, spürt keine unendliche Schwerkraft und sieht auch keine physikalischen Gesetze zusammenbrechen.»

Trotz seiner Vorliebe für das Wilde und Bizarre war Wheeler anfangs skeptisch über den totalen Gravitationskollaps. Aufgrund seiner Kenntnisse von Kruskals «Beseitigung» der Schwarzschild-Singularität und unter dem Eindruck der neuesten Gedanken über Supernovä änderte Wheeler um 1960 seine Ansicht. Thorne erinnerte sich, wie Wheeler Anfang der 60er Jahre eines Tages freudestrahlend, aber verspätet in ein Seminar über Relativität gestürzt kam. Er war gerade von einem Besuch beim Livermore-Laboratorium in Kalifornien zurückgekommen, wo Stirling Colegate, der weltweit beste Supernova-Experte, ihm die neuesten Computersimulationen gezeigt hatte. Colegate hatte seinen Berechnungen die klassischen Berechnungen von Oppenheimer und Snyder von vor dem Krieg zugrunde gelegt, allerdings viele zusätzliche realistische Bedingungen hinzugefügt. «Mit bebender Stimme zeichnete er Diagramm für Diagramm an die Tafel», schreibt Thorne.[12] Wheeler erklärte, wie der zusammenstürzende Kern eines Sterns mittlerer Masse einen Neutronenstern hervorbringt, doch bei einem Kern, der schwerer als etwa zwei Sonnenmassen war, schien nichts den Kollaps aufhalten zu können:

> «Von außen betrachtet, verlangsamte sich die Implosion und erstarrte am kritischen Umfang, aber aus der Sicht eines Beobachers auf dem Stern selbst erstarrte die Implosion keineswegs. Die Oberfläche des Sterns schrumpfte über den kritischen Umfang hinaus und weiter nach innen, ohne haltzumachen.»

Diese Erkenntnis, daß der kritische Radius den totalen Kollaps nicht verhinderte, war der Wendepunkt. Aber die Vorstellung vom Schwarzen

Loch, geschweige denn der Name, war noch nicht voll entwickelt. Die 60er Jahre erwiesen sich als ein Jahrzehnt großer Gärung in der Astronomie, von der viel mit dem schwer faßbaren Thema des Gravitationskollapses zu tun hatte. Zuerst kam die Entdeckung der Quasare oder quasistellaren Objekte. Diese Nadelstiche aus Licht liegen in den Weiten des Kosmos und wurden anfänglich fälschlicherweise für Sterne gehalten. 1963 erkannte man, daß sie genauso massiv wie Galaxien waren und enorm hell, aber auch ungemein kompakt. Ihre Entdeckung zwang die Astronomen, sich der Möglichkeit zu stellen, daß so massive, dichte Objekte Gefahr liefen, einen totalen Gravitationskollaps zu erleiden.

Im Jahr darauf registrierte eine mit einem simplen Röntgenstrahldetektor ausgerüstete Höhenrakete im Sternbild des Schwans eine starke Röntgenquelle. Sie bekam den Namen Cygnus X-1 und wurde zehn Jahre später der erste Anwärter auf ein eventuelles, durch einen stellaren Kollaps entstandenes Schwarzes Loch.

Auch die frühen und mittleren sechziger Jahre hatten wichtige theoretische Fortschritte aufzuweisen. Der britische Mathematiker Roger Penrose entwickelte neue und sehr viel elegantere geometrische Verfahren zur Untersuchung der Schwarzschildschen Raumzeit, von Ereignishorizonten, zusammenstürzenden Sternen, Singularitäten und verwandten Aspekten der allgemeinen Relativitätstheorie. Diese neuen Methoden sollten sich als Segen für die Physiker erweisen, die sich mit den verworrenen Eigenschaften der Schwarzen Löcher herumschlugen.

Dann kam 1967 schließlich die Entdeckung der Pulsare (Neutronensterne). Zu diesem Zeitpunkt hatten Gravitationskollaps, Supernovaimplosionen, gefrorene Sterne und unendliche Raumkrümmungen einen festen Platz auf der Tagesordnung der Astrophysiker. Ende 1967 wurde in New York eine Konferenz über Pulsare abgehalten, und Wheeler sprach von der Möglichkeit, daß ein fortgesetzter Kollaps im Weltraum ein «Schwarzes Loch» erzeuge. Der Ausdruck war endgültig in die Sprache eingegangen. Aber einen Namen zu finden war nur der Anfang. Viel wichtiger war, hieb- und stichfeste Beweise dafür zu finden, daß im Universum wirklich Schwarze Löcher existieren.

Zu Beginn der 70er Jahre, als die Erforschung Schwarzer Löcher sich zu einer weltweiten Beschäftigung auswuchs, machten die Astronomen Ernst mit ihrer Suche nach ihnen. Der Einsatz satellitengestützter Röntgenteleskope erhöhte das Verständnis von Objekten wie Cygnus X-1 erheblich und deutete an, daß ein Schwarzes Loch, wenn es sich in einem

Doppelsternsystem bildet, sein Vorhandensein dadurch verrät, daß es seinen Begleiter allmählich verschluckt und als Folge davon starke Röntgenstrahlung aussendet. Zur Zeit, da diese Zeilen geschrieben werden, betrachten viele Astronomen Cygnus X-1 höchstwahrscheinlich als ein Schwarzes Loch, das in einer engen Umlaufbahn von 5,6 Tagen Dauer um einen blauen überdimensionalen Stern gefangen ist.

Quasare und gestörte Galaxien haben sich als ein weiterer vielversprechender Ort für die Suche nach Schwarzen Löchern erwiesen, aber in diesem Fall wären die betreffenden Objekte erheblich massiver als ein kollabierender Stern. Tatsächlich vermuten die Astronomen, daß die Kerne einiger Galaxien unter Umständen Schwarze Löcher mit der Masse mehrerer Millionen oder gar Milliarden Sonnen beherbergen. Es spricht einiges dafür, daß im Zentrum unserer eigenen Milchstraße mindestens ein Schwarzes Loch mit der Masse von einer Million Sonnen lauert. Während ein einzelner wirklich überzeugender Anwärter immer noch nicht zu fassen ist, haben die Gesamtbeweise für Schwarze Löcher in den letzten Jahren eine überwältigende Fülle erreicht. Knapp acht Jahrzehnte nachdem Schwarzschild seine berühmte Lösung fand, scheint die Existenz von wirklichen Objekten mit unendlicher Zeitkrümmung endlich bestätigt.

Einstein hat die erfolgreiche Anwendung seiner allgemeinen Relativitätstheorie auf zusammengestürzte Sterne nicht mehr erlebt. Dennoch weist alles darauf hin, daß er das ganze Thema mit Vorsicht anging. Tatsächlich verlor Einstein um 1920 weitgehend das Interesse an den «lokalen» Effekten der Gravitation, nach Eddingtons erfolgreichem Test zur Beugung des Lichts durch die Sonne. Die wilden Zwanziger erlebten die Geburt der Quantenmechanik – ein anspruchsvolles Gebiet, das Einsteins ganze Aufmerksamkeit forderte. Unterdessen stand auch das neue 250-cm-Teleskop auf dem Mount Wilson in Kalifornien zur Verfügung und ermöglichte die Beobachtung der fernsten Objekte im Universum. Im Lauf der Jahre bemerkten die damit beschäftigten Astronomen zunehmend etwas Eigenartiges am Licht, das von diesen Objekten kam. Gegen Ende des Jahrzehnts stand fest, daß Einsteins allgemeine Relativitätstheorie einen neuen, noch aufsehenerregenderen Anwendungsbereich gefunden hatte: den Ursprung und die Entwicklung des Universums.

5

Der Anfang der Zeit: Wann genau war das?

Der Beginn der Zeit fiel auf den Beginn der Nacht, die dem 23. Tag des Oktobers im Jahre 4004 v. Chr. vorausging.

Bischof James Ussher (1611)

Die große Uhr am Himmel

Nicht weit von St. Tropez entfernt, liegt im üppigen Süden Frankreichs, eingebettet in eine herrliche Waldlandschaft, ein weitläufiges Schloß. Ein paar Schritte vom Haupthaus zwischen Bäumen hindurch befindet sich eine Ansammlung moderner Hütten, die als Unterkunft für Gäste dienen. Das Schloß selbst öffnet sich zu einer riesigen Steinveranda hin, von der aus man den gepflegten Park mit drei Swimmingpools und einem kreisförmigen, von einer Mauer umgebenen Laubengang für den Aufenthalt im Freien überblickt. Das Schloß ist geschmackvoll im üblichen Stil eingerichtet. Kostbare Gemälde und ein mächtiger, alter Flügel schmücken die wuchtige Halle. Neben dem Hauptgebäude bietet ein kleiner Lesesaal die modernsten audiovisuellen Hilfen. Das Haus heißt Les Treilles und gehört der Familie von Anne Schlumberger, einer eleganten Frau mit ausgesuchtem Geschmack für Kunst und guten Wein.

Im Sommer 1988 hatte Madame Schlumberger ungewöhnliche Gäste in Les Treilles. Es waren Wissenschaftler, die sich alle auf die eine oder andere Art mit der Zeit beschäftigten. Einige waren Einzelgänger, die sich entschlossen hatten, das herkömmliche Wissen über die Zeit, das Universum und (fast) alles andere abzulehnen. Die meisten waren Physiker oder Astronomen: Geoffrey Burbidge aus Kalifornien, Vittorio Canuto aus

New York, David Finkelstein aus Atlanta. Zu dem Treffen hatte ein berühmter belgischer Chemiker eingeladen, der Nobelpreisträger Ilya Prigogine, dessen ungewöhnliche Gedanken über die Zeit die breite Öffentlichkeit erregt und viele wissenschaftliche Kollegen zur Verzweiflung getrieben hatten.

Es war der Sommer, in dem Stephen Hawking mit der Veröffentlichung seines Buchs *Eine kurze Geschichte der Zeit* gerade zu internationalem Ruhm gelangt war. Es hatte im Nu weltweit die Bestsellerlisten erobert und sollte, zumindest in Großbritannien, fünf Jahre dort bleiben – ein bisher unerreichter Rekord für ein Buch. Die meisten Teilnehmer an dem Treffen in Les Treilles waren überzeugt, daß das Thema Zeit eine sehr viel längere Geschichte haben würde, als Hawking annahm.

Hawkings kurze Geschichte der Zeit ist in Wirklichkeit eine kurze Geschichte des Universums, die auf der Annahme beruht, daß der Anfang der Zeit und die Entstehung des Universums identisch sind. Im Titel von Hawkings Buch klingt aber noch etwas anderes an: daß das Universum überhaupt eine Geschichte hat. Eine zusammenhängende Darstellung dessen, «was mit dem Universum geschah», setzt voraus, daß wir über den Kosmos als Ganzes diskutieren und über ihn sprechen können, wie er sich insgesamt Schritt für Schritt ändert, von dem, was er war, zu dem, was er ist. Können wir das wirklich?

Einstein wirbelte gründlich alles durcheinander mit seiner Entdeckung, daß es keine universelle Zeit gibt, keine Hauptuhr, die den Herzschlag des Kosmos überwacht. Zeit ist relativ: Sie hängt ab von der Bewegung, sie hängt ab von der Schwerkraft. Aber das Universum ist voll von beidem. Die Erde umkreist die Sonne mit einer Geschwindigkeit von 30 km pro Sekunde, die Sonne umkreist die Galaxie mit 220 km pro Sekunde, die Galaxie bewegt sich in der lokalen Gruppe von Galaxien mit ähnlicher Geschwindigkeit. Noch wichtiger ist, daß die galaktischen Haufen selbst auseinanderstieben, eingebettet in die allgemeine Expansion des Universums, so daß die am weitesten entfernten Galaxien sich fast mit Lichtgeschwindigkeit von uns zu entfernen scheinen. Neben dieser allgegenwärtigen Bewegung besitzen alle astronomischen Körper noch Gravitationsfelder, die zum Teil gewaltig sind und die Zeit erheblich krümmen. Wie können wir angesichts der Existenz unzähliger Zeiten vom Universum als einer Einheit sprechen, die zum Schlag einer einzigen kosmischen Trommel durch die Geschichte marschiert?

In einem kunterbunten Universum voller chaotischer Bewegung und zufälliger Materieansammlung gäbe es in der Tat keine klarumrissene kosmische Geschichte, weil es keine universelle Zeit gäbe. Glücklicher- und geheimnisvollerweise ist das Universum im kosmischen Maßstab nicht chaotisch. Sowohl die Verteilung der Galaxien als auch ihr Bewegungsmuster sind im Mittel überraschend gleichförmig. Einen guten Anhaltspunkt für diese Gleichförmigkeit liefert die kosmische Hintergrundstrahlung, die den gesamten Weltraum ausfüllt. Diese 1965 von Arno Penzias und Robert Wilson entdeckte Mikrowellenstrahlung durchdringt das Universum und gilt weiterhin als das Nachglühen des heißen Urknalls, bei dem das Universum entstand. Ein Jahr nach der Zusammenkunft in Les Treilles startete die NASA den Satelliten COBE (Cosmic Background Explorer), der dieses thermische Bad untersuchen sollte. Die COBE-Wissenschaftler stellten fest, daß die Intensität der Hintergrundstrahlung bis auf Abweichungen von einem Hunderttausendstel über den ganzen Himmel gleichmäßig verteilt ist. Weil das Universum für die elektromagnetischen Wellen fast vollkommen durchlässig ist, hat sich die kosmische Hintergrundstrahlung seit Milliarden Jahren ungehindert im Raum ausgebreitet. Sie ist daher ein lebendes Überbleibsel vom Urinferno, das die Geburt des Kosmos begleitete. Wenn wir diese Strahlung auffangen, beobachten wir das Universum, wie es etwa 300 000 Jahre nach dem Urknall war. Jede größere Unregelmäßigkeit im Universum hinterläßt aufgrund der gravitativen Rotverschiebungseffekte ihren Abdruck in dieser Strahlung. Weil die COBE-Daten keine größeren Schwankungen in der Intensität der Hintergrundstrahlung aus verschiedenen Regionen des Universums erkennen ließen, können wir folgern, daß das Universum im großen und ganzen äußerst glatt ist und auch fast immer gewesen ist.

Die COBE-Ergebnisse sagen uns auch etwas sehr Wichtiges über Einsteins Zeit. Tatsächlich stimmt es nicht ganz, daß die kosmische Hintergrundstrahlung völlig homogen am Himmel verteilt ist. Aus der Richtung des Sternbilds Löwe ist sie etwa 0,1 Prozent wärmer als rechtwinklig dazu. Dafür gibt es einen triftigen Grund. Stellen Sie sich vor, Sie reisten mit hoher Geschwindigkeit zu diesem Sternbild. Die aus dieser Richtung des Himmels kommende Strahlung wird durch den Doppler-Effekt zum blauen Bereich des Spektrums hin verschoben, die aus der entgegengesetzten Richtung des Himmels kommende Strahlung zum roten Bereich. Diese Verschiebungen machen die Hintergrundstrahlung in Richtung Löwe intensiver. In der Wirklichkeit ist die Erde unser Raumschiff, das durch den Raum rast, oder genauer gesagt mit etwa 350 km pro Sekunde durch das umhüllende Bad der Urhitze. Das läßt die Strahlung am Himmel unstet erscheinen. Aber wenn man diese sogenannte «dipolare Anisotropie» herauszieht, ist die sich danach ergebende Verteilung bis auf ein Hunderttausendstel glatt.

Obwohl der Blick von der Erde aus dem Blick auf ein etwas asymmetrisches kosmisches Wärmebad ähnelt, muß eine Bewegung bestehen, ein Bezugssystem, das dafür sorgt, daß das Bad in jede Richtung *genau* gleich aussieht. Tatsächlich würde es von einem imaginären Raumschiff aus, das sich mit 350 km pro Sekunde vom Löwen entfernt (und zufälligerweise auf die Fische zusteuert), absolut gleichförmig erscheinen. Dieser spezielle Tatbestand, dieser sorgfältig ausgewählte Blick auf den Kosmos, weist dem Bezugssystem des imaginären Raumschiffs einen einzigartigen Status zu. Die von der Uhr des Raumschiffs angezeigte Zeit hat ebenfalls einen einzigartigen und speziellen Status. Wir können mit Hilfe dieser Spezialuhr eine *kosmische* Zeit bestimmten, eine Zeit, anhand der wir historische Veränderungen im Universum messen können. Glücklicherweise bewegt sich die Erde nur mit 350 km pro Sekunde relativ zu dieser hypothetischen Spezialuhr. Das entspricht nur etwa 0,1 Prozent der Lichtgeschwindigkeit, und der Zeitdilatationseffekt beträgt nur ungefähr ein Millionstel. Die historische Zeit der Erde fällt demnach fast vollkommen mit der kosmischen Zeit zusammen, und wir können die Geschichte des Universums zeitgleich mit der der Erde darstellen, trotz der Relativität der Zeit.

Ähnliche hypothetische Uhren könnten überall im Universum aufgestellt werden, in jedem Fall in einem Bezugssystem, wo die kosmische Hintergrundstrahlung gleichförmig erscheint. Ich sage bewußt «hypothetisch»; wir können uns die Uhren da draußen vorstellen und Legionen empfindsamer Wesen, die sie pflichteifrig inspizieren. Diese imaginären Beobachter werden sich auf einen gemeinsamen Zeitmaßstab und gemeinsame Daten für wichtige Ereignisse im Universum einigen, obwohl sie sich infolge der allgemeinen Expansion des Universums relativ zueinander bewegen. Sie könnten Daten und Ereignisse gegenprüfen, indem sie sich über Funk Informationen zusenden; alles wäre in sich schlüssig. Die von diesen speziellen Beobachtern gemessene Zeit stellt also eine Art universelle Zeit dar, fast wie Newton sie ursprünglich als für *alle* Beobachter gültig annahm. Die Existenz dieses dominierenden Zeitmaßstabs ermöglicht den Kosmologen, Ereignissen der kosmischen Geschichte Daten zuzuweisen, ja sogar sinnvoll von «dem Universum» als einem einzigen System zu sprechen.

Der Urknall, und was davor geschah

Im Jahr 1924 arbeitete Einstein in Berlin, glücklich verheiratet mit seiner Cousine Elsa. Sein wissenschaftliches Interesse hatte sich von der Zeit und Gravitation der Quantenphysik zugewandt, die dabei war, das nächste Jahrzehnt zu beherrschen. Im gleichen Jahr erfolgte jedoch unbemerkt in Amerika eine Entdeckung, die sich als höchst folgenschwer für die Einsteinsche Zeit erweisen sollte. Der Mount Wilson in Kalifornien beherbergt das 250-cm-Hooker-Teleskop. Es war bei seiner Fertigstellung 1918 das größte Teleskop seiner Zeit und das einzige, das einen seit langem schwelenden Streit um die Struktur des Universums lösen konnte. Bei dem Gerangel ging es um das Wesen jener seltsamen diffusen Lichtflecken, die Nebel genannt werden.

Seit dem Altertum faszinieren die milchig weißen Flecken am Himmel die Astronomen. Neben dem großen Band der Milchstraße gibt es drei kleinere Lichtflecken, die mit bloßem Auge erkennbar sind: den Andromedanebel und die beiden Magellanschen Wolken, die Große und die Kleine. Selbst kleinere Teleskope enthüllen eine Unzahl dieser Nebel, die die Aufmerksamkeit vieler Astronomen erweckten. Niemand wußte, was dahintersteckt, aber im 19. Jahrhundert stellte der französische Astronom Charles Messier in mühsamer Arbeit einen Katalog dieser Nebel zusammen, im wesentlichen um sie von den Kometen zu unterscheiden, die als noch interessanter galten. Die helleren Nebel tragen die Bezeichnung «M», zu Ehren von Messier. Der Andromedanebel wird mit «M31» bezeichnet.

Noch in den zwanziger Jahren waren sich die Astronomen nicht über die Nebel einig. Zwei Theorien liefen um. Die eine meinte, die Milchstraßengalaxie, die aus Milliarden Sternen einschließlich unserer Sonne besteht, sei das kosmische Hauptsystem. Nach dieser Meinung waren die Nebel entweder Gaswolken oder ferne Sternhaufen, die in der Milchstraßengalaxie lagen oder jenseits von ihr. Nach der zweiten Theorie waren zumindest einige der Nebel gewaltige eigenständige Sternsysteme, ähnlich der Milchstraße, die extrem weit entfernt von uns waren.

Anfang 1924 beschloß der junge amerikanische Astronom Edwin Hubble, diese Frage zu klären. Der großgewachsene und etwas herrische Hubble war zunächst als Anwalt tätig gewesen, hatte sich dann jedoch der Astronomie zugewandt, wo er ein kosmisches Gesetz entdecken sollte, das als die Entdeckung des Jahrhunderts gefeiert wurde. Mit dem großen Teleskop auf dem Mount Wilson erforschte Hubble geduldig die Nebel

M31 und M33. Das 250-cm-Teleskop war stark genug, einzelne Sterne in diesen Nebeln auszumachen. Hubble konnte bald einen bestimmten veränderlichen Sterntyp ausfindig machen, der den Astronomen schon aus unserer eigenen Galaxie bekannt war. Dieser Stern versetzte ihn in die Lage, die Entfernung zum M31 zu schätzen, zum Andromedanebel. Das Ergebnis lag bei etwa einer Million Lichtjahren. Es konnte keinen Zweifel mehr geben: Andromeda lag deutlich jenseits der Milchstraßengalaxie und war eindeutig eine völlig eigenständige Galaxie, die in Größe und Form der unseren ähnelte. Hubble bestimmte noch andere bekannte Sterne im Andromedanebel. Die Astronomen erkannten sehr bald an, daß das Universum ein Vielfaches größer ist, als sie angenommen hatten, und andere Galaxien über den Weltraum verteilt sind, soweit die Teleskope reichten.

Vor Hubble hatten die Astronomen versucht, die Kontroverse dadurch zu klären, daß sie die Lichtspektren der Nebel aufnahmen. Der führende Experte war Vesto Slipher, ein engagierter Assistent von Percival Lowell, dem Astronomen, der in Flagstaff in Arizona ein Observatorium gegründet hatte, um die Marskanäle zu erforschen. Lowell meinte, die Nebel seien Sonnensysteme im Entstehungsprozeß, und übertrug Slipher die Aufgabe, das spektroskopisch nachzuweisen. Eine der nützlichen Eigenschaften des Spektrums ist die, daß es Informationen über die Bewegung der Lichtquelle liefert. Das geschieht auf dem Weg über den Doppler-Effekt. 1912 stellte Slipher fest, daß M31 sich mit 300 km pro Sekunde auf die Erde *zubewegt*. 1917 hatte er spektroskopisch die Geschwindigkeit von fünfundzwanzig Nebeln ermittelt, die eindeutig spiralförmig waren (wie unsere Milchstraße). Bis auf vier zeigten alle eine Rotverschiebung, was darauf hinwies, daß sie sich, anders als Andromeda, von uns entfernen.

Die überwiegend von uns fort gerichtete Bewegung ließ vermuten, daß irgendein systematischer Einfluß am Werk war, aber Slipher hatte damals nicht die Mittel, die Entfernung dieser Nebel zu bestimmen und das nachzuweisen. Außerdem herrschte hinsichtlich des Aufbaus des Universums die Meinung vor, daß es ein statisches System darstelle, in dessen Zentrum die Milchstraße mit den ihr untergeordneten Nebeln liege. Nach Hubbles Entdeckung änderte sich die Lage jedoch allmählich: Es war jetzt möglich, die Entfernung zu den Galaxien zu messen. Hubble selbst ging daran, die Entfernung und Rotverschiebung für einige Dutzend Galaxien zu bestimmen. Allmählich wurde deutlich, daß die entfernteren Galaxien systematisch eine größere Rotverschiebung aufwiesen, was darauf hindeutete, daß sie sich schneller von uns entfernen. 1929 konnte Hubble eine der bedeutsamsten wissenschaftlichen Entdeckungen aller Zeiten verkünden: Das Universum dehnt sich aus.

Hubble stützte diese sensationelle Aussage auf die Rotverschiebung, die anzeigte, daß die Geschwindigkeit, mit der eine Galaxie sich von uns entfernt, direkt proportional zu ihrer Entfernung ist. Das heißt, Galaxien, die doppelt so weit von uns entfernt sind, bewegen sich auch doppelt so schnell. Dieses Hubblesche «Gesetz» ist nur statistisch richtig, denn einzelne Galaxien können in ihrer Geschwindigkeit ziemlich weit um diesen «Hubbleschen Gesamtfluß» streuen (erinnern wir uns, daß Andromeda sich auf uns zubewegt). Aber das Mittel aus vielen Galaxien zeigt, daß es eine eindeutige mathematische Beziehung zwischen der Geschwindigkeit und der Entfernung gibt. Das von Hubble entdeckte, spezielle Proportionalitätsgesetz kann so gedeutet werden, daß sich die Galaxien sowohl *voneinander* entfernen als auch von der Milchstraße. Mit anderen Worten, die gesamte Ansammlung der Galaxien strebt auseinander. Das bedeutet die Aussage, das Universum expandiert. Seit den Beobachtungen Hubbles hat man festgestellt, daß Galaxien zur Bildung von Gruppen tendieren, die nicht expandieren, sondern sich sogar zusammenziehen können. Im Maßstab von Galaxienhaufen und größer dehnt sich das Universum jedoch eindeutig aus. Das Expansionsmuster ist darüber hinaus äußerst gleichförmig: Es ist im Mittel in alle Richtungen gleich. Diese Gleichförmigkeit kommt auch in der Glätte der kosmischen Hintergrundstrahlung zum Ausdruck.

Wenn das Universum immer größer wird, muß es in der Vergangenheit logischerweise kleiner gewesen sein. Wir können uns ausmalen, wie der große kosmische Film rückwärts läuft, bis alle Galaxien zusammengepreßt sind. Dieser komprimierte Zustand entspricht der Zeit des Urknalls, und in gewisser Hinsicht kann die Expansion des Universums als eine Spur dieser Explosion am Anfang betrachtet werden. Heute erklären die Kosmologen normalerweise, daß das Universum mit dem Urknall *angefangen* hat. Dieser gewichtige Schluß ergibt sich, wenn man die Expansion zeitlich bis zu einem idealisierten Ursprungspunkt zurückverfolgt, an dem die gesamte Materie des Universums an einem Ort konzentriert war. Ein solcher Zustand unendlicher Dichte stellt ein unendliches Gravitationsfeld und eine unendliche Krümmung der Raumzeit dar, d.h. eine Singularität. Die Urknallsingularität ähnelt der Situation im Zentrum eines

Schwarzen Lochs, die ich im vorigen Kapitel beschrieben habe, liegt jedoch in der Vergangenheit, nicht in der Zukunft. Da es nicht möglich ist, Raum und Zeit über eine solche Singularität hinaus auszudehnen, folgt daraus, daß der Urknall der Ursprung der *Zeit an sich* gewesen sein muß.

Die Menschen, vor allem Journalisten, die sich über Wissenschaftler ereifern, die alles erklären, fragen häufig: Was war vor dem Urknall? Falls diese Theorie richtig ist, lautet die Antwort einfach: *nichts*. Wenn die Zeit mit dem Urknall begann, gab es kein «Vorher», in dem irgend etwas hätte geschehen können. Auch wenn die Vorstellung keineswegs neu ist, daß die Zeit bei irgendeinem singulären ersten Ereignis plötzlich «eingeschaltet» wurde, ist sie doch schwer zu fassen. Schon im fünften Jahrhundert erklärte Augustinus: «Hieraus ergibt sich zweifellos, daß die Welt nicht in der Zeit, sondern mit der Zeit zusammen erschaffen worden ist.»[1] Um höhnischen Bemerkungen über das, was Gott getan hat, bevor er das Universum schuf, zuvorzukommen, stellte Augustinus Gott außerhalb der Zeit und machte ihn zu ihrem Schöpfer. Wie ich im ersten Kapitel beschrieben habe, fügt sich der Gedanke, daß die Zeit gemeinsam mit dem Universum entstanden ist, daher ganz natürlich in die christliche Glaubenslehre ein. In Kapitel 7 werden wir sehen, daß neuere Vorstellungen der Quantenphysik unser Bild vom Ursprung der Zeit etwas geändert haben, doch die eigentliche Schlußfolgerung bleibt die gleiche: Vor dem Urknall existierte die Zeit nicht.

Älter als das Universum?

Als Hubble 1929 seine Daten vorlegte, zog niemand irgendwelche radikale Schlüsse. Der beziehungsreiche Begriff «Urknall» kam erst sehr viel später auf. Die Astronomen hatten eine deutliche Scheu davor, über den Ursprung des Universums zu diskutieren, und gaben sich damit zufrieden, einfach anzuerkennen, daß der stark komprimierte frühere Zustand ganz anders gewesen sein müsse als das, was wir heute sehen. Obwohl die physikalische Bedeutung des Urknalls damals unklar war, ermöglichten Hubbles Daten den Wissenschaftlern dennoch, dieses Ereignis in etwa zu datieren, indem sie die *Rate* oder *Geschwindigkeit* maßen, mit der das Universum sich ausdehnt. Überschlägt man Hubbles Zahlen grob, kommt man auf 1,8 Milliarden Jahre. Genauer gesagt, falls sich das Universum immer mit der gleichen Geschwindigkeit wie heute ausgedehnt hat, leg-

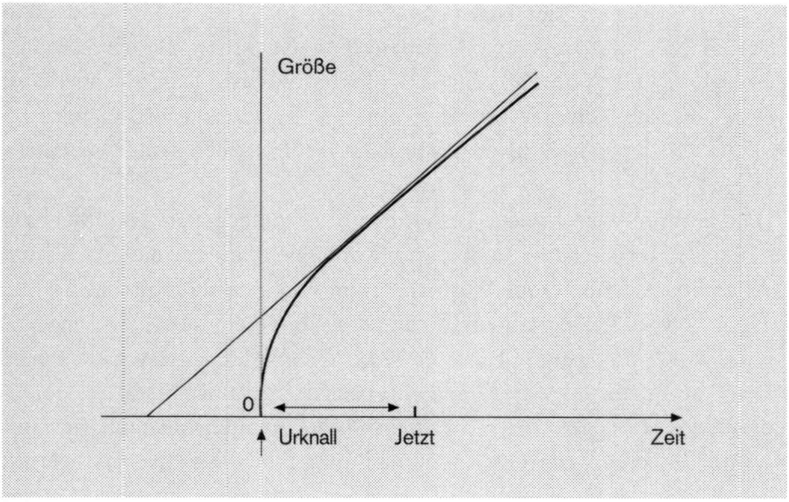

Abb. 5.1 Die Darstellung zeigt, wie sich die Expansionsgeschwindigkeit des Universums mit der Zeit ändert. Unmittelbar nach dem Urknall dehnt sich das Universum sehr schnell aus, wird jedoch infolge der Gravitation immer langsamer. Der Anstieg der Kurve in der gegenwärtigen Zeitspanne (mit «Jetzt» bezeichnet) wird durch die Gerade dargestellt und gibt die heutige beobachtete Expansionsgeschwindigkeit an. Wäre diese Geschwindigkeit im Zeitablauf konstant geblieben, wäre das vermutliche Alter des Universums, das man durch Verlängerung der Geraden zurück bis zur Zeitachse erhält, erheblich höher als das wirkliche Alter.

ten Hubbles Beobachtungen nahe, daß alle Galaxien vor 1,8 Milliarden Jahren an einem Ort zusammengepreßt waren.

Bevor wir allerdings voreilig Schlüsse ziehen, müssen wir fragen, ob sich die Expansionsgeschwindigkeit des Universums im Lauf der Zeit geändert hat. Das Universum expandiert nicht ungehindert: Die Galaxien ziehen sich gegenseitig durch ihre Schwerkraft an, was ihr Auseinanderstreben beeinträchtigt und damit die Expansionsgeschwindigkeit drosselt. Abbildung 5.1 zeigt allgemein, wie das expandierende Universum mit der Zeit als Folge dieser gravitationsbedingten Bremswirkung langsamer wird. Hier ist die Größe einer typischen Region des Weltraums in Abhängigkeit von der Zeit dargestellt. Das Universum beginnt mit der Größe Null und einer unendlichen Expansionsgeschwindigkeit: Das ist der Urknall. Die Steilheit der Kurve deutet hier auf einen schnellen Anstieg der Größe in der Nähe des Anfangs hin. Die Kurve wird dann stetig flacher und zeigt einen allmählichen Rückgang der Expansionsgeschwindigkeit, während das Universum wächst. Das ist leicht zu verstehen: Die Schwerkraft wird mit der Entfernung schwächer, die Brems- wirkung nimmt also ab, wenn die Galaxien sich weiter voneinander entfernen.

Die gegenwärtige Epoche ist auf der Kurve angegeben. Ihre Steigung an diesem Punkt entspricht der Geschwindigkeit, mit der das Universum sich heute ausdehnt, deren Wert wiederum durch das Hubblesche Gesetz bestimmt wird. Diese Steigung wird in der Abbildung durch die Tangente an die Kurve angegeben. Hätte es keine Bremswirkung gegeben, würde diese Gerade die korrekte Geschichte des Universums darstellen. Bei einer gegebenen gegenwärtigen Expansionsgeschwindigkeit muß ein Universum, das bremst, natürlich erheblich jünger sein als eins, das sich mit gleichbleibender Geschwindigkeit ausdehnt, denn wenn die Gerade in der Zeit zurück verlängert wird, trifft sie den Nullpunkt weit links von der Kurve. Ausgehend von Hubbles Wert von 1,8 Milliarden Jahren kommen wir demzufolge zu dem Schluß, daß das Universum erheblich jünger sein müßte.

Hubble selbst ist auf der Frage nach dem Alter des Universums nicht herumgeritten. Damals war die Kosmologie noch keine anerkannte Wissenschaft, und eindeutige Schlußfolgerungen wurden abgelehnt. In den fünfziger Jahren begann diese Obergrenze von 1,8 Milliarden Jahren jedoch einige Kopfschmerzen zu bereiten. Das Problem war einfach. Die radioaktive Altersbestimmung hatte für die Erde ein Alter von 4,5 Milliarden Jahren ergeben. Diese und Hubbles Zahl zusammen führten zu dem aberwitzigen Ergebnis, daß die Erde älter als das Universum ist! Radioaktive Altersbestimmungen von Meteoriten (und jüngst auch des Mondes) erbrachten ähnliche Werte wie bei der Erde, was die peinliche Diskrepanz noch verstärkte. Aber es sollte noch schlimmer kommen. Die Astronomen haben im Lauf der Jahrzehnte ein detailliertes Bild davon gezeichnet, wie Sterne durch das Verbrennen ihres Kernbrennstoffs altern. Zu den ältesten Sternen unserer Galaxie gehören die in Kugelhaufen, und aufgrund von Untersuchungen dieser Haufen schätzt man, daß einige Sterne seit mindestens 14 oder 15 Milliarden Jahren bestehen.

Die krasse Unstimmigkeit bei den Altersangaben entwickelte sich von einem nagenden Unbehagen zu einem ernsthaften Problem für die Kosmologen, die sich in den Nachkriegsjahren bemühten, etwas Stabilität in die Angelegenheit zu bringen. Hermann Bondi schrieb 1952 dazu in einem Aufsatz:

> «Wie überaus wichtig das Problem des Zeitmaßstabs für viele der kosmologischen Theorien ist, ist schon hervorgehoben worden. Das Problem ergibt sich, weil der Kehrwert der Hubble-Konstante, wie sie aus der Beziehung von Geschwindigkeit und Entfernung abgeleitet wird, eine merklich kürzere Zeit ergibt als das Alter der Erde, der Sterne und Meteoriten, das mit verschiedenen Methoden bestimmt wurde. Da diese Diskrepanz für so viele Theorien und Modelle so schwer wiegt, gibt es für die Kosmologie wahrscheinlich kein anderes Untersuchungsgebiet ähnlicher Bedeutung, wie die weitere Erforschung dieser Zeitmaßstäbe.»[2]

Zu der Zeit untermauerte Bondi die sogenannte Steady-State-Theorie vom Universum, die er zusammen mit seinen Kollegen Thomas Gold und Fred Hoyle Ende der vierziger Jahre entwickelt hatte. Das war ein Frontalversuch, das Zeitproblem zu umgehen – indem man den Ursprung des Universums ganz ausklammerte. Im Steady-State-Modell hat das Universum weder Anfang noch Ende. Es dehnt sich unablässig aus, und wenn die Lücken zwischen den Galaxien größer werden, bilden sich weitere Galaxien, die sie füllen, aus neuer Materie, die ständig auf irgendeine unbekannte Art erzeugt wird. Die Einzelheiten sind so angeordnet, daß das Universum im großen ganzen zu allen Zeiten mehr oder weniger gleich aussieht: Es gibt keine Entwicklung, keine kosmische Geschichte. Die Steady-State-Theorie hatte zwar eine Zeitlang viele Freunde, doch als Arno Penzias und Robert Wilson 1965 die kosmische Hintergrundstrahlung entdeckten, gab das der Theorie ein für allemal den Rest. Die kosmische Hintergrundstrahlung ist als Überbleibsel des heißen Urknalls so gut belegt, daß man sich kaum vorstellen kann, das Universum hätte schon immer in seiner heutigen Form existiert.

Hermann Bondi war zufällig der erste Wissenschaftler, den ich persönlich zu Gesicht bekam. Das war etwa 1960, als er zu uns in die Schule im Norden Londons kam, um einen Vortrag über die Relativitätstheorie und ihre Auswirkungen auf das Wesen der Zeit zu halten. Ich erinnere mich noch gut an seine lebendige Darstellung über die Synchronisation weit entfernter Uhren mittels Lichtsignalen, die er in seinem typisch gemessenen Tonfall und mit einem leichten Akzent vortrug (er stammte aus Wien), der, seit Einstein dieses Klischee begründete, wissenschaftlichen Aussagen offenbar ein hohes Maß an Glaubwürdigkeit verlieh.

Einsteins größter Fehler

Einstein verlor die Kosmologie in den zwanziger Jahren aus den Augen und hat von der Expansion des Universums offenbar erst erfahren, als er Hubble 1931 in Kalifornien besuchte. In diesem Stadium seines Lebens nahm die Quantenmechanik Einstein völlig in Beschlag, und er wurde darüber hinaus zunehmend in die internationale Politik gezogen. Mit dem Erstarken des Nationalsozialismus verschlechterte sich die Lage in Deutschland. Als Jude, Pazifist und international angesehener Querdenker war Einstein besonders verwundbar. Immer öfter suchte er die Gelegenheit, ins Ausland zu reisen und war regelmäßig in Oxford und am Institute of Technology im kalifornischen Pasadena. Auf einer dieser Reisen lernte er Hubble kennen.

In den Anfängen der Relativitätstheorie hatte Einstein sich sehr für Kosmologie interessiert. Nachdem er 1915 die allgemeine Relativitätstheorie aufgestellt hatte, entwickelte er bald darauf ein Modell für die großräumige Struktur des Universums, wobei er die Gravitation mit Begriffen der Raumzeitkrümmung beschrieb. Es wurde 1917 veröffentlicht. Niemand dachte damals daran, daß das Universum sich ausdehnt, und so war es nur natürlich, daß Einstein ein statisches und unveränderliches Modell zugrunde legte. Egal, daß die Sterne nach einigen Milliarden Jahren ausbrennen; dies waren die frühen Jahre der astrophysikalischen Theorie, und die Physiker wußten nicht einmal richtig, warum die Sterne leuchten. Das Haupthindernis für Einstein bei seinen frühen kosmologischen Untersuchungen war die Natur der Schwerkraft selbst. Wie in Newtons Theorie beschrieb auch die allgemeine Relativitätstheorie die Gravitation als eine universelle Anziehungskraft, die auf alle Körper im Kosmos einwirkt. Das führt zu einem gewissen Widerspruch, weil eine Ansammlung sich frei bewegender Körper, die sich gegenseitig anziehen, nicht statisch bleiben kann; sie stürzen unweigerlich zu einer Masse zusammen. Mit anderen Worten, das Universum kollabiert unter dem eigenen Gewicht.

Das war zweifellos eine ernstzunehmende Schwierigkeit, und um sie zu umgehen, kam Einstein auf eine geniale Lösung. Er erklärte, daß der

Kraft der gravitativen Anziehung eine abstoßende Kraft entgegenwirke, die in ihrer Stärke so genau dosiert sei, daß sie das Gewicht des Kosmos ausgleiche und damit ein statisches Gleichgewicht herstelle. Statt eine solche Kraft einfach in seine Theorie einzusetzen, untersuchte Einstein seine allgemeine Relativitätstheorie auf Hinweise. Die Feldgleichungen der Gravitation wurden Einstein selbstverständlich nicht auf Steintafeln überreicht und waren auch nicht irgendwo von Newtons Theorie abgeleitet. Er fand diese Gleichungen nach jahrelanger akribischer Rechnerei, wobei er viele Faktoren berücksichtigte und auch Einfachheit und Eleganz walten ließ. Die ganz einfachen Fassungen der Feldgleichungen funktionieren wunderbar und führen korrekt auf die Gleichungen Newtons zurück, wenn die Gravitationsfelder schwach sind. Sie führen außerdem zu mehreren erfolgreichen Voraussagen.

Der grundsätzliche Mangel der ursprünglichen Feldgleichungen Einsteins lag darin, daß die Gravitationskraft, die sie beschreiben, eine nur anziehende Kraft war und deshalb unvereinbar mit einem statischen Universum. Um diesem Problem auszuweichen, traf Einstein die folgenschwere Entscheidung, einen zusätzlichen Term in seine ursprünglichen Feldgleichungen einzufügen. Er nannte es das «kosmologische Glied». Obwohl es einfacher als die anderen Glieder der Gleichung und in mancher Hinsicht ein natürlicher Zusatz ist, stellte es in den Augen vieler eine unschöne Verfälschung dar und besaß alle Anzeichen einer Mauschelei. Noch schlimmer war, daß der kosmologische Term mit einer unbekannten Zahl multipliziert in die Theorie einging, der sogenannten «kosmologischen Konstanten», die im allgemeinen mit dem griechischen Buchstaben Λ (Lambda) ausgedrückt wird. Das Dumme an alldem ist, daß es in der Wissenschaft ein ungeschriebenes Gesetz ist, die Zahl der unabhängigen Werte in der Theorie so klein wie möglich zu halten. In Newtons Theorie gab es nur eine unbestimmte Konstante, mit «G» bezeichnet, ein Maß für die Stärke zwischen zwei Punktmassen. Den numerischen Wert G erhält man, wenn man die Anziehungskraft zwischen zwei schweren Kugeln unbekannter Masse mißt, die eine bestimmte Entfernung voneinander haben. Auch Einsteins Theorie enthält die Größe G, und jetzt hatte sie noch eine zweite Konstante, Λ, die ebenfalls durch Messung bestimmt werden mußte.

Der kosmologische Term ist in dem Sinn optional, als er einfach dadurch entfernt werden kann, daß Λ gleich null gesetzt wird, wodurch man wieder zu den ursprünglichen Feldgleichungen kommt. Wählt man für Λ jedoch eine positive Zahl, wirkt die dadurch beschriebene Kraft abstoßend, wie Einstein dies wollte. Da sie Bestandteil einer umfassenden Gravitationstheorie ist, kann die Λ-Kraft als eine Art Antischwerkraft betrachtet werden. Die Natur von Λ unterscheidet sich jedoch wesentlich von der «normalen» Schwerkraft und anderen bekannten Kräften. Die meisten Kräfte lassen mit zunehmender Entfernung nach, Λ wird jedoch *stärker*. Das hat den Vorteil, daß die kosmologische Abstoßung im solaren Maßstab vernachlässigt werden kann, wo die ursprüngliche Theorie Einsteins bereits eine eindrucksvolle Genauigkeit aufweist, während sie sich bei extragalaktischen Entfernungen noch bemerkbar macht.

Ein Wert für Λ läßt sich aus der Forderung errechnen, daß die Abstoßung so stark sein muß, daß sie das Gewicht einer gegebenen großen Region des Universums kompensiert. Da die durchschnittliche Dichte der kosmischen Materie bekannt ist, konnte Einstein berechnen, wie schwer eine gegebene Region des Universums ist, und Λ somit ableiten. Es war leicht zu prüfen, daß der kosmologische Term in seinen lokalen Auswirkungen vollkommen vernachlässigt werden konnte. Im Fall der irdischen Schwerkraft z.B. würde Λ unser Gewicht um wenige Milliardstel eines Milliardstels eines Milliardstel Gramms verringern – weniger als das Gewicht eines Atoms. Die Anziehung der Erde auf die Sonne würde um eine Nuance abnehmen, die einem leichten Windhauch entspräche. Wenn also einige den Term Λ auch als künstlich, gezwungen und unangenehm empfinden, kann er doch nicht durch Berufung auf die lokale Physik ausgeschlossen werden. Die einzige Möglichkeit, ihn zu prüfen, ist die kosmologische Beobachtung.

Im vorliegenden Fall zeigte sich, daß Λ seinen geplanten Zweck aus zwei Gründen verfehlte. Erstens erfüllte es seine Aufgabe nicht richtig; zweitens schien es ohnehin unnötig zu sein. Diese Mängel wurden nicht von Einstein aufgezeigt, der, gerade als es spannend wurde, das Interesse an der Kosmologie zu verlieren schien, sondern von mehreren europäischen Wissenschaftlern. Der bedeutendste unter ihnen war der belgische Geistliche und Mathematiker Georges Lemaître. Der 1894 geborene Lemaître arbeitete zeit seines Lebens an der Universität Louvain. Kollegen beschrieben ihn als einen Mann von robuster Vitalität mit einem dröhnenden Lachen. Im Ersten Weltkrieg war er wegen Tapferkeit ausgezeichnet worden, im Zweiten Weltkrieg tat er sich während der deutschen Besetzung als mutiger Führer an der Universität hervor, wofür er die höchste Auszeichnung Belgiens erhielt. Wenn Lemaître auch bedeutende Beiträge zur Himmelsmechanik und dem Einsatz moderner elektronischer Computer zur numerischen

Analysis leistete, ist er doch hauptsächlich als der Mann in Erinnerung, der die Kosmologie von einem Nebenzweig der Physik zu einer angesehenen eigenständigen Disziplin machte. Seine theoretischen Untersuchungen waren der Arbeit Hubbles an der Beobachtungsfront ebenbürtig und standen Pate bei der Geburt der wissenschaftlichen Kosmologie in ihrer modernen Form.

Lemaître nutzte bei seinen Untersuchungen die Einsteinschen Feldgleichungen der Gravitation voll aus, beschränkte sich jedoch im Gegensatz zu Einstein nicht auf statische Lösungen. 1927 fand Lemaître heraus, daß Einsteins angenommenes Tauziehen zwischen der gravitativen Anziehung und der kosmologischen Abstoßung nicht funktionieren konnte, weil es instabil war. Die geringste Störung hätte zur Folge gehabt, daß das Universum entweder zusammenstürzt oder eine galoppierende Expansion ohne Ende erlebt, da entweder die normale Schwerkraft oder die kosmische Abstoßung die Oberhand gewonnen hätte. Noch wichtiger war vielleicht, daß zu der Zeit immer deutlicher wurde, daß das Universum auf keinen Fall statisch war, sondern expandierte.

Als Einstein sich dieser Sachlage schließlich bewußt wurde, hatte das drastische Auswirkungen. Er widerrief öffentlich und verwarf sein statisches Modell vom Universum mit äußerstem Unmut. Auf dem Müll landete auch der umstrittene und verfälschende kosmologische Term, der eigens dazu geschaffen war, das Modell zu erklären. Einstein beklagte, daß, wenn Hubble seine Entdeckung ein wenig früher gemacht hätte, der kosmologische Term niemals eingeführt worden wäre. Hätte sich Einstein an die ursprünglichen Gleichungen gehalten und sie energisch weiterverfolgt, hätte er die Expansion des Universums sicher mehrere Jahre vor ihrer tatsächlichen Entdeckung vorhergesagt, was zweifellos eine der größten Leistungen in der Geschichte der Wissenschaft gewesen wäre. So aber wurde er abgelenkt von einem zu konventionellen Festhalten am Gedanken des statischen Universums. Es war eine verpaßte große Gelegenheit. Einstein nannte die Einführung des kosmologischen Terms später den größten Fehler seines Lebens.

Mit dem Wissen des Zurückblickenden kann man diese Reaktion Einsteins als emotional und überstürzt bezeichnen. Sicher, der kosmologische Term wurde für die Erklärung eines statischen Universums nicht mehr gebraucht, aber die Tatsache, daß das Universum sich ausdehnt, *schließt* eine Kraft Λ nicht notwendigerweise *aus*, sondern macht sie lediglich für den ursprünglich geplanten Zweck überflüssig. In seinem Unmut darüber, die Vorhersage der Expansion des Universums verpaßt zu haben, hat Einstein vielleicht das Kind mit dem Bade ausgeschüttet, wie wir noch sehen werden.

Lemaître zeigte, daß Einsteins Feldgleichungen mit mehreren Modellen kosmologischer Expansion übereinstimmten, von denen die meisten mit einem Urknall begannen. Eigenartigerweise waren viele dieser Modelle schon 1922 von dem kaum bekannten russischen Wissenschaftler Alexander Friedmann entdeckt worden. Friedmann, 1888 geboren, lebte in St. Petersburg und war, anders als Einstein, ein außergewöhnlicher, in angewandter Mathematik hochbegabter Student. 1913 widmete er sich der Wettervorhersage und begann seine Arbeit am aerologischen Observatorium in Pawlowsk. Als 1914 der Krieg ausbrach, waren seine meteorologischen Kenntnisse an der Front gefragt, wo er auch als Pilot zum Einsatz kam. Danach hielt er Vorlesungen über Strömungslehre und Wettervorhersage in Kiew und arbeitete im Anschluß daran am geophysikalischen Observatorium in Petrograd. Hier erwachte nebenbei sein Interesse an der allgemeinen Relativitätstheorie. Er wandte Einsteins Feldgleichungen (einschließlich des Terms Λ) auf das Problem eines Universums an, das gleichmäßig mit Materie ausgefüllt ist, und entdeckte, daß neben Einsteins statischer Lösung auch die Möglichkeit expandierender und sich zusammenziehender Modelle bestand. Er veröffentlichte seine Ergebnisse in zwei Zeitschriften und wies darauf hin, daß die statische Natur des Einsteinschen Modells eine reine Annahme und nicht durch Beobachtungen gestützt war. Einsteins erste Reaktion lautete, Friedmann habe bei seinen Berechnungen einfach einen Fehler gemacht. Später veröffentlichte Einstein eine ernsthaftere Erwiderung, in der er einräumte, daß Friedmann richtig gerechnet hatte und seine Arbeit «klärend» sei. Er verwarf aber immer noch den Gedanken eines zeitabhängigen Universums, und Friedmanns weitsichtige Arbeit verschwand ein Jahrzehnt in der Versenkung.

Dem armen Georges Lemaître erging es anfangs nicht viel besser als Friedmann. Nach einer Reise durch die Vereinigten Staaten, wo er von Sliphers Rotverschiebungsmessungen erfuhr, veröffentlichte er 1927 einen Aufsatz, der ganz ähnliche Ergebnisse wie die von Friedmann enthielt und in dem er das Hubblesche Gesetz vorwegnahm. Er versuchte, Einstein und andere auf seine Arbeit aufmerksam zu machen, doch der bescheidene Geistliche wurde nicht für voll genommen. Es blieb Eddington überlassen, einige Jahre später für Lemaîtres bedeutsame Beiträge einzutreten, als Hubbles Ergebnisse die Situation geändert hatten.

Um die Bedeutung der Arbeit von Friedmann und Lemaître würdigen zu können, muß man etwas über das Verhältnis zwischen den Gleichungen einer physikalischen Theorie und ihren Lösungen wissen. Es kommt in der Wissenschaft häufig vor, daß Gleichungen mehrere Lösungen haben, von denen jede eine mögliche Wirklichkeit beschreibt. Bei der Auswahl einer Lösung muß man entscheiden, welche am besten zu den Tatsachen paßt oder anderen Kriterien genügt, wie physikalischer Plausibilität oder Eleganz. Friedmann und Lemaître gingen von Einsteins Feldgleichungen der Gravitation und der Annahme aus, daß das Universum gleichmäßig mit Materie gefüllt ist und bestimmte einfache Eigenschaften besitzt, und produzierten viele Lösungen. Darunter waren Einsteins ursprüngliches statisches Modell, aber auch mehrere expandierende und kontrahierende Modelle. Jede Lösung stellt ein mögliches Universum dar, das mit Einsteins allgemeiner Relativitätstheorie übereinstimmte. Die große Frage war, welche Lösung der Wirklichkeit am besten entsprach.

Einstein selbst war keine große Hilfe. Verärgert über seinen bösen Patzer mit dem kosmologischen Term, irritiert über die zunehmende Akzeptanz der Quantenmechanik unter seinen Kollegen und beunruhigt von den Drohungen der Nationalsozialisten und der weltweiten Krise, hatte er andere Dinge im Kopf. Tatsächlich stand er kurz davor, Berlin und Europa endgültig zu verlassen. In Amerika wurde 1932 ein neues Institut für fortgeschrittene Studien gegründet, und man hatte Einstein, der inzwischen in den Fünfzigern war, eine Stelle angeboten. Ursprünglich wollte er zwischen Princeton und Berlin pendeln. Erst vor ein oder zwei Jahren hatte er ein kleines Einfamilienhaus in Caputh gebaut, nur wenige Meter von der Havel entfernt, wo er gerne segelte. Die Einsteins fühlten sich in Deutschland wohl. Doch die Sturmwolken brauten sich zusammen, und als er im Dezember 1932 mit Elsa nach Amerika aufbrach, spürte er, daß sie nie mehr hierher zurückkehren würden. «Dreh dich noch einmal um», sagte er zu Elsa, als sie ihr geliebtes kleines Haus verließen. «Du wirst es nie wiedersehen.»[3] Und er hatte recht. Einen Monat später kam Hitler an die Macht, und Einstein stand auf der Liste der unerwünschten Personen ganz oben. Sein Haus wurde nach Waffen durchsucht, und er wurde vom Regime wiederholt geschmäht. Er trat sofort aus der Preußischen Akademie der Wissenschaften aus und gab zum zweiten Mal seine deutsche Staatsbürgerschaft zurück (die schweizerische Staatsbürgerschaft behielt er). Nach einem kurzen Aufenthalt in Belgien brach er in die Vereinigten Staaten und nach Princeton auf, das seine neue Heimat werden sollte. Bis auf eine kurze Reise zu den Bermudas, aus Gründen des Aufenthaltsrechts, hat er nie wieder amerikanischen Boden verlassen.

Trotz dieser Widrigkeiten erörterte Einstein 1932 in einem Aufsatz zusammen mit dem holländischen Astronomen Willem de Sitter, daß er eine bestimmte Friedmann-Lösung bevorzuge. Das Einstein-de-Sitter-Modell ist nach wie vor das einfachste Friedmann-Modell ohne ein kosmologisches Glied. Danach interessierte sich Einstein allerdings nicht mehr sonderlich für die kosmologischen Hauptströmungen, und es blieb Eddington, Lemaître, Hubble und anderen überlassen, sich mit der Frage des Urknalls und der harten Nuß des kosmischen Ursprungs auseinanderzusetzen. Die Lage zu Beginn der dreißiger Jahre war auf jeden Fall verworren und litt unter einem Mangel an Kommunikation zwischen den «bodenständigen» Astronomen einerseits und den mathematischen Physikern, die sich mit der Relativitätstheorie auskannten, andererseits.

Bei einem Rückblick auf diese frühen Entwicklungen in der Kosmologie schrieb der britische Kosmologe William McCrea: «Ich kann mich nicht erinnern, daß man mit Nachdruck versucht hätte, ein bestimmtes Friedmann-Lemaître-Modell den Beobachtungen anzupassen. Das unmittelbare Interesse galt dem Hinweis aus Hubbles Ergebnissen, daß das Universum vor anscheinend nicht mehr als zwei Milliarden Jahren in einem sehr überfüllten Zustand war.»[4] Mit Blick auf das Altersproblem erinnert McCrea sich, daß sowohl Hubbles geschätzte Zeit für den Urknall als auch die radioaktive Altersbestimmung der Erde als überprüfungsbedürftig angesehen wurden. «Was die Astronomen und Geologen beeindruckte, war, daß sie von der gleichen Art waren... Sicher schien damals niemand zu erwarten, daß die Modelle etwas über die *Entstehung* des Universums oder seine ersten Augenblicke aussagten.»

Den Kosmos überlisten

Ein ganz anderer Grund, warum das Altersproblem damals nicht die Alarmglocken schrillen ließ, hatte mit dem Wesen der Zeit selbst zu tun. Wir können die relative Ganggeschwindigkeit zweier Uhren vergleichen, indem wir sie nebeneinander stellen oder zumindest zwischen ihren Beobachtern hin und her signalisieren. Aber wie können wir die Geschwindigkeit der heute ablaufenden Zeit mit derjenigen von vor einer Milliarde Jahren oder mehr vergleichen?

Das Problem ist folgendes: Woher wissen wir, ob eine supergenaue Cäsiumuhr, falls sie mehrere Millionen Jahre überdauert, nicht etwas schneller oder langsamer geht als heute? Ich meine keine *bestimmte* Atomuhr, sondern alle Atomuhren. Selbst wenn wir uns eine universelle kosmische Zeit vorstellen können, können wir dann sicher sein, daß die große Uhr am Himmel vom Beginn der Zeit bis heute gleichmäßig gegangen ist? Würde die kosmische Uhr mit der Zeit anders gehen, würde das unsere Schätzungen vom Alter des Universums vollkommen über den Haufen werfen. Einstein befreite die Zeit von den Fesseln der Newtonschen Unveränderlichkeit: Wir wissen, daß die Zeit von Ort zu Ort schwanken kann. Warum nicht auch von Zeit zu Zeit? War das eine denkbare Lösung für das Problem des Zeitmaßstabs?

Die Einführung dieser neuen Unsicherheit trübt das Gewässer ganz erheblich. Wenn Zeit etwas ist, das mit Uhren gemessen wird, und wenn Uhren *mit* der Zeit abweichen, wie können wir dann jemals wissen, wieviel Uhr es *wirklich* ist? Diese verwirrenden Fragen unterzog Edward Milne einer eingehenden Untersuchung, der erste Inhaber des Rouse Ball Chair of Mathematics an der Universität Oxford, eine Position, die jetzt Roger Penrose bekleidet. Milne, von seinen wohlwollenderen Kollegen als liebenswerter Mensch von hoher Intelligenz bezeichnet, muß als einer der Pioniere der modernen Kosmologie betrachtet werden, aber er entschloß sich, seinen Acker allein zu bestellen. Er akzeptierte freudig die Beobachtungen Hubbles vom expandierenden Universum, lehnte jedoch Einsteins allgemeine Relativitätstheorie ab, der er seine eigene Theorie vorzog, die er «kinematische Relativität» nannte. Das verprellte viele und erregte einige Kritik.

Im Zentrum von Milnes Ansatz stand die Überzeugung, daß die Gesetze der Physik sich aus der Natur des Universums ergeben sollten und nicht umgekehrt, wie es üblich ist. Er argumentierte: Wenn man damit beginnt, wie die Materie im Kosmos verteilt ist, wie das Universum sich ausdehnt und so fort, dann sollten Dinge wie die Gesetze der Gravitation und des Elektromagnetismus sich als logische Ableitungen aus diesen Tatsachen ergeben. Wenn ein solches System funktionierte, würde es die üblichen Verfahren der Wissenschaft wie Experiment und Beobachtung abkürzen und ermöglichen, daß die Gesetze des Universums mehr oder weniger allein durch reines Denken abgeleitet werden könnten.

Das war starker Tobak und hätte vielleicht mehr Anklang gefunden, wenn es gedanklich nicht sehr technisch geworden wäre. Aus Milnes mathematischem Sumpf tauchten tatsächlich hier und dort Gleichungen auf, die an vertraute Physik erinnerten. Aber es gab auch einige seltsame Schlußfolgerungen. Eine davon betraf Uhren und das Zeitnehmen. Milne folgerte aus seiner Untersuchung darüber, wie man Uhren an verschiedenen Orten und zu verschiedenen Zeiten vergleichen könnte, daß es keine gottgegebene kosmische Zeit gäbe; es könne vielmehr beliebig viele verschiedene Zeitmaßstäbe geben (vgl. das obige Zitat). Aufgrund seiner Annahmen über die Zusammensetzung des Universums schloß er, daß es zwei Zeitmaßstäbe von besonderer Bedeutung gibt, also einen mehr als üblich. Seine Überlegung ging dahin, daß bestimmte physikalische Prozesse nach einem Zeitmaßstab ablaufen, die anderen Prozesse dagegen von der zweiten Zeit bestimmt werden. Milne bezeichnete die beiden Zeiten mit dem lateinischen und griechischen Buchstaben t bzw. τ. Ersterer soll die Zeit darstellen, die atomare Prozesse und das Licht angeben, bezieht sich also z.B. auf Atomuhren und die Frequenzen der Lichtquellen. Die Zeit τ dagegen soll sich auf gravitative und großräumige mechanische Prozesse beziehen wie die Rotation der Erde und ihre Bewegung um die Sonne. Das entscheidende Merkmal der Theorie ist, daß t und τ zwar gleich starten können, dann jedoch allmählich aus dem Gleichschritt kommen. Abbildung 5.2 zeigt, wie die beiden Zeiten zusammenhängen. Ein Hinweis für mathematisch interessierte Leser: τ ist der Logarithmus von t.

Was bedeutet die Verdopplung der Zeitmaßstäbe in der Praxis? Das wichtigste ist die Auswirkung, daß Atomuhren nach und nach schneller gehen als astronomische Uhren, die auf der Erde den Tag und das Jahr bestimmen. Aber nach und nach, wie gesagt. Aus Milnes Formel ergibt sich, daß die auflaufende Diskrepanz in unserer Epoche nur etwa ein Zehnmilliardstel pro Jahr beträgt. Es würde Tausende von Jahren dauern, bis die Differenz eine Sekunde betrüge. Wir würden daher keinerlei zeitliche Desorientierung spüren. Wenn wir jedoch in die kosmologischen Epochen der Vergangenheit zurückgehen, machen sich die Differenzen schon bemerkbar, wie Abbildung 5.2 zeigt. Wenn t gegen null geht, was Sie vielleicht irrtümlicherweise für den Beginn der Zeit gehalten haben, geht τ gegen minus unendlich, d.h., es erstreckt sich in die unendliche Vergangenheit. In Erdenjahren gemessen, ist das Universum *unendlich* alt! Weil sich Hubbles Daten über die Expansion des Universums auch auf einen dynamischen, weniger auf einen atomaren Prozeß beziehen, mißt er τ-Zeit, so daß der Urknall auf diesem Zeitmaßstab vor einer Ewigkeit erfolgte. In t-Zeit betrachtet, wurden Prozesse wie die Rotation der

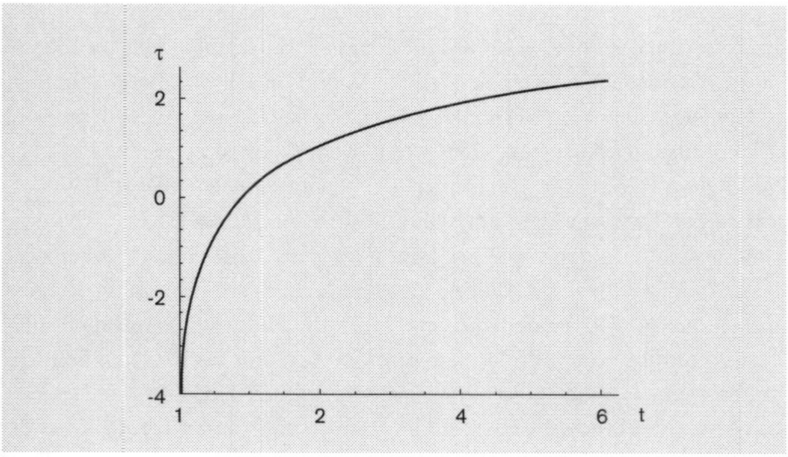

Abb. 5.2 Die Zeiten ändern sich. In Milnes Theorie von der Zeit gibt es zwei getrennte Zeitskalen, τ und t. Uhren, die die eine Zeitart anzeigen, kommen allmählich aus dem Gleichschritt mit denen, die die andere anzeigen. Dargestellt ist hier die Beziehung der beiden Zeiten. Hauptmerkmal ist, daß der unendlichen Vergangenheit für τ der Wert Null für t entspricht.

Planeten in der Vergangenheit stark beschleunigt, aber das Verhalten des Lichts und der atomaren Prozesse blieb unverändert. In τ-Zeit dagegen bewegen sich die Galaxien nicht, d. h., das Universum ist tatsächlich statisch. Statt dessen nehmen die Lichtfrequenzen mit der Zeit langsam ab. Das erklärt die Rotverschiebung.

Löst die Theorie von Milne die Frage nach dem Alter des Universums? Auf den ersten Blick lautet die Antwort ja. Milne jedenfalls dachte das: «Es zeigt sich somit, daß der Widerspruch, in den die zeitgenössische Physik bei der Diskussion über das Alter des Universums geführt wird, ...auf die Verwechslung der beiden Zeitmaßstäbe zurückgeht», schrieb er. Seine Theorie hatte jedoch kaum etwas zur Radioaktivität zu sagen, insbesondere ob die radioaktiven Halbwertszeiten sich auf t-Zeit oder τ-Zeit beziehen. Gilt letzteres, dann ist überhaupt nichts gelöst, weil die radioaktive Altersbestimmung der Erde nach demselben Zeitmaßstab berechnet wird wie die Expansion des Universums.

Die Theorie der kinematischen Relativität ist rein hypothetisch, und man findet heute niemanden mehr, der sie vertritt. Der Gedanke, daß im

Universum vielleicht doch *zwei* (oder mehr) Zeitmaßstäbe existieren, läßt sich jedoch nicht ohne weiteres von der Hand weisen. Es gibt noch keine logische Notwendigkeit, nach der alle Arten von Uhren übereinstimmen müssen, und auch kein bekanntes physikalisches Gesetz. Außerdem stand Milne mit seiner Anregung nicht allein. Kein Geringerer als der Physiker Paul Dirac, einer der Begründer der Quantenmechanik und Nobelpreisträger, kam zu einem ähnlichen Schluß wie Milne.

Dirac spielte in den dreißiger Jahren kurz mit dem Gedanken an zwei Zeiten und stellte seine Theorie dann zurück, woraufhin sie in Vergessenheit geriet. Dirac, der bekannt war für seine Schüchternheit und Zurückhaltung, war jedoch niemand, der sich mit dem Gedanken abmühte, wenn er nicht etwas Wichtiges mitzuteilen hatte. Obwohl er fast sein ganzes berufliches Leben an der Universität Cambridge im Kreis einiger der größten Wissenschaftler verbrachte, arbeitete er meistens allein und war sehr wortkarg. Falls er sich nach der Veröffentlichung seines ersten Aufsatzes überhaupt mit der kosmischen Zeit beschäftigt hat, hat das wahrscheinlich niemand erfahren.

Nach seiner Pensionierung zog Dirac nach Florida, von wo er nach Triest zu einem Symposium reiste, das 1972 anläßlich seines siebzigsten Geburtstags zu seinen Ehren veranstaltet wurde. Ich hatte das Glück, diesem Symposium beiwohnen zu können. Es war das einzige Mal, daß ich Dirac bei einem Vortrag gehört habe. Ich erinnere mich noch sehr gut, als der große Wissenschaftler sich erhob, um die Hauptrede zu halten. Er war das Ebenbild eines englischen Gentleman der Mittelschicht, mit grauem Haar und Schnurrbart, leicht gebeugt und von ruhiger, zurückhaltender Art. Der Saal verfiel in ehrerbietiges Schweigen, und ich fragte mich, welche Perlen seines Wissens er bei diesem besonderen Anlaß vor uns ausbreiten würde, nachdem er ein ganzes Leben lang das Gold der Wahrheit im Steinbruch der Wissenschaft gesammelt hatte. Diracs reservierter Stil war legendär und sein Vortrag an jenem Tag so beiläufig, wie ich kaum je einen gehört habe. Nachdem er darum gebeten hatte, die «Laterne» anzuzünden, und nach einigen wenigen Bemerkungen, zeigte er uns einige Dias. Ich war sprachlos, als Dirac nach jahrzehntelangem Schweigen über das Thema erklärte, über seine Arbeit an der t- und τ-Zeit zu sprechen. Eine denkwürdige Besonderheit seiner Dias war Diracs ungewöhnliche Art, die Zeit graphisch so darzustellen, daß sie *nach unten* statt nach oben lief. Der Vortrag in Triest erwies sich als ein Vorspiel zu einem wiederauferstandenen Forschungsprojekt, das Dirac in seinen letzten Lebensjahren beschäftigte und an dem er zusammen mit Vittorio Canuto arbeitete. Was in den dreißiger Jahren als eine kurze Anmerkung, eine Art flüchtig hingeworfenes Kuriosum begann, entwickelte sich zu einer kraftvollen Theorie mit bedeutenden Auswirkungen.

Wie Milne kam auch Dirac zu dem Schluß, daß Atomuhren und astronomische Uhren aus dem Gleichschritt kommen. Wie ich weiter oben erklärt habe, ändern die Planeten, in Atomzeit gemessen (der Zeit, nach der wir unsere Uhren stellen, und vermutlich auch die Zeit, nach der unsere Gehirnaktivitäten ablaufen), langsam ihre Umlaufgeschwindigkeit. Wie sich zeigt, ahmt eine allmähliche Abweichung in astronomischer Zeit eine allmähliche Abweichung in der Stärke der Schwerkraft zwischen sämtlichen Körpern nach, so daß mit fortschreitender Zeit die Anziehung der Sonne auf die Erde und die Anziehung der Erde auf den Mond langsam schwächer werden. Gestützt auf die wieder aufgefrischte Theorie, sagten Dirac und Canuto eine Veränderung der Umlaufzeiten der Planeten von einigen Hundertmilliardstel pro Jahr voraus.

Durch einen glücklichen Zufall wurde es möglich, diese winzige Auswirkung zu überprüfen. Wie schon in Kapitel 3 erwähnt, bot die Marssonde den Physikern unverhofft die Möglichkeit, genaue Zeit- und Entfernungsmessungen im Sonnensystem vorzunehmen. Die Sonde sollte weich auf dem Mars landen und Daten über die physikalischen Bedingungen zur Erde senden. Sie führte insbesondere mehrere Experimente zum Aufspüren bakteriellen Lebens durch. Ihre Bedeutung für die Gravitation und Diracs Theorie war reiner Zufall, aber ein glücklicher. Die Schwierigkeit beim Testen von Theorien mit wechselndem G, wie sie genannt werden, besteht darin, daß sehr langsam Veränderungen der Schwerkraft, die auf die Planeten einwirkt, aus zwei Gründen äußerst schwer aufzuspüren sind. Erstens umkreisen die Planeten die Sonne nicht nur mit der ursprünglichen Keplerbewegung. Sie sind auch vielen kleinen Störungen seitens der anderen Planeten ausgesetzt, die sich zu einem komplizierten Durcheinander häufen. Man braucht ein gigantisches Computerprogramm, um das alles zu entwirren, aber selbst dann bleiben noch Unsicherheiten. Zweitens verlangt die Kartierung einer Planetenbahn am Himmel äußerst genaue Positionsmessungen. Hier kam die Vikingsonde sehr gelegen. Dank einem festen Standort auf der Marsoberfläche konnte die Raumsonde den Projektwissenschaftlern extrem genaue Entfernungsmessungen liefern. Die Daten wurden mehrere Jahre gesammelt und in einen Computer eingegeben. Dirac starb unterdessen.

Kurz darauf verkündete Canuto, daß die von der Vikingsonde übermittelten Daten Diracs Theorie ein für allemal ausschlossen!

Nichts von alldem beweist natürlich, daß es für sämtliche physikalischen Prozesse nur einen einzigen Zeitmeßstab gibt; es zeigt lediglich, daß die speziellen Theorien von Dirac und Milne Mängel aufweisen, die unter Umständen tödlich sind. Da eine einheitliche, auf dem Gedanken eines gemeinsamen Zeitmaßstabs basierende Theorie aller physikalischen Prozesse fehlt, bleibt die spannende Frage offen, wie viele universelle Zeitmaßstäbe existieren. Es gibt eine Vielzahl unterschiedlicher Uhren: astronomische Uhren, Pendeluhren, Atomuhren, Saphirglasuhren, supraleitende Resonatoren etc., die auf unterschiedlichen physikalischen Prinzipien beruhen. Es ist vollkommen verständlich, daß diese Uhren allmählich ihren Synchronismus mit der kosmologischen Zeit verlieren können. Drastische Verbesserungen bei der Genauigkeit verschiedener Uhrentypen haben in jüngster Zeit zu einer starken Zunahme von Vergleichsexperimenten geführt. So hat z.B. eine deutsche Forschergruppe zwölf Tage lang eine Cäsiumuhr mit einem supraleitenden Hohlraumresonator verglichen und festgestellt, daß jede systematische Drift unter etwa einem Einhundertmilliardstel pro Jahr liegen müßte. Noch engere Grenzen von einem Fünfhundertbillionstel pro Jahr sind der relativen Ganggeschwindigkeit von Magnesium- und Cäsiumuhren auferlegt worden. Wie genau diese Experimente auch durchgeführt werden, es bleibt immer die Möglichkeit noch geringerer Abweichungen.

Wo bleibt bei alldem das Altersproblem des Universums? 1952 schockierte der niederländische Astronom Walter Baade seine Kollegen mit der Ankündigung, die Ergebnisse Hubbles enthielten einen gravierenden Fehler. Hubble hatte inzwischen zwei Jahrzehnte lang mit Hilfe des Teleskops auf dem Mount Wilson und seines geschickten Assistenten Milton Humason die Rotverschiebungen und Entfernungen immer schwächerer Galaxien gemessen. Hubbles Methode der Entfernungsbestimmung hatte sich dabei von Anfang an auf Beobachtungen einer bestimmten Sternklasse gestützt, der sogenannten Cepheiden-Veränderlichen. Die Helligkeit dieser Sterne nimmt in einem eindeutigen Zyklus zu und ab, und man kann durch Messen der Dauer des Leuchtkraftzyklus die wirkliche Helligkeit des Sterns berechnen. Durch einen Vergleich der wahren mit der scheinbaren Helligkeit kann man abschätzen, wie weit entfernt der Stern ist. Hubble und Humason suchten Veränderliche vom Cepheiden-Typ in anderen Galaxien, um ihre Entfernungen zu berechnen. Die Methode ist zwar gut, aber Hubble hatte mit einer ungenauen Kalibrierung gearbeitet: Die eigentlichen Cepheiden waren mindestens doppelt so weit entfernt, wie er die ganze Zeit angenommen hatte. Plötzlich war das Universum doppelt so groß, und sein Alter hatte sich ähnlich stark erhöht. Das Problem, daß die Erde älter zu sein schien als das Universum, war zwar noch längst nicht gelöst, aber wenigstens ein bißchen abgemildert.

Seit dieser unvermittelten Umbesinnung ist das geschätzte Alter des Universums, das auf Hubbles Beziehung zwischen der Entfernung einer Galaxie und ihrer Rückzugsgeschwindigkeit beruht, mehrere Male nach oben korrigiert worden. Es sind Zahlen von 15 und sogar 20 Milliarden Jahren als Alter für das Universum im Umlauf. Ein oder zwei Jahrzehnte lang sah es so aus, als wäre der Widerspruch eines Universums, das scheinbar jünger als einige seiner Bestandteile ist, gelöst. Doch dann brach wieder alles zusammen.

6

Einsteins größter Triumph?

Ich bin ein Detektiv auf der Suche nach einem Verbrecher – der kosmologischen Konstanten. Ich weiß, daß es ihn gibt, aber ich weiß nicht, wie er aussieht.

Arthur Eddington (1931)

Die Handschrift Gottes

«Wissenschaftler melden tiefen Einblick in den Beginn der Zeit», verkündete die Balkenüberschrift auf der Titelseite der *New York Times.* Das Datum, der 24. April 1992, hat sich in das Gedächtnis jedes Astronomen eingeprägt. Auf der ganzen Welt war die Presse über ein bedeutsames wissenschaftliches Ereignis aus dem Häuschen geraten. Stephen Hawking nannte es «die Entdeckung des Jahrhunderts, wenn nicht aller Zeiten». Das Magazin *Time* sprach vom «Echo des Urknalls», und *Newsweek* lockte seine Leser mit «Die Handschrift Gottes».

Die sensationelle Nachricht war jedoch weniger theologischer als kosmologischer Natur. Sie bezog sich auf einen Durchbruch in der Langzeit-Datenanalyse von COBE, dem Satelliten, der die kosmische Hintergrundstrahlung auf Unregelmäßigkeiten untersuchen sollte. Über zwei Jahre hatte COBE bereits geduldig das Nachglühen des Urknalls auf Anzeichen von heißen Flecken abgesucht. Wie ich schon im letzten Kapitel erwähnt habe, ließen Vorbeobachtungen vermuten, daß die Hintergrundstrahlung über den gesamten Himmel bis auf mindestens ein Hunderttausendstel glatt ist. 1992 waren so viele Daten gesichtet, daß ein schwaches, aber eindeutiges Muster auf der kosmischen Wärmekarte auszumachen war. Die Strahlung war fraglos von winzigen Kräuselungen geprägt, heißen und kalten Flecken, die über der ansonsten erstaunlichen Gleichförmigkeit lagen. Es war genau das, was die Wissenschaftler brauchten, um ihre Vorstellungen über den Urknall zu bestätigen. «Wenn man religiös ist», äußerte der euphorische Projektleiter George Smoot in einem unbewachten Augenblick, «ist es so, als erblickte man Gott». Und die Medien drehten durch.

Rund um die Welt atmeten die Wissenschaft erleichtert auf. Tatsächlich steckte die Urknalltheorie in einer schweren Krise, und die Entdeckung dieser Kräuselungen war ganz entscheidend. Eine Zeitlang hatte es so ausgesehen, als gäbe es sie überhaupt nicht. Wäre das der Fall gewesen, hätten die Kosmologen von vorn anfangen müssen.

Wie wichtig die COBE-Kräuselungen sind, ist leicht zu verstehen. Die kosmische Wärmestrahlung hat sich nach dem Urknall vermutlich mehr oder weniger ungehindert etwa 300 000 Jahre ausgebreitet – die Zeitspanne, in der sich das Universum so weit abgekühlt hat, daß es mehr oder weniger «durchsichtig» wurde. Verglichen mit dem heutigen Alter von vielen Milliarden Jahren ist das früh. Die Strahlung ist somit ein direktes Überbleibsel des heißen, dichten, frühen Universums, eine Art Schnappschuß vom Kosmos in seiner Urphase. Offenbar war er sehr glatt.

Die Glätte des ursprünglichen Universums verträgt sich schlecht mit seiner gegenwärtigen klumpigen Struktur. Astronomische Übersichten zeigen Sterne und Gas zu Galaxien zusammengeballt, die Galaxien zu Gruppen versammelt, die ihrerseits Superhaufen bilden. In den 70er und 80er Jahren kartierten die Astronomen den Himmel immer detaillierter und schufen dreidimensionale Bilder vom großräumigen Aufbau der Galaxien. Es häuften sich die Beweise von riesigen leeren Räumen fast ohne jede leuchtkräftige Materie, die eingehüllt waren in ein zerrissenes Flickwerk aus «Laken» und «Fäden», die von Tausenden von zusammengeballten Galaxien gebildet wurden. Gewaltige Gebilde, die sich Hunderte von Millionen Lichtjahre über das Universum erstrecken, wurden entdeckt. Diese großräumige kosmische Struktur erinnert an den Schaum auf einem Glas Bier oder an ein dichtgewebtes Spinnennetz.

Die kosmologische Theorie steht vor der schwierigen Aufgabe zu erklären, wie diese großräumige Struktur entstanden ist. Offensichtlich neigen Gravitationskräfte dazu, Materie zu Klumpen zu ballen. Falls das Universum in einem ziemlich glatten Zustand begann, bei dem das Gas mehr oder weniger gleichförmig im Raum verteilt war, bestände im Zeitablauf eine Tendenz, daß das Gas von den Regionen angezogen wurde, wo die

Dichte etwas höher war als in der Umgebung. Sobald sich das Gas langsam verdichtete, verstärkte sich der gravitative Sog dieser dichteren Regionen, und die Ansammlungen zogen immer mehr Material an, zu Lasten der übrigen Region. Mit der Zeit ballte sich die Materie dann fest zusammen.

Als die Wissenschaftler diesen Ballungsprozeß eingehender untersuchten, stellten sie bald fest, daß er extrem langsam abläuft. Das Problem betrifft die Expansion des Universums, die der Tendenz der Schwerkraft entgegenwirkt, alles zusammenzuziehen. Um von einem völlig glatten Anfang auf das heutige Ballungsausmaß zu kommen, bräuchte man zig Milliarden Jahre – und für so alt hält man das Universum nicht.

Das alte Problem war erneut aufgetaucht: Es schien einfach nicht genug *Zeit* zu sein, in der sich beobachtbare Merkmale des Universums nach anerkannten physikalischen Prozessen hätten entwickeln können. Man sann also nach einem Ausweg. Vielleicht hatte das Universum mit einem Vorsprung begonnen. Vielleicht war die Materie am Anfang gar nicht *völlig* glatt. Sie hätte schon teilweise zusammengeklumpt sein können, so daß die Schwerkraft ihr Werk schneller hatte vollenden können. Der Haken daran war, daß eine solche Hypothese stark nach «eigens für diesen Fall gebastelt» roch. Warum sollte das Universum entgegenkommenderweise mit Zusammenballungen der richtigen Größe und Dichte beginnen? Die Annahme, daß das Universum einfach «so entstanden war» – mit genau dem richtigen Ballungsausmaß –, strapazierte die Glaubwürdigkeit doch sehr. Eine ernsthaftere Schwierigkeit betraf einen Konflikt bei den Beobachtungen. Falls es wirklich Klumpen im frühen Universum gegeben hatte, mußten sie als deutliche Kräuselungen in der Wärmestrahlung auftauchen. Aber bis zu den COBE-Untersuchungen schien diese Strahlung völlig glatt zu sein.

Mit zunehmender Ratlosigkeit suchten die Kosmologen nach einem Ausweg. Ein Gedanke, der die Schwierigkeiten etwas milderte, sah vor, die Existenz dunkler Materie heranzuziehen. Himmelskarten zeigen zwar die leuchtkräftige Materie, aber Materie, die nicht leuchtet, wird übersehen. Wenn das Universum auch größere Mengen unsichtbarer Materie enthielt, konnte dieses zusätzliche Material die Anziehungskraft der Klumpen erhöhen und den Ballungsprozeß beschleunigen. Diese Theorie war durchaus denkbar. Die Astronomen haben gute Hinweise auf dunkle Materie am äußeren Halo der Milchstraße und auch innerhalb von galaktischen Haufen. Nach Schätzungen gibt es erheblich mehr dunkle Materie als sichtbare. Die Theoretiker hatten keine Mühe, eine Liste mit möglichen Kandidaten für eventuelle unsichtbare Materie aufzustellen: Schwarze Löcher, ausgebrannte Sterne, Planeten, Gestein, Neutrinos, unbekannte subatomare Teilchen, die beim Urknall hinausgeschleudert wurden. Aber es genügt nicht, willkürlich ein paar Objekte zusammenzustellen und das Beste zu hoffen. Es muß die richtige Art dunkle Materie sein, damit die Sache aufgeht. Wir müssen die beobachtete Größe der Zusammenballung und ihre Abweichung bei verschiedenen Maßstäben erklären. So könnte z.B. eine bestimmte Art von dunkler oder unsichtbarer Materie bei einigen Millionen Lichtjahren eine starke Klumpenbildung hervorrufen, bei mehreren Milliarden Lichtjahren dagegen nur eine ganz geringe, oder umgekehrt. Die Einzelheiten müssen zusammenpassen.

Die Astronomen haben ihre Kandidaten für dunkle Materie in «heiß» und «kalt» unterteilt. Heiße dunkle Materie waren leichte Teilchen wie Neutrinos, die sich während der Abkühlungsphase des Universums weiterhin sehr schnell ausbreiteten. Kalte dunkle Materie bezog sich auf schwere Objekte wie Schwarze Löcher oder ausgebrannte Sterne, die sich langsam bewegten. Man setzte Computer ein, um zu simulieren, wie das Universum sich bei einem glatten Anfang entwickeln würde, an dem es verschiedene Arten heißer und kalter dunkler Materie gab. Nach vielen Durchläufen funktionierte es mit heißer dunkler Materie offenbar nicht, und so verlagerte sich der Trend zu kalter dunkler Materie. Aber auch sie paßte nicht ins Programm. Im Kleinen funktionierte es einigermaßen, aber im Großen nicht so gut. Jim Peebles, der führende Kosmologe aus Princeton, der bei der Entdeckung der kosmologischen Hintergrundstrahlung ein gewichtiges Wort mitgeredet hatte, war unmißverständlich: «Kalte dunkle Materie ist tot», sagte er.[1] Andere begannen, das Undenkbare zu denken: Vielleicht war etwas grundlegend falsch an der ursprünglichen Theorie vom Urknall.

Hat es den Urknall überhaupt gegeben?

Die Schwierigkeit des Zeitmaßstabs ist in der Kosmologie immer nur oberflächlich behandelt worden, und die Probleme, die sich aus dem langsamen Wachstum der kosmischen Struktur ergaben, lockten bald die Gegner der Urknalltheorie an. Die zeitliche Festlegung des Urknalls stützt sich, wie Sie sich erinnern werden, auf die Rotverschiebung ferner Galaxien, die ein Maß für die Expansionsgeschwindigkeit des Universums liefert. Die

Annahme, daß die Rotverschiebung im Mittel einen verläßlichen Wert für die Expansionsgeschwindigkeit anzeigt, geht direkt auf Hubble zurück. Aber konnte diese Auslegung der Rotverschiebung als systematischer Rückzug der Galaxien falsch aufgefaßt werden? Schließlich sind auch andere Mechanismen bekannt, die eine Rotverschiebung hervorrufen, wie etwa das Gravitationsfeld einer konzentrierten Masse. Und wer weiß, welche neue Physik unter exotischen und extremen physikalischen Bedingungen auftauchen könnte?

Einige Astronomen, die eine abweichende Meinung vertreten, sammeln seit vielen Jahren fleißig Beispiele für astronomische Ausreißer, Galaxien und Quasare, die der normalen Deutung der Rotverschiebung scheinbar widersprechen. Der Hauptabweichler ist Halton Arp vom Max-Plank-Institut für Astrophysik in München. Er hat starke Unterstützung vom britischen theoretischen Astronomen Fred Hoyle erhalten, dem mit der Steady-State-Theorie, aber auch vom indischen und amerikanischen Kollegen Jayant Narlikar bzw. Geoffrey Burbidge. Der Kern der Hubbleschen Behauptung, daß das Universum sich ausdehnt, ist die Beziehung zwischen der Entfernung astronomischer Objekte und dem Umfang ihrer Rotverschiebung: Die weit entfernten Objekte sind stärker rotverschoben, und zwar genau proportional zur Entfernung. Die Gültigkeit des Hubbleschen «Gesetzes» hängt vom Vorhandensein eines guten, zuverlässigen Verfahrens zur Entfernungsbestimmung ab. Bei den näheren Galaxien können die Astronomen einige spezifische veränderliche Sterne zu Hilfe nehmen, die einen genauen Anhaltspunkt bieten, aber weiter entfernte Galaxien sind zu schwach für diese Methode. Einen groben Maßstab liefert die scheinbare Helligkeit des Objekts. Je weiter ein leuchtkräftiges Objekt entfernt ist, desto matter erscheint es von der Erde aus. Aber damit diese Methode richtig funktioniert, muß man die wirkliche Helligkeit des Körpers kennen. Ist die wirkliche Helligkeit eines Objekts gering, besteht die Tendenz, seine Entfernung zu hoch einzuschätzen.

Die Astronomen haben statistische Verfahren entwickelt, um derartige systematische Fehler zu vermeiden. Im Fall der normalen Galaxien, die recht gut untersuchte Objekte sind, machen die Ergebnisse einen ziemlich fundierten Eindruck. Dann wurden in den sechziger Jahren neue Objektklassen entdeckt, wie die äußerst hellen Quasare oder quasistellaren Objekte, und Galaxien, deren Kerne durch hochenergetische Prozesse stark auseinandergerissen waren. Diese Objekte waren, wie man feststellte, sehr stark rotverschoben, so daß die meisten Astronomen meinten, sie wären extrem weit entfernt und befänden sich «am Rand» des sichtbaren Universums. Da andererseits niemand ihre wirkliche Helligkeit kannte, war es nicht einfach, die Entfernungen zu bestimmen, und so fehlte die klare Beziehung zwischen Entfernung und Rotverschiebung.

Zu Beginn der sechziger Jahre stellten Arp, Hoyle und Konsorten öffentlich in Frage, ob die Rotverschiebungen dieser ungewöhnlichen Objekte tatsächlich durch einen Rückzug hervorgerufen werden. Ihre Attacke beruhte auf der Entdeckung, daß viele Quasare mit starker Rotverschiebung sehr nah bei Galaxien gelegen sind, die längst nicht so stark rotverschoben sind. Wenn zwei Objekte mit ganz unterschiedlicher Rotverschiebung im Weltraum nebeneinander liegen, ist das Hubblesche Gesetz hinfällig, und die gesamte Grundlage der modernen Kosmologie samt Expansion des Universums und Zeitpunkt des Urknalls zerfällt. Da so viel auf dem Spiel stand, war es nicht verwunderlich, daß die Kosmologen zurückhaltend auf Arps Behauptungen reagierten. Die eigentliche Erklärung für die unterschiedlichen Rotverschiebungen läge, so entgegneten sie, in zufälligen Alignements. Bei einer gegebenen Zufallsverteilung von Objekten im dreidimensionalen Raum ist damit zu rechnen, daß hier und dort einige sehr weit entfernte Objekte am Himmel dicht neben einem näheren Objekt liegen, so wie unter einem bestimmten Blickwinkel ein im Vordergrund stehender Baum in einer Linie mit einem weit entfernten Berg liegen kann. Bei so vielen Galaxien muß das gelegentlich vorkommen. Die Angelegenheit endete in einem Streit über Statistik. Wie wahrscheinlich ist es, daß eine zufällige Auswahl von Galaxien und Quasaren x zufällige Alignements aufweist? Wie wahrscheinlich ist es, daß Astronomen aus einem verstreuten Feld unterbewußt Objekte auswählen, die in einer Linie liegen? Beide Seiten sind seit zwanzig Jahren nach wie vor von ihrer Position überzeugt.

1971 stärkte Arp seine Position, als er zwei Objekte entdeckte – das eine ein Quasar mit dem Namen Markarian 205, das andere eine Spiralgalaxie mit der Bezeichnung NGC 4319 –, die durch eine schwache Lichtbrücke verbunden schienen. Die spektroskopische Untersuchung ergab jedoch, daß der Quasar eine weit stärkere Rotverschiebung aufwies. Wenn man die Rotverschiebung wie üblich mit dem Rückzug des betreffenden Objekts verbindet, entfernt sich die Galaxie mit 1700 km pro Sekunde, während der Quasar es auf flotte 20 250 km pro Sekunde bringt. Arp behauptete nun, die Brücke aus leuchtender Materie, die die beiden Objekte verbinde, beweise, daß sie nebeneinander liegen, und er erklärte, der

Quasar müsse auf irgendeine Weise von der Galaxie ausgestoßen worden sein und dabei eine Art Schweif hinterlassen haben.

Weitere Beispiele wurden entdeckt. Eins davon, Stephans Quintett genannt, ist ein sehr dichter Galaxienhaufen, bei dem es so aussieht, als ob die Objekte gravitativ aufeinander einwirkten, was nur der Fall sein kann, wenn sie im Weltraum praktisch Tuchfühlung haben. Die entsprechenden Rotverschiebungen deuten jedoch auf Rückzugsgeschwindigkeiten zwischen 800 und 6700 km pro Sekunde hin. In einem anderen Fall verbindet eine leuchtende Brücke die Galaxie NGC 7603 – die sich anscheinend mit 8800 km pro Sekunde entfernt – mit einem kleineren, stark rotverschobenen Nachbarn – Rezessionsgeschwindigkeit anscheinend 16 900 km pro Sekunde. Dann liegen drei Quasare fast auf einer Linie mit dem Zentrum der Spiralgalaxie NGC 1073, und weitere drei dicht bei NGC 3842.

Arp und seine Kollegen beharren darauf, daß diese Assoziationen räumlich sind und keine zufälligen geometrischen Alignements. Sie behaupten, die Quasare seien von relativ nahen Galaxien ausgestoßen worden und ihre Rotverschiebungen paßten nicht in das Hubblesche System und hätten nichts mit der Expansion des Universums zu tun. Um ihre Ausstoßhypothese zu untermauern, weisen sie auf einige Beispiele hin, in denen Quasare hintereinander oder parallel zu Jets aus assoziierten Galaxien aufgereiht sind. In mehreren neueren Aufsätzen sprechen sie sich für die völlige Aufgabe der Urknalltheorie und für eine Rückkehr zu einer Variante des alten Steady-State-Modells aus, bei dem es keinen Ursprung der Zeit gibt.

Astronomen aus dem gegnerischen Lager haben versucht, diese Vorstellungen dadurch zu widerlegen, daß sie das Phänomen der sogenannten Gravitationslinse bemühten. Eine der zentralen Voraussagen der allgemeinen Relativitätstheorie Einsteins ist die über die Beugung des Lichts durch einen massiven Körper. Wie in Kapitel 3 erwähnt, sagte Einstein voraus, daß die Sonne Sternstrahlen leicht beugen müsse, ein Effekt, der 1919 von Eddington bestätigt wurde. Kurz danach zeigte Sir Oliver Lodge, daß, wenn eine Lichtquelle direkt hinter einem massiven Objekt liegt, das Licht von der fernen Quelle um alle Seiten des im Weg liegenden Objekts gebeugt und anschließend auf einer Linie gebündelt wird (vgl. Abb. 6.1). Ein auf der Linie befindlicher Beobachter würde einen leuchtenden Ring sehen, der das die Lichtquelle verdeckende Objekt umgibt, den sogenannten «Einstein-Ring». Einstein hat sich in den dreißiger Jahren selbst mit dieser Frage befaßt, sie dann aber als nur von theore-

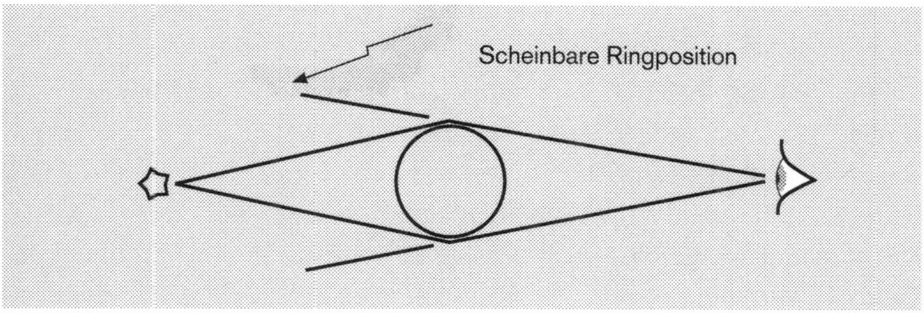

Abb. 6.1 Der Einstein-Ring. Das von einem entfernten Stern kommende Licht kann durch die Schwerkraft eines seinen Weg kreuzenden massiven Objekts (Stern oder Galaxie) gebeugt werden und erscheint dem Beobachter als Lichtring.

tischem Interesse abgetan, weil er glaubte, es bestehe keine Hoffnung, sie jemals zu klären. Er irrte sich. Inzwischen kennen wir Beispiele, in denen das Licht weit entfernter Galaxien und Quasare durch näher gelegene Galaxien gebeugt wird, so daß Mehrfachbilder entstehen und in einigen Fällen ein vollständiger oder partieller Einstein-Ring. Der Bündelungseffekt läßt die ferne Lichtquelle außerdem sehr viel heller erscheinen.

Der Gravitationslinsen-Effekt kann durch jedes Objekt hervorgerufen werden, von Galaxien über Zwergsterne und Planeten bis zu Asteroiden. 1993 berichtete ein Team amerikanischer und australischer Astronomen am Observatorium Mt. Stromlo in Neusüdwales, ein ungewöhnliches Gravitationslinsen-Ereignis beobachtet zu haben. Es wurde verursacht von einem unsichtbaren Zwergstern im Umfeld unserer Galaxie, der sich zwischen der Erde und einem normalen Stern in der Großen Magellanschen Wolke befand. Die Astronomen beobachteten, wie der Stern mehrere Tage lang an Helligkeit zunahm. Sie vermuteten, daß es in unserer und anderen Galaxien viele derartige unsichtbare Sterne gibt, die mit zur dunklen Materie im Universum beitragen, von der ich schon gesprochen habe. Von Zeit zu Zeit fungiert ein unsichtbarer Stern auch als Gravitationslinse für einen sehr lichtschwachen und weit entfernten Quasar. In dem Fall erscheint der Quasar sehr viel heller und vermittelt den Eindruck, ziemlich nah bei der Erde zu sein. Das könnte einige der von Arp angeführten Unstimmigkeiten erklären. Aber es ist nicht sicher, ob diese Effekte alle Assoziationen zwischen Galaxien und Quasaren erklären, geschweige denn die Existenz von «Brücken» zwischen Objekten mit unterschiedlicher Rotverschiebung.

Während die Debatte über unterschiedliche Rotverschiebungen weiterging, tauchten andere eigenartige Beweisstücke auf, die an der orthodoxen Urknalltheorie rüttelten, wie etwa die Entdeckung weiterer Objekte, die älter als das Universum zu sein schienen, und einige seltsame Beobachtungen, die eine großräumige Periodizität in der Verteilung der Galaxien vermuten ließen. Die sich häufenden Schwierigkeiten veranlaßten den amerikanischen Physiker Eric Lerner, ein Buch mit dem provokanten Titel *The Big Bang Never Happened* zu schreiben. Es erschien 1991. Ein paar Monate später wurden die COBE-Kräuselungen entdeckt, und plötzlich war die Urknalltheorie wieder in sicheren Gewässern.

Was sind unter Freunden schon ein paar Milliarden Jahre?

COBE entdeckte endlich die entscheidenden primordialen Unregelmäßigkeiten, die erforderlich waren, das Wachstum der galaktischen Klumpen auszulösen. Kein Wunder, daß die Sektkorken knallten. Als die Presseerklärung der NASA noch rund um den Globus für Aufsehen sorgte, glühten schon die Leitungen der elektronischen Post, über die die Wissenschaftler an technische Einzelheiten heranzukommen suchten. Die wichtigen Anzeigen verbargen sich im Detail. COBE erhielt seine Daten durch den Vergleich der Strahlungstemperatur in verschiedenen Richtungen des Weltraums und erstellte eine Karte heißer und kalter Flecken am Himmel. Die Ursache für die Temperaturschwankungen ist der gravitative Rotverschiebungseffekt, der durch die Schwerkraft der Gasklumpen erzeugt wird. Die kalten Flecken am Himmel sind daher effektiv Zeitverzerrungen, die durch gigantische Ansammlungen von Urmaterie hervorgerufen werden. Schon bald sprachen die Kosmologen von den Kräuselungen als den «Runzeln der Zeit».

Es war von Anfang an klar, daß das Ausmaß der Temperaturschwankungen (etwa 30 Millionstel Grad) im Mittel über den gesamten durchgemusterten Winkelbereich gleich war – etwa 9 Grad nach oben. Das ließ auf etwas Wichtiges schließen. Es war kein Größenmaßstab ersichtlich: Große und kleine Kräuselungen waren gleichermaßen ausgeprägt. Die Größenunabhängigkeit der Kräuselungen erfreute viele Theoretiker, weil sie genau zu dem paßt, was sie von ihrer Lieblingsvariante der Urknalltheorie erwarten. Das Szenario vom sogenannten «inflationären Universum» postuliert, daß der normale gravitative Bremseffekt direkt nach dem Urknall (vgl. Abb. 5.1) kurz unterbrochen wurde und das Universum abrupt um einen enormen Größenfaktor zunahm (inflationierte). Eine Folge dieser Inflation wäre die Glättung aller ursprünglichen Unregelmäßigkeiten in allen Längenmaßstäben, so daß das Universum jungfräulich glatt wäre. Die von COBE entdeckten Kräuselungen wären vermutlich nach der Inflation dazugekommen, vielleicht als Folge von Quantenschwankungen, und dürften keinen bevorzugten Längenmaßstab haben – genau wie COBE es festgestellt hatte.

Das Fehlen eines Längenmaßstabs hatte noch etwas zur Folge, was diesmal mit dem Alter des Universums zu tun hatte. Hier war die Botschaft nicht so gut. In Kapitel 5 habe ich erklärt, daß Einsteins Feldgleichungen eine Vielzahl möglicher kosmologischer Modelle vorhersagen. Die Aufgabe des Kosmologen ist es, anhand der beobachteten Tatsachen ein bestimmtes Modell auszuwählen, das ihm am geeignetsten erscheint. Die verschiedenen angebotenen Modelle unterscheiden sich darin, wie das Universum sich nach dem Beginn mit dem Urknall genau ausdehnt. Der allgemeine Trend ist in Abbildung 5.1 wiedergegeben, die zeigt, wie sich eine bestimmte Region des Universums größenmäßig mit der Zeit verändert. Man achte darauf, wie die Kurve beim Zeitpunkt Null entsprechend dem explosiven Ursprung senkrecht beginnt und immer mehr abflacht, weil die gravitative Bremswirkung die Expansion verlangsamt. Die heutige Expansionsrate, die aus den Werten der Rotverschiebung abgeleitet ist, wird durch den Anstieg der Kurve zum gegenwärtigen Zeitpunkt angegeben, der mit «Jetzt» bezeichnet ist. Das Alter des Universums entspricht der Strecke auf der Zeitachse vom Beginn der Kurve bis zum Punkt «Jetzt».

Um das Alter des Universums schätzen zu können, muß man zwei Dinge kennen: Die gegenwärtige Expansionsgeschwindigkeit und die Größe der Bremswirkung. Warum *beide* Größen notwendig sind, geht aus Abbildung 6.2 hervor. Kurve a stellt ein schwach bremsendes Universum dar, Kurve b ein stark bremsendes. Man beachte, daß die Verzögerung bei b darin zum Ausdruck kommt, daß die Kurve stärker gebogen ist. Bei einem gegebenen Wert der Steigung (d. h. der Expansionsgeschwindigkeit) ist klar, daß die Kurve b ein sehr viel jüngeres Universum voraussagt als Kurve a. Die Stärke der Bremswirkung wird durch die Menge der Materie im Universum bestimmt. Je mehr Materie vorhanden ist,

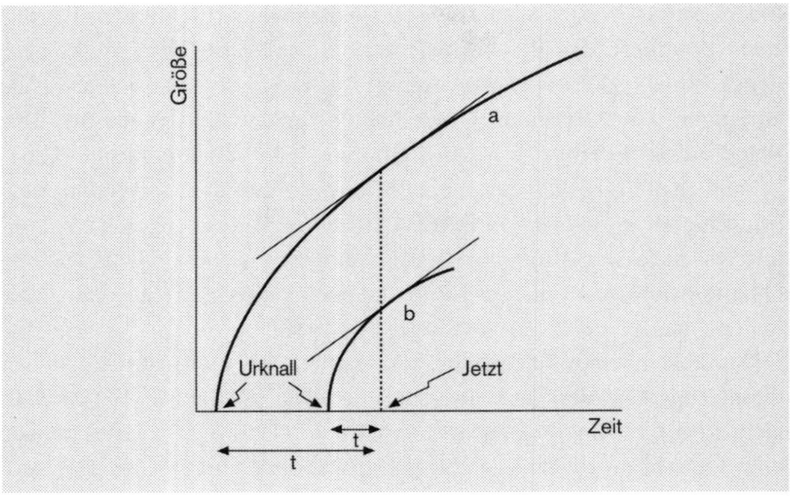

Abb. 6.2 Das gebremste Universum. Die Kurven a und b vergleichen das Verhalten von Universen mit geringer bzw. hoher Materiedichte. Modell b verzögert aufgrund der höheren Schwerkraft stärker. Bei einer gegebenen Steigung der Kurve am Punkt «jetzt» (bestimmt durch die gegenwärtige Expansionsgeschwindigkeit) ist die Zeit t, die seit dem Urknall vergangen ist, bei a größer als bei b.

desto stärker ist der gravitative Sog und desto mehr wird die Expansionsgeschwindigkeit verzögert. Wie ich schon erwähnt habe, ist die Menge der Materie im Universum etwas unklar. Es gibt zweifellos sehr viel unsichtbare «dunkle» Materie, aber die Astronomen können sich nicht darauf einigen, wieviel es genau ist.

Nicht zu ersehen aus diesen graphischen Darstellungen ist die Geschichte des gigantischen Ringens zwischen der Schwerkraft, die die entweichenden Galaxien zurückzuziehen sucht, und dem Impuls des Urknalls. Die Schwerkraft lockert ihren Griff mit größer werdender Entfernung; je mehr sich also das Universum ausdehnt, desto geringer wird die Bremswirkung. Andererseits verlangsamt sich die Expansionsgeschwindigkeit die ganze Zeit. Falls es im Universum genügend unsichtbare Materie gibt (etwa 100mal soviel wie sichtbare Materie), wird die gravitative Anziehungskraft insgesamt die Expansion am Ende völlig zum Stillstand bringen und in einen Kollaps umkehren. Wenn jedoch weniger Materie da ist, behält die Expansion die Oberhand, und die Galaxien werden sich von der gravitativen Beeinträchtigung befreien und sich danach mehr oder weniger ungehindert ausdehnen. So oder so kommt es irgendwann zu einem «Augenblick der Wahrheit», in dem sich die Sache entscheidet. Im Fall des Kollapses ist das die Zeit, in der das Universum seine größte Ausdehnung erreicht. Falls sich die Expansion fortsetzt, ist es der Moment, wo der Bremseffekt bedeutungslos wird.

Das Vorhandensein eines «Augenblicks der Wahrheit» führt eine besondere Zeit in die Beschreibung des Universums ein – die Zeit der Entscheidung. Verbunden mit dieser Zeit ist ein bestimmter Längenmaßstab: die Entfernung, die das Licht seit dem Urknall bis zu diesem speziellen Zeitpunkt zurückgelegt hat. Aber falls das Universum einen speziellen eingebauten Längenmaßstab hat, müßte sich diese Länge unter dem entsprechenden Winkel in den COBE-Kräuselungen zeigen. Aber bisher hat man keinen solchen Längenmaßstab beobachtet: Das Maß an Unregelmäßigkeiten ist bei allen Maßstäben gleich. Warum?

Eine Antwort bietet sich sofort an. Die beiden oben zusammengefaßten Szenarien – ungehinderte Expansion und Kollaps – vereinen sich zu einem Grenzfall, bei dem der gravitative Sog genau proportional zum abklingenden Impuls der Expansion abnimmt. Das oben erwähnte Ringen ist mit anderen Worten ausgeglichen. Falls das Universum so ist, wird der Kampf nie enden, was heißt, daß sich das Universum ewig ausdehnt, aber mit abnehmender Geschwindigkeit. Dieser Kompromiß war übrigens das Modell, für das Einstein sich schließlich entschied, nachdem er von der Expansion des Kosmos erfuhr. Es wird heute «Einstein-de-Sitter-Universum» genannt. Weil der Kampf nie endet, wird der «Augenblick der Wahrheit» ins Unendliche hinausgeschoben, und es gibt keinen typischen Zeit- oder Längenmaßstab in der Theorie. Das Einstein-de-Sitter-Modell sagt voraus, daß die COBE-Schwankungen maßstabsunabhängig sein müßten, genau wie beobachtet. Glücklicherweise wird das Einstein-de-Sitter-Modell auch von der einfachsten Version der inflationären Theorie gefordert.

Aber jetzt kommt ein Haken. Eine Schwierigkeit beim Einstein-de-Sitter-Modell besteht darin, daß es weit mehr Bremswirkung hat, als den meisten Astronomen lieb ist. Das aus ihm abgeleitete Alter des Universums wird folglich erneut unangenehm niedrig. Nimmt man einen vertretbaren Wert für die Expansionsgeschwindigkeit des Universums an, ergibt sich für die Zeit seit dem Urknall ein Wert von etwa zehn Milliarden Jahren. Aber wie schon in Kapitel 5 erwähnt, kennen wir Sterne, die mindestens 14 Milliarden Jahre alt sind. Jüngste Beobachtungen haben diese Zahl noch erhöht: Wahrscheinlich sind Sterne in der Nähe des Zentrums großer Galaxien ein oder zwei Milliarden Jahre älter als die in kugelförmigen Sternhaufen. Gelegentlich wird auch ein Alter von 17 Milliarden Jahren genannt, und aus Kalifornien verlautete kürzlich, daß ein 19 Milliarden Jahre alter Stern entdeckt worden sei. Offensichtlich stimmt da irgend etwas nicht.

Die Schwierigkeiten mit dem Alter rühren daher, daß die Expansionsrate des Universums «zu» hoch ist: Je schneller sich das Universum ausdehnt, desto kürzer muß sein komprimierter Urknallzustand zurückliegen. Die Rate wird ausgedrückt in Form einer Geschwindigkeit, die durch eine Entfernung geteilt wird. Hubble bezeichnete den Wert mit 540 km pro Sekunde pro Megaparsec. (Ein Parsec ist eine astronomische Entfernungseinheit, die 3,26 Lichtjahren entspricht.) Hubbles Zahl bedeutet, daß eine Galaxie, die zehn Megaparsec entfernt ist, sich mit 5400 km pro Sekunde entfernt, während eine hundert Megaparsec weit entfernte Galaxie eine Fluchtgeschwindigkeit von 54 000 km pro Sekunde hat und so fort. Nur daß Hubble zu falschen Zahlen kam, wie wir gesehen haben. Allan Sandage, ein geschickter und treuer Schüler Hubbles, hat sein ganzes Leben damit verbracht, die Expansionsgeschwindigkeit zu messen. Viele halten Sandage für *den* amerikanischen Astronomen und natürlichen Erben Hubbles. Viele Jahre hat er einen Wert von 50 km pro Sekunde pro Megaparsec genannt. Eine andere Gruppe von Astronomen, die von dem in Frankreich geborenen Gerard de Vaucouleurs von der University of Texas in Austin angeführt wird, läuft glücklicherweise Sturm gegen diese Zahl und nennt den sehr viel höheren Wert von 100. Der Unterschied ist hier von entscheidender Bedeutung. Ist die Zahl 50 richtig, ist ein Einstein-de-Sitter-Universum etwa 13 Milliarden Jahre alt. Vielleicht liegen die Astronomen mit ihren Schätzungen über das Alter der ältesten Sterne etwas daneben, und sie passen gerade in die verfügbare Zeit. Falls jedoch 100 richtig ist, wäre das Universum ganze 6,5 Milliarden Jahre alt, und da klafft dann allerdings eine gewaltige Lücke.

Bis in die jüngste Zeit haben nur wenige Astronomen zum Mittelwert der Sandage- und de-Vaucouleurs-Zahlen geneigt und sich lieber einem der beiden Lager angeschlossen. Doch mehrere sorgfältige Analysen haben jetzt Werte um 70 oder 80 ergeben. Auch das paßt kaum mit dem Alter der Sterne zusammen, falls das Einstein-de-Sitter-Modell gültig ist. (Bei 80 ergibt sich ein Alter von etwas über 8 Milliarden Jahren.) Noch einmal: Wir müssen offenbar mit dem absurden Schluß leben, daß das Universum jünger ist als einige seiner Bestandteile.

Was heißt das? Einige Kosmologen meinen, das werfe Zweifel auf die gesamte Urknalltheorie. Denn einen so wichtigen Test nicht zu bestehen ist, wie sie sagen, entscheidend und bietet die Gelegenheit zu einer grundlegenden Neubewertung der physikalischen Kosmologie. Sind jene unterschiedlichen Rotverschiebungen überhaupt echt? Vielleicht unterscheidet sich die kosmische Zeit tatsächlich von der Erdzeit, wie Milne schon vor langer Zeit meinte. Vielleicht hat es den Urknall gar nicht gegeben, und das Universum ist unendlich alt.

Diese Rebellen sind jedoch in der absoluten Minderzahl. Die meisten Wissenschaftler warten lieber ab, ob die Expansionsgeschwindigkeit oder die stellaren Altersdaten nicht doch revidiert werden. Andere lehnen das inflationäre Szenario ab und halten es für verfrüht, großartige Schlüsse aus den COBE-Daten zu ziehen. Sie wollen warten, bis sie durch Beobachtungen der Kräuselungen mit kleineren Winkelmaßstäben von der Erde aus ergänzt werden, bevor sie sich ein Urteil bilden. Aber die Altersfrage löst eindeutig Unbehagen aus. Die Astronomen denken lieber nicht an die Verrenkungen, die notwendig sind, fünfzehn Milliarden Jahre zu zehn Milliarden zusammenzuquetschen. Zu den unterschiedlichen Altersangaben bemerkten Arp, Hoyle und einige Kollegen vor kurzem: «Aus irgendeinem Grund wird nicht darüber gesprochen, aber von den numerischen Faktoren her liegt das Problem für den Urknall wieder auf dem Tisch.»[2]

Es gibt jedoch eine saubere Möglichkeit, die inflationäre Urknalltheorie beizubehalten *und* alle Zahlen unterzubringen und dabei die COBE-Daten und die unangenehmeren Werte der Hubble-Konstante problemlos anzupassen. Zu dieser glücklichen Mischung kommt man, wenn man Einsteins größten Fehler zu seinem größten Triumph macht.

Ein unangenehmes Problem

In Kapitel 5 habe ich erklärt, wie Einstein seine großartigen Feldgleichungen der Gravitation nach ihrer Ausarbeitung 1916 «besudelte», weil er einen zusätzlichen Term einfügte – das kosmologische Glied oder Λ. Er sollte diesen Schritt bitter bereuen. Erstens, weil er ihn um die Chance brachte, die Expansion des Universums vorauszusagen. Zweitens, weil der Zusatzterm nach Manipulation roch. Tatsächlich ist Λ als Einsteins «frisierter Faktor» bezeichnet worden, der einer so unglaublich eleganten und großen Theorie wie der allgemeinen Relativitätstheorie unwürdig sei und nicht zu einem Mann von so kritischem Verstand passe.

Die Wissenschaftler richteten sich nach dem großen Physiker und hielten den Term Λ im allgemeinen für genauso widerwärtig wie die Kraft, die er beschreibt. Das ist teilweise eine Reaktion auf Einsteins abrupte Kehrtwendung, teilweise auf die Regel, daß man sich auf das Wesentliche beschränken sollte. Warum einen Zusatzterm einfügen, wenn die Gleichungen ohnehin schon kompliziert genug sind? Das dient nur dazu, die Auswahl der angebotenen kosmologischen Modelle zu vermehren, und behindert die Auslegung der astronomischen Beobachtungen.

Es gibt noch einen anderen Grund, warum Wissenschaftler Λ lieber gleich Null setzen. Wenn Λ von Null verschieden wäre, würden kosmologische Beobachtungen seine Größe dennoch auf einen ganz kleinen Wert begrenzen. Wie ich in Kapitel 5 beschrieben habe, ist Λ eine nach allen Maßstäben äußerst schwache Kraft, um ganze Größenklassen schwächer als jede andere bekannte Kraft. Viele Physiker träumen davon, daß die verschiedenen Grundkräfte der Natur – Gravitation, Elektromagnetismus und die Kernkräfte – eines Tages in einer einheitlichen Feldtheorie der Art vereint werden, wie sie Einstein in seinen letzten Lebensjahren heroisch zu verwirklichen suchte. Es ist schwer zu erkennen, wie eine solche Theorie eine Kraft voraussagen würde, die soviel schwächer als alle anderen ist.

Stephen Hawking hat diesbezüglich eine elegante Argumentation vorgebracht.[3] Um zu quantifizieren, wie schwach die Kraft Λ ist, muß man sie mit etwas vergleichen. Das geht recht gut mit Hilfe der Reichweite, auf die die Kraft sich bemerkbar macht. Wie beschrieben, kann Λ bestimmt bei Entfernungen von weniger als einigen Milliarden Lichtjahren vernachlässigt werden. Je schwächer die Kraft, desto größer die Reichweite, auf die sie sich offenbart. Ist die Kraft null, ist die Reichweite unendlich. Man kann auch über die Reichweite der vertrauteren elektromagnetischen Kraft sprechen, aber in diesem Fall sind die Dinge «verkehrt herum». Wie schon erwähnt, ist Λ eine ungewöhnliche Kraft, weil sie mit zunehmender Entfernung *stärker* wird. Die elektromagnetische Kraft nimmt dagegen mit wachsender Entfernung ab, ein Maß für ihre Reichweite ist somit die Entfernung, *jenseits* der sie vernachlässigt werden kann.

Beobachtungen der Magnetfelder von Galaxien lassen vermuten, daß sich elektromagnetische Wirkungen über mindestens eine Million Lichtjahre erstrecken, aber über größere Entfernungen weiß man wenig. Es ist *möglich,* daß die elektromagnetische Kraft verschwindet, wenn sie, sagen wir, eine Milliarde Lichtjahre von ihrer Quelle entfernt ist, aber das glaubt kaum ein Physiker. Sie meinen, da man bereits weiß, daß die Reichweite so groß ist, sollte sie wirklich *unendlich* groß sein, denn es fällt schwer sich vorzustellen, daß eine so große fundamentale Entfernung wie eine Milliarde Lichtjahre in die grundlegenden Gesetze des Elektromagnetismus eingehen könnte. Statt einfach einzuräumen, daß die Reichweite der elektromagnetischen Kraft eine unbekannte Größe von mehr als einer Million Lichtjahren ist, berufen sich die Physiker auf ein mathematisches Symmetrieprinzip, die sogenannte «Eichsymmetrie», die *festlegt,* daß die Reichweite wirklich unendlich ist. Diese schöne Symmetrie, die in den elektromagnetischen Gleichungen Maxwells implizit bereits enthalten ist, dient auch dazu, den Elektromagnetismus einfach und elegant erscheinen zu lassen. Vergleichen wir jetzt die Situation der elektromagnetischen Theorie mit der kosmologischen Abstoßung. Die Reichweite von Λ ist, wie man weiß, sehr viel größer als eine Million Lichtjahre. Wenn die gleiche Argumentation wie oben übernommen wird, müßten wir erklären, daß diese Reichweite unendlich wird, und nach einem fundamentalen mathematischen Symmetrieprinzip suchen – ähnlich der elektromagnetischen Eichsymmetrie –, das automatisch festlegt, daß Λ *genau* null ist. Leider hat noch niemand herausgefunden, was diese Symmetrie sein könnte.

Ein weiteres Argument für einen Wert für Λ von genau null stammt aus einer Untersuchung von Theorien, die versuchen, die Kern- und elektromagnetischen Kräfte zu vereinheitlichen. Obwohl diese anderen Kräfte keine direkte Verbindung zur Gravitation haben, enthalten fast alle vereinheitlichten Theorien physikalische Prozesse, die eine X-Kraft imitieren. Eine kosmische Kraft erscheint mit anderen Worten als ein zwangsläufiges Nebenprodukt der anderen Naturkräfte. Das problematische ist, daß dieses Nebenprodukt eine irrsinnige Größe hat – normalerweise 10^{120} mal größer als der Wert, nach dem die Kosmologen gesucht haben. Wenn es eine solche Kraft mit dieser enormen Stärke gäbe, würde sie das Universum in weniger als einer millionstel Sekunde in die Luft jagen!

Die Existenz einer gewaltigen kosmischen Kraft in diesen vereinheitlichten Theorien ist äußerst störend. Eine Anregung, wie sie umgangen werden könnte, ist die Annahme, daß viele verschiedene physikalische Prozesse Kräfte vom Λ-Typ erzeugen, einige davon allerdings negative Werte für Λ. Man kann sich dann einen Ausgleich zwischen negativen und positiven Beiträgen vorstellen, so daß der Nettowert null ergibt. Man weiß, daß es diese Art der exakten Aufhebung in der Physik gibt. So besteht z.B. eine fundamentale Symmetrie in der Natur bei der elektrischen Ladung: Auf jede positive Ladung im Universum kommt eine negative, die sie ausgleicht. Man kann sich durchaus vorstellen, daß eine derartige für Λ geltende Symmetrie in den grundlegenden Gesetzen der Natur verborgen liegt. Weit schwerer zu verdauen ist allerdings die Hypothese, daß dieser Ausgleich zwischen positiven und negativen Werten fast, aber nicht ganz genau funktioniert, so daß eine winzige positive Menge übrigbleibt. Mathematisch heißt das, daß die positiven und negativen Glieder sich bis auf sage und schreibe 10^{-119} neutralisieren, der perfekte Ausgleich jedoch um 10^{-120} verpaßt wird. Können wir wirklich glauben, daß die Natur so etwas tut?

Bei Versuchen, Λ zu eliminieren, haben die theoretischen Physiker mit den verschiedensten Ideen gerungen. Eine davon regt an, den Λ-Term so zu behandeln, als beschriebe er eine Art eigenständiges Feld, das eine Eigendynamik besitzt. Man hat die Quantenmechanik auf dieses Feld angewandt und ist zu dem Schluß gekommen, daß der wahrscheinlichste Wert tatsächlich ganz nah bei null liegt.

So anregend all diese Berechnungen und Argumente auch sein mögen, sie haben keine allgemeine Zustimmung gefunden, und bei den Physikern steht das «Problem des kosmologischen Konstante» ganz oben auf der Liste der noch nicht gelüfteten wissenschaftlichen Geheimnisse. Warum ist das ein Problem? Weil die meisten Physiker lieber keine kosmologische Konstante hätten und ihnen ein überzeugendes wissenschaftliches Argument fehlt, Λ gleich null zu setzen. Solange ein Argument dafür fehlt, daß Λ null sein *muß,* können wir eine kosmologische Konstante sicher nicht ausschließen. Der amerikanische Physiker und Kosmologe Steven Weinberg meint, die Natur neige dazu, all die Dinge hervorzubringen, die von einem Symmetrieprinzip oder einer anderen Form von Gesetzen nicht ausdrücklich untersagt werden. «Es gibt keinen Grund, *keine* kosmologische Konstante in Einsteins Feldgleichungen einzusetzen», erklärt er.

Das bummelnde Universum

Nicht alle Kosmologen haben die kosmologische Konstante abgelehnt. Eddington z.B. hat sie begrüßt. Gemeinsam mit dem belgischen Geistlichen Georges Lemaître legte er ein Urknallmodell des Universums vor,

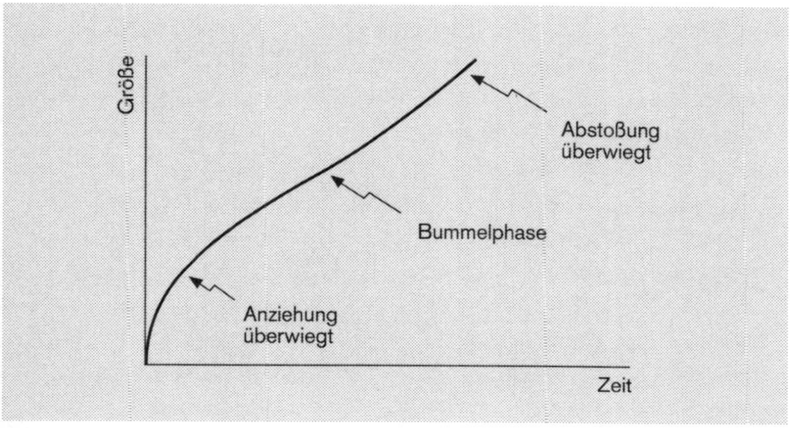

Abb. 6.3 Bummelndes Universum. Dieses von Eddington und Lemaître vorgeschlagene Modell schließt die Auswirkung eines kosmologischen Abstoßungsterms ein. Das Universum expandiert allmählich langsamer und dehnt sich nach einer Phase fast ohne Expansion (die «Bummelphase») beschleunigt aus.

das eine Kraft Λ enthielt. Die kosmologische Konstante macht im komprimierten frühen Stadium des Universums praktisch keinen Unterschied, weil die Kraft Λ auf kleine Entfernungen sehr schwach ist. Sobald sich das Universum aber ausdehnt, gewinnt die Abstoßung an Stärke, und das wirkt der normalen Anziehung der Schwerkraft entgegen. So wie die normale Schwerkraft bremsend auf die Expansion wirkt, wirkt Λ eher beschleunigend und zwingt das Universum, sich schneller auszudehnen. Zunächst ist der Bremseffekt stärker, so daß die Expansionsrate wie üblich abnimmt, aber in dem Maß, wie das Universum wächst, wird der Wettstreit zwischen diesen gegensätzlichen Kräften ausgeglichener. Schließlich wird ein Stadium erreicht, in dem die Kräfte sich aufheben, und das Universum zögert, unsicher, ob es beschleunigen oder langsamer werden soll. Die Folge ist, daß es «im Leerlauf» dahintreibt, d. h. es dehnt sich mit fast gleichförmiger Geschwindigkeit aus. Diese Bummelphase kann allerdings nicht endlos andauern, da die fortgesetzte Expansion der Abstoßung schließlich zum Übergewicht verhilft. Langsam aber sicher fängt das Universum an, seine Ausdehnung zu beschleunigen, wobei Λ ständig stärker wird. Die Situation, wie sie in der Nähe des Urknalls war, wird folglich umgekehrt – die Anziehung der Schwerkraft schwindet und

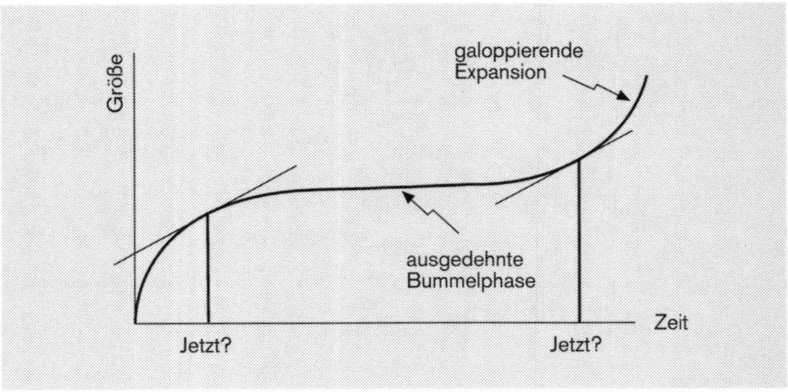

Abb. 6.4 Sind gravitative Anziehung und kosmische Abstoßung feiner aufeinander abgestimmt, verweilt das Universum länger in seiner Leerlaufphase. Ein Beobachter, der eine gegebene Expansionsgeschwindigkeit (Kurvensteigung) mißt, kann sich in einer von zwei Epochen befinden, die bei der Schätzung des Alters des Universums höchst unterschiedliche Zahlen ergeben.

hinterläßt ein Universum, das von der Abstoßung beherrscht wird. Als Folge dieses Siegs der Flucht dehnt sich das Universum ewig weiter aus und wird immer schneller immer größer.

Das allgemeine Verhalten des Eddington-Lemaître-Modells ist in Abbildung 6.3 dargestellt, das dem orthodoxen Einstein-de-Sitter-Modell aus Abbildung 5.1 gegenübergestellt werden sollte. Wenn wir der Kurve von links folgen, sehen wir, wie die Größe des Universums ständig zunimmt, aber dann fällt die Kurve nach rechts ab und steigt am Ende wieder nach links an. Dazwischen liegt ein in etwa gerader Abschnitt – die Bummelphase. Die Dauer dieser Phase hängt davon ab, welchen Wert man für Λ wählt, aber man kann es bei entsprechender Wahl so einrichten, daß sie beliebig lang wird.

Der deutliche Schlenker in der Kurve von Abbildung 6.3 birgt den Schlüssel zum Reiz dieses Modells, denn hier liegt eine Patentlösung für das berüchtigte Zeitmaßstabsproblem. Das wird sofort aus Abbildung 6.4 ersichtlich, einem stark übertriebenen Beispiel, in dem die kosmologische Konstante so gewählt wurde, daß sie der gravitationsbedingten Anziehungskraft fast genau entspricht, so daß eine sehr lange Bummelphase entsteht. Tatsächlich kommt die Bummelphase Einsteins ursprünglichem statischem Modell vom Universum sehr nahe, das eingebettet ist zwischen Phasen einer verzögerten und einer beschleunigten Expansion. Sofort zu erkennen ist, daß eine Gerade mit einer gegebenen Steigung in Abbildung 6.4 an *zwei* möglichen Punkten an die Kurve angelegt werden kann, im Gegensatz zum Einstein-de-Sitter-Modell. Die Zeit, die seit dem Urknall vergangen ist, ist offensichtlich viel länger, wenn die Gerade am rechten Punkt angelegt wird. Durch die Annahme einer genügend langen Bummelphase kann das Alter des Universums unendlich lange ausgedehnt werden.

Die Kurve muß allerdings mit den Beobachtungen übereinstimmen. Während der Bummelphase dehnt sich das Universum kaum aus. Auf die Rotverschiebungen übertragen, bedeutet dies eine Ballung von Werten im mittleren Bereich. In den sechziger Jahren deuteten astronomische Durchmusterungen von Quasaren tatsächlich auf eine solche Ballung hin, doch verbesserte Daten beseitigten den Effekt. Bei kritischer Betrachtung kann man mit Hilfe von Beobachtungen seltener Beispiele, bei denen näher gelegene Galaxien auf ferne Quasare wie Gravitationslinsen wirken, streng eingrenzen, wann das Universum in jüngster Zeit gebummelt haben könnte. Die Ergebnisse dieser Untersuchungen belegen, daß eine Bummelphase zu einer sehr frühen Zeit stattgefunden haben muß, als Λ noch sehr schwach war. Aber weil Abstoßung und Anziehung sich in dieser Phase aufheben müssen, muß auch die Anziehung der normalen Schwerkraft sehr schwach gewesen sein, d. h., es müßte sehr wenig Materie im Universum gewesen sein – sehr viel weniger, als die Beobachtungen vermuten lassen. Es ist deshalb unwahrscheinlich, daß unser Universum eine längere Bummelphase eingelegt hat.

Dennoch wird das Vorhandensein einer kosmologischen Konstante immer dazu dienen, das Alter des Universums irgendwie über das Alter zu heben, das von einem Modell vorausgesagt wird, bei dem Λ den Wert null hat. Das ist wegen der Beschleunigungstendenz so, mit oder ohne eine ausgeprägte Bummelphase in der Vergangenheit. Der Grund dafür ist leicht einzusehen. Um die gegenwärtige Größe und Expansionsgeschwindigkeit zu erreichen, mußte sich das Universum in der Vergangenheit schnell ausdehnen, um die Bremswirkung zu überwinden. Wenn die Bremswirkung jedoch schwächer war, hätte es mit einer geringeren Expansion in der Vergangenheit seinen heutigen Zustand erreichen können. Eine geringere Expansionsrate in der Vergangenheit bedeutet jedoch, daß das Universum länger bestanden hat.

Was ist mit COBE? Die kosmologische Konstante hat diesselbe Wirkung wie dunkle Materie oder wie eine Erhöhung der Masse des Universums. Zweifellos gibt es da draußen auch einige «normale» Dunkelmaterie, aber man muß nicht mehr annehmen, daß mindestens 90 Prozent der kosmischen Materie in einer unbekannten, unsichtbaren Form existieren. Es ist durchaus möglich, eine Gesamtmaterie von, sagen wir, nur zehn Prozent des Einstein-de-Sitter-Werts zu haben, eine Hubble-Konstante von etwa 80, und trotzdem auf ein Alter von 16 Milliarden Jahren zu kommen.

Ein entschiedener Verfechter des Eddington-Lemaître-Modells ist der Astronom George Efstathiou aus Oxford, der glaubt, daß es eine ganze Reihe kosmologischer Rätsel sauber löst. Er glaubt insbesondere, daß es möglich ist, das Wachstum der Struktur im Universum im großen wie im kleinen mit nur einer geringen Menge kalter Dunkelmaterie allein zu erklären. Bei einem Treffen der Royal Astronomical Society 1993 in London legte Efstathiou die Ergebnisse eingehender Beobachtungen von der Erde und von einem Satelliten aus vor und verglich sie mit Computermodellen vom Wachstum der Zusammenballung bei verschiedenen Arten dunkler Materie. Er wies nach, daß man es so einrichten kann, daß Modelle mit einer Λ-Konstante sich sehr gut mit allen Daten vertragen.

Obwohl es der sauberste Weg bleibt, das Altersproblem des Universums zu lösen, ist es zu früh für ein klares Ja oder Nein zur kosmologischen Konstante. 1990 stießen allerdings eine Gruppe japanischer Astronomen und Edwin Turner von der Princeton Universität unabhängig voneinander auf eine neue Möglichkeit, Λ zu messen, wobei Quasare als Gravitationslinse benutzt werden. Weil ein Universum mit einer kosmologischen Konstante älter ist, ist Licht von weit entfernten Quasaren länger unterwegs gewesen und hat somit eine größere Chance, nah an einer im Weg liegenden Galaxie vorbeizukommen und abgelenkt zu werden. Das Abzählen von Ablenkungsereignissen am Himmel kann aber dazu dienen, die Größe von Λ einzugrenzen. Bisher findet sich kein Beweis für ein von null verschiedenes Λ, aber es sind noch systematischere Untersuchungen erforderlich. Ich möchte wetten, daß die Beobachtungen am Ende doch die Existenz einer kosmologischen Konstante belegen werden. Wenn ich recht habe, wird Einsteins Zeit elastisch genug sein, bis zur Schöpfung zurückzureichen. Es wäre sicher die größte Ironie: Aufgrund einer Untersuchung der Einsteinschen Ringe, die Einstein selbst für nicht beobachtbar hielt, hätten Astronomen nachgewiesen, daß Einsteins größter Fehler in Wirklichkeit sein größter Triumph war.

7

Quantenzeit

Einstein hat gesagt, daß die Welt, wenn die Quantenmechanik recht habe, verrückt sein müsse. Nun, Einstein hatte recht. Die Welt ist verrückt.

Daniel Greenberger

Zeit zum «Tunneln»

Der 1024-Knotenrechner CM5 an der Universität von Adelaide, vermutlich einer der schnellsten der Welt, schafft glatte 59,67 Milliarden Rechenoperationen pro Sekunde. Das ist deutlich schneller, als der Mensch denken kann. Der CM 5 kann vielleicht nicht besser komponieren als Mozart, sich verlieben oder gar *merken,* daß er ein Rechenwunder ist, aber er kann bestimmt zackig rechnen.

Auf das Wesentliche reduziert, ist ein Computer nur ein riesiges Netz aus Schaltern und Drähten, die so angeordnet sind, daß das Gerät sehr schnell viele einfache Aufgaben durchführen kann. Winzige elektrische Impulse laufen durch die unsichtbaren Schaltkreise und übermitteln mit wahnwitziger Geschwindigkeit Informationen. Komplexe Muster elektrischer Aktivität weben sich durch die Anlage, und eine Unzahl Mikroschalter schalten in stummem Gehorsam an und aus, nach den ehernen Regeln der Logik.

Auf ihrer unermüdlichen Suche nach immer mehr Rechenleistung haben die Wissenschaftler immer schnellere Schaltkreise und Schalter entwickelt. Zunehmend steigen sie von der Elektronik auf die Photonik um, auf den Einsatz von Licht anstelle der Elektrizität, um noch schneller zu werden. Aber früher oder später werden sie an die elementaren Grenzen der Geschwindigkeit stoßen. Einsteins Zeit verhindert, daß eine Information den Stromkreis schneller als das Licht durcheilt. Für einen ein Meter großen Computer begrenzt das die Geschwindigkeit der Informationsübertragung innerhalb des Geräts auf drei Nanosekunden. Um das zu umgehen, machen die Computerwissenschaftler ihre Bausteine immer kleiner. Doch jetzt stoßen wir an eine andere grundlegende Grenze: die Quantenphysik. Die einzelnen Elektronen und Photonen in einer Rechenanlage unterliegen der Heisenbergschen Unschärferelation, die eine irreduzible Unbestimmtheit gerade in die Begriffe Geschwindigkeit, Rate und Zeit bringt.

Um das widerborstige Wesen des angesprochenen Problems zu erkennen, wollen wir einen der bizarreren Quantenprozesse betrachten, der eine weite praktische Verwendung in elektronischen Geräten findet. Es ist der sogenannte «Tunneleffekt». Stellen Sie sich vor, Sie werfen einen Stein sanft gegen eine Fensterscheibe. Sie erwarten, daß der Stein zurückprallt. Angenommen, der Stein springt nicht von der Scheibe zurück, sondern dringt einfach hindurch und taucht auf der anderen Seite auf, ohne daß die Scheibe kaputtgeht! Jeder, der einen Stein durch eine Scheibe fliegen sähe, ohne daß sie dabei zerbricht, würde an ein Wunder glauben, dabei geschieht genau dieses Wunder ständig im subatomaren Bereich, wo die Quantenregeln sich über das normale Fassungsvermögen des Menschen hinwegsetzen.

Auf atomarer Ebene wird die Rolle des Steins von einem Quantenteilchen gespielt, sagen wir einem Elektron oder Photon, und die Scheibe kann irgendeine dünne Barriere sein, vielleicht ein Plättchen oder auch nur ein unsichtbares Kraftfeld. Ein Teilchen, das sich einer solchen Barriere nähert, ohne genügend Energie zu besitzen, sie zu durchbrechen, wird dennoch häufig auf der anderen Seite entdeckt, da es die Barriere offenbar «durchtunnelt» hat (vgl. Abb. 7.1).

Heisenbergs Unschärferelation bietet einen Anhaltspunkt für den Tunneltrick. Wie schon in Kapitel 3 erwähnt, kann die Energie eines Quantenteilchens in einem bestimmten Augenblick nicht mit absoluter Genauigkeit gemessen werden. Unschärfe bei der Energie kann ausgetauscht werden gegen Unschärfe bei der Zeit, aber man kann niemals beide Unbestimmtheiten gleichzeitig ausschließen: Die Natur läßt nicht zu, daß wir von einem Quantenteilchen alles auf einmal erfahren. Eine einfache, aber hilfreiche Möglichkeit, über dieses Verschmieren von Energie und Zeit nachzudenken, ist die, sich vorzustellen, daß das Teilchen

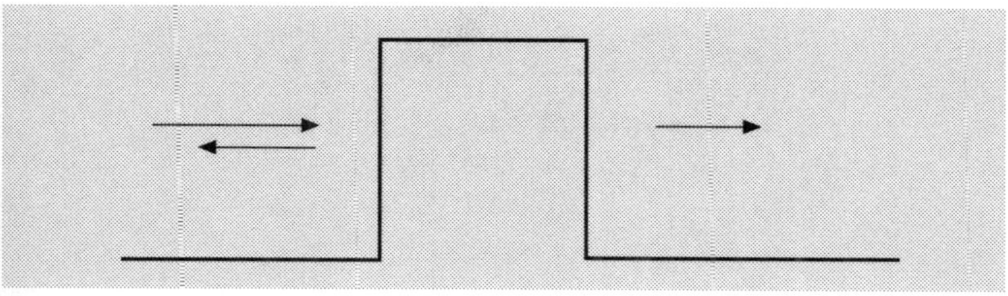

Abb. 7.1 Der Tunneleffekt. Ein Strom aus Quantenteilchen trifft, von links kommend, auf eine Barriere. Die meisten Teilchen prallen zurück, aber einige tauchen, wie durch einen Zauber, auf der anderen Seite der Barriere auf und setzen ihren Weg fort.

wie durch Zauber in der Lage ist, seine Energie für eine kurze Dauer (und innerhalb eines eng umgrenzten Bereichs) zu ändern. Tatsächlich kann die Energie des Teilchens innerhalb der vom Unbestimmtheitsprinzip gesetzten Grenzen spontan springen. Man sagt manchmal auch, das Teilchen könne sich Energie für diese bestimmte Dauer «borgen». Wichtig ist dabei festzuhalten: Je kürzer die Leihfrist, desto größer die erlaubte Menge; ein Elektron kann z.B. viel Energie für eine kurze Zeit borgen oder wenig Energie für eine längere Zeit.

Um den Tunneleffekt anhand der Energie-Zeit-Unschärfe zu erklären, nehmen wir an, daß dem Teilchen erlaubt wird, Energie zu «borgen», damit es die Barriere überwinden kann. So gewappnet, kann das Teilchen sich dann ungehindert weiterbewegen, ähnlich einem entkräfteten Wanderer, der mit einem Lift auf den Gipfel gebracht wird und seinen Weg fortsetzen kann (vgl. Abb. 7.2). Der Haken dabei ist, daß das Quantenteilchen mit genaugenommen geborgter Energie in Saus und Braus lebt. Wenn es die Barriere nicht überwinden und auf der anderen Seite wieder herunterkommen kann, bevor das Geborgte komplett zurückgefordert wird, muß es umkehren. Diese Teilchen prallen einfach von der Barriere ab, nachdem sie ein kurzes Stück in sie eingedrungen sind. Obwohl die *maximale* Dauer für das Borgen durch ein Gesetz festgelegt ist, werden die speziellen Abmachungen für jedes einzelne Teilchen durch eine Art natürliche Lotterie bestimmt, sie können aber unter Umständen nicht bereitstellen, was zum Überwinden der Barriere gebraucht wird. Der Vorgang ist daher grundsätzlich statistischer Natur. Nur eine bestimmte Quote der Teilchen kommt durch, aber man kann nicht im voraus sagen,

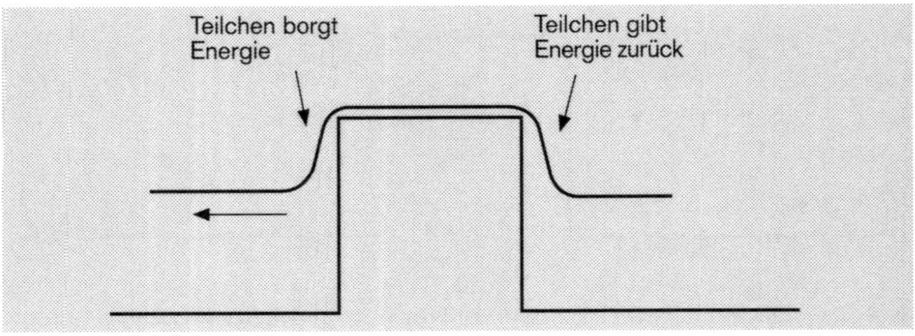

Abb. 7.2 Geborgte Energie. Als Folge der Heisenbergschen Unschärferelation kann sich ein Quantenteilchen Energie «borgen», damit es über die Barriere kommt. Die Energie muß auf der anderen Seite sofort zurückgezahlt werden. Das ist eine hilfreiche Methode, sich den Tunneleffekt vorzustellen.

welches Teilchen es schafft und welches umkehren muß. Je größer allerdings die Barriere ist, desto weniger Erfolg haben die Teilchen einzudringen, d. h. desto größer ist der Anteil der Teilchen, die abprallen.

Als der Tunneleffekt vor mehreren Jahrzehnten entdeckt wurde, lautete eine naheliegende Frage: Wie *lange* brauchen die Teilchen, um die Barriere zu durchtunneln? Man kann sich vorstellen, daß das Vorhandensein einer Barriere die Teilchen aufhält. Das wäre eine schlechte Nachricht für Hochgeschwindigkeitsrechner. Wenn die Teilchen mit genug Energie abgefeuert werden, um die Barriere überhaupt erst einmal zu überwinden, ohne à la Heisenberg Energie borgen zu müssen (was dem entspräche, den Stein so stark zu werfen, daß er die Scheibe zertrümmert), werden sie tatsächlich langsamer. Aber wenn die Quantenteilchen mittels des Tunnelmechanismus in die Barriere eindringen, versagt die einfache Logik, und man ist sich über die Antwort noch nicht einig.

Tatsächlich besteht guter Grund zu der Annahme, daß die Barriere die Wirkung hat, die Tunnelteilchen zu *beschleunigen.* Schließlich hat jedes Teilchen eine Schuld zurückzuzahlen, und die maximale Dauer des Borgens liegt unabhängig von der Größe der Barriere fest. Bei großen Barrieren muß das Teilchen sich entsprechend schneller bewegen, um rechtzeitig auf die andere Seite zu kommen und die Schuld zu tilgen. Wenn man eine Barriere hoch genug macht, müßte das Teilchen oberflächlich betrachtet schneller als Licht sein, um sie in der zugeteilten Zeit durchdringen zu können. Das ist nun eine faszinierende Möglichkeit. Leider ist der Anteil der Teilchen, die Barrieren dieser Größe durchdringen, äußerst klein. Gerade wenn es interessant wird, wird der Strom der Tunnelteilchen zu einem Rinnsal.

Trotzdem müßte man doch eigentlich bestimmen können, wie lange ein Teilchen braucht, das die Durchtunnelung tatsächlich schafft, selbst gegen großen Widerstand. Die Lehrbücher über Quantenmechanik geben sehr unterschiedliche Antworten. Nach einigen Verfassern erfolgt der Prozeß augenblicklich: Das Teilchen verschwindet einfach auf der einen Seite der Barriere und taucht augenblicklich auf der anderen Seite wieder auf. Andere behaupten, die Zeit sei undefiniert – wir können die Antwort nie erfahren. Aber ein Computerwissenschaftler kann doch sicher feststellen, wie schnell die Anlage rechnet. Das ist ein beobachtbarer und auch praktischer Vorgang. Es kann um viel Geld gehen, wenn es gelingt, eine offenkundige Quantengrenze zu unterbieten.

Der Teekessel-Effekt

Weitere Hinweise kommen von anderen Quantenprozessen. Wenn ein Atom angeregt wird, springt ein atomares Elektron auf ein höheres Energieniveau. Dort bleibt es eine bestimmte Zeit, bevor es zu seinem Grundzustand zurückkehrt – diesen Vorgang nennt man «Zerfall». Die Überschußenergie aus diesem Zerfallsprozeß wird abgegeben, normalerweise in Form eines Photons, das fortfliegt. Durch Aufspüren und Messen der Photonenenergie kann man die unterschiedlichen Energieniveaus des Atoms feststellen.

Wie lange ein Elektron in einem angeregten Zustand verweilt, ist von Fall zu Fall verschieden, aber man kann mit Hilfe der Quantenmechanik eine eindeutige Voraussage berechnen. Ein wesentliches Merkmal der Quantenphysik ist jedoch ihre Unbestimmtheit: Das Verhalten *einzelner* Systeme kann nicht vorhergesagt werden. Die Theorie kann die *durchschnittliche* Dauer des angeregten Zustands nennen, aber nicht im Einzelfall genau sagen, wann das spezifische Atom zerfällt. Diese inhärente Unschärfe verhindert, daß wir eine bedeutungsvolle Antwort auf die anscheinend einfache Frage geben können: Wie lange braucht das Elektron, um von einem Niveau zum anderen zu springen? So sehr wir uns auch bemühen, wir werden das Elektron niemals beim Springen sehen, oder wenn es sich auf halbem Weg zwischen den Energieniveaus befindet. Es besteht eine bestimmte wohldefinierte Wahrscheinlichkeit, daß das Elektron nach einer bestimmten Zeit wieder in seinem Grundzustand ist, nachdem es zuvor zu einem nicht spezifizierten Zeitpunkt zerfallen ist. Mehr können wir einfach nicht sagen.

Das ist doch Unsinn, unterbricht unser scharfsinniger Skeptiker. Warum beobachten wir das Atom nicht ununterbrochen, mit einer Stoppuhr in der Hand, und erwischen es, wenn es zerfällt?

Ein guter Gedanke. Bemerkenswerterweise existiert sogar die Technologie, mehr oder weniger genau das zu tun. Einzelne Atome können jetzt mit Hilfe elektromagnetischer Felder eingefangen, verlangsamt und längere Zeit gespeichert, und dann mit Lasern untersucht werden. Leider können selbst diese geschickten Kunststückchen den Heisenbergschen Nebelschleier nicht ausmanövrieren. Man kann das Atom niemals während des Zerfallprozesses aufspüren. Was wirklich geschieht, wenn man das Atom genau und fortwährend betrachtet, ist, daß gerade der Akt des Beobachtens den Zerfallsprozeß stört und das Atom effektiv auf der Stelle erstarren läßt (d. h. im angeregten Zustand). Dieses Phänomen heißt im Englischen «the watched kettle effect» (der Teekessel-Effekt), weil er an das Sprichwort erinnert, daß ein Kessel niemals kocht, wenn man daneben steht und wartet. Diesem Effekt kann man nicht ausweichen: Um ein Quantensystem zu überwachen, muß man irgendwie mit ihm in Wechselwirkung stehen, und diese stört in jedem Fall den beobachteten Prozeß. Aber sehen Sie nur einen Augenblick weg, und das Atom zerfällt wie der Blitz!

Aber sicher erfolgte der Zerfall doch in einem bestimmten Augenblick, als Sie nicht hingesehen haben, oder? Ich kann mich nicht damit abfinden, daß das Verhalten angeregter Atome so unbestimmt ist. Es muß doch nach einer Weile des Schwankens einen definitiven Augenblick geben, wo das Elektron sich entschließt und zum Sprung ansetzt – einen Augenblick, in dem das Elektron das angeregte Energieniveau verläßt und seinen Weg zum Grundzustand geht, oder? Und dieser Weg muß doch eine bestimmte Zeit dauern. Die Tatsache, daß ein Mensch das nicht miterleben kann, mag enttäuschend sein, aber darauf kommt es ja nicht an.

Nicht nur wir werden behindert. Das Heisenbergsche Unbestimmtheitsprinzip bewirkt, daß kein System oder Gerät oder auch kein Beobachter den Augenblick und die Dauer des Zerfalls bestimmen kann. Es ist eine fundamentale Einschränkung des Wissens, die den Naturgesetzen immanent ist, nicht nur irgendein menschliches Versagen. Wie fein Sie Ihren Apparat auch konstruieren, Sie werden niemals in die Lage kommen, einen Blick auf ein zerfallendes Atom zu erhaschen. Einstein hat sich lange damit beschäftigt, Tricks auszudenken, um dem beizukommen, hat die Sache aber am Ende als hoffnungslos aufgegeben.

Wollen Sie damit sagen, daß das Atom nicht zu einem bestimmten Zeitpunkt zerfällt, oder aber daß es das doch tut, wir aber nicht bestimmen können, wann?

In der Quantenphysik muß man sich darüber im klaren sein, was gemessen oder beobachtet werden soll, und sich daran halten. Man kann nicht viel über Dinge sagen, die *nicht* beobachtet werden. Im Fall der Zeit haben wir es doppelt schwer, weil wir nie wirklich die Zeit an sich messen (in irgendeinem objektiven Sinn). Wir messen nicht eine Dauer, indem wir sie sinnbildlich mit einem eigenständigen Gebilde – «Zeit» – vergleichen, das über jeglicher Aktivität thront, mit eingebauten «Kerben», gegen die wir aufrechnen. Wenn man die Zeit messen will, muß man irgendeine Uhr bestimmen, die das erledigt, und die Uhr dann beobachten. Aber eine Uhr ist ein physikalisches Objekt, das sich ändert, und wir messen die Zeit, indem wir die *räumliche Position* irgendeiner Variablen der Uhr beobachten, z.B. des Zeigers. Wenn wir sagen: «Die Erde braucht 24 Stunden für eine Umdrehung», meinen wir *in Wirklichkeit:* «Falls der Stundenzeiger auf die 12 zeigt, wenn die Erde eine bestimmte Ausrichtung auf die Sonne hat, dann zeigt der Zeiger, wenn die Erde das nächste Mal diese Ausrichtung hat, wieder auf die 12» (wobei er natürlich zweimal die Runde gemacht hat).

Also gut. Dann bauen Sie eine Uhr, die in dem Augenblick stehenbleibt, wo das Atom zerfällt!

Leider überlistet uns die Natur erneut. So etwas wie eine perfekte Quantenuhr gibt es nicht. Alle wirklichen Uhren, die aus wirklicher Materie bestehen, unterliegen der gleichen Unbestimmtheit, der gleichen Quantenunschärfe, wie alles andere. Wenn man eine unscharfe Quantenuhr mit einem unscharfen angeregten Atom zusammenbringt, bekommt man zumindest das gleiche Ausmaß an Unschärfe wie immer – und man kann immer noch nicht sagen, wann das spezielle Atom zerfallen ist oder wie lange der Prozeß gedauert hat. Die Natur scheint einen eingebauten Zensurprozeß zu haben, der stets verhindert, daß wir erfahren, wann genau etwas passiert, auch wenn wir eine noch so abwegige Strategie verfolgen.

Die Vergangenheit auslöschen

Es gibt noch andere Experimente, bei denen der Versuch, den genauen Zeitpunkt zu bestimmen, wann das Quantensystem «sich entschieden hat», überraschende und enttäuschende Ergebnisse erbringt. Eines davon ist der sogenannte «Quanten-Auslöscher», den der Physiker Marlan Scully sich ausgedacht hat,[1] und der einem Experimentator ermöglichen soll, seine Meinung über das, was er in einem Quantensystem beobachtet oder nicht, zu ändern – selbst nach dem Ergebnis! Abbildung 7.3 zeigt eine Version eines Quantenauslöscher-Systems, bei dem die Quantenteilchen Photonen aus einem Laser sind. Der erste Schritt besteht darin, daß ein Laserstrahl auf einen Spezialkristall trifft, der jedes ankommende Photon in zwei identische schwächere Photonen umwandelt. Diese Zwillingsphotonen werden von dem Kristall auf verschiedenen Wegen abgelenkt, aber über Spiegel so geführt, daß sie an einer halbdurchlässigen Platte, einem sogenannten «Strahlteiler», wieder zusammenlaufen. Der Strahlteiler ist ein Gerät, das den Tunneleffekt nutzt: die Photonen «durchtunneln» ihn mit einer Wahrscheinlichkeit von 50:50. Das heißt, der Strahlteiler reflektiert die eine Hälfte des Lichts und läßt die andere Hälfte durch. Das Experiment ist jedoch so angeordnet, daß beide Strahlen gleichzeitig beim Strahlteiler eintreffen sollten. Das verstrickt ihr Schicksal: Obwohl man aufgrund der Quantenunbestimmtheit nicht im voraus wissen kann, welches Photon durchgelassen und welches reflektiert wird, stellen die Experimentatoren folgendes fest: *Wenn* das untere Photon durchgelassen wird, wird das obere *immer* reflektiert, und umgekehrt. In beiden Fällen nehmen beide Photonen nach ihrem Zusammentreffen das letzte Stück Weg wieder gemeinsam. Beide Wege – der obere und der untere in der Zeichnung – sind gleich wahrscheinlich. Die Detektoren d_1 und d_2 liegen an beiden Wegen auf der Lauer, um das jeweilige Ergebnis in jedem einzelnen Fall festzuhalten.

Der Grund, warum beide Photonen immer am selben Detektor landen, dem oberen oder unteren, hat damit zu tun, daß sie identisch sind.

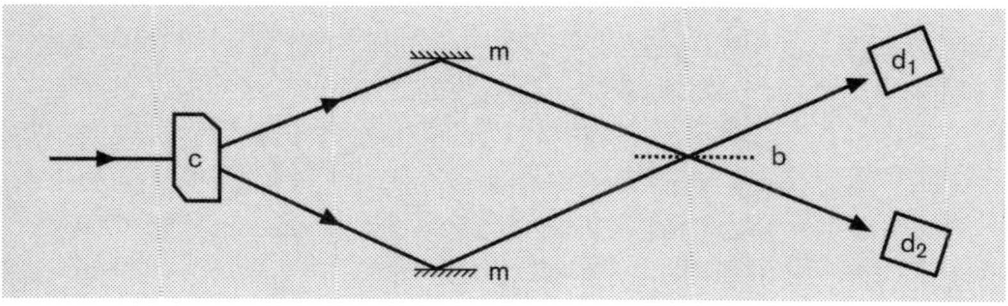

Abb. 7.3 Mehrfache Wirklichkeiten? In diesem an der Universität Berkeley durchgeführten Experiment beweisen die Photonen ungewöhnliche Fähigkeiten. Ein von links kommendes Laserphoton wird durch den Kristall C in zwei identische Photonen umgewandelt. Nach der Spiegelung an den Spiegeln m werden die beiden Zwillingsphotonen bei einem Strahlteiler b wieder zusammengeführt, der jedes Photon mit gleich großer Wahrscheinlichkeit durchläßt oder reflektiert. Die Detektoren d_1 und d_2 überwachen das Ergebnis. Wenn die Wege der Photonen gleich lang waren, wandern beide zum selben Detektor – d. h. wenn ein Photon von b durchgelassen wird, wird das andere stets reflektiert. Dieses geisterhafte Zusammenwirken kann zurückgeführt werden auf die Überschneidung oder Überlagerung zweier alternativer Wirklichkeiten, die hier nebeneinander existieren, weil der Experimentator nicht weiß, welches Photon welchen Weg genommen hat.

In der oben beschriebenen Anordnung kann der Experimentator nicht wissen, welches Photon welches ist. Es kann sein, daß Photon 1 den oberen Weg genommen hat und Photon 2 den unteren, oder umgekehrt, aber solange die Photonen nicht unterschieden werden können, kann das Experiment keine Auskunft über die tatsächlich eingeschlagenen Wege geben. Den bizarren Regeln der Quantenphysik entsprechend, impliziert dieser Mangel an Informationen über die Wegwahl eine schizophrene Welt, in der *beide* Alternativen in einer zwitterartigen Wirklichkeit nebeneinander existieren. Das heißt, ohne daß wir wissen, welches Photon welchen Weg genommen hat, müssen wir die Welt als aus beiden potentiellen Wirklichkeiten bestehend betrachten, die in einer Art geisterhaften Überlappung gemeinsam bestehen. Das ist nicht nur eine Möglichkeit, die sonderbaren Vorgänge sichtbar zu machen, sondern führt auch zu realen physikalischen Effekten. Wir können z. B. sagen, daß die zwei Alternativen «Photon 1 nimmt den oberen Weg, Photon 2 den unteren» und «Photon 1 nimmt den unteren Weg, Photon 2 den oberen» *beide* zum Ergebnis beitragen, weil diese fiktiven Alternativen zusammen Ergeb-

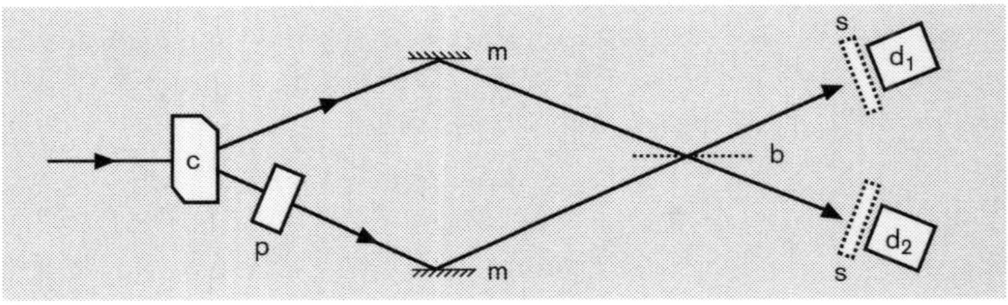

Abb. 7.4 Die Vergangenheit ändern? Die Anordnung aus Abbildung 7.3 wird dahingehend verändert, daß in den unteren Strahlenweg eine Vorrichtung p gestellt wird, die das Photon markieren soll, das diesen Weg nimmt (indem es seine Polarisation ändert). Auf diese Weise weiß man, welches Photon welchen Weg genommen hat. Das in Abbildung 7.3 beschriebene Zusammenwirken wird dann zerstört – die Photonen agieren unabhängig voneinander und können beide Detektoren gleichzeitig aktivieren. Man kann jedoch zusätzlich Polarisation s vor den Detektoren anbringen und auf diese Weise die wichtigen Markierungen auslöschen, nach dem Ereignis. Macht man das, ist die ursprüngliche Zwitterwirklichkeit wiederhergestellt, und beide Photonen wandern wieder zum selben Detektor, obwohl die Photonen, wenn die Auslöschung erfolgt ist, das optische System bereits durchlaufen haben.

nisse hervorbringen, die sich von beiden Alternativen für sich genommen unterscheiden – ein Prozeß, den man «Quanteninterferenz» nennt. Im vorliegenden Beispiel ist es diese Interferenz der alternativen Wege, die die obige Übereinstimmung bewirkt und beide Photonen zum selben Detektor lenkt.

Die Interferenz ist eine Folge der Wellennatur des Lichts und hat damit zu tun, daß phasengleich ankommende Wellen sich verstärken, während die Wellen, die phasenverschoben ankommen, sich auslöschen (ich habe das ganz kurz im Zusammenhang mit dem Michelson-Morley-Experiment in Kapitel 2 angeschnitten). Hier erfolgt die Interferenz zwischen Wellen, die mit der einen alternativen Wirklichkeit verbunden sind und sich mit Wellen überlagern, die mit der anderen Alternative verbunden sind. Man kann die Überschneidung der Wellen dieser beiden alternativen Welten überzeugend darstellen, indem man einen der Photonenwege langsam verlängert, bis die Wellen genau phasenverschoben ankommen. In diesem Fall bewirkt die Interferenz eine *Auslöschung* der Welle, was bedeutet, daß die beiden Photonen zu *verschiedenen* Detektoren wandern, d. h., die Detektoren zeigen gleichzeitig an. Eine geringfügige weitere Verlängerung des Weges bringt die Wellen wieder in Phasengleichheit, und die Photonen wandern wieder zum *selben* Detektor. Verlängert man auf diese Weise langsam einen der Wege, kann man eine Serie von Bergen und Tälern – typisch für ein Interferenzmuster – für das gleichzeitige Anzeigen der beiden Detektoren erhalten, je nachdem, ob die Wellen bei B phasenverschoben oder phasengleich ankommen.

Die Behauptung, es sei eine geisterhafte Verschwörung alternativer Halbwirklichkeiten, die zu dem Zusammenwirken der beiden Photonen führe, läßt sich bekräftigen, indem man das Experiment so abändert, daß die einzelnen Photonen in irgendeiner Form markiert werden, damit man ihren tatsächlichen Weg bestimmen kann. Das ist möglich durch das Anbringen einer einfachen Vorrichtung auf dem unteren Weg, die die Polarisation des Photons um 90° dreht (Abb. 7.4). Die Folge ist, daß das Photon, das den unteren Weg nimmt, identifiziert werden kann, so daß der Experimentator angeben kann, welches Photon welchen Weg genommen hat. Wird ein Photon so markiert, landen die Zwillingsphotonen nicht mehr zwangsläufig beim selben Detektor, sondern verhalten sich unabhängig und können *beide* Detektoren gleichzeitig anschalten. Dieses Experiment liefert ein eindeutiges Beispiel für den Welle-Teilchen-Dualismus, den ich in Kapitel 3 besprochen habe. Fehlt die Information über den Weg, verhält sich das Laserlicht wie eine Welle und erzeugt Interferenz. Wird eine Modifizierung eingeführt, die eine Bestimmung des Weges zuläßt, verschwindet die Interferenz, und das Licht verhält sich, als bestände es aus Teilchen, wobei jedes Photon einen bestimmten Weg oben oder unten nimmt.

Überraschenderweise muß der Experimentator nicht wirklich vorausgehen und die Polarisation der Photonen messen, d. h. den Weg bestimmen, den sie genommen haben, damit die Änderung im Detektorverhalten beobachtet werden kann. Die bloße *Androhung*, solche Informationen zu erhalten, genügt, die geisterhafte Interferenz der zwitterhaften fiktiven Wirklichkeiten zu zerstören. Unser *potentielles* Wissen über das Quantensystem, nicht unser tatsächliches Wissen, hilft bei der Entscheidung über das Ergebnis.

Das Neue am Scully-Experiment, das von einer Gruppe an der Berkeley Universität durchgeführt wurde,[2] die sich mit Quantenoptik beschäftigt, ist, daß diese Drohung, Informationen über den genommenen Weg zu erhalten, später zurückgenommen werden kann. Dazu werden vor den Photonendetektoren zusätzlich Polarisatoren installiert (Abb. 7.4), die die Polarisationsebene der Photonen drehen (d. h. die Information löschen) und so die Ununterscheidbarkeit der identischen Photonen wiederherstellen. Danach ist die ursprüngliche Situation wieder erreicht, und beide Photonen nehmen wieder den Weg zum selben Detektor. Das Aberwitzige an diesem Experiment ist, daß die Wiederherstellung erfolgt, *nachdem* die Photonen das optische System durchlaufen haben! Es ist, als «wüßten» die Photonen irgendwie im voraus, daß die zusätzlichen, informationsauslöschenden Polarisatoren auf der Lauer liegen, und somit ihr Verhalten entsprechend einrichten. Tatsächlich dient die Entscheidung, die zusätzlichen Polarisatoren aufzustellen, dazu, die Natur der Wirklichkeit zu bestimmen, die *war* – d. h., ob die Situation im optischen System so war, daß jedes Photon eindeutig den oberen oder unteren Weg nahm, oder ob beide Alternativen gemeinsam überlagert existierten.

Das ist unglaublich! Wollen Sie behaupten, der Quantenauslöscher könne die Vergangenheit auslöschen? Ich habe gedacht, Einsteins Zeit schließt eine rückwärts gerichtete Verursachung aus?

Es stimmt, daß derartige Experimente Einsteins schlimmste Befürchtungen bestätigen. Aber obwohl das Vorgehen des Experimentators mit über die Natur der Quantenwirklichkeit in der Vergangenheit entscheiden kann, kann das Experiment doch nicht dazu benutzt werden, wirklich Informationen in die Vergangenheit zu senden, was ja der entscheidende Punkt bei der Kausalität ist. Tatsächlich kommt die systemimmanente Unbestimmtheit der Quantenmechanik (die Einstein entschieden ablehnte und an die er nie glaubte) der Einsteinschen Zeit wunderbarerweise zu Hilfe. Weil der Experimentator nicht im voraus weiß, welcher Detektor angeschaltet wird (sondern nur die Wahrscheinlichkeit von 50 zu 50 kennt), hat er keine Kontrolle über die Einzelheiten der einzelnen Photonen. Jeder Versuch, eine Botschaft zu verschlüsseln, um sie in der Zeit zurück zu schicken, würde zu einem weißen Rauschen entarten.

Bei Ihnen sieht es immer noch so aus, als ob ein Mensch dazu beitragen könnte, die Wirklichkeit der Vergangenheit zu prägen. Was würde geschehen, wenn das Experiment vollständig automatisiert würde?

Die Berkeley-Gruppe hat dies angeregt. Sie denkt daran, die zusätzlichen Polarisatoren durch einen Strahlteiler zu ersetzen, der Photonen mit unterschiedlicher Polarisation zu verschiedenen oberen und unteren Subdetektoren lenkt. Dann gibt eine genaue Prüfung, welche Photonen wann zu welchen Subdetektoren wandern, automatisch Auskunft über die Wege, die die Photonen jeweils genommen haben. Werden dagegen die Daten von den Subdetektoren verschmolzen, werden diese Informationen verschleiert. Das Ergebnis der Detektoren kann in einem Computer gespeichert und die Datenanalyse später in Ruhe vorgenommen werden. Der Wissenschaftler kann dann wählen, ob er die verschmolzenen Daten mit den verschleierten Informationen über den eingeschlagenen Weg prüfen will, oder ob er die Daten trennen möchte, um von Fall zu Fall festzustellen, welche Photonen welchen Weg genommen haben. Die Quantentheorie macht eine eindeutige Vorhersage über das Ergebnis. Die verschmolzenen Daten dürften beim gleichzeitigen Reagieren der zwei Detektoren kein auf- und absteigendes Interferenzmuster zeigen, da einer der Wege verlängert wurde; wenn der Experimentator sich jedoch entschließt, die Daten der einzelnen Subdetektoren zu trennen, müßte ein Interferenzmuster auftreten. Das Interferenzmuster, das typisch für die Photonen ist, die «beide Wege nehmen», ist mit anderen Worten in den Gesamtdaten verborgen, die die Photonen beschreiben, die nur einen Weg nehmen. Der Experimentator hat, wenn er die Computerdaten lange nach Beendigung des Experiments prüft, die Wahl, ob er «nur sehen» möchte, welchen Weg die Photonen genommen haben, oder ob er diese Information übergehen und eine Welt «beobachten» (d. h. rekonstruieren) möchte, in der *beide* Wege beteiligt waren.

Das ist alles sehr verwirrend. Wann genau entscheidet sich das einzelne Photon, ob es einen oder sozusagen beide Wege nehmen möchte? Geschieht das dann, wenn es den Polarisationsdreher passiert (oder nicht), wenn es beim Strahlteiler ankommt, wenn es auf den Polarisationsdreher oder die Detektoren trifft, oder wenn jemand entscheidet, wie die Daten im Computer angeordnet werden sollen?

Auf Ihre Frage gibt es keine Antwort. Die dem gesunden Menschenverstand folgende Vorstellung, daß es «da draußen die ganze Zeit» eine objektive Wirklichkeit gibt, ist ein Trugschluß. Wenn Wirklichkeit und Wissen vermengt werden, kann die Frage, *wann* etwas wirklich *wird*, nicht eindeutig beantwortet werden.

Aber sicher hat doch der Vorgang, die Polarisation eines Photons zu drehen, etwas mit seiner «Entscheidung» zu tun, für welche der alternativen Wirklichkeiten es sich entschließt, oder?

Oh nein! Wie sich zeigt, ist es nicht notwendig, wirklich in den Lauf des Photons einzugreifen, um seinen Weg zu bestimmen. Wider Erwarten ist es möglich, Informationen über den Weg eines Photons zu erhalten, ohne direkt auf das betreffende Photon einzuwirken.

Geistersignale und übersinnliche Teilchen

Statt Photonen durch eine Polarisationsdrehung zu markieren, wie in der oben beschriebenen Anordnung, ging man in einem Experiment an der Universität von Rochester kürzlich anders vor.[3] In diesem Fall wurde das Laserlicht *zuerst* durch einen halbdurchlässigen Spiegel geleitet, der den Strahl in zwei Teilstrahlen teilt, und dann wurde *jeder* Teilstrahl durch einen Kristallkonverter geleitet, damit ein Photonen-Zwillingspaar entstand (vgl. Abb. 7.5). Nur ein Photon dringt jeweils in das Gerät ein. Die beiden oberen Lichtwege, die aus den Kristallen treten, durften sich an einem zweiten Strahlteiler wie bei dem Berkeley-Experiment schneiden, wo Interferenzeffekte von einem Photonendetektor überwacht werden konnten. Die Photonen, die bis hierher kamen, wurden «Signal-Photonen» genannt. Die Photonen, die entlang den beiden unteren Wegen aus den Kristallen kamen, wurden als «Kontrollphotonen» bezeichnet. Zweck dieser Anordnung war, durch Beobachten der Kontrollpartikel Informationen über den Weg der Signalphotonen zu erhalten. Das ankommende Photon wandelt sich in ein Paar um: in ein Signal- und ein Kontrollphoton. Kommt letzteres aus dem Kristall A heraus, weiß der Experimentator, daß das Signal-Photon Weg 1 nimmt. Kommt es aus dem Kristall B, hat das Signalphoton Weg 2 gewählt.

Bisher ist nichts Überraschendes passiert. Läuft das Experiment so ab, gibt es keine Interferenzeffekte, weil der Experimentator in jedem Fall sagen kann, welchen Weg das Signal-Photon nimmt. Es manifestiert sich folglich die Teilchennatur des Lichts, nicht seine Wellennatur. Die überraschende Wendung kommt, wenn man die beiden Wege so *vereint*, daß es dem Experimentator unmöglich würde, zu sagen, aus welchem Konverter das Kontrollphoton gekommen ist. Wenn man so verfuhr, erzeug-

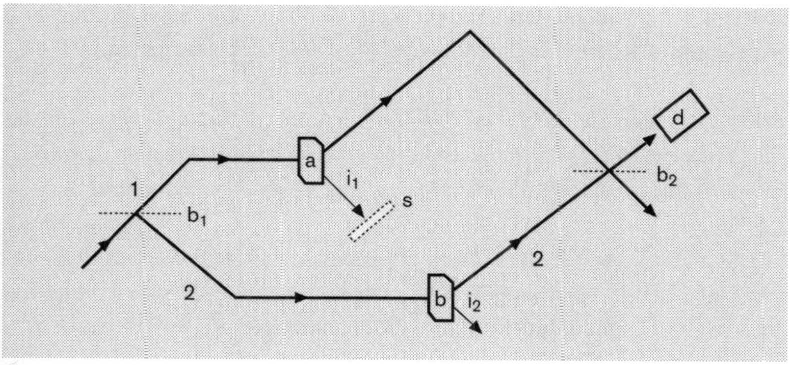

Abb. 7.5 Übersinnliche Photonen. Der Strahlteiler b_1 teilt einen Lichtstrahl in zwei Teilstrahlen 1 und 2, die sich bei einem zweiten Strahlteiler b_2 wieder schneiden. Jedes Interferenzmuster bei b_2 kann vom Detektor d registriert werden. Auf jedem Weg steht ein Kristall, der die ankommenden Photonen umwandelt in ein Signalphoton, das weiter nach b_2 wandert, und in ein Kontrollphoton (i_1 oder i_2), das in einen anderen Teil des Labors gelenkt werden kann. Fallen die Wege der beiden Kontrollphotonen zusammen, kann der Experimentator nicht sagen, welchen Weg das Signalphoton genommen hat: Es ergibt sich ein Interferenzmuster. Wird der obere Weg des Kontrollphotons durch einen optionalen Schirm s verstellt, kann der Experimentator den Weg des Signalphotons herleiten, und das Interferenzmuster verschwindet. Irgendwie «wissen» die Signalphotonen, was mit den Kontrollphotonen passiert, die sich ganz woanders befinden.

ten die Signal-Photonen das eindeutige Interferenzmuster am Detektor. Um es noch einmal zu sagen, das Muster entsteht aufgrund der Überschneidung der Scheinalternativen. Die Welten von Weg 1 und Weg 2 werden überlagert, damit sie eine gemischte hybride Wirklichkeit bilden. Wenn die Experimentatoren wollten, könnten sie die Kontrollstrahlen entmischen (z. B. durch einfaches Blockieren des Austrittswegs aus dem Kristall A). Wenn sie das taten, änderte sich das Verhalten der Signalphotonen dramatisch: Das Interferenzmuster verschwand. Die Änderung erfolgte, obwohl die Kontroll- und Signalphotonen jederzeit deutlich getrennt blieben! Ohne daß also direkt etwas mit den Signalphotonen *gemacht* wird – lediglich durch Befragen ihrer Zwillinge in einem anderen Teil des Laboratoriums –, passen die Signalphotonen ihr Verhalten entgegenkommenderweise an. Es ist fast so, als hätten die Signalphotonen übersinnliche Fähigkeiten: Sie «wissen», daß ihre Zwillinge befragt und gezwungen wurden, die Einzelheiten ihres Weges preiszugeben.

Aber wie finden sie das heraus? Könnte es sein, daß das Beobachten des Kontrollphotons irgendeine Botschaft durch das Labor sendet, die besagt: «Ändere dein Verhalten, Zwilling! Dein Weg ist verraten worden.»?

Einstein hat sich mit dem Problem geheimer Quantenbotschaften beschäftigt. Ihm war seit langem klar, daß die Quantenphysik ziemlich bedrohlich wird, sobald «nichtlokale» Beobachtungen ins Spiel kommen, d. h. wenn *gleichzeitige* Beobachtungen an verschiedenen Orten im Weltraum durchgeführt werden. 1935, er war Mitte Fünfzig, hatte sich in Princeton häuslich eingerichtet und näherte sich dem Ende seiner produktiven Karriere, ersann er mit seinen Kollegen Nathan Rosen und Boris Podolsky ein weiteres Gedankenexperiment, das nach ihnen «EPR-Experiment» genannt wurde. Der Grundgedanke ist der, daß zwei Quanteilchen sich von einem gemeinsamen Ursprungsort fortbewegen und gleichzeitig Beobachtungen an beiden Teilchen vorgenommen werden, wenn sie deutlich getrennt sind. Nach der Quantenmechanik bleibt der Zustand der weit voneinander entfernten Teilchen auf eine Weise unbestimmt, die unmöglich mit jener normalverständlichen Wirklichkeit zu vereinbaren ist, wie sie Einstein vorschwebte. Er glaubte, daß Quantenteilchen wie das Photon wirklich «da draußen» sind, komplett versehen mit klarumrissenen Eigenschaften wie Ort, Bahn und Polarisation, bevor jemand daran geht, sie sich anzusehen. Aber wenn Einstein recht hätte, kann nachgewiesen werden, daß die Teilchen nur dann den Regeln der Quantenmechanik folgen können, wenn sie irgendwie heimlich durch den Raum miteinander kommunizieren (Einstein sprach in diesem Zusammenhang von einer «gespenstischen Fernwirkung».)

Doch Einstein lehnte den Gedanken an verborgene Signale deshalb ab, weil das einen *unverzüglichen* Dialog zwischen den getrennten Teilchen implizierte. Abgesehen davon, daß alles aberwitzig verschwörerisch anmutete (man stelle sich zwei Photonen vor, die mehrere Meter oder noch weiter voneinander entfernt sind und so zusammenwirken, wie sie es in ihrem jeweiligen Meßgerät tun), stand es in krassem Widerspruch zur Relativitätstheorie, die eine Signalübermittlung mit mehr als Lichtgeschwindigkeit verbietet. Wenn wir uns die Abenteuer von Fräulein Bright in Erinnerung rufen, würde eine solche Signalübermittlung die Möglichkeit der Verursachung rückwärts in der Zeit einbeziehen. So gehören die unverzügliche EPR-Signalübermittlung und das Phänomen der Auslöschung der Vergangenheit in den Experimenten von Berkeley und Rochester in Wirklichkeit zu ein und demselben Rätsel.

Die jüngsten quantenoptischen Experimente dürften genügen, Einstein im Grabe rotieren zu lassen. Aber es könnte noch schlimmer kommen. Erinnern wir uns, daß im Berkeley-Experiment (vgl. Abb. 7.4) die Entscheidung der Experimentatoren, die wellenartigen Interferenzmuster entweder zu beobachten oder nicht, hinausgezögert werden kann, bis die Photonen das optische System *bereits durchlaufen haben*. Das ist schon verwirrend genug. Aber die Berkeley-Gruppe geht noch einen Schritt weiter und erklärt, daß diese wichtige Entscheidung, die hilft, das Wesen der vergangenen Wirklichkeit zu gestalten, sogar hinausgezögert werden kann, bis die Photonen *entdeckt* worden sind.

Um ihre Angelegenheit voranzubringen, haben Raymond Chiao und seine Kollegen in Berkeley eine Modifizierung der in Abbildung 7.5 gezeigten Anordnung vorgeschlagen. Sie weisen darauf hin, daß der Experimentator, wenn die auf dem Weg i_1 austretenden Kontrollphotonen irgendwie markiert werden (etwa durch Drehen der Polarisation), in dem Fall sagen kann, welchen Weg das einzelne Signalphoton genommen hat, indem er einfach die Polarisationsrichtung des entsprechenden Kontrollphotons mißt. Diese Information kann jedoch wieder gelöscht werden, wenn man weiter hinten einen zweiten Polarisationsdreher einschiebt. (Der erste Polarisator dreht die Polarisationsrichtung der Photonen im Strahl i_1 um 90°, der zweite Polarisator ist in einem Winkel von 45° zum ersten angeordnet.) Aber in jedem Fall kann die Entscheidung, ob der zweite Polarisator eingesetzt werden soll oder nicht, im Prinzip bis *nach* der Registrierung des Signalphotons bei D warten. Wird der zweite Polarisationsdreher weggelassen, verhalten sich die Signalphotonen wie Teilchen; wird er jedoch eingeschoben, muß wieder die wellenartige Interferenz auftauchen – in der Form charakteristisch gemusterter Korrelationen zwischen den Signal- und Kontrollphotonen.

Es sind Pläne in Vorbereitung, Experimente dieser Art durchzuführen. Sie würden die Experimentatoren nicht in die Lage versetzen, tatsächlich Signale in die Vergangenheit zu senden oder die Vergangenheit zu ändern. Sie würden vielmehr zeigen, daß die besondere Art der vergangenen Wirklichkeit, die durch die experimentellen Beobachtungen offengelegt wird, erst dann endgültig feststeht, wenn das ganze Experiment beendet ist. Selbst wenn die Signalphotonen entdeckt sind, bleibt die Aufzeichnung der Vergangenheit nicht nur unvollständig, sondern wegen der differenzierten und weitreichenden Verwicklung zwischen Signal- und Kontrollphotonen *unentschieden.*

Einstein benutzte die umstrittene Art der Signalübertragung rückwärts in der Zeit als Argument, die Quantenmechanik abzulehnen, aber Bohr konterte, man solle lieber Einsteins naive Sicht der Wirklichkeit ablehnen. Die Teilchen haben einfach keine eindeutigen Eigenschaften, solange sie nicht beobachtet werden, sagte er. Aus Einsteins Gedankenexperiment sind jedenfalls inzwischen eine Reihe wirklicher Experimente geworden, deren Ergebnisse bestätigt haben, daß Bohr eindeutig recht hatte und Einstein bedauerlicherweise unrecht. Die strenge Rückwärtsverursachung wird von der Quantenunbestimmtheit zwar verschmiert, aber eine beunruhigende Spur vom «geisterhaften» Tun bleibt in den Ergebnissen von Scully und Co. doch.

Diese Experimente beleuchten die höchst eigenartige Natur der Zeit in der Quantenphysik. Obwohl sie dem strengen Buchstaben des Gesetzes genügen, das die Einsteinsche Zeit regelt, verletzen sie den Geist der Relativität, weil sie Aktionen in der Gegenwart mit der Wirklichkeit der Vergangenheit vermischen.

Schneller als Licht?

Die Schlußfolgerung aus den verschiedenen Zwei-Photonen-Experimenten, von denen viele erst in jüngster Zeit durchgeführt wurden, lautet, daß man nicht generell sagen kann, wann in der Quantenphysik etwas «wirklich passiert».

Dann besteht also keine Hoffnung, festzustellen, wie lange ein Teilchen braucht, um eine Barriere zu «durchtunneln?»

Komischerweise ist das vielleicht doch möglich. Wie Sie sehen, besteht ein feiner Unterschied zwischen der Bestimmung, *wann* ein Teilchen «tunnelt» und *wie lange* das dauert. Wenn wir nur an der Gesamtdauer von Anfang bis Ende interessiert sind und nicht am eigentlichen Augenblick des «Tunnelns», haben wir eine Chance, doch noch messen zu können. Die Wissenschaftler in Berkeley haben genau das versucht.[4] Ihr Experiment baute auf der in Abbildung 7.3 gezeigten Anordnung auf; erinnern wir uns: Wenn beide Photonenwege gleich sind, kommen die Photonen gleichzeitig am Strahlteiler an und wandern aus Gründen der Quanteninterferenz zum selben Detektor. Die optische Anordnung stellt im Grunde eine Rennstrecke dar, um die Laufzeiten der beiden Photonen zu vergleichen.

Nehmen wir nun an, daß einer der Wege durch eine Barriere blockiert wird. Weil das Photon auf diesem Weg die Barriere «durchtunneln» muß, kommt es vielleicht nicht im gleichen Augenblick am Treffpunkt an wie sein Zwillingspartner; in dem Fall werden die feinen Interferenzanordnungen gestört, und es besteht eine Chance, daß ein Photon zu jedem Detektor wandert. Durch Längenanpassung des anderen Weges (den der Zwillingspartner genommen hat), um auszugleichen, kann man jedoch die Situation wiederherstellen und erneut für eine gleichzeitige Ankunft und eine absolut sichere Kooperation bei der Wahl des Detektors sorgen. Falls das Photon wegen der «Durchtunnelung» der Barriere etwas aufgehalten wird, muß der Weg des Zwillings zum Ausgleich etwas verlängert werden. Durch Messen dieser Verlängerung läßt sich errechnen, wie lange das Photon für das «Tunneln» gebraucht hat.

Als das Experiment durchgeführt wurde, gab es ein verblüffendes Ergebnis. Das Photon, das die aufgestellte Barriere «tunneln» mußte, kam zuerst an! Mit anderen Worten, die Barriere schien das Photon zu beschleunigen. Aber das Photon bewegte sich bereits mit Lichtgeschwindigkeit; es «tunnelte» die Barriere also anscheinend mit Überlichtgeschwindigkeit! Die Berkeley-Forscher kamen auf eine Steigerung der Photonengeschwindigkeit von etwa 70 Prozent, d. h., das Photon hätte die Barriere mit über 500 000 km pro Sekunde «getunnelt».

Hatten die Wissenschaftler aus Berkeley Tachyonen erzeugt? Oh nein. Wir müssen auch hier äußert vorsichtig sein, wenn wir in der verrückten Welt der Quantenphysik folgern wollen, daß etwas aufgrund der Ergebnisse bestimmter experimenteller Anordnungen «da draußen» tatsächlich vorkommt. Die kausalitätsverletzenden Tachyonen setzen voraus, daß wir Kontrolle über den Augenblick der Übertragung und die Erfassung der betroffenen Teilchen haben. Es ist nicht das gleiche, wie *nach dem Ereignis* zu folgern, daß etwas in der Vergangenheit die Lichtgeschwindigkeit übertroffen haben könnte, wenn wir auch wissen, daß wir selbst bei exakter Beobachtung dieser flüchtigen überlichtschnellen Bewegung nicht in der Lage gewesen wären, sie in einem bestimmten, auf einer wirklichen Uhr ablesbaren Augenblick «auf frischer Tat zu ertappen».

Die Zeit verschwindet!

Die Zeit ist in der Quantenphysik ein fraglos ausgesprochen dunkles Kapitel, und das aus gutem Grund. Erstens gibt es, wie wir gesehen haben, in der Quantenphysik keine perfekte Uhr – alle physikalischen Uhren unterliegen selbst der Quantenunbestimmtheit. Diese verschmiert ihre Ganggenauigkeit in unvorhersehbarer Weise und bewirkt unter Umständen sogar, daß sie rückwärts gehen. Zweitens ist Einsteins Zeit nicht Newtons Zeit; es ist relative Zeit, es ist Verformbarkeit, die untrennbar mit der Materie und der Gravitation verwoben ist.

Weil die eigenartigen Regeln der Quantenphysik vermutlich alle Dinge beherrschen, auch die Gravitationsfelder, unterliegen nicht nur die Uhren der Quantenunbestimmtheit, sondern die *Zeit selbst.* Damit kommen wir zum mächtigen Problem der Quantenschwerkraft. Wird die Quantenphysik auf das elektromagnetische Feld angewandt, erhält man Photonen und all die sonder- und wunderbaren Phänomene, die ich oben angesprochen habe. Im Fall des Gravitationsfeldes hat Einstein gezeigt, daß man es als eine Krümmung der Raumzeit betrachten kann. Wenn die Quantenphysik auf die Schwerkraft angewandt wird, nehmen daher auch Raum und Zeit die wunderlichen Quanteneigenschaften an. Das verschärft «das Zeitproblem» in der Quantenphysik erheblich, und auf der Tagesordnung der Physiker sind noch einige Rätsel zu lösen.

Die eigentliche Schwierigkeit bei der Quantenzeit geht genau auf den Gedanken der Einsteinschen Zeit zurück: Es gibt keine absolute und universelle Zeit. Meine Zeit und Ihre Zeit sind höchstwahrscheinlich verschieden, und keine von beiden ist «richtig» oder «falsch»; sie sind gleichermaßen annehmbar. In Kategorien vierdimensionaler Raumzeit betrachtet, entsprechen verschiedene Wahlen der Zeit den verschiedenen Arten, die Raumzeit aufzuschneiden oder in Abschnitte zu zerlegen (vgl. Abb. 2.2). Christopher Isham, Großbritanniens führender Experte in Sachen Quantenschwerkraft, erklärt es folgendermaßen:

> «Ein zentrales Merkmal der allgemeinen Relativitätstheorie ist, daß all diese Zerlegungen der Raumzeit als zulässig und gleichrangig erachtet werden. In diesem Sinn ist ‹Zeit› eine Konvention; jede Wahl genügt, vorausgesetzt nur, daß die Ereignisse nach den zugewiesenen Zeitwerten einheitlich geordnet werden können.»[5]

Das Fehlen jeder absoluten grundlegenden Zeit bedeutet, daß physikalische Prozesse nie ausdrücklich von der Zeit an sich abhängen können – denn wessen Zeit wollen sie wählen? Vielleicht wittern Sie hier einen Widerspruch, der zu suggerieren scheint, daß sich in einem Quantenuniversum nichts jemals ändern kann, doch das ist nicht so. Entscheidend ist vielmehr, daß die einzig sinnvolle Methode, in Einsteins Universum eine physikalische Änderung zu messen, darin besteht, die Zeit «an sich» zu vergessen und Veränderungen nur nach den Anzeigen wirklicher, physikalischer Uhren zu beurteilen, nicht nach irgendeiner irrealen Vorstellung von der «Zeit an sich».

Es muß gesagt werden, daß viele führende Physiker äußerst unglücklich über den vorerwähnten Schluß sind und sich sehr darum bemüht haben, eine «echte», innere Zeit aufzuspüren, die auf geheimnisvolle Weise in der Mathematik der allgemeinen Relativität verborgen liegt. Sie hoffen, daß irgendeine geniale und raffinierte Kombination von Größen, die die Geometrie der Raumzeit beschreiben, gefunden wird, die die Eigenschaften besitzt, die man bei einem universellen Zeitmaß erwarten könnte, und daß diese universelle Zeit fortan als eine «Schablone» dient, wenn Änderungen gemessen werden. Aber bis jetzt deutet nichts darauf hin, daß eine solche innere Zeit existiert.

Aber ich dachte, Sie hätten vorher gesagt, daß es eine Art universelle kosmische Zeit gibt und die Erdzeit fast mit ihr zusammenfällt.

Das habe ich. Aber die kosmische Zeit dient in keinem *fundamentalen* Sinn als eine innere Zeit, weil ihre Existenz, wie Sie sich erinnern werden, davon abhängt, daß der Zustand des Universums großräumig weitgehend gleichförmig und symmetrisch ist. Eine *allgemeine* Raumzeit besitzt diese Gleichförmigkeit nicht. Es ist die Aufgabe des Kosmologen, das Universum mit Hilfe der Gesetze der Physik zu erklären, nicht umgekehrt. Wir möchten das Universum als ein gigantisches mechanisches System betrachten, das den Gesetzen der Quantenphysik unterliegt, und gern erklären, warum es eine großräumige Gleichförmigkeit gibt. Aber um diese zentrale Aufgabe der Quantenkosmologie durchzuführen, müssen wir erklären, wie sich das Universum in der Zeit entwickelt, ohne irgendwie grundlegend auf die Zeit Bezug zu nehmen!

Kann man nicht die Expansion des Universums selbst als Uhr verwenden?

Das kann man. Ein *bestimmtes* Zerlegen der Raumzeit in räumliche Abschnitte zeigt, wie die Geometrie des Raums sich auf der Zeitkoordinate entwickelt. Im einfachen Fall eines gleichförmigen Universums dehnt sich der Raum einfach mit einer bestimmten Geschwindigkeit aus. Wenn wir jedoch eine andere Zerlegungsmethode anwenden, erhalten wir eine andere Darstellung, z.B. eine andere Größe und Expansionsrate beim gleichen Wert der Zeitkoordinate. Das wichtige bei der Einsteinschen Zeit ist, daß all diese Darstellungen gleichwertig sein müssen; der Wert der Zeitkoordinate ist dagegen beliebig.

Wenn man dennoch darangeht und eine beliebige Zeitkoordinate verwendet und die Bewegung des Universums wie die jedes anderen mechanischen Systems behandelt, dann kann man Einsteins Feldgleichungen der Gravitation benutzen, um Bewegungsgleichungen für das Universum aufzuschreiben, und vertraute Größen wie die Gesamtenergie bestimmen. Aber hier liegt der Hase im Pfeffer. Damit die Gleichungen gültig bleiben, egal für welche relative Zeit, d. h. Zerlegung, man sich entscheidet, muß die Gesamtenergie des Universums, wie sich herausstellt, genau *null* sein. Einsteins Sicht der Zeit zwingt uns also zu dem Schluß, daß, wenn das Universum als Ganzes naiverweise wie ein irdisches mechanisches System behandelt wird, seine Energie verschwinden muß! Dieses erstaunliche Ergebnis, das den Physikern seit vielen Jahren bekannt ist, hat für eine Quantendarstellung weitreichende Konsequenzen. In der Quantenphysik geht die Energie immer Hand in Hand mit der Zeit. In gewisser Weise bestimmt die Energiemenge das Tempo, mit der Zeit vergeht – den Schlag der Quantenuhr, wenn Sie so wollen. Keine Energie bedeutet, die Quantenuhr hört auf zu schlagen: Die Zeit fällt erstaunlicherweise ganz aus der physikalischen Darstellung heraus. Die auf diese Weise behandelte Quantenkosmologie nimmt keinerlei Bezug auf die Zeit: Tatsächlich ist die Zeit völlig verschwunden! Die Raumzeit, gerade die Größe, auf der Einsteins Relativitätstheorie gründete, wurde ersetzt durch eine bunte Auswahl von Räumen unterschiedlicher Geometrie, aber ohne Zeit, die sie zusammenhielte. Wie der Hund in der Sherlock-Holmes-Geschichte, der vergaß zu bellen, scheint die kosmische Uhr, die zu schlagen vergaß, ein entscheidender Hinweis zu sein, der uns vielleicht hilft, das Rätsel Zeit zu lösen, aber uns fehlt die legendäre Kombinationsgabe des Detektivs, die harte Nuß zu knacken.

Das ist alles ganz schön rätselhaft, finden Sie nicht? Was ist aus der Zeit geworden? Bei Ihnen hört sich das so an, als habe sie nie wirklich existiert.

Sie hat sich in einer Wolke von Quantenunbestimmtheit verflüchtigt, so wie auch andere präzise Begriffe wie Ort und Bewegungsbahn der Teilchen in der herkömmlichen Quantenmechanik verschwinden. Die Quantenkosmologie hat die Zeit abgeschafft, so sicher wie der geänderten Bewußtseinszustand des Mystikers. Für einen typischen Quantenzustand in dieser Theorie *ist Zeit einfach bedeutungslos.*

Woher kam denn dann die Zeit? Wenn sie keine grundlegende physikalische Existenz hat – wenn sie sozusagen nicht beim Urknall entstanden ist –, was hat sie dann hervorgebracht?

Eine gute Frage. Ich bin der erste, der zugesteht, daß die Zeit im Alltagsleben wirklich eine enorme Bedeutung hat. Keine Theorie vom Universum kann glaubwürdig sein, wenn sie nicht irgendeinen Zeitbegriff aus dem Quantennebel aufsteigen läßt. Nach neuesten Erkenntnissen der Quantenkosmologen soll die Zeit lediglich ein *approximativer* und *abgeleiteter* Begriff sein. Man hat eifrig gerechnet, um genau zu erhellen, wie kosmische Zeitlichkeit aus dem zeitlosen Quantenübermut verzerrter Geometrien «erstarrt» oder «kristallisiert», die den Urknall einhüllten. Als diese Zeilen entstanden, waren diese Berechnungen, soweit ich weiß, noch genauso schlüpfrig wie die Zeit, die sie zu fassen suchten. Alles, was klar zu sein scheint, ist, daß ein allgemeiner Quantenzustand des Universums überhaupt keine klar definierte Zeit kennt.

Die Schwierigkeit bei diesen Berechnungen liegt darin, daß die Quantenunbestimmtheit nicht einfach aus eigenem Antrieb verschwindet. Sie befällt nicht nur die Identität von Raum und Zeit, sondern auch die *Geometrie* der Raumzeit. In einer Quantenbeschreibung gibt es keine einzige Raumzeit mit einer eindeutigen Geometrie, die «da» ist; statt dessen muß man sich alle möglichen Geometrien – alle möglichen Raumzeiten, Raumkrümmungen und Zeitkrümmungen – zu einer Art Cocktail oder «Schaum» gemixt vorstellen – nach der Art der alternativen Wirklichkeiten, die von Photonenwegen dargestellt werden, über die ich im vorigen Kapitel berichtet habe. Irgendwie ist aus diesem schaumigen Gebräu so etwas Ähnliches wie ein Raum und eine Zeit mit einer spezifischen Geometrie geronnen. Niemand weiß genau, wie es zu diesem Gerinnsel gekommen ist, aber es besteht Grund zu der Annahme, daß es ganz bestimmte Umstände erfordert. D.h., wenn man nur irgendeinen alten schaumigen Quantenurknall nimmt, ist nichts mit einer klar definierten Zeit. Die generelle Regel lautet: einmal schaumig und unbestimmt, immer schaumig und unbestimmt. Anscheinend entwickeln sich nur *ganz spezielle* Anfangsbedingungen – d. h. nur Universen, die mit einem ganz speziell zusammengestellten Schaum beginnen – zu annähernd «klassischen» (d. h. Nicht-Quanten-) Wirklichkeiten, die Zeit, Raum und eindeutige makroskopische materielle Objekte besitzen. Aus Gründen, die wir nicht kennen, *ist* der Quantenzustand unseres Universums glücklicherweise einer jener ganz speziellen Zustände, der die Zeit aus diesem uranfänglichen Durcheinander erstehen läßt, während sich das Universum unbestimmt und unklar definiert weg vom Urknall «entwickelt». Und das ist gut so, denn ein Leben in einem Universum ohne jede Zeit würde schwierig werden.

Falls diese Gedanken auf dem richtigen Weg sind (und sie sind zweifellos äußerst spekulativ), erweist sich die «Zeit» genannte Größe, die für unser Leben und unsere Darstellung der physikalischen Welt so unentbehrlich ist, vielleicht als eine völlig zweitrangige Vorstellung, die gar nichts mit den grundlegenden Gesetzen des Universums zu tun hat. Der Kreis der Geschichte hat sich seit Newton geschlossen, der die Zeit in das Zentrum seiner Darstellung der Wirklichkeit stellte. Heute sehen wir, daß die Zeit beinahe zufällig entstanden sein kann. Wir können uns vorstellen, daß am Anfang, kurz nach dem Urknall, die Zeit nicht existiert hat. Nur aufgrund des besonderen Quantenzustands des Universums ist die Zeit auf eine ungefähre Art – wie eine Art Überbleibsel – aus den zeitlosen Urwirbeln des im Entstehen begriffenen Kosmos hervorgegangen. Es erscheint vielleicht beunruhigend, daß die Quantenphysik die Zeit nahe beim Urknall abschafft, aber es gibt einen willkommenen Ausgleich: Es könnte genau das Schlupfloch sein, das man braucht, um zu erklären, wie das Universum überhaupt entstanden ist.

8

Imaginäre Zeit

So ist möglicherweise das, was wir imaginäre Zeit nennen, von viel grundlegenderer Bedeutung und das, was wir real nennen, lediglich ein Begriff, den wir erfinden, um unsere Vorstellung vom Universum zu beschreiben.

Stephen Hawking

Stephen Hawking

Ich werde nie den Augenblick vergessen, als ich Stephen Hawking zum ersten Mal sah – oder besser, hörte. Es war das Jahr 1969, und ich nahm an einer eintägigen Konferenz über die Gravitationstheorie am Londoner King's College teil, das in der Nähe der berühmten Fleet Street liegt. Es war nach den Strapazen der Doktorarbeit für einen Tag eine Wohltat. Am Rednerpult stand gerade der weltberühmte Mathematiker Roger Penrose. Er war mitten in seinem Vortrag, als er plötzlich von einer Stimme aus der ersten Reihe unterbrochen wurde. Mein erster Eindruck war, ein Betrunkener oder Irrer habe sich in den Saal geschlichen und beabsichtige zu stören. Der Zwischenruf erfolgte schwerfällig und schleppend, war für mich absolut unverständlich und zog sich über ganze zwei Minuten hin. Zu meinem Erstaunen stand Penrose die ganze Zeit geduldig da und formulierte dann eine längere fachliche Antwort auf eine offensichtlich sehr kompetente Frage des jungen Hawking.

Schon damals interessierte Hawking sich für das Problem, ob die Zeit einen Ursprung hat oder ewig rückwärts reicht. Hat es für die große kosmische Uhr sozusagen ein erstes Ticken gegeben, oder tickt sie seit ewigen Zeiten? Als Hawking seine Gedanken zu diesem Thema zwanzig Jahre später in dem Buch *Eine kurze Geschichte der Zeit* zusammenfaßte, wurde er mit einem Schlag berühmt und von vielen mit Einstein verglichen. Seine starke Beachtung in der Öffentlichkeit löste, vielleicht unausweichlich, eine heftige Reaktion aus.

Der wütende Aufschrei, der sich bei Hawkings Buch erhob, nahm die Form öffentlicher Denunziationen durch selbstgefällige Politiker und Journalisten sowie fast hysterischer Ausfälle renommierter Schriftsteller und Akademiker in der Presse an. Genährt wurde ihr Unbehagen dadurch, daß kaum jemand von diesen Leuten das, was in dem Buch stand, verstehen konnte, da praktisch keiner von ihnen irgendeine wissenschaftliche Ausbildung hatte und der Wissenschaft oft aus ideologischen Gründen ohnehin ablehnend gegenüberstand. Es wurde das läppische Argument aufgetischt, daß jede bedeutende Wahrheit für jeden intelligenten Menschen verständlich sein müßte. Die Botschaft lautete, «ich bin (schöngeistig) gebildet und kann diese Behauptungen von Physikern und Kosmologen nicht verstehen. Deshalb müssen diese Behauptungen unsinnig und die Wissenschaftler Scharlatane sein.»

Um das deutlich zu machen, gewöhnten sich die Kommentatoren an, die Wissenschaftler zu verspotten, indem sie die Frage stellten: «Was geschah vor dem Urknall?» Es war, als wollten sie sagen: «Ihr Wissenschaftler haltet euch für so klug und meint alles erklären zu können. Selbst wenn ihr den Urknall erklärt, habt ihr doch immer noch nicht erklärt, was vorher los war, oder?»

Wie die Zeit begann

Leider verrät der oben erwähnte Angriff Unkenntnis nicht nur der Geisteswissenschaft, sondern auch der Geschichte der Philosophie und Theologie. Wie wir gesehen haben, hat Augustinus schon vor langer Zeit erklärt, daß die Welt nicht *in* der Zeit, sondern *mit* der Zeit zusammen erschaffen wurde. Er erkannte, daß die Zeit selbst Teil des materiellen Universums ist, Teil der Schöpfung, und daß damit alles Gerede über ein «vor» der Schöpfung sinnlos ist.

Das ist ja alles schön und gut, entgegnet der Skeptiker (der eher auf Seiten der britischen Intelligenzler steht), wenn man behauptet, Augustinus habe das alles gelöst. Aber um es ganz offen zu sagen, daß die Zeit nicht exi-

stierte, bevor das Universum entstand, ist doch nichts als Wortgeklingel. Wie kann man sich so etwas vorstellen? Wie kann die Zeit plötzlich einfach so anfangen?

Augustinus hielt sich mehr an die Theologie als an die Physik. Seine Idee löste sehr schön das Rätsel, was Gott gemacht hat, bevor er das Universum schuf. Aber die Probleme mit der Zeit und der Erschaffung verschwanden nicht. Die meisten Theologen und Wissenschaftler glaubten immer noch, die Zeit sei ewig und habe keinen Anfang. Wenn daher das Universum der Materie und Energie einen eindeutigen Ursprung hatte (d. h. von Gott in einem bestimmten Augenblick erschaffen wurde), mußte es ein anfängliches, einmaliges Ereignis innerhalb der Zeit gegeben haben, mit dem das Universum abrupt angefangen hat zu existieren.

Im 17. Jahrhundert war Gottfried Leibniz, der glauben wollte, daß Gott das Universum vor einer begrenzten Zeit erschaffen habe, trotz allem verunsichert, warum Gott, der als vollkommen und unveränderlich gilt, sich plötzlich entschloß, das Universum in einem bestimmten Augenblick zu schaffen:

> «Denn weil Gott nichts ohne Grund tut und kein Grund genannt werden kann, warum er die Welt nicht eher geschaffen hat, folgt daraus entweder, daß er überhaupt nichts schuf oder daß er die Welt vor jeder zurechenbaren Zeit schuf, das heißt, daß die Welt ewig ist.»[1]

Die Frage wurde von Immanuel Kant aufgegriffen, der mit Geschick Argumente vorbrachte, die Zweifel an *beiden* Alternativen aufkommen lassen. Das Universum, so argumentierte er, kann keine unbegrenzte Vergangenheit haben, denn das würde bedeuten, daß eine unendliche Reihe von Ereignissen oder aufeinanderfolgenden Zuständen der Dinge in der Welt abgelaufen sein muß. Aber da die Unendlichkeit «durch sukzessive Synthesis niemals vollendet sein kann», muß die Hypothese eines ewigen Universums falsch sein. Wenn das Universum andererseits in irgendeinem bestimmten Augenblick in der Zeit entstanden ist, dann muß es eine Zeit gegeben haben, bevor das Universum existierte (Kant nannte sie «leere Zeit»). Aber dann erklärte er dunkel, daß in einer leeren Zeit kein Entstehen möglich sei, «weil kein Teil einer solchen Zeit vor einem anderen irgendeine Bedingung des Daseins, für die des Nichtseins, an sich hat».[2] Kant sah ein, daß eine Flucht vor diesem zeitlichen Dilemma bedeuten würde, «eine absolute Zeit vor der Welt Anfang» zu leugnen, aber dazu war er nicht bereit, trotz Augustinus.

Welchen Sinn kann man dem Gedanken einer Zeit vor dem Universum beimessen? Wenn es keine «Dinge» gibt, nur eine ewige Leere, in der nichts geschieht, haben Begriffe wie Aufeinanderfolge und Dauer offenbar doch überhaupt keinen Sinn.

Viele Menschen stellen sich die Zeit vor dem Universum als einen dunklen, trägen, leeren Raum vor. Doch für den modernen Kosmologen existierte vor dem Urknall weder Zeit noch Raum. Der Ursprung des Universums bedeutet den Ursprung von Raum und Zeit wie auch von Materie und Energie.

Wenn es die Zeit nicht immer gegeben hat, muß es doch eine Diskontinuität gegeben haben, bei der die Zeit mit einem Schlag «ansprang». Und das bedeutet, es hätte ein erstes Ereignis gegeben. Das erste Ereignis kann nicht wie andere, normale Ereignisse sein, weil vor ihm nichts war. Es wäre ein Ereignis ohne eine Ursache, ein einmaliges, übernatürliches Ereignis, oder?

Hawking hat sich in seiner frühen Arbeit intensiv mit dem ersten Ereignis beschäftigt. Er konnte mit Hilfe der allgemeinen Relativitätstheorie nachweisen, daß der Ursprung des Universums tatsächlich singulär war – in dem ziemlich genauen mathematischen Sinn, über den ich die Kapitel 4 geschrieben habe. Verfolgt man das einfache Modell des Urknalls bis zu seiner äußersten Grenze, dann war das Universum ganz zu Beginn unendlich komprimiert. Dieser Zustand hat ein unendliches Gravitationsfeld, das eine unendliche Krümmung der Raumzeit darstellt. Man kann die Raumzeit über eine solche Singularität hinaus nicht weiter fortsetzen, genausowenig wie man einen Kegel über seine Spitze hinaus fortsetzen kann.

Das erste Ereignis war also eine Raumzeit-Singularität – ein Zustand unendlicher Dichte und Krümmung?

Nicht genau. Es gibt da eine kleine Feinheit. Die Singularität, die ohnehin ein mathematisches Kunstgebilde ist, wird als eine *Grenze* zur Zeit definiert, nicht als Teil der Zeit selbst, nicht als ein Ereignis an sich. Die

Singularität bindet Zeit in der Vergangenheit, was bedeutet, daß die Zeit nicht seit ewig besteht. Dennoch muß es keinen ersten Augenblick gegeben haben.

Wie bitte? Wenn die Zeit nicht seit ewig besteht, muß es doch einen ersten Augenblick gegeben haben.

Nein. Gibt es eine kleinste Zahl, die größer als null ist? Selbstverständlich nicht; denn versuchen Sie einmal, eine solche Zahl zu finden – ein Milliardstel, ein Billionstel... Jede dieser Zahlen kann halbiert werden und wieder halbiert werden, so daß man immer kleinere Zahlen erhält. Wenn die Zeit kontinuierlich ist, hätte es in jedem Augenblick (eine milliardstel Sekunde, eine billionstel Sekunde...) einen vorangegangenen Augenblick gegeben. Selbstverständlich könnte es sein, daß die Zeit nicht kontinuierlich ist. Das große kosmische Drama könnte wie ein Film sein – eine Folge statischer Einzelbilder, die so schnell an uns vorbeilaufen, daß wir die Übergänge nicht bemerken. Es vermittelt vielleicht nur die Illusion der Kontinuität. Man hat Theorien vorgeschlagen (vor allem David Finkelstein, den ich in Kapitel 4 erwähnt habe), in denen «Chrononen» vorkommen – Zeitquanten –, jedoch ohne großen Erfolg. An der experimentellen Front untersuchen Physiker routinemäßig Ereignisabläufe in einem Zeitmaßstab von etwa einem Hundertbillionstel eines Billionstels einer Sekunde, aber noch hat man keinen Hinweis auf eine zeitliche Diskontinuität entdeckt. Wenn es also wirklich Chrononen gibt, müssen sie ganz schön kurz sein.

Gut, ich sehe, daß es einige mathematische Spitzfindigkeiten gibt. Aber erster Augenblick oder nicht, ein singulärer Ursprung des Universums bedeutet, daß die Zeit plötzlich lief, aus keinem ersichtlichen Grund. Ein solches «Geschehen» erscheint doch recht übernatürlich. Ich sehe keinen Weg, wie man den Ursprung der Zeit an sich im wissenschaftlichen Bereich herbeiführen kann.

Das war bis vor einigen Jahren die allgemeine Überzeugung. Die Alternativen waren ganz einfach: Entweder hatte das Universum (und die Zeit) keinen Anfang und existierte seit ewigen Zeiten, oder es gab einen singulären Anfang, der von der Wissenschaft nicht erklärt werden konnte. In beiden Fällen gab es Probleme. All das änderte sich, als die Physiker anfingen, Quanteneffekte in ihre Überlegungen einzubeziehen. Das wesentliche Merkmal der Quantenphysik ist, daß Ursache und Wirkung nicht so fest miteinander verbunden sind wie in der klassischen Physik. Es herrscht Unbestimmtheit, was bedeutet, daß einige Ereignisse «einfach geschehen», spontan sozusagen, ohne vorherige Ursache im üblichen Wortsinn. Mit einem Mal hatten die Physiker einen Weg, auf dem die Zeit «sich einschalten» konnte – spontan –, ohne «dazu veranlaßt» zu werden.

Die Hartle-Hawking-Theorie

Stephen Hawking und James Hartle von der University of California in Santa Barbara entwarfen eine Möglichkeit, wie die Zeit sich beim Urknall quantenmechanisch einschalten konnte. Sie bedienten sich einer mathematischen Methode, die auf sehr einfallsreiche Weise Einsteins Zeit (und Raum) mit den Gesetzen der Quantenphysik verband. Ich möchte von Anfang an klarstellen, daß die Hartle-Hawking-Theorie reine Spekulation ist und auf etwas unsicherem Boden steht, aber sie stellt zumindest einen ehrlichen Versuch dar, systematisch das anzugehen, was sich vielleicht als größte wissenschaftliche Herausforderung erweist.

Der Grundstein ihrer Theorie ist etwas, das Hawking «imaginäre» Zeit genannt hat. Unglücklicherweise haben viele das als etwas eher Mystisches aufgefaßt, wie «die Zeit unserer Imagination». Andere meinen, es sei eine Zeit, die wir uns nur vorstellen können, nicht die «wirkliche» Zeit, die man erlebt. Der Begriff «imaginär» wird hier jedoch in rein mathematischem Sinn gebraucht und hat nichts mit Imagination oder ähnlichem zu tun.

Lassen Sie es mich erklären. In der Schule lernen wir das Quadrieren von Zahlen. Das Quadrat von 2 ist $2 \times 2 = 4$, das von 3 ist $3 \times 3 = 9$ und so fort. Die umgekehrte Rechenart heißt Wurzelziehen. Die (Quadrat-)Wurzel aus 4 ist 2, die Wurzel aus 9 ist 3 usw. In höheren Klassen lernt man auch das Quadrieren negativer Zahlen. Die Regel lautet, daß die Multiplikation zweier negativer Zahlen eine positive Zahl ergibt, es ist also $(-3) \times (-3) = 9$. Das heißt, daß es *zwei* Zahlen gibt, deren Quadrat 9 ergibt, nämlich 3 und -3. Wenn man umgekehrt die Wurzel aus 9 zieht, lautet die richtige Antwort 3 *oder* -3.

Problematisch wird es, wenn man die Wurzel aus einer *negativen* Zahl ziehen will, etwa aus -9. Weil sowohl negative wie positive Zahlen beim Quadrieren eine *positive* Zahl ergeben, kann man keine reelle Zahl quadrieren und eine negative Zahl erhalten. Wenn man über die Quadratwurzel aus negativen Zahlen sprechen möchte, muß man einige neue Zahlen einführen, Zahlen, die nicht in den vertrauten Reihen 1, 2, 3.... oder -1, -2, -3... enthalten sind. Das geschah im 16. Jahrhundert. Die neuen Zahlen wurden «imaginär» genannt, nicht weil sie weniger real als «normale» Zahlen sind, sondern weil sie beim normalen Rechnen, das man zum Zählen von Schafen oder Geld braucht, nicht auftauchen. Die vielsagende Bezeichnung «imaginär» ist typisch für den mathematischen Slang. Es gibt auch irrationale und transzendente Zahlen, ganz zu schweigen von realen, komplexen, rationalen und transfiniten Zahlen sowie gemeinen Brüchen.

Weil imaginäre Zahlen neu sind, können wir nicht die Symbole verwenden, die für die «normalen» Zahlen reserviert sind, und so nimmt man statt dessen Buchstaben. Beginnen wir mit der einfachsten imaginären Zahl, der Wurzel aus -1. Sie wird mit i bezeichnet. Es gilt also $i \times i = -1$. Dies ist einfach eine Definition. Gott sei Dank braucht man für die imaginären Zahlen keine endlose Liste mit komischen neuen Symbolen. Man braucht nur *ein* neues Symbol, weil alle anderen imaginären Zahlen durch Multiplikation von i mit einer «reellen» Zahl konstruiert werden können. So ist die Wurzel aus -9 $3i$ usw. Imaginäre Zahlen mögen ungewöhnlich erscheinen, sie werden jedoch in Wissenschaft und Technik und auch in der Mathematik häufig gebraucht und führen oft zu erheblichen Vereinfachungen.

Was hat all das mit der Zeit zu tun? Die Verbindung geht zurück auf die Arbeit von Hermann Minkowski. Erinnern wir uns an Kapitel 2 und die Erklärung von Minkowski, daß aus Einsteins spezieller Relativitätstheorie auf natürlichem Weg ein einzelnes Raumzeit-Kontinuum folgt. Die Zeit wurde von Minkowski mehr oder weniger wie eine vierte Dimension behandelt, beinahe wie der Raum. Aber nicht ganz. Es *gibt* einen Unterschied, wie Zeit und Raum in die Darstellung der Raumzeit eingehen. Um den Unterschied zu erkennen, muß man auf den Begriff der Entfernung in der Raumzeit blicken. Die Entfernung zwischen zwei Punkten im Raum bereitet kein Problem: Sie entspricht der Länge eine Lineals, das die beiden Punkte auf einer geraden Linie verbindet. Die Entfernung in der Zeit ist auch einfach. Das Intervall zwischen zwei Ereignissen ist einfach der Zeitunterschied, den eine Uhr in Ruhe im entsprechenden Bezugssystem anzeigt. Aber was macht man, wenn Raum und Zeit zu einer einheitlichen Raumzeit verschmelzen?

Angenommen, Sie möchten das Raumzeitintervall zwischen New York um ein Uhr und London um zwei Uhr berechnen. Minkowski hat die dazu erforderliche Regel entwickelt. Erster Schritt: die Zeitdifferenz mit der Lichtgeschwindigkeit multiplizieren. Dadurch werden Zeiteinheiten zu Raumeinheiten. So wird eine Sekunde zu 300 000 km (weil Licht eine Geschwindigkeit von 300 000 km pro Sekunde hat). Zweiter Schritt: das Ergebnis quadrieren. Dritter Schritt: die räumliche Entfernung (in Kilometern) quadrieren. Vierter Schritt: die erste Zahl von der zweiten abziehen. Das ist ungewöhnlich. Wenn man Entfernungen verbindet, addiert man normalerweise, aber sobald die Zeit mit im Spiel ist, muß man subtrahieren, ein Vorgehen, das, wie sich zeigen wird, den Schlüssel zu unseren Bedenken birgt. Letzter Schritt: die Wurzel ziehen. Jetzt haben Sie die Entfernung zwischen zwei Ereignissen in *Raumzeit*, ausgedrückt in Kilometern.

Nehmen wir ein Beispiel. Da die Lichtgeschwindigkeit so hoch ist, entspricht schon einer kleinen Zeiteinheit (z. B. einer Sekunde) sehr viel Raum (300 000 km). Um das Beispiel interessant zu machen, werde ich die Entfernung in Raumzeit zwischen der Erde um 13 Uhr und einem weit entfernten Objekt – der Sonne – um 13.05 Uhr berechnen. Die Entfernung Erde-Sonne beträgt 150 Millionen km, das Quadrat davon ergibt also 22 500 Billionen km^2. 5 Minuten, multipliziert mit der Lichtgeschwindigkeit, ergeben 90 Millionen km, das Quadrat davon 8 100 Billionen km^2. Jetzt kommt die entscheidende Subtraktion: 22 500 Billionen – 8 100 Billionen = 14 400 Billionen. Wenn wir daraus schließlich die Wurzel ziehen, erhalten wir 120 Millionen km für das *Raumzeit* intervall zwischen diesen beiden Ereignissen. Man beachte, daß dies 30 Millionen km *weniger* als die räumliche Entfernung sind.

Je größer der zeitliche Abstand, desto geringer fällt offenbar das Endergebnis aus. Würde das zweite Ereignis um 13.08 Uhr stattfinden, kämen wir nur noch auf ein Raumzeitintervall von 42 Millionen km. Bei einer Zeitdifferenz von $8^1/_3$ Minuten würde das Raumzeitintervall auf null schrumpfen. Das ist eine Überraschung. Wie können zwei Ereignisse, die sowohl räumlich wie zeitlich getrennt sind, in Raumzeit einen Abstand von *null* haben? Eine Möglichkeit festzustellen, wie, besteht darin, zu erkennen, daß in diesem Beispiel das Ergebnis dann null ist, wenn die Zeitdifferenz genau der Zeit entspricht, die das Licht braucht, um die Strecke Erde-Sonne zurückzulegen. Erinnern Sie sich noch an die Zwillinge Ann und Betty? Bettys Reise nahm in ihrem Bezugssystem immer weniger Zeit in Anspruch, je mehr sie sich der Lichtgeschwindigkeit näherte. Bei Lichtgeschwindigkeit selbst steht die Zeit still. Die Relativitätstheorie läßt zwar nicht zu, daß Betty diese Geschwindigkeit erreicht, aber ein

Lichtimpuls kann das. Aus der Sicht des Impulses vergeht überhaupt keine Zeit, wenn er in unserem Bezugssystem das Sonnensystem durchquert. Er ist hier, dann ist er dort – augenblicklich! Lichtartig besteht *kein* Abstand zwischen der Erde um 13 Uhr und der Sonne um 13.08 1/3 Uhr.

Problematisch wird es, wenn die Zeitdifferenz größer als 8 1/3 Minuten wird. Angenommen, wir nehmen 13.10 Uhr. Das Quadrieren der Zeit ergibt jetzt 32 400 Billionen. Das ist *mehr* als die 22 500 Billionen, von denen wir diese Zahl abziehen müssen. Das Ergebnis ist also eine *negative* Zahl, -9900 Billionen. Aber jetzt kommt der letzte Schritt: das Wurzelziehen, um auf die Entfernung in Raumzeit zu kommen. Zieht man die Wurzel aus einer negativen Zahl, erhält man als Ergebnis eine *imaginäre* Zahl. Das ist noch kein Grund zu übermäßiger Aufregung. Physikalisch bedeutet eine imaginäre Entfernung in Raumzeit lediglich, daß die Punkte zeitlich weiter getrennt sind als räumlich. Das einfachste Beispiel sind zwei aufeinanderfolgende Ereignisse am selben Ort. Dort besteht dann ein räumlicher Abstand von *null*, das Ergebnis muß also imaginär sein. Z. B. New York um 13 Uhr und New York um 13.05 Uhr sind in Raumzeit 90 000 000 km voneinander entfernt.

Die Tatsache, daß *i* auftaucht, wenn wir einige Raumzeitintervalle berechnen, aber nicht andere, ist ein Zeichen dafür, daß Raum und Zeit sich nicht sehr eng verbinden. Das *i* signalisiert Zeitintervalle, während das Fehlen von *i* bedeutet, daß wir es mit räumlichen Abständen zu tun haben: Es besteht ein eindeutiger Unterschied. Aber obwohl Einsteins Raum und Einsteins Zeit in die Minkowski-Raumzeit verwoben sind, ist Raum immer noch Raum und Zeit immer noch Zeit. Zeit kann die vierte Dimension sein, aber sie ist keine *räumliche* Dimension, wie diese *i* uns verraten. Weil Raumzeitentfernungen klein werden, wenn wir Raum- und Zeitentfernungen nahe der Lichtgeschwindigkeit verknüpfen, hat die Geometrie des Minkowski-Raums die gekrümmte Form, auf die ich in Kapitel 2 hingewiesen habe.

Jetzt etwas zur imaginären Zeit. Wenn wir Zeitintervalle mit *i* multiplizieren, sind sie keine imaginären Zahlen mehr, sondern reelle Zahlen, genau wie die räumlichen Intervalle. Deshalb, weil *i* mal eine imaginäre Zahl eine reelle Zahl ergibt (zur Erinnerung: $i \times i = -1$). Wenn wir also die Fiktion übernehmen, daß Zeitintervalle imaginäre Zahlen sind, dann werden Raum und Zeit identisch, soweit die Regeln des Minkowski-Raums betroffen sind, und die Zeit ist wirklich nur eine vierte Dimension des Raums.

Natürlich ist die Welt nicht wirklich so, aber Hawking meint, daß sie einmal so gewesen sein könnte. (In dem Zitat am Anfang dieses Kapitels weist Hawking auf einen Glauben hin, daß die Welt vielleicht selbst heute noch wirklich so ist. Dem muß ich widersprechen.) Insbesondere die Zeit könnte kurz nach dem Urknall imaginär gewesen sein (d. h. genauso wie der Raum). Dieser Gedanke kam nicht aus heiterem Himmel. Imaginäre Größen tauchen in der Quantenphysik immer wieder auf und sorgen manchmal für mathematische Schwierigkeiten. Jahrelang haben Physiker gemogelt, indem sie die Zeit künstlich imaginär gemacht haben, damit sie ihre Berechnungen abschließen konnten, statt auf der Stelle zu treten. Manchmal ist das ein zweifelhaftes Vorgehen, das unter Umständen dennoch nicht die richtige Antwort liefert, manchmal kann es durch eine tiefere Theorie gerechtfertigt sein. Im Fall der Anwendung der Quantenphysik auf die Kosmologie, worauf sich Hartle und Hawking eingelassen hatten, besteht tatsächlich eine gewisse Berechtigung. Wie schon erwähnt, hat die Quantenunbestimmtheit den Effekt, alle meßbaren Größen im mikroskopischen Maßstab zu verschmieren oder eine Unschärfe ins Spiel zu bringen. Das gilt auch für Raum und Zeit. Wenn sie als Raumzeit zusammengekoppelt werden, kann es passieren, daß die Quantenunbestimmtheit ein bißchen Raum und ein bißchen Zeit zusammenschmiert. Mit anderen Worten, Zeitintervalle sind unter Umständen nicht von Raumintervallen zu unterscheiden: daher «imaginäre Zeit». Das Verschmieren und Verschmelzen von Raum und Zeit ist im Alltagsleben selbstverständlich nicht wahrnehmbar. Es ist begrenzt auf winzige Intervalle (etwa 10^{-33} cm beim Raum und 10^{-43} Sekunden bei der Zeit). Dennoch, falls es vorkommt, ändert es das Rätsel vom ersten Ereignis von Grund auf.

Das Verschmieren in der Quantenphysik ist nichts Diskontinuierliches. Die Zeit kann leicht oder stark verschmiert sein, was bedeutet, daß sie leicht oder stark räumlich ist. Wir können uns eine kontinuierliche Folge vorstellen, bei der die Zeit als Raum «beginnt» und allmählich «zu» Zeit «wird». (Oder in der Sprache der umgekehrten Zeit, die Zeit schwindet allmählich, wenn man in der Zeit zurück zum Ursprung geht.) Diese Aussage mißbraucht die Sprache gleich mehrfach. Zeit ist immer Zeit; sie «wird» nicht wirklich «zu» etwas. Genauer gesagt, was wir Zeit nennen, hat vielleicht einmal einige der Eigenschaften gehabt, die wir normalerweise mit dem Raum in Verbindung bringen. Und «allmählich» bedeutet ganze 10^{-43} Sekunden, was nach den meisten Maßstäben ziemlich kurz ist! Trotzdem gibt es in dieser Theorie keinen singulären Ursprung der Zeit, kein abruptes «Einschalten» bei t = 0.

Auf der anderen Seite erstreckt sich die Zeit *nicht* unendlich rückwärts. Sie ist durch den Urknall in der Hartle-Hawking-Theorie natürlich begrenzt, was sie auch in der herkömmlichen Theorie ist, in der es eine Raumzeitsingularität gibt, die das physische Universum auf diese Weise absperrt. Viele meinen irrtümlich, Hawking habe den Ursprung des Universums beseitigt. Das ist völlig falsch. In seiner Theorie ist die Zeit eindeutig in der Dauer begrenzt, aber es gibt weder ein erstes Ereignis noch einen plötzlichen, einmaligen und übernatürlichen Ursprung. Und abgesehen von den Spielchen, die etwa bei 10^{-43} Sekunden passieren, sind die Auswirkungen des Urknalls im wesentlichen die gleichen wie vorher.

Diese Gedanken lassen sich auch auf das Ende des Universums anwenden. Wir können uns vorstellen, daß die Zeit nicht ewig fortdauert, sondern stetig schwindet, räumlich wird, auf die gleiche Weise, wie sie entstanden ist. Es gäbe dann kein letztes Ereignis, keinen letzten Augenblick, keine Nanosekunde der Abrechnung. Und dennoch wäre die Zukunft ebenfalls begrenzt.

Sie müssen verstehen, daß die Darstellung, die ich von der Arbeit Hartles und Hawkings gegeben habe, viele Sünden verdeckt. Vor allem die einfache Aussage, daß die Zeit kontinuierlich aus einer Dimension des Raums «hervorgeht», ist recht leicht in Worte zu fassen, aber der Mechanismus dieses Hervorgehens ist alles andere als klar. Wie ich im vorigen Kapitel angemerkt habe, ist es tatsächlich noch immer ein großes Geheimnis, wie genau ein klarer Zeit- (und Raum-) Begriff aus der Quantenunbestimmtheit des Urknalls hervorgegangen ist.

Imaginäre Uhren

Es ist ja schön und gut, wenn Sie abstrakte mathematische Begriffe wie imaginäre Zeit und unbestimmte Quantenzeit in Umlauf bringen, aber was haben diese theoretischen Zeiten, wenn überhaupt, mit der «wirklichen», guten alten Alltagszeit zu tun – mit der menschlichen Zeit, wenn Sie wollen? Wie messen Sie die imaginäre Zeit überhaupt?

Wenn Physiker und Kosmologen das Wort «Zeit» im Zusammenhang mit dem ganz frühen Universum gebrauchen, abstrahieren und extrapolieren und idealisieren sie in verschiedener Hinsicht. Erstens kann keine uns bekannte Uhr Zeitintervalle von weniger als einem Billionstel eines Billionstels einer Sekunde messen. Vielleicht existieren Uhren mit noch größerer zeitlicher Auflösung, aber wir haben sie noch nicht entdeckt. Um über zeitliche Dauer zu sprechen, die kürzer als dieses (zugegebenermaßen kurze) Intervall ist, muß man erstens annehmen, daß die Zeit in kürzeren Maßstäben wirklich kontinuierlich ist und es zweitens wenigstens einige periodische physikalische Prozesse gibt, die schneller ablaufen und dazu benutzt werden können, eine Uhr zu definieren. Außerdem ist es am besten, wenn Ihre Uhr klein ist. Wenn keine physikalische Wirkung sich schneller als das Licht ausbreiten kann, kann eine Uhr die Zeit nicht genauer messen als die Zeit, die das Licht braucht, um sich zwischen den Bausteinen der Uhr zu bewegen. In einer Trillionstel Sekunde legt das Licht eine Strecke von geringerer Größe als der eines Atomkerns zurück. Die Uhr müßte also irgendein subnukleares Gebilde wie ein Teilchen sein. Und dann sind da noch all die tückischen Probleme beim Messen der Quantenzeit mit Quantenuhren, über die ich schon in Kapitel 7 gesprochen habe.

Selbst wenn man voraussetzt, es könnte eine angemessene Uhr (annähernd) definiert werden, um hypothetisch die frühe Geschichte des Universums aufzuzeichnen, muß man davon ausgehen, daß sie in dem bevorzugten Bezugssystem in Ruhe bleibt, in dem die kosmische Zeit gemessen wird. Dies ist sicher eine Fiktion. Wenn man sich die Erfahrungen eines, sagen wir, subatomaren Teilchens im heißen, dichten, frühen Universum vorstellt, wird es zahllose Stöße mit hohen Geschwindigkeiten erdulden müssen und die meiste Zeit mit annähernder Lichtgeschwindigkeit unterwegs sein und in alle Richtungen gestoßen werden. Im Bezugssystem des Teilchens wird es einen gewaltigen Zeitdilatationseffekt geben, was bedeutet, daß die Zeit, die unsere «Uhr» erlebt, ein enorm gedehntes Stück der «wirklichen» kosmischen Zeit ist.

Statt sich irgendeine hypothetische und höchst künstliche Uhr vorzustellen, mit der man die Aktivitäten im Urkosmos mißt, könnten wir das Problem umkehren und die *Zeit* mittels der *Aktivitäten* messen. Wir könnten mit anderen Worten die Zeiteinheit definieren als die Dauer, die irgendeine physikalische Tätigkeit braucht. Die durchschnittliche Dauer zwischen den Kollisionen von Teilchen ist z.B. ein mögliches Maß der Aktivität. Weil das Universum heißer wird und die Teilchen sich immer schneller bewegen, wenn man sich dem Ursprung nähert, streckt sich dieses Zeitmaß mit zunehmendem Tempo, wenn wir uns in der Zeit zurück bewegen; es kann sogar unendlich werden, was davon abhängt, wie die Bedingungen kurz nach dem Ursprung wirklich waren. Wenn das so wäre, hätte das Universum in gewisser Hinsicht (aus der Sicht des Teilchens) ewig bestanden!

Aber wie verhalten sich diese hypothetischen Uhren zur Zeit der Menschen – der Zeit, wie wir sie erleben?

Da es kurz nach dem Urknall noch keine Menschen gab, ist diese Frage ein bißchen unklar. Man kann fragen, was für eine Zeit die Menschen *heute* erleben, und eine Uhr suchen, die diese heutige menschliche Zeit mehr oder weniger mißt (z.B. die Uhr an meiner Wand); dann kann man sich eine hypothetische Uhr denken, die mit dieser Uhr übereinstimmt, aber die extremen Bedingungen des Urknalls auf irgendeine wundersame Weise unbeschadet überstanden haben könnte. Soweit es diesen Zeitmaßstab betrifft, hat das Universum anscheinend vor mehreren Milliarden Jahren begonnen.

Man könnte die Dinge aber auch etwas anders sehen. Was bestimmt eigentlich letztlich das Maß der menschlichen Zeit? Das ist eine wichtige Frage, auf die ich in Kapitel 12 zu sprechen komme, doch jetzt möchte ich nur so viel sagen, daß unsere Wahrnehmung der Zeit zweifellos etwas mit unseren Gehirnprozessen zu tun hat. Wenn unser Gehirn doppelt so schnell arbeiten würde, käme uns eine Sekunde so lang vor wie normale zwei Sekunden.

Die Geschwindigkeit physikalischer Prozesse hängt von der Temperatur ab: je heißer das System, desto schneller laufen die Prozesse und demzufolge auch die Gedanken ab. Die Temperatur des menschlichen Gehirns ist selbstverständlich auf ganz genaue Werte begrenzt, doch wir können uns Wesen mit Empfindungsvermögen vorstellen, die bei höheren Temperaturen mit einer höheren Stoffwechselrate leben und im Vergleich mit uns ein schnelleres subjektives Zeiterleben haben. Falls die wahnwitzigen Prozesse in der Anfangsphase des Universums (irgendwie!) irgendeine geistige Aktivität gefördert hätten, würde die subjektive Zeit dieser Urwesen mit zunehmender Annäherung an den Ursprung des Universums gegen unendlich steigen. Wenn man mit anderen Worten die Zeit mißt, die seit dem Urknall in Kategorien einer hypothetischen *empfindbaren* Zeit im Empfindungsvermögen der Urwesen, nicht unserem) vergangen ist, ist sie wahrscheinlich unendlich.

Der gleiche Tatbestand läge vor, wenn das Universum im großen Kollaps enden sollte. Wenn das Universum sich dem Ende nähern würde, würde es immer heißer werden, und die Geschwindigkeit der Aktivität würde steigen, vielleicht grenzenlos. Der Physiker Frank Tipler hat (wild) über ein Supergehirn in ferner Zukunft spekuliert,[3] das sich über das Weltall ausbreitet, bis es das gesamte Universum umfaßt. Dieses kosmische Individuum wäre vielleicht in der Lage, unendlich viele verschiedene Gedanken zu denken, bevor der große Kollaps einträte, indem es die zunehmende physikalische Aktivität zur Nutzung der eigenen Gehirnprozesse einspannt. Je näher der Kollaps käme, desto schneller würde es denken. Ob die Geschwindigkeit der Gedanken des Superhirns buchstäblich ins Grenzenlose wachsen könnte, hängt wesentlich (wie in Kapitel 5 erläutert) von den Einschränkungen der elementaren Physik ab, wie der Lichtgeschwindigkeit und der Quantenbestimmtheit. Tipler hat das untersucht. Bei den meisten Modellen eines kollabierenden Universums vereiteln solche Einschränkungen das Streben des Supergehirns nach unbegrenzter Denkleistung. Aber es gibt einige komplizierte Modelle, bei denen bekannte Einschränkungen vielleicht vermieden werden können. Tipler behauptet, das Superwesen würde dann buchstäblich ewig in dem Sinne leben, daß seine *subjektive* Zeit unendlich wäre, auch wenn seine Existenz nach einer Extrapolation der menschlichen Zeit in der Zukunft begrenzt ist.

Das umgekehrte Szenario ist von Freeman Dyson diskutiert worden,[4] der an eine andere Klasse empfindungsfähiger Wesen denkt, die ein trauriges und hoffnungsloses Dasein fristen, Milliarden Jahre später, wenn das Universum eiskalt geworden ist und auf einen Wärmetod zusteuert. Wenn das Universum nicht kollabiert, wie Tipler unterstellt, sondern sich endlos ausdehnt, dann schrumpfen alle bekannten Energiequellen gegen null, und unsere überlebenden Nachfahren würden unerbittlich erlahmen, körperlich und geistig. Sie würden gezwungen, aus immer größeren kosmischen Bereichen Energiereste als Brennstoff zusammenzusuchen und sie über lange Winterperioden zu lagern und zu bewahren. In diesem Fall würde die subjektive Zeit dieser arg bedrängten und schwerfälligen Individuen relativ zur kosmischen Zeit immer stärker gedehnt.

Tipler und Dyson bieten total gegensätzliche Bilder vom Ende der Zeit: eins, bei dem die geistige Aktivität sich beschleunigt und die Zeit verlangsamt, das andere, ein Bild, bei dem die geistige Aktivität sich verlangsamt und die Zeit schneller abläuft. Aber es gibt auch noch eine dritte Möglichkeit. Die Zeit könnte sich umkehren.

9

Der Zeitpfeil

Aller Wandel und der Zeitpfeil weisen in die Richtung der Verderbnis. Das Erleben der Zeit ist das Anpassen der elektrochemischen Prozesse im Gehirn an dieses ziellose Treiben ins Chaos, da wir ins Gleichgewicht und ins Grab sinken.

Peter Atkins

Die Welle erwischen

Einer der interessantesten und extravagantesten Wissenschaftler der Nachkriegszeit war David Bohm, ein in Amerika geborener theoretischer Physiker, der hauptsächlich in London am Birkbeck College arbeitete. Ich lernte Bohm als eifriger und wißbegieriger Doktorand an der Universität London kennen, als ich 23 war. Der Grund für unser Zusammentreffen war meine Doktorarbeit, bei der ich auf einen hartnäckigen Widerspruch über das Wesen der Zeit gestoßen war. Es ging dabei, grob gesprochen, um folgendes: Wir betrachten es als selbstverständlich, daß wir ein von einer Rundfunkstation ausgesendetes Signal mit unserem Radio empfangen, *nachdem* es vom Sender ausgestrahlt worden ist. Die Verzögerung ist nicht sehr groß – nur ein Bruchteil einer Sekunde von einem Punkt auf der Erde zum anderen –, so daß wir es normalerweise gar nicht merken. Bei einem Telefongespräch, das via Satellit übermittelt wird, kann jedoch eine merkliche zeitliche Verzögerung auftreten. Worauf es ankommt, ist jedenfalls, daß wir das Radiosignal niemals hören, *bevor* es ausgestrahlt wird.

Warum auch, werden Sie vielleicht fragen. Schließlich tritt die Wirkung normalerweise nicht vor ihrer Ursache ein. Das Problem, das meinen Bedenken zugrunde lag, stammt aus der Mitte des 19. Jahrhunderts, als James Clerk Maxwell seine berühmten Gleichungen niederschrieb, die die Ausbreitung elektromagnetischer Wellen wie Licht- und Radiowellen beschreiben. Das geschah, als er am Londoner King's College arbeitete, nur zwei, drei Kilometer von Birkbeck entfernt.

Maxwells Theorie sagt voraus, daß Radiowellen sich im leeren Raum mit Lichtgeschwindigkeit ausbreiten. Maxwells Gleichungen sagen uns jedoch nicht, ob diese Wellen ankommen, bevor oder nachdem sie ausgestrahlt wurden. Sie sind, was die Unterscheidung zwischen Vergangenheit und Zukunft betrifft, indifferent. Nach den Gleichungen ist es durchaus zulässig, daß Radiowellen in der Zeit vorwärts und rückwärts laufen. Bei einem gegebenen Muster elektromagnetischer Aktivität, das etwa den Radiowellen eines Senders entspricht, die sich im Raum ausbreiten, ist das zeitumgekehrte Muster (in diesem Fall konvergierende Wellen) nach den Gesetzen des Elektromagnetismus ebenfalls zulässig.

Die Physiker nennen eine sich in der Zeit nach vorn ausbreitende Welle «retardiert» (da sie später ankommt), und sich in der Zeit rückwärts ausbreitende Wellen «avanciert» (da sie früher ankommen). Weil wir avancierte Radiowellen oder avancierte elektromagnetische Wellen jeglicher Art offenbar nicht bemerken, werden die avancierten Lösungen der Maxwellschen Gleichungen im allgemeinen einfach als «unphysikalisch» abgetan. Aber welche Berechtigung haben wir? Gibt es neben den Gesetzen der Wellenbewegung noch ein anderes physikalisches Gesetz, das fordert: «Keine avancierte Lösung in *diesem* Universum!»? Wenn nicht, was könnte die Natur sonst veranlassen, retardierte Wellen den avancierten vorzuziehen, vorausgesetzt, daß beide Varianten ihren Gesetzen des Elektromagnetismus offenbar genügen?

Dieses Rätsel hielt mich in Atem, seit ich 1967 an einer anspruchsvollen Tagung der Royal Society teilgenommen hatte, auf der der Astronom Fred Hoyle aus Cambridge seine Lösung der problematischen Zeitasymmetrie präsentierte. Hoyle war überzeugt, daß die Antwort darin lag, wie das Universum sich ausdehnt. Ich fand die Vermutung, daß das, was in meinem Radio passiert, irgendwie mit dem Schicksal des Kosmos zusammenhängt, angenehm fesselnd und beschloß, mich selbst damit zu befassen. Ich konzentrierte meine Untersuchungen auf das einfachste System, das elektromagnetische Wellen ausstrahlen und empfangen konnte – ein einzelnes Atom. Wenn eine elektromagnetische Welle auf ein Atom in dessen Normal- oder Grundzustand trifft, kann das Atom zu einem Quantensprung in einen angeregten Zustand veranlaßt werden, indem es ein Photon der elektromagnetischen Strahlung aufnimmt. Das entspricht dem

«Empfang» der Welle durch eine Antenne. Ist ein Atom dagegen zuerst in einem angeregten Zustand, kann es einen Quantenübergang zum Grundzustand vornehmen und ein Photon abstrahlen. Das entspricht der Übertragung. Auf der Quantenebene sieht dieser Prozeß schön symmetrisch aus: Die Zeitumkehr eines Atoms, das ein Photon aufnimmt, ist ein Atom, das ein Photon abstrahlt.

Einstein hatte sich schon lange vorher auf gerade diese Symmetrie zwischen Emission und Absorption von Photonen berufen, um die Geschwindigkeit zu berechnen, mit der ein angeregtes Atom spontan ein Photon in den freien Raum abstrahlt. Er tat das 1916, kurz nach dem Bruch seiner Ehe mit Mileva und noch deutlich vor der vollen Ausarbeitung der Quantenmechanik. Seine aufschlußreiche Berechnung enthält auch eine Formel für die Rate, mit der ein Atom Photonen abstrahlt, wenn es mit anderen Photonen beschossen wird, ein Prozeß, der «induzierte Emission» genannt wird und fast ein halbes Jahrhundert später das Prinzip werden sollte, das hinter dem Laser steckt.

Die Symmetrie zwischen atomarer Emission und Absorption von Photonen beruht jedoch auf einer versteckten Annahme. Wenn man nach Einstein die Rate berechnet, mit der ein nicht angeregtes Atom Photonen aufnimmt, schreiben die Lehrbücher, man solle von der Annahme ausgehen, daß alle auf das Atom zukommenden Photonen unkorreliert sind. In der Wellensprache bedeutet dies, daß all die einzelnen elektromagnetischen Wellen, die diesen Photonen entsprechen, ein totales Durcheinander bilden: Ihre Phasen sind zufällig verteilt. Ich wollte nun wissen, woher diese Annahme über die Zufallsverteilung der Phasen kam, die für die Errichtung der Zeitsymmetrie zwischen Emission und Absorption von Photonen durch Atome so entscheidend ist. Deshalb suchte ich Bohm auf.

Obwohl Bohm eine Kultfigur mit einer weltweiten Anhängerschaft werden sollte, war er ein ziemlich zurückhaltender Mann. Er taute jedoch auf, wenn es um sein Gebiet ging. Sein englischer Wortschatz war groß, aber wenn er in Fahrt kam, sprach er schneller und schneller und verschluckte dabei Silben, so daß man genau zuhören mußte, wenn man ihm folgen wollte. Viele Jahre später hatte ich Gelegenheit, ihn für die BBC auf eine bewußt aggressive Art zu interviewen, und er geriet in der Tat ein wenig außer sich. Ich befürchtete, daß die Hörer überfordert würden, als ihm die Fachausdrücke in immer schnellerer Folge entschlüpften. Eine noch größere Sorge war, daß er im Studio einen Herzanfall bekommen könnte, denn er erholte sich gerade von einer Operation. Er lebte jedoch noch mehrere Jahre.

Bohm war zwar berühmt für sein schriftstellerisches und philosophisches Werk, insbesondere bei den Lesern der mystischen Richtung, aber unter den Physikern war er seltsam isoliert. Am bekanntesten war er wohl geworden durch sein Lehrbuch über Quantenmechanik aus den 50er Jahren. Aber schon sehr früh hatte er entschieden, daß ihm die konventionell formulierte Quantenmechanik à la Bohr nicht gefiel. So kam es zu Bohm gegen Bohr. Bohm nahm so die verwaiste Fackel der Quantenabweichler auf, wo Einstein sie auf seinem Totenbett hinterlassen hatte. Unterstützt von einer kleinen Schar von Anhängern, vor allem von seinem Birkbecker Kollegen Basil Hiley, suchte Bohm nach einer Theorie, in der die scheinbar zufälligen und unberechenbaren Aspekte der Quantenphänomene ihren Ursprung in einigen tiefer reichenden deterministischen Prozessen hatten.

Bohm hatte den faszinierenden Gedanken, die Welt sähe zum Teil zwar kompliziert oder gar zufällig aus, hinter all dem läge jedoch, irgendwie «zusammengefaltet», eine verborgene Ordnung. Er nannte sie später «die implizite Ordnung». Er führte diese zusammengefaltete Ordnung des öfteren auf unterhaltsame und lehrreiche Weise vor, wobei er einen Tropfen Farbe benutzte, der sich in einem Krug mit Glyzerin befand. Der Krug hatte eine Rührvorrichtung, mit der man die Farbe unter das Glyzerin rühren konnte, so daß es nach einiger Zeit eine einförmig graue Masse war. Doch diese scheinbare Unordnung der Farbe ist nur eine Täuschung, denn wenn in die andere Richtung gerührt wird, dann, o Wunder, «entmischen» sich Farbe und Glyzerin, und die Farbe nimmt wieder ihre ursprüngliche tropfenförmige Ordnung an. In dem verschmierten Zustand war die Ordnung der Farbe nur verborgen: Sie war «zusammengefaltet». Konnte es sein, so überlegte ich, daß die Zufallsverteilung der Phasen der elektromagnetischen Wellen – das, was mich in meiner Doktorarbeit über das Wesen der Zeit irritierte – eine Art zusammengefaltete oder implizite Ordnung verborgen?

Das Birkbeck College lag nur ein paar hundert Meter von der Physikabteilung entfernt, wo ich studierte, aber ich unternahm diesen Gang nur einmal. Ich erläuterte Bohm, der höflich zuhörte, ausführlich mein Projekt. Etwas beklommen, daß ich vielleicht eine dumme Frage stellte, brachte ich schließlich hervor: «Welchen Ursprung hat die Annahme über die Zufallsverteilung der Phasen?» Zu meiner Verblüffung und Bestürzung zuckte Bohm nur mit den Schultern und murmelte: «Wer weiß?»

«Aber man kommt doch in der Physik nicht weiter, ohne diese Annahme zu machen», protestierte ich.

«Nach meiner Meinung», erwiderte Bohm, «kommt man in der Wissenschaft im allgemeinen dadurch weiter, daß man Annahmen *fallenläßt!*»

Das kam mir damals wie eine schallende Ohrfeige vor, aber ich habe mich immer an diese Worte von David Bohm erinnert. Die Geschichte zeigt, daß er recht hat. Oft gibt es in der Wissenschaft dann einen bedeutenden Fortschritt, wenn das orthodoxe Paradigma mit neuen Ideen oder irgendeinem neuen experimentellen Beweis kollidiert, die nicht in die herrschenden Theorien passen. Dann wirft irgend jemand eine liebgewordene Annahme über Bord, vielleicht sogar eine, die fast für selbstverständlich gehalten und nicht ausdrücklich festgelegt wurde, und plötzlich ist alles anders. Ein neues, erfolgreicheres Paradigma ist geboren. So war es, als Einstein die spezielle Relativitätstheorie aufstellte. Alle hatten unterstellt, daß die Zeit absolut und universell ist, ohne überhaupt darüber nachzudenken. Die gesamte klassische Physik gründete auf dieser Annahme; aber sie war falsch – eine nicht gerechtfertigte Annahme, die Newtons Bewegungsgesetze in Konflikt mit dem Elektromagnetismus und dem Verhalten von Lichtsignalen brachte. Als Einstein die Annahme fallenließ, paßte plötzlich alles zusammen.

Egal, ich verließ Bohm, und die Annahme über die Zufallsverteilung der Phasen quälte mich noch immer. Ich beschloß nachzusehen, was Einstein zu der Frage zu sagen hatte. 1909 veröffentlichte Einstein eine Notiz zusammen mit Walther Ritz, einem jungen, aber kränkelnden Physiker an der Universität Göttingen.[1] Ritz stand der Relativitätstheorie wohlwollend gegenüber, dachte aber, Einstein verstehe das Wesen der elektromagnetischen Strahlung nicht ganz. Er war überzeugt, daß es ein übersehenes Naturgesetz gebe, das retardierte elektromagnetische Wellen begünstigte und die avancierte Spielart unterdrückte. Ritz nannte dies die «Emissionstheorie des Lichts», weil sie zwischen Emission und ihrer zeitlichen Umkehr unterschied – der Absorption. Er meinte, es sei die Erklärung für die Gerichtetheit der Zeit, die wir im Alltag beobachten.

Einstein widersprach. Er beharrte darauf, daß die Gesetze des Elektromagnetismus symmetrisch in bezug auf die Zeit sein müßten. Die Asymmetrie der retardierten Wellen komme, wie er erklärte, von statistischen Überlegungen. Um zu erkennen, was Einstein damit meinte, stellen Sie sich vor, daß ein Stein in einen Teich geworfen wird. Es entstehen Kräuselwellen, die sich vom Ort des Aufschlags ausbreiten und schließlich im seichten Wasser zwischen dem wogenden Schilf auslaufen. Das sind retardierte Wellen. Eine Filmaufnahme dieser Szene, die man rückwärts laufen ließe, würde avancierte Wellen zeigen – Kräuselungen, die am Rand des Teichs auftauchen und in einem systematischen Muster auf einen Punkt zulaufen. Dieses letztere Szenario ist nicht gänzlich unmöglich. Es ist denkbar, wenn auch höchst unwahrscheinlich, daß die Bewegung des Schilfs zufällig und geradezu konspirativ so zusammenspielt, daß aus kleinen Kräuselungen ein genau kreisförmiges Muster konvergierender Wellen entsteht. Diese Konspiration erfordert, daß viele einzelne Wellenstörungen so choreographiert werden, daß sie exakt zum gleichen Zeitpunkt und absolut phasengleich in der Mitte des Teichs ankommen. In der Wirklichkeit können wir davon ausgehen, daß die Zufallsbewegungen des Schilfs weitgehend unkorreliert und die Phasen der kleinen Wellen zufällig sind.

Auf elektromagnetische Bedingungen übertragen, ist eine avancierte Welle nicht unmöglich, nur äußerst unwahrscheinlich. Stellen Sie sich Radiowellen vor, die von einem Sender ins Weltall hinausgehen, wo sie vielleicht eines Tages von kosmischem Staub oder irgendeiner anderen diffusen Materie absorbiert werden. Die rückwärts laufende Aufnahme dieser Abfolge von Ereignissen besteht aus Myriaden winziger Radioemissionen überall aus dem Kosmos, die zufällig im selben Augenblick genau phasengleich an einem Punkt auf der Erde ankommen. Obwohl die kosmische Materie sicher eine Quelle von Radiowellen ist und die Erde von diesem einfallenden elektromagnetischen Rauschen umspült wird, besteht keine ersichtliche Korrelation zwischen Wellen, die, sagen wir, aus der Richtung des Löwen kommen, und Wellen, die von den Fischen ausgehen. Mit so etwas zu rechnen käme dem Glauben an eine gewaltige kosmische Verschwörung gleich, bei der weit auseinanderliegende Regionen des Universums zusammenarbeiten und genau aufeinander abgestimmt Strahlung zur Erde senden. In Wirklichkeit kommen die vielen verschiedenen Wellen jedoch mit vollkommen unkorrelierten Phasen hier an. Nach Einstein geht die Verzögerung der elektromagnetischen Wellen also auf die Annahme über die Zufallsverteilung der Phasen zurück!

Die zeitliche Einbahnstraßennatur der Radiowellen und anderer elektromagnetischer Strahlung stellt nur eine Auswahl physikalischer Phänomene dar, die dem Universum einen Zeitpfeil aufdrücken. Im Alltagsleben fällt es uns nicht schwer, die Richtung dieses Pfeils anzugeben, weil wir von Prozessen umgeben sind, die unumkehrbar scheinen; der Alterungsprozeß beim Menschen z. B., um nur einen zu nennen. Doch letztlich ist der Ursprung des Pfeils ein quälendes Geheimnis. In Kapitel 1 habe ich berichtet, daß Boltzmann glaubte, den Ursprung des Pfeils im zweiten Hauptsatz der Thermodynamik gefunden zu haben, nur um die Basis seines Beweises von Poincaré in hohem Bogen auf den Müll befördert zu sehen. Die Beziehung zwischen dem zweiten Hauptsatz und dem Zeitpfeil wurde in den zwanziger Jahren von Arthur Eddington sehr populär gemacht und ist seitdem immer ein verlockendes Untersuchungsgebiet gewesen. Eine klare Antwort ist uns aber immer noch nicht eingefallen.

Das Gebot, daß Wärme immer in einer Richtung vom Warmen zum Kalten fließen muß, liegt eindeutig vielen «alltäglichen» Erscheinungsformen des Pfeils zugrunde. Im kosmischen Maßstab beschreibt dieses Gesetz ein Universum, das unausweichlich dem finalen Wärmetod entgegengeht. Die Energierechnung für die Sonne betrüge übrigens etwa eine Milliarde Milliarden Dollar pro Sekunde, in Preisen von 1993. Davon strömt alles bis auf ein paar Milliardstel hinaus in den Weltraum, wird vergeudet. Der Rest wärmt die Planeten. Man kann diese Energie nicht zurückholen, sie ist unwiderruflich verloren. Auch wenn das Sonnensystem Zeitzyklen prägt und Zyklen innerhalb der Zyklen, schlägt im Herzen der Sonne doch eine Einbahnuhr – wie ein Stromzähler. Hier keine Zyklen, nur steigende Energiekosten und schwindende Brennstoffreserven: unumkehrbar, begrenzt, unausweichlich. Irgendwann wird die Sonne verlöschen, wie alle Sterne, und vielleicht das ganze Universum dazu – wenn es nicht vorher in einem gewaltigen Kollaps in sich zusammenstürzt.

Signale aus der Zukunft

1941 gewann der Princeton-Physiker John Wheeler einen intelligenten jungen Studenten namens Richard Feynman aus New York für sich, eine interessante Persönlichkeit mit genialem Einschlag, der einer von Amerikas bekanntesten und beliebtesten Wissenschaftlern werden sollte. Ich gebe zu, daß ich immer geschmunzelt habe bei dem Gedanken, daß diese beiden Amerikaner zusammenarbeiten, die so verschieden waren wie Tag und Nacht. Wheeler ist ein feiner, aristokratischer Mann, sanft und von makelloser Höflichkeit. Ein Kollege sagte von Wheeler einmal, er sei ein vollkommener Gentleman, in dem sich ein vollkommener Gentleman verbirgt. Feynman dagegen war bekannt für seine forsche, respektlose Art, seine derben Späße und sein Bongospiel.

So wenig sie zusammenpaßten, gaben Wheeler und Feynman doch ein ausgezeichnetes Paar ab. Beide hatten ein produktives und herzliches Arbeitsverhältnis, das sich über viele Jahre erstreckte. Gegen Mitte des Zweiten Weltkriegs, bevor beide zum amerikanischen Atombombenprojekt abkommandiert wurden, entschlossen sie sich, das Wesen der Zeit und das Verhalten elektromagnetischer Wellen zu erforschen. Wheeler wollte feststellen, was passiert, wenn avancierte und retardierte elektromagnetische Wellen immer im gleichen Verhältnis erzeugt werden. Das würde u.a. bedeuten, daß ein Radiosender die eine Hälfte seiner Wellenleistung in die Zukunft, die andere Hälfte in die Vergangenheit sendet. Die ganze Sache schien jedoch unausgegoren und sinnlos zu sein.

In der Wissenschaft zeichnet sich eine wirklich gute Idee jedoch häufig dadurch aus, daß das, was vielleicht verrückt erscheint, dennoch ein Erfolg wird. Man muß annehmen, daß einer von ihnen oder beide das Ergebnis vorausgeahnt haben, denn sonst hätten sie sich unter Umständen in schwierigen Berechnungen verrannt und viel Zeit vergeudet. Das Ergebnis ist tatsächlich eine große Überraschung: Es zeigt sich, daß alle avancierten Wellen den Blicken entschwinden! Und zwar aus folgendem Grund: Wenn die ratardierten Wellen von einer bestimmten Quelle auf der Erde nach ihrer Ausbreitung im All auf Materie treffen, werden sie absorbiert. Der Absorptionsprozeß bewirkt eine Störung der elektrischen Ladungen durch die elektromagnetischen Wellen, was zur Folge hat, daß diese weitentfernten Ladungen Sekundärstrahlung erzeugen. Auch die Strahlung besteht zur einen Hälfte aus retardierten, zur anderen aus avancierten Wellen, in Übereinstimmung mit der Annahmen der Theorie. Die avancierten Wellen dieser Sekundärstrahlung wandern in der Zeit zurück, und ein Teil erreicht die Quelle auf der Erde. Natürlich ist diese Sekundärwelle nur ein schwaches Echo der ursprünglichen Welle, doch in immenser Zahl können solche schwachen Echos aus dem ganzen Weltall sich zu einem beträchtlichen Effekt summieren. Wheeler und Feynman wiesen nach, daß die avancierte Sekundärstrahlung die Stärke der retardierten Primärwelle unter bestimmten Umständen verdoppeln kann, was sie auf ihre volle Stärke bringt, und gleichzeitig auch die avancierte Welle der Originalquelle durch Überlagerung löscht.[2] Wenn am Ende alle Wellen samt ihren Echos – rückwärts und vorwärts in der Zeit – zusammengerechnet werden, ergibt sich unter dem Strich etwas, das wie rein retardierte Strahlung aussieht! Vielleicht ist dies der Grund für den Zeitpfeil im Verhalten elektromagnetischer Wellen.

Damit Wheelers und Feynmans einfallsreiche Anordnung funktioniert, muß die Materie im Universum genug Substanz aufweisen, die gesamte Strahlung zu absorbieren, die in das All hinausgeht. Das Universum muß mit anderen Worten für alle elektromagnetischen Wellen undurchlässig sein. Das ist eine zwingende Voraussetzung. Oberflächlich betrachtet, scheint das Universum bei vielen Wellenlängen beinahe vollkommen durchlässig zu sein. Tatsächlich könnten wir keine fernen Galaxien sehen, wenn es das nicht wäre. Andererseits gibt es keine zeitliche Grenze für den Absorptionsprozeß, weil die avancierten (in der Zeit rückwärts laufenden) Echos in Zeit und Raum aus der ganz fernen Zukunft genauso leicht zurückwandern können wie aus der nahen. Der Erfolg der Theorie hängt also davon ab, ob eine hinausgehende elektromagnetische Welle *am Ende* irgendwo im Kosmos absorbiert wird, vielleicht erst eine Ewigkeit später.

Wir können selbstverständlich nicht wissen, ob das der Fall sein wird, weil wir die Zukunft nicht voraussagen können, aber wir können die gegenwärtigen Trends im Universum extrapolieren und mehr als eine bloße Vermutung anstellen. Wenn man das macht, fällt das Ergebnis offenbar negativ aus – d. h. das Universum ist nicht vollkommen undurchlässig. Damit ist der Gedanke von Wheeler und Feynman offenbar gestorben, aber es bleibt doch noch eine interessante Möglichkeit. Angenommen, es gibt genug Materie im Universum, um den größten Teil der Strahlung aufzunehmen, aber nicht alles. Nach Wheeler und Feynman würde das zu einer unvollständigen Löschung der avancierten Wellen führen. Könnte es sein, daß doch einige avancierte Wellen «in die Vergangenheit gehen» – oder alternativ aus der Zukunft kommen –, aber so schwach sind, daß wir sie noch nicht entdeckt haben?

Im Jahr 1972 stieg der amerikanische Astrophysiker Bruce Partridge auf einen Berg, um diese phantastische Vermutung zu testen.[3] Bei sich hatte er einen Mikrowellensender mit einem großen, kegelförmigen Horn. In den wolkenlosen Nächten im August und September richtete er das Horn zum Himmel, wobei er sich bemühte, nicht in die Milchstraße zu strahlen, und schaltete den Sender ein. Die Antenne strahlte in Millisekunden-Impulsen elektromagnetische Wellen von 9,7 Gigahertz ins All. In den Lücken zwischen den Impulsen wurde die ganze Ausgangsleistung in einen Absorber gelenkt, der an dem Gerät angebracht war. Das System war also so ausgelegt, daß es tausend Mal pro Sekunde wechselte zwischen der Emission von Radiowellen ins Universum – wo sie vielleicht in einer Milliarde Jahren absorbiert würden – und der Emission auf einen Schirm, wo sie einen Augenblick darauf mit Sicherheit absorbiert wurden. Partridge kontrollierte sorgfältig den Leistungsabfluß, um festzustellen, ob nicht irgendein Anzeichen für eine Unregelmäßigkeit zu erkennen war. Dann wiederholte er den Vorgang, stellte einen Absorptionsschirm vor das Horn und überprüfte, ob es einen Unterschied im Verhalten gab.

Hinter dem Experiment steht folgende Überlegung: Wenn Mikrowellen in die Vergangenheit ausgestrahlt würden, würde das, aus «Vorwärtszeit»-Sicht, bedeuten, daß elektromagnetische Leistung *in* die Antenne fließt, nicht heraus. Das hätte den Effekt, daß dem Apparat etwas Energie zugeführt wird, um die Energie auszugleichen, die von den normalen «retardierten» Mikrowellen durch das Horn und hinaus in den Weltraum befördert wird. Wenn das der Fall wäre, gäbe es eine geringe Differenz im Leistungsabfluß, wenn die Antenne in den Weltraum bzw. in den Absorber ausstrahlt. Leider stellte Partridge keine millisekündlichen Unregelmäßigkeiten beim Leistungsausgang fest – bis auf neun Stellen hinter dem Komma. Sicher ist die Radioübertragung rückwärts in der Zeit, falls es sie gibt, außergewöhnlich schwach. Partridge schätzte, daß nur etwa 3 Prozent der Leistung von der Atmosphäre aufgenommen würden und weniger als 1 Prozent von der Galaxie: Der Rest würde in der unermeßlichen intergalaktischen Leere verschwinden. Ob diese Wellen am Ende absorbiert werden, hängt von der fernen Zukunft des Universums ab – sogar von seinem endgültigen Schicksal –, über die wir nur theoretisieren können. Es könnte sein, daß das Universum tatsächlich erfolgreich Mikrowellen absorbiert und die Theorie von Wheeler und Feynman richtig ist. Es könnte aber auch bedeuten, daß die Theorie schlicht falsch ist und sämtliche von Mikrowellenantennen ausgestrahlten Wellen retardiert sind. Was immer stimmt, das Experiment von Partridge und eine verbesserte Version, die Riley Newman ein paar Jahre später durchführte, sind die einzigen Beispiele für ein kosmologisches Experiment (im Gegensatz zur passiven Beobachtung) in der Geschichte der Wissenschaft.

Eine ganz andere Anregung, nach Auswirkungen avancierter Wellen zu suchen, machte 1969 der Physiker Paul Csonka aus Oregon.[4] In seinem Experiment geht es um Neutrinos, nicht um elektromagnetische Wellen. Der Gedankengang ist hier der, daß physikalische Objekte ihren Sinn für die Zeitrichtung durch Wechselwirkung mit der Welt erhalten, so daß

Dinge, die dies nur wenig tun, unter Umständen nur einen schwach ausgeprägten Sinn für die Ausrichtung der Zeit haben. Im Fall von Neutrinos ist ihre Wechselwirkung mit normaler Materie so unglaublich schwach, daß sie sich laut Csonka am Ende eventuell «in der Zeit verirren». Um Ihnen eine Vorstellung zu geben: Ein typisches Neutrino von der Sonne (einer bedeutenden lokalen Quelle) wird von der übrigen Materie des Universums so minimal beeinflußt, daß es wahrscheinlich eine Million Milliarden Milliarden Lichtjahre unterwegs ist, bevor es zertrümmert oder absorbiert wird. Das materielle Universum ist für das Neutrino demnach fast vollkommen unsichtbar. Vielleicht kann es dann gar nicht «wissen», auf welchem Weg die Zeit in der großen weiten Welt fließt, und neigt eventuell deshalb gelegentlich dazu, «etwas rückwärts zu tun». Zumindest vermutete Csonka dies. Er regte an, Pionenstrahlen besonders eingehend zu prüfen. Das sind subatomare Teilchen, die unter anderem in Neutrinos zerfallen. Wenn Csonka recht hat, erzeugt ein Pionenstrahl nicht nur einen Neutrinostrahl, sondern «zieht» auch eine Art Schattenneutrinostrahl von hinten «an», der aus «in der Zeit rückwärts gerichteten» Neutrinos besteht, die so zeitig ankommen, daß die Pionen zerfallen können (die Neutrino-Entsprechung der avancierten Strahlung von Wheeler und Feynman). Diese Schattenneutrinos könnten, so meinte Csonka, feststellbar sein. Leider ist es außerordentlich schwierig, irgendwelche Neutrinos aufzuspüren, ob Schattenneutrinos oder andere, was bei ihrer schwachen Wechselwirkung nicht verwundert, und soweit ich weiß, hat es bisher niemand versucht.

Dem Schriftsteller Paul Nahin zufolge interessierte sich Einstein nach einem Seminar an der Princeton Universität über dieses Thema kurze Zeit für Wheelers und Feynmans Theorie.[5] Er wies darauf hin, daß der Grundgedanke schon seit Jahren da war, und um das zu beweisen, grub er einen Aufsatz des deutschen Physikers Hugo Tetrode aus dem Jahr 1922 aus! Was nur wieder zeigt, daß es nichts Neues unter der Sonne gibt, nicht einmal, wenn es um die Zeit selbst geht.

Eine Frage der Zeitumkehr

Kurz nachdem Wheeler und Feynman ihre unterhaltsame Theorie aufgestellt hatten, brachte Wheeler Feynman auf eine andere ausgefallene Idee, bei der es um Handeln rückwärts in der Zeit ging. Diesmal hatte es mit

Antimaterie zu tun. Der Begriff der Antimaterie geht auf die Zeit um 1930 und eine berühmte Vorhersage von Paul Dirac zurück, der sich sehr darum bemüht hatte, die neue Quantenmechanik mit Einsteins spezieller Relativitätstheorie zu vereinigen. Dirac wollte wissen, wie sich ein Quantenteilchen wie beispielsweise ein Elektron verhalten würde, wenn es sich fast mit Lichtgeschwindigkeit bewegt. Er fand auch eine Gleichung, die in das Programm paßte, stellte aber verblüfft fest, daß jede Lösung der Gleichung, die ein Elektron beschrieb, mit einer Art spiegelbildlichen Lösung daherkam, die zu keinem bekannten Teilchen zu passen schien. Nach einigem Nachdenken stellte Dirac eine gewagte These auf. Die «Spiegel»-Lösungen, so erklärte er, passen zu Teilchen, die mit Elektronen identisch sind, nur daß sie umgekehrte Eigenschaften haben. Statt z.B. eine negative Ladung zu haben, müßten die Spiegelteilchen positiv geladen sein. Binnen ein, zwei Jahren wurden Diracs «Positronen» in kosmischen Strahlenschauern entdeckt. Es gab sie wirklich.

Schließlich erkannten die Physiker, daß jedes subatomare Teilchen in der Natur ein ihm entsprechendes Antiteilchen hat. Neben Antielektronen (die immer noch Positronen genannt werden) gibt es Antiprotonen, Antineutronen und so fort. Heute werden diese Antiteilchen routinemäßig im Labor erzeugt und sind genauestens erforscht, aber in den vierziger Jahren hatten sie noch etwas Geheimnisvolles. Nur das Positron war vertraut. Positronen werden bei starken Kollisionen von Gammastrahlen mit Materie paarweise mit Elektronen erzeugt. Ein Gamma-Photon, das mit einem Atom zusammenstößt, erzeugt ein Elektron-Positron-Paar. Das neuentstandene Elektron fliegt davon und besteht mehr oder weniger dauernd weiter, aber das arme Positron lebt von Anfang an gefährlich. Wenn ein Positron auf ein Elektron trifft (und im Universum wimmelt es davon), vernichten sich beide gegenseitig, kehren den paarweisen Entstehungsprozeß um und geben dafür Photonen ab. Das bewirkt, daß ein Positron nur ein kurzes Dasein hat.

Wenden wir uns jetzt Wheelers Anregung zu, wie sie Feynman entwickelte. Abbildung 9.1 ist eine Raumzeitdarstellung, die die Bildung und anschließende Annihilation (Vernichtung) eines Positrons zeigt. Allgemeinverständlich läßt sich dieses Diagramm so deuten, daß das Gamma-Photon, dargestellt durch die von unten kommende Wellenlinie, beim Ereignis a ein Elektron-Positron-Paar erzeugt, das Elektron (mit der Bezeichnung «2») fliegt nach rechts davon, das Positron, mit «p» bezeichnet, nach links, trifft beim Ereignis b auf ein zweites Elektron (mit

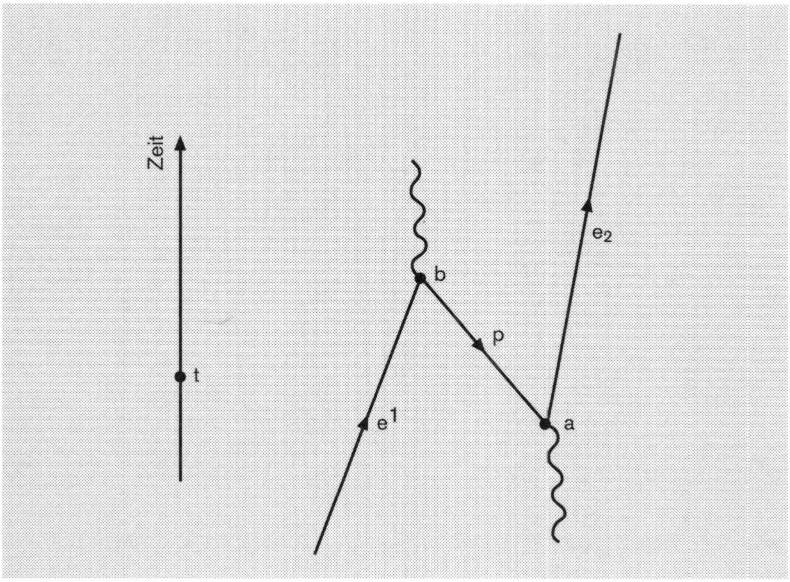

Abb. 9.1 Das Raumzeitdiagramm zeigt ein Photon, das bei a ein Elektron-Positron-Paar (e_2, p) erzeugt; das Positron wird anschließend vom Elektron e_1 bei b vernichtet. Zum Zeitpunkt t würde ein Beobachter drei Teilchen sehen: p, e_1 und e_2. Nach Feynman kann man die Zickzackspur als die Weltlinie eines Teilchens ansehen, eines Elektrons, das sich zwischen b und a in der Zeit rückwärts bewegt (vgl. den Pfeil).

der Bezeichnung «1») und zerstrahlt, wobei wiederum ein Photon entsteht. Unter dem Strich ergibt sich, daß das Elektron 1 an einem Ort verschwunden ist, um an einem anderen durch das Elektron 2 ersetzt zu werden. Feynmans kühne Vermutung lautete nur, die Elektronen 1 und 2 seien in Wirklichkeit *dasselbe* Teilchen, auch wenn in der Zeit zwischen den Ereignissen a und b beide Elektronen zusammen existieren!

Feynman meinte, die Zickzackspur in Abbildung 9.1 sollte nicht als Verkettung dreier verschiedener Teilchenweltlinien gesehen werden, sondern als der zusammenhängende Raumzeitweg eines *einzigen* Elektrons. Der rückwärts geneigte Teil der Spur – das Stück, das zum Positron gehört – stellt dann das Elektron dar, das *sich in der Zeit rückwärts* ausbreitet. Dieser Zeitsprung ist durch die Pfeile auf der Weltlinie gekennzeichnet. In der normalen Elektronenphase zeigt der Pfeil in der Zeit vorwärts, in der Po-

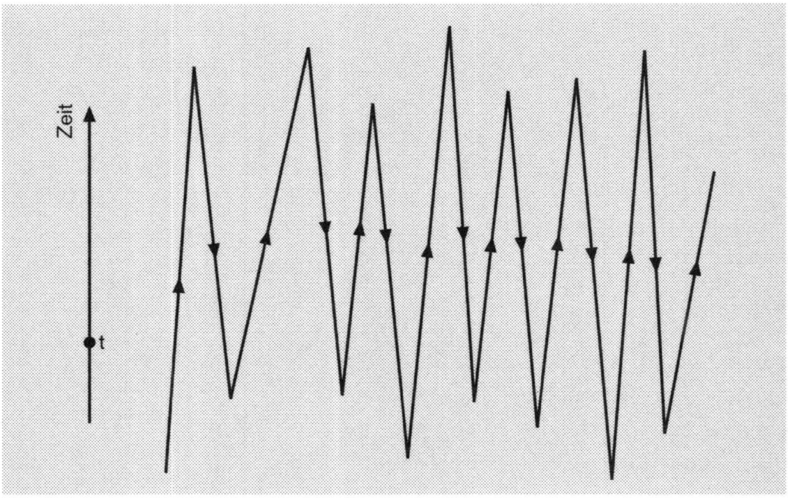

Abb. 9.2 Viele Zickzacks könnten erkären, warum alle Elektronen identisch sind: Sie sind alle dasselbe Teilchen, das in der Zeit immer vor- und zurückprallt. Ein Beobachter würde zum Zeitpunkt t diese eine Weltlinie fälschlicherweise für eine Vielzahl voneinander unabhängiger Teilchen halten.

sitronenphase jedoch rückwärts. So gesehen emittiert das ursprüngliche, nicht gestörte Elektron (1) ein Photon (bei b) und prallt in der Zeit zurück, absorbiert dann ein Photon (bei a) und prallt erneut zurück in die Zukunft. Ein in der Zeit zwischen a und b postierter Beobachter würde zwei Elektronen und ein Positron sehen, aber Feynman erklärt, es sei in Wirklichkeit nur ein Teilchen, das man dreimal sieht: zuerst (als 1) in seiner ursprünglichen, nicht gestörten Form, dann (als Positron), wie es aus der Zukunft zurückkommt, und schließlich (als 2) wie es in der Zeit wieder vorwärts eilt.

Man kann den Grundgedanken so erweitern, daß er viele weitere Elektronen und Positronen umfaßt, indem man die Weltlinie das Zickzack beliebig oft wiederholen läßt (Abb. 9.2). Wheeler meinte sogar, daß alle Elektronen im Universum in Wirklichkeit ein und dasselbe Teilchen sind, das in der Zeit einfach vor und zurück jagt! Mit anderen Worten, Sie und ich, die Erde, die Sonne, die Milchstraße und alle anderen Galaxien bestehen aus nur *einem* Elektron (und auch nur einem Proton und einem Neutron), das man unzählige Male sieht. Das bietet eine schöne Erklärung an dafür, warum alle Elektronen identisch zu sein scheinen. Selbstverständlich sagt es auch voraus, daß es im Universum genauso viele Positronen wie Elektronen gibt, weil zu jedem Zick ein Zack gehört. Das Universum bestände also zur einen Hälfte aus Materie, zur anderen aus Antimaterie.

Die Verbindung zwischen der Zeitumkehrsymmetrie und der Materie-Antimaterie-Symmetrie geht also tatsächlich sehr weit. Ob wir den Gedanken von Positronen, die sich als Elektronen in der Zeit zurückbewegen, ernst nehmen oder nicht, es läßt sich aus ganz allgemeinen Gründen zeigen, daß das Universum, wenn seine Gesetze zeitlich streng symmetrisch sind, zu gleichen Teilen aus Materie und Antimaterie bestehen müßte. Einige Kosmologen haben genau dies gemeint. Antimaterie sieht genauso aus wie Materie, so daß man aus einer flüchtigen Untersuchung nicht ersehen kann, ob beispielsweise die Andromeda-Galaxie aus Materie oder Antimaterie besteht. Vielleicht hat eine Hälfte der Galaxien die eine Form, die zweite Hälfte die andere? Um diese faszinierende Möglichkeit zu prüfen, haben die Astronomen danach gesucht, wie die Antimaterie sich unter Umständen verrät. Sobald Antimaterie auf Materie trifft, entstehen gewaltige Mengen Gammastrahlung mit charakteristischer Energie. Es gibt viele bekannte Beispiele für miteinander kollidierte Galaxien; wenn also die Hälfte der Galaxien aus Antimaterie besteht, könnten wir damit rechnen, daß das Universum voll ist von charakteristischer Gammastrahlung. Aber man hat fast noch keine Gammastrahlung der richtigen Energie entdeckt. Das läßt darauf schließen, daß mehr Elektronen als Positronen vorhanden sind und allgemein mehr Materie als Antimaterie.

Der Schluß, den wir aus diesen Beobachtungen ziehen können – und er ist sehr weitreichend –, lautet, daß in der Natur *keine* Symmetrie zwischen Materie und Antimaterie herrscht, die Gesetze des Universums demnach *nicht* zeitlich genau symmetrisch sind. Welche physikalischen Prozesse die kosmische Materie auch immer hat entstehen lassen, vermutlich unter den extremen Bedingungen des Urknalls, sie müssen in ihrem Verhältnis zur Zeit asymmetrisch gewesen sein, wenn auch nur geringfügig. Es muß mit anderen Worten mindestens einen grundlegenden physikalischen Prozeß geben, der unter der Zeitumkehr nicht genau symmetrisch ist.

Der Gedanke, daß ein elementares physikalisches Gesetz die genaue Zeitumkehrsymmetrie verletzen könnte, war noch gar nicht aktuell, als Feynman mit seinen Vorstellungen von Antimaterie und umgekehrter Zeit spielte. Aber zufällig wurde gerade zu dieser Zeit ein neues subatomares Teilchen entdeckt, das, wie sich herausstellte, für die Frage der Zeitsymmetrie wichtige Eigenschaften besaß. Das neue Teilchen wurde «Kaon» genannt. Ich hatte zwar als Schüler schon einmal von Kaonen gehört – genug, um zu wissen, daß sie extrem instabil und kurzlebig waren –, nahm sie jedoch erst 1966 genauer zur Kenntnis, als ich in der Presse von einer ganz außergewöhnlichen Theorie las. In dem Zeitungsartikel hieß es, Kaonen könnten hin und wieder in ein anderes Universum huschen, wo die Zeit rückwärts liefe, und dann zurückkommen. Das klang nach Science-fiction, und ich wurde sehr neugierig, nicht zuletzt weil der Urheber der Theorie Russell Stannard war, einer meiner Dozenten am University College.

Stannards Hypothese beruhte auf der aufsehenerregenden Entdeckung, die zwei Jahre zuvor gemacht worden war und andeutete, daß Kaonen in bezug auf die Zeit «etwas Komisches machen» könnten. Um zu erklären was, muß ich etwas ausholen. Als die Kaonen 1947 entdeckt wurden, äußerte sich ihre Existenz in geheimnisvollen V-förmigen Spuren, die sich in Nebelkammern unter dem Einfluß kosmischer Strahlen bildeten. Die Physiker vermuteten von Anfang an, daß es etwas Besonderes mit ihnen auf sich hätte. Kaonen können bei der Kollision von Kernteilchen wie Protonen und Neutronen entstehen, halten sich danach aber nur ganz kurz. Nach ein paar Nanosekunden sind die meisten zerfallen, überwiegend in Pionen. Kaonen und Pionen gehören beide zur subnuklearen Teilchenklasse der «Mesonen». Eine wichtige Eigenschaft, die Mesonen mit Protonen und Neutronen teilen, ist die starke Wechselwirkung, was heißt, daß Reaktionen, die die Umwandlung von einem Teilchentyp in einen anderen, nach sich ziehen, meistens mehr oder weniger augenblicklich erfolgen. Diese starke Kernkraft steht im Gegensatz zu einer anderen, völlig verschiedenen «schwachen» Kernkraft. Die vergleichsweise extrem geringe schwache Kraft ist für viele sehr langsame Kernprozesse verantwortlich, etwa für den radioaktiven Betazerfall. Um ein Beispiel zu geben: Eine typische Wechselwirkung einer starken Kraft dauert ein Billionstel einer billionstel Sekunde, wohingegen der Zerfall des Neutrons, der durch die schwache Kraft bewirkt wird, etwa fünfzehn Minuten dauert.

Alle Teilchen, die von der starken Kraft beeinflußt werden, bestehen aus Kombinationen kleinerer Teilchen, die «Quarks» genannt werden. Protonen und Neutronen z. B. haben je drei Quarks, Mesonen zwei Quarks (strenggenommen ein Quark und ein Antiquark). Wahrscheinlich gibt es sechs verschiedene Quarks (fünf sind definitiv bekannt) und genauso viele Antiquarks, so daß man auf sechsunddreißig verschiedene Kombinationen für ein Quark und ein Antiquark kommt. Das ergibt eine ganz Menge möglicher Mesonen. Das Pion und das Kaon wurden zuerst entdeckt, weil sie am leichtesten sind. Die Kaonen gibt es in drei Arten: elektrisch neutral, mit positiver Ladung und mit negativer Ladung.

Es war die Art, wie Kaonen zerfallen, die die Physiker auf ihre besonderen Eigenarten aufmerksam machte. Ein typisches Kaon wird von der starken Kraft nach der Kollision zweier stark wechselwirkender Kernteilchen im Nu erzeugt. Aber obwohl das Kaon in andere stark wechselwirkende Teilchen (Pionen) zerfällt, braucht es dazu noch eine volle Nanosekunde. Das war ein Schock. Wenn ein Teilchen bei einem bestimmten Verfahren in einem Billionstel einer billionstel Sekunde entstehen kann, warum zerfällt es dann bei dem gleichen Verfahren nicht in etwa der gleichen Zeit? Was vorwärts geht, sollte auch rückwärts gehen. Es ist so, als würde man einen Ball in die Luft werfen und feststellen, daß er eine Million Jahre braucht, um zurückzukommen. Was bewirkt, daß das Kaon für den Zerfall Billionen mal länger braucht als für die Erzeugung?

Es stand hier ein beinahe geheiligtes physikalischens Prinzip auf dem Spiel, das, ohne hinterfragt zu werden, seit Menschengedenken akzeptiert wurde – das Prinzip der Umkehrbarkeit aller elementaren physikalischen Prozesse. Eine sehr anschauliche Art, dieses Prinzip zu verdeutlichen, ist sich vorzustellen, daß man den betreffenden Prozeß im Film festhält und ihn dann rückwärts ablaufen läßt. Wenn der Prozeß umkehrbar ist, müßte der Rücklauf des Films ebenfalls einen möglichen physikalischen Prozeß zeigen. Ein Film über einen Planeten, der die Sonne umkreist, würde also beim Zurückspielen einen Planeten zeigen, der in die entgegengesetzte Richtung kreist. Daran ist nichts auszusetzen. Natürlich hat jeder von uns schon einen rückwärts laufenden Film daran erkannt, daß er komische Dinge zeigt wie Flüsse, die einen Berg hinauf fließen oder Menschen, die rückwärts laufen. Dabei geht es jedoch um komplizierte Prozesse, und ich beschränke mich im Augenblick auf grundlegende Phänomene, die nur ein paar Elementarteilchen betreffen.

Die Umkehrbarkeit grundlegender physikalischer Prozesse geht auf die Zeitsymmetrie der Gesetze zurück, die den Prozessen zugrunde liegen. Diese Zeitumkehrsymmetrie wird normalerweise mit dem Buchstaben «T» bezeichnet. Man kann sich T als eine (imaginäre) Operation denken, die die Zeitrichtung umkehrt – d. h. Vergangenheit und Zukunft austauscht. Die Gesetze der Zeitsymmetrie haben die Eigenschaft, daß die Gleichungen, die sie beschreiben, bei einer Umkehr der Zeitrichtung unverändert bleiben: Sie sind «invariant» unter T. Ein gutes Beispiel bieten Maxwells Gleichungen des Elektromagnetismus, die zweifellos T-invariant sind. Wendet man T auf eine retardierte Welle an, erhält man eine avancierte Welle – wie ich schon beschrieben habe. Avancierte Wellen sind physikalisch möglich, auch wenn wir sie aus irgendeinem Grund offenbar nicht sehen.

Mathematisch kann man die Zeit mit ein paar Gleichungen problemlos umkehren, im Labor läßt sich der Zeitablauf aber nicht so ohne weiteres umdrehen. Man kann die T-Symmetrie jedoch experimentell testen, indem man den betreffenden *Prozeß* umkehrt – man kann alle an dem Prozeß beteiligten Elemente rückwärts laufen lassen, also eine richtige «Bewegungsumkehr» vornehmen, was normalerweise auf das gleiche wie eine Zeitumkehr hinausläuft. Wenn man das macht, stellt man im allgemeinen fest, daß der ursprüngliche Prozeß tatsächlich umgekehrt wird und man wieder dort landet, wo man gestartet ist, und der physikalische Ausgangszustand wiederhergestellt ist. Außerdem läuft der Prozeß rückwärts genauso schnell ab wie vorwärts.

Die Physiker haben die exakte Umkehrbarkeit der Zeit aus keinem besonders guten Grund jahrzehntelang als selbstverständlich erachtet. Man hatte die vage Vorstellung, daß etwas so Einfaches wie ein Elementarteilchen oder eine elektromagnetische Welle wohl kaum von Hause aus ein Gespür für Vergangenheit und Zukunft haben konnte. Daß das Kaon diese Regel offenbar verletzte, weil es Billionen Male länger für den Zerfall als für die Erzeugung brauchte, war daher sehr seltsam – so seltsam, daß die an der Entdeckung beteiligten Wissenschaftler dem Kaon eine neue Eigenschaft zuerkannten, die sie «Strangeness» nannten « (nach «strange», dem englischen Wort für seltsam). Schon bald wurden weitere «seltsame Teilchen» entdeckt. Man fand schließlich auch einen Sündenbock für diese Strangeness. Jedes seltsame Teilchen enthielt ein ganz bestimmtes Quark – ein *strange*-Quark oder *s*-Quark.

Der Grund für das seltsame Verhalten der seltsamen Teilchen wurde bald ersichtlich. Ich möchte in ein paar Sätzen zusammenfassen, wie wir es heute sehen. Ein seltsames Teilchen entsteht, wenn bei einer hochenergetischen Kollision von Kernteilchen (u.a.) ein *strange*-Quark erzeugt wird. Die Kollision erzeugt auch ein *strange*-Antiquark. Weil das Antiquark «Antistrangeness» besitzt, wird bei diesem Vorgang netto keine Strangeness erzeugt, so daß er auch umgekehrt ablaufen könnte, wo dann das Quark-Antiquark-Paar sich erneut vernichtet. Das Quark-Antiquark-Paar wird jedoch sofort getrennt, wobei das *strange*-Quark im Kaon festgehalten wird. Das Kaon kann deshalb nicht zerfallen, es sei denn, es trifft zufällig auf ein Streuteilchen mit einem Antistrange-Antiquark – was in der Wirklichkeit äußerst unwahrscheinlich ist. Der Prozeß wäre auf Dauer unumkehrbar, gäbe es nicht die schwache Kernkraft, die einen Quarktyp in einen anderen umzuwandeln vermag. Sie kann insbesondere ein *strange*-Quark in eins der ganz normalen Feld-Wald-und-Wiesen-Quarks umwandeln. Sobald das geschehen ist, hat das Kaon eine Möglichkeit zu zerfallen. Aber der schwache Prozeß läuft sehr langsam ab, weshalb das Kaon so (relativ) lange braucht, um zu zerfallen. Das Fazit ist, daß der Produktions- und der Zerfallsprozeß des Kaons nicht wirklich ihre jeweilige Umkehr darstellen und das Gesetz der Umkehrbarkeit der Zeit durch diese seltsamen Prozesse nicht verletzt wird.

Wie sich herausstellte, war dies erst der Anfang der Theorie. Es gab da noch etwas Sonderbares mit dem elektrisch neutralen Kaon, dem K^0. Als die Physiker zu messen versuchten, wie lange diese Teilchen brauchen, um in Pionen zu zerfallen, stellten sie erstaunt fest, daß diese Kaonen offenbar zwei ganz verschiedene Lebensdauern haben. Manchmal zerfallen sie nach ungefähr einem zehnbillionstel einer Sekunde in zwei Pionen, ein andermal zerfallen sie in drei Pionen mit einer Lebensdauer, die viele tausend Male länger ist. Es war fast so, als würden zwei unterschiedliche Identitäten ein und dasselbe Teilchen bewohnen – eine Art gespaltene Existenz.

Eine Erklärung für dieses neue Rätsel war bald zur Hand. Das K^0 besteht aus einem *Antistrange*-Antiquark, das an ein Quark eines anderen Typs gebunden ist, ein sogenanntes *down*-Quark (vgl. Abb. 9.3). Die schwache Kraft kann das *down*-Quark in ein *strange*-Quark verwandeln und gleichzeitig das *Antistrange*-Antiquark in ein *Antidown*-Antiquark. Die Nettowirkung dieser beiden Umwandlungen besteht darin, daß das $\overline{K}^0$ in sein Antiteilchen umgewandelt wird, das mit K^0 bezeichnet wird. Dieser spontane Identitätswechsel kann auch umgekehrt ablaufen, so daß

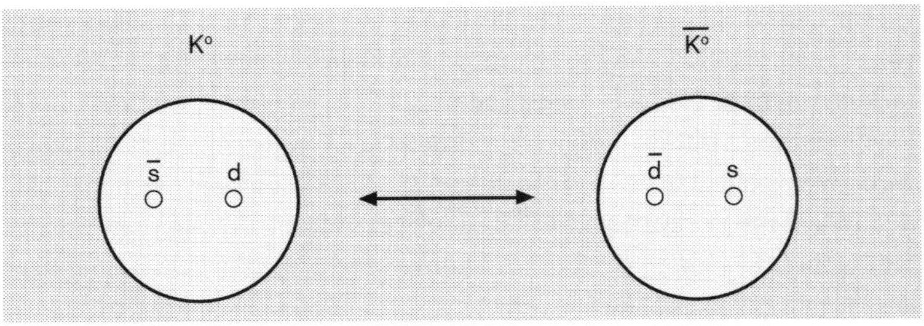

Abb. 9.3 Identitätskrise. Das neutrale Kaon K° besteht aus zwei kleineren Teilchen: einem *antistrange*-Antiquark ($\bar{s}$) und einem *down*-Quark ($\bar{d}$). Das Antiteilchen k^0 besteht aus einem *strange*-Quark (s) und einem *antidown*-Antiquark (d). Die schwache Kraft kann d in s und $\bar{s}$ in $\bar{d}$ umwandeln, und umgekehrt. Das bringt das Kaon dazu, in seiner Identität zwischen K° und $\overline{K^\circ}$ zu schwanken.

aus dem $\overline{K^\circ}$ wieder ein K° wird. Das neutrale Kaon macht also eine Art permanente Identitätskrise durch: Es weiß nicht, ob es ein K° oder dessen Antiteilchen $\overline{K^\circ}$ ist, und schwingt zwischen den beiden hin und her. Dieses schnelle Mischen der Identitäten bedeutet, daß die Physiker, die den Kaonenzerfall überwachten, tatsächlich ein Zwitterwesen vor sich hatten: ein Kaon-Antikaon. In Wirklichkeit ist es noch komplizierter. Es gibt *zwei* derartige Wesen, weil K° und $\overline{K^\circ}$ auf zwei Arten gemischt werden können, je nachdem, ob das gemischte System bei *Raum*spiegelung symmetrisch ist oder nicht. (Damit meine ich: Würde man die beiden Mischungen in einem Spiegel betrachten, wäre die eine das Kehrbild des Originals, die andere nicht.) Nachdem die Physiker das Vorhandensein dieser beiden Mischarten entdeckt hatten, verstanden sie auch, warum es zwei verschiedene Zerfallsschemen gab. Mischung 1, K_1 genannt, verändert sich bei der Spiegelung nicht, zerfällt also am besten in eine *gerade* Pionenzahl, da dies ebenfalls symmetrisch ist, soweit es um Spiegelungen geht. Mischung 2 dagegen, K_2 genannt, kehrt sich im Spiegel um, sollte also in eine *ungerade* Pionenzahl zerfallen. Es gibt somit zwei völlig verschiedene Zerfallsschemen, einmal den Zerfall in zwei Pionen und den in drei, je nachdem, welche Mischung von K° und $\overline{K^\circ}$ beim Zerfallen gerade vorliegt. Weil der Zerfall in drei Pionen weniger wahrscheinlich ist, hat dieser Zerfallsweg eine entsprechend längere Lebenszeit.

Um die Bedeutung der beiden Zerfallsschemen ganz zu verstehen, muß man bedenken, daß zwischen regelmäßiger Reflexion (im Spiegel) und

Zeitreflexion eine ziemlich grundlegende Beziehung besteht. Eine rotierende Kugel z. B. dreht sich, im Spiegel betrachtet, rückwärts und sieht genau so aus, als wäre ihre Bewegung umgedreht worden. Es läßt sich ganz allgemein nachweisen, daß eine regelmäßige Reflexion physikalisch der Zeitumkehr entspricht – mit einer Verfeinerung: Man muß die Identitäten der Teilchen und ihrer entsprechenden Antiteilchen austauschen. Das Vorhandensein zweier eindeutiger Zerfallsschemen in zwei bzw. drei Pionen drückt, weil es die Symmetrie der regelmäßigen Reflexion bewahrt, sehr schön die Invarianz der Natur bei Zeitumkehr aus.

So weit, so gut. Es war jedoch ein mächtiger Schock, als 1964 eine Gruppe Princeton-Physiker unter der Leitung von Val Fitch und James Cronin herausfanden, daß eins von einigen hundert K_2-Teilchen in *zwei* statt drei Pionen zerfiel! Ich war damals noch auf der Schule und erinnere mich, auf dem ungewöhnlichen Weg über die Rede des Ehrengastes bei der jährlichen Schulschlußfeier von der Entdeckung erfahren zu haben. Die Auswirkungen des Fitch-Cronin-Experiments kamen einem Bildersturm gleich. Es stand bald fest, daß das einzelgängerische Verhalten des Kaons die Verletzung des bis dahin geheiligten Prinzips der Zeitumkehrsymmetrie bedeutete.

Wie das Kaon die T-Symmetrie verletzt, kann man sich etwa wie folgt vorstellen: Die Zustände K_1 und K_2 entstehen, wie ich erklärt habe, als eine Art Zwitter oder Mischung von Kaon und Antikaon. Malen wir uns aus, wie das Teilchen rasend schnell zwischen den Identitäten hin und her huscht: Kaon-Antikaon-Kaon-Antikaon... Man kann sich fragen, ob dieses Hin und Her vollkommen symmetrisch ist – d. h., ob der Wechsel vom Kaon zum Antikaon genauso schnell erfolgt wie der vom Antikaon zum Kaon. Wenn nicht, verweilt das Zwitterwesen womöglich als Kaon länger denn als Antikaon oder umgekehrt. Da die Gesetze, die das Hin und Her zwischen Kaon und Antikaon bewirken, genau zeitsymmetrisch sein sollten, nahm jeder an, daß die Natur einen Prozeß nicht von seiner Umkehrung unterscheiden dürfe, und die beiden Wechsel genau gleich schnell erfolgen. Doch das Kaon neigt dazu, länger als $\overline{K^{\circ}}$ denn als K° zu verweilen.

Dieses unerwartete Verhalten impliziert, daß das Kaon von Hause aus ein Gespür für Vergangenheit und Zukunft hat. Auch wenn der Effekt minimal ist, ist er doch höchst bedeutsam und höchst geheimnisvoll – daher auch die wilden Spekulationen von Russell Stannard und der Erklärungsversuch über die vorübergehenden Ausflüge des Kaons in ein zeitumgekehrtes Paralleluniversum. Martin Gardner, Redakteur beim

Scientific American, schrieb dazu: «Stannards Vision teilt den Kosmos in Seite an Seite liegende Regionen, die alle gleichzeitig ihren fliegenden Teppich ausrollen (was immer ‹gleichzeitig› bedeuten kann!), aber in entgegengesetzte Richtungen.»[6]

Sie haben eine ganze Weile nichts von mir gehört, doch jetzt bin ich völlig durcheinander. Ich dachte, Einstein hätte mit den Begriffen Vergangenheit und Zukunft ein für allemal aufgeräumt. Wie kann ein Physiker behaupten, Kaonen hätten ein eingebautes Gespür für eine Asymmetrie zwischen Vergangenheit und Zukunft?

Ein guter Einwand. Wir haben hier ein sprachliches Problem. Einstein hat die absolute Aufteilung der Zeit in *die* Vergangenheit und *die* Zukunft, die durch einen universellen gegenwärtigen Augenblick oder das «Jetzt» getrennt sind, ausgeschlossen. Das schließt jedoch nicht aus, daß wir absolut zwischen vergangenen und zukünftigen Zeit*richtungen* unterscheiden. Wir verwenden die Worte «Vergangenheit» und «Zukunft» hier in zwei etwas unterschiedlichen Bedeutungen. Ein ähnlicher Unterschied liegt vor, wenn wir die Begriffe «Norden» und «Süden» verwenden. Wir sprechen häufig von «der Norden» und «der Süden», wenn wir *Orte* meinen, aber von «Nord» und «Süd», wenn wir räumliche *Richtungen* meinen. In Amerika sind «der Süden» Staaten wie Alabama und Texas, in Deutschland denkt man bei «der Norden» etwa an Städte wie Flensburg oder Hamburg. Es besteht sogar eine Asymmetrie zwischen Norden und Süden, die durch die Erdrotation hervorgerufen wird. Diese Asymmetrie wird angezeigt durch den Pfeil auf der Kompaßnadel, die eine Rolle für die räumliche Asymmetrie analog zum Zeitpfeil spielt. Das bescheidene Kaon ist in der Lage, in einem begrenzten Sinn die Zeit anzuzeigen: Es kennt den Unterschied zwischen den beiden Zeit*richtungen* – Vergangenheit und Zukunft. Aber natürlich *trennt* das Kaon die Zeit nicht in Vergangenheit, Gegenwart und Zukunft.

Das Universum mit Schlagseite

Die minimale zeitliche Asymmetrie, die die subnukleare Welt infiziert, hat eine damit verbundene Einseitigkeit bei der Materie und Antimaterie zur Folge. Erinnern wir uns, daß die Verletzung von T darauf zurückgeführt werden kann, daß die Geschwindigkeit, mit der Kaonen in Antikaonen umgewandelt werden, nicht genau mit der Geschwindigkeit übereinstimmt, mit der der umgekehrte Prozeß abläuft. Falls eine derartige Asymmetrie zwischen Materie und Antimaterie besteht, wenn auch nur auf der beobachteten mikroskopischen Ebene, könnte das eine natürliche Erklärung dafür abgeben, warum das Universum überwiegend aus Materie besteht. Wir können uns vorstellen, daß der größte Teil der Materie im Universum beim heißen Urknall entstanden ist. Anfangs existierte ein explosives Gemisch aus Materie und Antimaterie, deren Anteile jedoch nicht absolut gleich waren: Aufgrund der Auswirkungen der T-Verletzung hatte die Materie ein leichtes Übergewicht. Das Gemisch hätte höchstens ein oder zwei Sekunden überdauert, bis die pauschale Annihilation fast alles in Gammastrahlen umgewandelt hätte. Das hätte die gesamte Antimaterie eliminiert, der winzige Materieüberschuß wäre jedoch unbeschadet übriggeblieben. Dieser Überschuß war es, der daraufhin die Galaxien hervorbrachte, während die Gammastrahlen, durch die Expansion des Universums weitgehend geschwächt, zur kosmischen Hintergrundstrahlung wurden. Falls diese Theorie richtig ist, hängt unsere eigene Existenz entscheidend von der minimalen zeitlichen Schlagseite ab, die die Natur zuläßt. Es ist eine so geringe Asymmetrie, daß es fast ein nachträglicher Einfall sein könnte, aber ohne sie gäbe es uns gar nicht.

Nachdem der Gedanke der T-Verletzung einmal in die Köpfe der verdutzten Physiker eingedrungen war, begann die ernsthafte Suche nach der feinsten Methode, sie zu messen. Der Ort, wo diese Suche besonders beharrlich erfolgte, liegt in einem malerischen Flußtal im Südosten Frankreichs, nicht weit von den mondänen Skihochburgen der Alpen entfernt. Dort liegt auch die alte Stadt Grenoble, Geburtsort des berühmten Musikers Hector Berlioz, der einmal die witzige Bemerkung machte: «Die Zeit ist ein großer Lehrmeister, aber leider bringt sie all ihre Schüler um.»[7] Es ist auch der Standort eines bedeutenden kernphysikalischen Laboratoriums. Die französischen Wissenschaftler haben ihre Aufmerksamkeit nicht auf die Kaonen gelenkt, sondern auf die bescheidenen Neutronen, hinter deren elektromagnetischen Eigenschaften sich vielleicht ein entscheidender Hinweis auf die zeitliche Schlagseite der Natur verbirgt.

Man würde Ihnen nachsehen, wenn Sie annähmen, daß die elektrisch neutralen Neutronen *keine* elektromagnetischen Eigenschaften haben. Die meisten Physiker dachten das auch, als die Neutronen erstmals nachgewiesen wurden. Es erregte daher einiges Erstaunen, als der deutsche

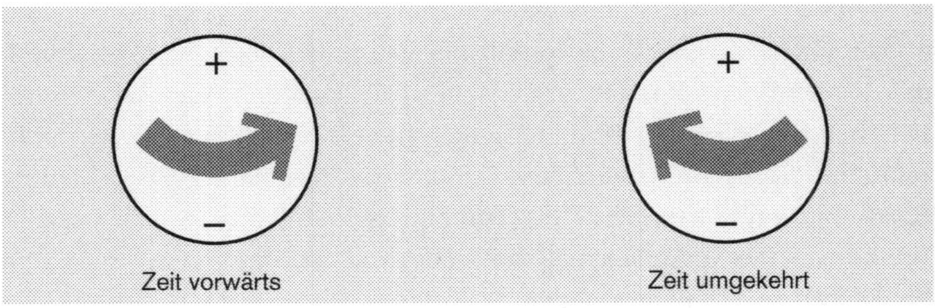

Abb. 9.4 Verletzung der Zeitsymmetrie. Der Neutronenspin kehrt seine Richtung um, wenn die Zeit sich umkehrt. Der elektrische Dipol bleibt unberührt.

Physiker Otto Stern 1933 entdeckte, daß ein Neutron sich so verhält, als enthielte es einen kleinen Stabmagneten. Heute ist der Ursprung für diesen Magnetismus offenbar nicht mehr so geheimnisvoll. Wir wissen inzwischen, daß das Neutron, auch wenn es nach außen elektrisch neutral ist, kein punktförmiges Teilchen ist, sondern ein zusammengesetzter Körper, der drei elektrisch geladene Quarks enthält. Die Gesamtladung summiert sich zu null, aber die Quarks können ein Magnetfeld erzeugen, weil alle Neutronen einen Spin haben, wie man festgestellt hat. Man kann sich das Neutron als kleine Kugel denken, die wie ein Planet um ihre Achse rotiert, wobei alle Neutronen allerdings einen genau gleich schnellen Spin haben – der Spin ist beim Neutron eine feste Größe, wie die Masse. Wenn das Neutron rotiert, kreisen auch die geladenen Quarks in ihm und erzeugen winzige elektrische Ströme, die Magnetfelder aufbauen. Insgesamt entsteht auf diese Weise ein Magnetfeld, das entlang der Spinachse ausgerichtet ist und die Form eines Dipols hat. Der Name Dipol rührt daher, daß sich, wie beim Stabmagneten, am einen Ende ein Nordpol befindet und am anderen ein Südpol.

Das Vorhandensein geladener Teilchen im Neutron eröffnet noch eine andere Möglichkeit. Die Spinachse des Neutrons bestimmt eine feste Richtung im Raum. Auch wenn die Gesamtladung des Neutrons sich zu null summiert, könnte es doch sein, daß die positive Ladung sich im Mittel bevorzugt in einem Bereich relativ zur Spinrichtung ansammelt, die negative Ladung in einem anderen. Das würde ein *elektrisches* Dipolfeld schaffen. Wenn das Neutron einen magnetischen Dipol darstellt, warum soll es dann nicht auch ein elektrischer Dipol sein?

Hier kommt der Zeitpfeil ins Spiel. Stellen Sie sich vor, wir lassen einen Film vom Neutron rückwärts laufen. Es ändert sich nicht viel, der Spin hat jetzt entgegengesetzte Richtung. Das elektrische Dipolmoment würde dagegen von der Zeitumkehr nicht berührt, weil es nur von der Position der Quarks abhängt, nicht aber von ihrer Bewegung im Neutron. Die Zeitumkehr würde daher eine Umkehr der Ausrichtung zwischen Spinrichtung und elektrischem Dipolmoment bewirken. Das erkennt man sehr gut anhand eines Diagramms (Abb. 9.4). Die Spinrichtung kann in Anlehnung an die Erdrotation bezeichnet werden. In der Abbildung liegt die «nördliche Halbkugel» des Neutrons oben, bei der positiven Ladung (+), in der zeit- umgekehrten Version liegt die nördliche Halbkugel dagegen unten, bei der negativen Ladung (-).

Die entgegengesetzte Ausrichtung von Spin und elektrischem Dipol unter Zeitumkehr müßte zum Vorschein kommen, wenn man das Neutron in ein äußeres elektrisches Feld einbettet. Das elektrische Feld würde auf den elektrischen Dipol einwirken und versuchen, das Neutron zu drehen, so daß das (+)-Ende neben dem (-)-Ende des Feldes liegt und umgekehrt. Diese Wechselwirkung erfordert einen gewissen Energiebetrag. Wenn wir ein einzelnes Neutron beobachten und die Zeitrichtung umkehren könnten, würde der Spin des Neutrons in die andere Richtung laufen, der Dipol und das äußere elektrische Feld würden jedoch unverändert bleiben. Wir können zwar nicht die Zeit umkehren, aber das äußere elektrische Feld. Dabei bleibt die Spinrichtung unverändert, aber es würde sich die elektrische Wechselwirkungsenergie mit dem Dipol ändern (weil das + und das - in bezug zum äußeren Feld vertauscht würden). Das entspricht vollkommen einer Zeitumkehr, denn alles, was zählt, ist die *relative* Spinrichtung im Verhältnis zum elektrischen Dipol. Man kann also auf die Zeitumkehr hin prüfen, indem man das äußere Feld umkehrt und beobachtet, ob sich die Energie des Neutrons ändert.

Es ist der Erwähnung wert, daß man das gleiche nicht mit dem Magnetfeld des Neutrons machen kann. Wie erklärt, entsteht der magnetische Dipol aus winzigen elektrischen Strömen, die im Neutron kreisen, und wenn die Zeit umgekehrt würde, würde sich auch die Richtung dieser Ströme umkehren. Anders als im Fall eines statischen elektrischen Dipols kehrt sich ein magnetischer Dipol unter dem Einfluß beweglicher Ladungen unter Zeitumkehr zusammen mit der Spinrichtung um. Die relative Ausrichtung eines magnetischen Dipols und des Spinpfeils bleibt demnach unverändert, wenn die Zeit umgekehrt wird. Jede Wechselwirkungsenergie mit einem äußeren Magnetfeld bliebe ebenfalls unverändert. Andererseits wäre allein das *Vorhandensein* eines elektrischen Dipolmoments im Neutron ein Zeichen dafür, daß die Welt unter Zeitumkehr *nicht* ganz symmetrisch ist. Mit anderen Worten, wenn das Neutron einen elektrischen Dipol besäße, wie klein er immer sein mag, hätte es ein eingebautes Gespür für die Zeitrichtung.

Zur Messung eines elektrischen Dipols in der Praxis bringt man die Neutronen in ein starkes elektrisches Feld, kehrt die Feldrichtung um und beobachtet, ob sich die Neutronenenergie ändert. Zur Überwachung der Energie richtet man auch ein Magnetfeld ein. Das Neutron versucht, sich in dem Magnetfeld zu drehen und auszurichten. Zur Unterstützung wird eine hochfrequente elektromagnetische Welle auf das Neutron gerichtet; wenn die Wellenfrequenz genau zur Energiedifferenz zwischen den Spinzuständen «aufrecht» und «umgekehrt» paßt, dann bewirkt die Welle eine Umkehr der Spinrichtung. Jede zusätzliche Energie infolge der Wechselwirkung des elektrischen Dipols mit dem elektrischen Feld müßte sich bei der Feinabstimmung der Radiowelle bemerkbar machen. Dieses Experiment ist ein sehr feiner Test der Zeitumkehrsymmetrie.

Bis jetzt ist noch keine derartige Verletzung entdeckt worden. Falls die geladenen Quarks sich innerhalb des Neutrons einseitig verteilen, dürfen nach Meinung der Experten in Frankreich der Bereich mit positiver Ladung und der mit negativer Ladung höchstens 10^{-25} cm voneinander entfernt sein, was dem Zehnbilliardstel der Größe eines Neutrons entspricht. Das ist extrem wenig, aber die Wissenschaftler lassen sich nicht entmutigen. Viele verbreitete Theorien der Teilchenphysik beziehen eine T-Verletzung mit ein, meinen jedoch, daß die Zeitsymmetrie auf einer Ebene verletzt werden sollte, die noch etwas jenseits der des französischen Experiments liegt, um nachgewiesen werden zu können. Auf einer noch viel schwächeren Ebene müßte die gleiche schwache Kraft, die den Kaonenzerfall bewirkt, auch Neutronen beeinflussen, und eine hinreichend feine Messung müßte dann auch einen elektrischen Dipol nachweisen können.

Die Erwartung, daß die Zeitumkehrsymmetrie auf irgendeiner Ebene verletzt werden muß, hat die Experimentatoren in der ganzen Welt angespornt, nach winzigen elektrischen Dipolen zu suchen, nicht nur in Neutronen, sondern auch in Atomen und Molekülen. Die augenblicklichen Favoriten sind Quecksilber und Thalliumfluorid. Experimente mit Molekülen versprechen weit mehr Empfindlichkeit als die mit Kernen und sollten die Physiker eigentlich in die Lage versetzen, demnächst Beweise für die T-Verletzung vorlegen zu können. Eine Gruppe an der Yale Universität hofft, Dipole von nur 10^{-28} cm Größe in dem exotischen Molekül Ytterbiumfluorid zu finden.

Die Bedeutung eines positiven Ergebnisses dieser Dipolexperimente läge in dem Nachweis, daß ein Elementarteilchen wie ein Neutron – ein Bestandteil der gewöhnlichen Materie – von Hause aus eine Zeitausrichtung hätte. Und dann hätte auch die Gesamtmaterie des Universums ein winziges, aber dennoch wichtiges Gespür für die Zeitrichtung. Vergangenheit und Zukunft wären auf einer elementaren Ebene in die Struktur der Materie eingeprägt.

Das ist ja höchst erstaunlich! Vergangenheit und Zukunft im Universum hängen mit Anfang und Ende zusammen. Wie kann ein winziges Teilchen wie ein Neutron oder Kaon etwas vom Urknall und dem Ursprung des Kosmos wissen? Es gibt schließlich keinen Wegweiser in der Zeit mit der Aufschrift, «Zum Urknall in diese Richtung», oder?

Den gibt es tatsächlich. Die Expansion des Universums legt eine zeitliche Richtung weg vom Urknall hin zur Zukunft fest.

Sie meinen, Kaonen sind auf den Kosmos eingestellt? Sie können die Ausdehnung des Universums spüren? Das scheint mir äußerst klug für ein einfaches subatomares Teilchen.

Allerdings. Aber kein Geringerer als der Physiker Yuval Ne'eman, einer der Mitbegründer der Quarktheorie der Materie, meinte 1970 genau das. Er behauptete, die dem Kaonenzerfall anhaftende Zeitrichtung sei direkt mit der kosmologischen Bewegung verbunden. Wenn sich das Universum nicht mehr ausdehnen, sondern zusammenziehen würde, wäre daher auch die zeitliche Asymmetrie des Kaonenzerfalls umgekehrt. «Ein sich zusammenziehendes Universum aus Materie ist [tatsächlich] das gleiche wie ein expandierendes Universum aus Antimaterie.»[8]

Aber wie kann ein Kaon oder ein anderes subatomares Teilchen wissen, was das Universum macht?

Es geht alles auf die Schwerkraft zurück. Einsteins Gravitationstheorie gab uns die Möglichkeit eines expandierenden Universums. Vielleicht ist es irgendein falschverstandener Aspekt der Schwerkraft, der mit der T-Verletzung zu tun hat? Schließlich liefert die Gravitation uns einen der auffälligsten Zeitpfeile – nämlich Schwarze Löcher. Man kann in ein Schwarzes Loch fallen, aber man kann nicht mehr herauskommen. Ähnlich ist die Entstehung eines Schwarzen Lochs aus dem Kollaps eines Sterns ein unumkehrbarer Vorgang. Stephen Hawking kam 1974 schlagartig mit seiner Entdeckung zu Ruhm, daß Schwarze Löcher gar nicht schwarz sind, sondern vor Quantenstrahlung glühen. Kleine Schwarze Löcher werden sehr heiß und verdampfen schließlich in einer explosionsartigen Freisetzung von Energie. Eine genaue mathematische Analyse zeigte, daß das Schwarze Loch sich wie der letzte Chaot verhält: Wenn geordnete Materie hineinstürzt, kommt ihre Energie in Form total ungeordneter Strahlung mit perfekt durcheinandergewürfelten Phasen wieder heraus.

Der Hawking-Effekt kündigte einen einzigartigen Zeitpfeil an: von der Ordnung zur Unordnung, dank dem Schwarzen Loch. Aber Hawking sah die Dinge anders. Kurz nachdem der Begriff «Schwarzes Loch» in Mode kam, fingen die Leute an, über Weiße Löcher zu reden. Was ist das? Nun, ein umgekehrtes Schwarzes Loch. Statt alles gierig zu verschlingen, spucken sie alles aus. Die Existenz Weißer Löcher ist nicht bekannt, und die meisten Wissenschaftler lehnen sie rundweg ab, wie alle Erfindungen mit Zeitumkehr. Hawking sah die Sache jedoch so, daß Schwarze Löcher, wenn sie Strahlung aussenden, eher wie Weiße Löcher aussehen. Im thermodynamischen Gleichgewicht und bei konstanter Temperatur in eine Kiste eingesperrt, wären ein Schwarzes und ein Weißes Loch nicht zu unterscheiden. Roger Penrose u. a. wiedersprach und beharrte darauf, daß ein Schwarzes und ein Weißes Loch vollkommen verschieden seien.

Penrose glaubt, daß der Schlüssel für den Zeitpfeil bei der Schwerkraft liegt, daß die Zeit von Natur aus asymmetrisch ist, wenn es um Gravitationsfelder geht, zumindest, wenn diese Felder in der Nähe von solchen Raumzeitsingularitäten liegen, wie sie im Zentrum Schwarzer Löcher (und Weißer Löcher) und des Urknalls (und des großen Kollapses) existieren. Penrose räumt ein, daß er nichts über den Ursprung dieser Asymmetrie weiß, meint aber, sie könnte irgendwie mit der T-Verletzung der Kaonen zusammenhängen.

Heißt das nicht, wenn das Universum anfängt sich zusammenzuziehen, kehrt sich auch der Zeitpfeil um?

Das ist eine sehr interessante Frage! Lesen Sie weiter...

10

Rückwärts in der Zeit

Eine Umkehr des Pfeils würde die äußere Welt unsinnig machen.
Arthur Eddington

Rückwärts

Der Gedanke, daß die Zeit zurücklaufen kann, mag erstaunlich sein, ist aber alles andere als neu. Wenn man innehält und darüber nachdenkt, muß jeder Glaube, daß die Zeit zyklisch ist, in irgendeinem Stadium auch das «Rückwärtsgehen» einschließen, so daß die Welt in ihren Anfangszustand zurückversetzt werden kann. Plato hat diese Phase anschaulich beschrieben, als er einen imaginären Fremden sagen ließ:

> «Welches Alter jedes lebende Wesen hatte, dies blieb ihm zuerst stehn, und alles Sterbliche hörte auf, je länger je älter auszusehen, vielmehr wendete es sich auf das Entgegengesetzte zurück und wurde gleichsam jünger und zarter. Und die weißen Haare der Alten schwärzten sich, die Wangen der Bärtigen aber glätteten sich wieder und brachten jeden zu seiner schon vorübergegangenen Blüte zurück; ebenso die Leiber der mannbaren Jugend glätteten sich und wurden jeden Tag und jede Nacht kleiner, bis sie wieder die Natur der kleinen Kinder annahmen und ihnen an Leib und Seele ähnlich wurden. Nach diesem aber welkten sie dann zusehends und verschwanden gänzlich.»[1]

In den sechziger Jahren meldete sich der Astrophysiker Thomas Gold mit einer Theorie zu Wort, die recht ähnlich klang. Er kam auf sie, als er über die unumstrittene Tatsache nachdachte, daß der wirklich wichtige Zeitpfeil im Universum der Hitzefluß weg von der Sonne und den Sternen in das All ist. Das, so argumentierte Gold, sei der elementare Vorgang, der der Welt eine Asymmetrie Vergangenheit-Zukunft aufpräge. Hier liege der Zeitpfeil!

Gold versuchte, den eigentlichen Ursprung des Pfeils zu ergründen, und fragte, warum die Wärme von den Sternen nur in eine Richtung in das Weltall fließt. Was ist die Ursache dafür? Eine simple Antwort hat man sofort zur Hand: Die Sterne sind heiß, der Weltraum dagegen ist kalt. Wärme fließt nach dem zweiten Hauptsatz der Thermodynamik vom Warmen zum Kalten. Aber man kann weiterfragen, warum das Universum kalt und dunkel ist. Die Antwort darauf hat etwas zu tun mit seiner Ausdehnung. Je größer das Universum wird, desto mehr Wärme kann es aufsaugen. «Es ist, wie wenn Wasser in ein Faß läuft, das nie voll wird, nicht weil es ein Loch hat, sondern weil es ständig größer wird», erklärte Gold.[2]

Damit wir ihn verstehen, forderte Gold uns auf, uns einen perfekt reflektierenden Behälter vorzustellen, der wie von Zauberhand um die Sonne gelegt wird und sie vom Universum abschließt. Der Inhalt des Behälters würde irgendwann ein thermodynamisches Gleichgewicht erreichen und bei einer sehr hohen gleichmäßigen Temperatur zur Ruhe kommen. Es würde keine Wärme mehr abfließen und vergeudet werden; die ganze Energie wäre gefangen und würde zurückgehalten. Die Sonne würde dann ewig so bleiben, und der Zeitpfeil würde erlöschen. Wenn nun jemand ein kleines Loch in den Behälter bohren würde, damit etwas Strahlung entweichen kann, würde das thermodynamische Gleichgewicht gestört, es würde wieder Wärme fließen und erneut eine unumkehrbare Veränderung eintreten; der Zeitpfeil würde vorübergehend wiederhergestellt. Man dichte das Loch wieder ab, und der Pfeil schwindet brav dahin. Der mit dem Energieabfluß aus der Sonne verbundene Zeitpfeil ist also darauf angewiesen, daß sie ihre Wärme ungehindert in der kalten Weite des Weltraums abladen kann.

Wäre das Universum statisch, und die Sterne hätten lange genug ständig geleuchtet, würde sich das Universum als Ganzes im wesentlichen so wie bei Golds Behälter mit Wärme und Lichtstrahlung füllen, allerdings in einem größeren Maßstab. Die Strahlung würde sich im Raum zwischen den Sternen ansammeln, langsam immer heißer werden, bis der Kosmos am Ende überall extrem heiß wäre; dunklen kalten Raum würde es dann nicht mehr geben. Von der Erde aus betrachtet, würde der ganze Himmel wie

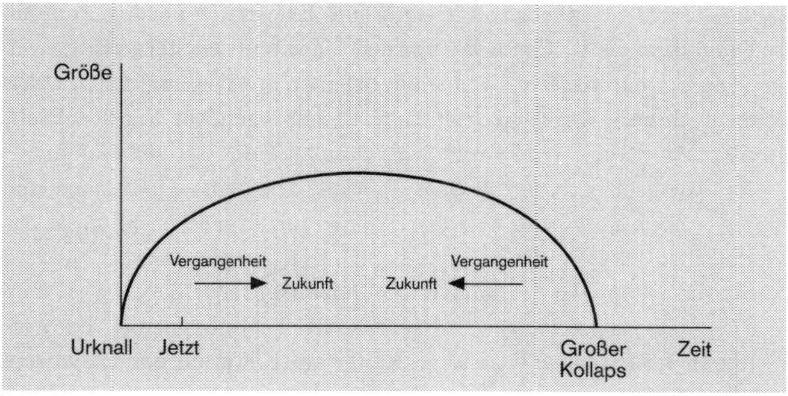

Abb. 10.1 Universum mit Zeitumkehr. Die Darstellung zeigt ein Universum, das sich nach einem Urknall ausdehnt, eine maximale Größe erreicht und in einem großen Kollaps zusammenfällt. Die Zeit läuft in der ersten Hälfte vorwärts, in der zweiten Hälfte rückwärts; die Richtung wird durch die Pfeile angegeben. Wegen der Symmetrie können die Begriffe «Urknall» und «großer Kollaps» sowie «erste» und «zweite» ausgetauscht werden. Unsere eigene Epoche ist gemäß der geltenden Zeitkonvention angegeben.

ein Hochofen glühen. Irgendwann würde sich ein Gleichgewicht einstellen und das Universum eine gleichmäßig hohe Temperatur erreichen – den Wärmetod. Es würde keine weiteren Veränderungen geben, weder zum Guten noch zum Schlechten. Dazu ist es jedoch nicht gekommen, weil das Universum nicht statisch ist, sondern sich ausdehnt. So schnell die Sterne auch versuchen, das Universum aufzuheizen, der Raum expandiert ständig und hält es kühl. Außerdem leuchten die Sterne noch nicht lange genug, als daß sie wirklich große Mengen Wärme im All hätten abladen können: Das Universum ist erst vor einigen Milliarden Jahren entstanden.

Nachdem Gold die Verbindung zwischen dem Zeitpfeil und der Expansion des Universums hergestellt hatte, war es für ihn nur noch ein kleiner Schritt zur Annahme, daß der Pfeil umgekehrt würde, wenn das Universum anfinge, sich in irgendeinem Stadium zusammenzuziehen. Dann «würde die Strahlung auf die Objekte zuströmen und sie erwärmen; die Wärme würde generell von den kalten zu den warmen Körpern fließen», schrieb er.[3] Die Zeit würde mit anderen Worten «rückwärts laufen». Gold dachte an einen kosmischen Zyklus, der zig Milliarden Jahre dauert (vgl.

Abb. 10.1). Die Umkehr würde noch eine Ewigkeit auf sich warten lassen, und dann wären Platos Bärtige und die Jugend zweifellos längst vergessene Erinnerung. Trotzdem ist die Aussicht, daß das Universum weder stirbt noch ewig weiter entartet, sondern sich irgendwie selbst aufzieht, höchst faszinierend, selbst wenn niemand da ist, der das mitbekommt.

Rückwärts denken

Wenn aber doch jemand da wäre, ist es natürlich interessant zu überlegen, was derjenige tatsächlich erleben würde. Der Zeitpfeil ist so stark und allgegenwärtig, daß seine Umkehr jeden, der der vorwärtsgerichteten zeitlichen Wahrnehmung verhaftet ist, völlig verwirrt und hilflos machen würde. Stellen Sie sich vor, Sie sehen ein zerbrochenes Ei wie durch Zauberhand wieder ganz werden, Wasser einen Berg hinauflaufen, Schneemänner zu Schnee zergehen und so fort. Diese Vorgänge wären nicht nur beängstigend und überraschend, sie träfen den Kern der Vernunft. Vorhersage und Erinnerung spielen eine entscheidende Rolle bei allem, was wir tun, und ein Mensch, der feststellen würde, daß diese Fähigkeiten im Verhältnis zur Umwelt verkehrt herum ablaufen, wäre hochgradig hilflos.

Die Asymmetrie, die der Welt durch die Hauptsätze der Thermodynamik aufgeprägt wird, impliziert auch ein logisches Ausgerichtetsein. Ich weiß z. B., daß ein heißes Getränk kalt sein wird, wenn ich es eine Stunde stehen lasse. Ich kann aber nicht sicher sein, daß ein kaltes Getränk vor einer Stunde heiß war. Es war vielleicht vor zehn Stunden heiß oder wurde kalt zubereitet. Sowohl ein heißes wie ein kaltes Getränk ist nach einer Stunde ein kaltes Getränk. Der Heiß-wird-kalt-Schluß läuft also nicht rückwärts. Viele Anfangszustände führen zum selben Endzustand. Der logische Pfeil ähnelt dem arithmetischen. Jeder kann $12 + 15 = 27$ ableiten, aber die Frage «Wie setzt sich 27 zusammen?» setzt uns matt. Von der Antwort eindeutig zurück zur Frage zu gehen ist im allgemeinen unmöglich: Zur Zahl 27 kommt man über $10 + 17$ oder $3 \times 3 \times 3$ oder auf vielen anderen Wegen.

Der Begriff der Kausalität hat ebenfalls einen starken Richtungstouch. Wir unterstellen, daß die Ursache der Wirkung vorausgeht. Uns würde unbehaglich bei dem Gedanken, daß das Zerbrechen einer Scheibe dazu führt, daß ein Stein geworfen wird, oder ein über die Erde wandernder

Schatten bewirkt, daß der Mond sich vor die Sonne schiebt. Es fiele schwer, Sinn in eine Welt zu bringen, in der Ursache und Wirkung vertauscht wären. Selbst mit einiger Übung wären Voraussagen in einer Welt mit Zeitumkehr ein gefährliches Unterfangen. Stellen Sie sich vor, Sie trinken etwas Kaltes, ohne zu wissen, ob die Flüssigkeit kalt bleibt oder in Ihrem Magen plötzlich anfängt zu kochen. Der Schriftsteller und Mathematiker Martin Gardner hatte schon recht, als er schrieb, daß das Leben in einer Welt mit Zeitumkehr noch komplizierter wäre, als es jetzt schon ist.[4] Ein Mensch, dessen körperliche und geistige Funktionen umgekehrt sind, wäre, weitgehend hilflos. Er könnte z. B. nichts sehen und hören, weil alle Licht- und Schallwellen seine Organe verlassen und zurück zu den Objekten wandern, die sie ausgestrahlt haben.

Zu einem so alptraumhaften Geschehen wird es allerdings kaum kommen. Unsere Gehirnprozesse hängen von derselben Physik ab, wie das übrige Universum, so daß auch sie in einer Welt mit Zeitumkehr umgekehrt würden, genauso wie der Bewußtseinsstrom und die Gedächtnis- und Denkprozesse, die ihm zugeordnet sind. Wir würden, mit anderen Worten, in einer derartigen Welt auch umgekehrt wahrnehmen und denken. Unsere Geistestätigkeit, das logische Denken und Begriffe wie Kausalität und Rationalität eingeschlossen, würde ebenfalls umgekehrt. Ein zeitumgekehrter Mensch würde die Zeitumkehr also überhaupt nicht bemerken. Für ihn wäre alles ganz normal.

Es könnte den Anschein haben, als hätte ich die Zeitumkehr zu einer sinnlosen Umetikettierung von Vergangenheit und Zukunft wegdefiniert, doch dem ist nicht so. Es ist physikalisch immer noch durchaus sinnvoll, davon zu sprechen, daß die Zeitrichtung einer Region des Universums im Vergleich zu einer anderen umgekehrt ist, auch wenn die Bewohner der jeweiligen Region ihren Teil des Universums als «normal» und den anderen als «umgekehrt» betrachten würden. Es ist also aufschlußreich, darüber nachzudenken, was diese Bewohner sich jeweils über ihre relativen Erfahrungen zu sagen hätten. Norbert Wiener, der Erfinder der Kybernetik, hat sich Gedanken über die Kommunikationsprobleme gemacht, die sich bei einer solchen Lage der Dinge einstellen würden. Malen wir uns den Versuch einer Unterhaltung mit einem fremden Wesen aus – vielleicht aus einem benachbarten Sternsystem –, dessen Zeitempfinden dem unseren entgegengesetzt wäre. Wiener stellte fest, daß die Ausgerichtetheit der Logik des fremden Wesens umgekehrt wäre, was aus seiner vernünftigen Botschaft unsinniges Geschwafel machen würde.

«Jedes Signal, das es senden würde, erreichte uns von seinem Gesichtspunkt aus mit einem logischen Fluß von Folgerungen, den unsrigen aber vorhergehend. Diese ‹Vorgänge› wären bereits in unserer Erfahrung und hätten uns als die natürliche Erklärung seines Signals gedient, ohne vorauszusetzen, daß es ein denkendes Wesen gesendet habe.»[5]

Normale Vorstellungen von Bedeutung und Erklärung würden mit anderen Worten auf den Kopf gestellt, was jeden vernünftigen Informationsaustausch ausschließt. Begriffe wie Zufall und Ordnung ließen sich nicht übersetzen. Die Information des Fremden würde zu unserer Entropie und umgekehrt. Folglich: «Wenn es uns ein Quadrat zeichnen würde,... [es] würde uns als Katastrophe erscheinen – zwar als plötzliche, aber durch natürliche Gesetze erklärbar –, durch welche jenes Quadrat aufhören würde zu bestehen.» Wiener kommt zu dem Schluß, daß in jeder Welt, in der Kommunikation möglich ist, die Zeitrichtung überall gleich sein muß. Dieser Schluß ist äußerst enttäuschend. Schließlich würde der zeitumgekehrte Fremde unsere Zukunft kennen und wir die seine. Er würde sich an alle Unglücke erinnern, die uns noch bevorstehen, könnte uns aber nicht warnen!

Antiwelten

Wie ernst können wir die Vorstellung von verschiedenen Raumzeitregionen mit entgegengesetzten Zeitpfeilen nehmen? Das ist überraschenderweise ein immer wieder aufkommendes Thema in der Physik und der Kosmologie. Unter anderem taucht es immer wieder in Verbindung mit Schwarzen Löchern auf. In Kapital 4 habe ich erwähnt, wie Finkelstein, Kruskal und Szekeres Ende der fünfziger Jahre feststellten, daß die Oberfläche eines Schwarzschildschen Schwarzen Lochs kein physikalisches Hindernis ist, sondern lediglich ein Tor zu einer sonderbaren Raumzeitregion jenseits davon. Wie sonderbar, wurde deutlich, als die Algebra genauer untersucht wurde, die diese Region beschrieb.

Man kann die Mathematik benutzen, um zu berechnen, was die unglückselige Astronautin Betty *im Innern* des Schwarzen Lochs sehen würde, wenn sie hineinfiele. Wir wissen, daß sie bald an der zentralen Singularität zugrunde gehen würde, aber auf dem Weg zu ihrer Verabredung mit dem Schicksal könnte sie ihre Umgebung betrachten. Dazu würde ein

Teil der Region im Innern des Schwarzen Lochs gehören, aber auch das Universum draußen, woher sie kam. Obwohl Betty, wie ebenfalls in Kapitel 4 erklärt, von außerhalb des Lochs nicht gesehen werden kann, trifft das Gegenteil nicht zu: Etwas Licht von außerhalb des Lochs würde ihr in das Innere folgen und sie überholen, bevor sie auf die Singularität träfe, und so könnte sie immer noch die Welt draußen sehen, die sie kurz zuvor verlassen hatte. Aber das ist noch nicht alles. Sobald Betty sich im Schwarzen Loch befände, könnte sie eine weitere, völlig andere Raumzeitregion sehen, die gewissermaßen «auf der anderen Seite» des Schwarzen Lochs liegt, eine Region, die für uns absolut unzugänglich ist.

Der idealisierten mathematischen Beschreibung zufolge ist das «andere Universum» ein Spiegelbild unseres Universums, das sich ins Unendliche erstreckt. Es gibt allerdings einen wesentlichen Unterschied. Die Zeitrichtung in dem anderen Universum ist im Vergleich mit unserem umgekehrt. Das hätte einige bizarre Erlebnisse zur Folge, wenn Betty hineinstürzt, weil sie Zeugin zweier verschiedener Universen mit entgegengesetztem Zeitpfeil würde. Der Bereich innerhalb des Schwarzen Lochs wäre faktisch ein Schmelztiegel gegensätzlicher Einflüsse, eine chaotische Region, in der das Vor und das Zurück in der Zeit sich überschneiden und kollidieren. Aber obwohl Betty das andere Universum sehen kann, kann sie genausowenig dorthin reisen, wie in unser Universum zurückkehren. Sie wird von der enormen Schwerkraft festgehalten und unwiderstehlich zur Singularität hingezogen. Natürlich bietet das Schwarzschildsche Schwarze Loch keine Möglichkeit, Platos Szenario auf die Probe zu stellen. Trotzdem hat der Gedanke, daß es vielleicht eine Art Paralleluniversum mit entgegengesetzt ablaufender Zeit gibt – eine Antiwelt, wenn Sie so wollen –, einen gewissen Reiz. Wir sind schon einmal auf eine solche Vermutung gestoßen – bei den Kaonen.

Wenn man sie fragt, werden die meisten Physiker und Astronomen die Schwarzschildsche Antiwelt als Fiktion ablehnen, und das aus gutem Grund. Wenn das Universum nicht schon von Anfang an mit Schwarzen Löchern durchsetzt war, würde keine Antiwelt existieren. Das deshalb, weil die Lösung der Einsteinschen Gleichungen, auf denen sie beruht, nur für den *leeren* Raum außerhalb der Materie gilt. Wenn sich aus einem kollabierenden Stern ein Schwarzes Loch bildet – das übliche Szenario –, kann diese Lösung nicht bis zur Antiwelt fortgeführt werden, weil die Materie den Weg blockiert.

Es gibt noch mehr generelle Probleme beim Zusammenflicken von Regionen des Universums mit entgegengesetzten Zeitpfeilen. Was geschieht beispielsweise an den Nahtstellen? Um einen Eindruck von dem Chaos zu bekommen, das sich ergeben würde, stellen Sie sich ein einfaches Spiel wie Lochbillard vor. Angenommen, ein übergeschnappter Wissenschaftler richtet ein Labor ein, in dem die Zeit rückwärts läuft, und stellt einen Billardtisch hinein. Bei normalem Lochbillard trifft der Spielball auf ein geordnetes Dreieck aus Punktbällen und treibt sie völlig ungeordnet auseinander. Beim Rückwärtslauf bringen chaotisch rollende Punktbälle es irgendwie zuwege, sich gleichzeitig zu einem Dreieck zusammenzufinden und stoßen so gegeneinander, daß sie zum Stillstand kommen, wobei sie die abgegebene Energie auf den Spielball konzentrieren, der daraufhin den Tisch hinunterläuft. Das könnte die Szene sein, die der Wissenschaftler sieht, wenn er irgendwann während des Spiels durch ein Fenster in das Laboratorium blickt. Das Zusammenlaufen der Bälle auf diese eigenartige Weise ist äußerst anfällig für die geringste Störung. Eine kleine Beeinflussung des Laufs nur eines einzigen Balls würde die perfekte Choreographie ruinieren und alle Hoffnung auf ein geordnetes Zusammentreffen in einem Dreieck zunichte machen. (Sollten Sie nicht überzeugt sein, dann versuchen Sie sich einmal an diesem Experiment.)

Die große Anfälligkeit eines Systems mit Zeitumkehr bedingt, daß zufällige Einflüsse vom Universum draußen das Experiment bald zum Erliegen brächten. Wenn das Labor *total* versiegelt werden könnte, wäre eine Zeitumkehr im Prinzip möglich. In der Wirklichkeit ist das jedoch nicht durchführbar. Wärme- und Gravitationsstörungen dringen in einem bestimmten Ausmaß immer durch, üben minimale, aber schwerwiegende Sogwirkungen auf den Inhalt des Labors aus und zerstören die fein abgestimmte Anordnung. Moleküle reagieren auf Störungen weit empfindlicher als Billardbälle. Selbst das merkwürdige Photon kann, wenn es durch das Kontrollfenster in das imaginäre Labor käme, ausreichen, für erhebliches Durcheinander zu sorgen. Und sobald sich ein einziger störender Einfluß bemerkbar macht, eskaliert der Dominoeffekt, der die ursprüngliche Störung rasch verstärkt, unkontrollierbar, bis der Einfluß alles im Labor erfaßt, auch die Billardbälle.

Chaos an der Schnittstelle ruiniert die unterhaltsame, in Kapitel 9 angeschnittene Theorie, daß es vielleicht doch Sternsysteme gibt, bei denen die Zeit im umgekehrten Sinn abläuft. Denken wir daran, daß wir diese Objekte nicht sehen würden, weil sich das Licht von unseren Augen weg zu jenen Sternen bewegt, was die Möglichkeit erhöht, daß sie unsichtbar irgendwo da draußen im All lauern. Aber leider würde die Verquickung ihres avancierten Sternlichts mit unserem retardierten Licht die instabile Anordnung zerstören und die Vorherrschaft eines der beiden Zeitpfeile erzwingen (wer die Oberhand behielte, würde von den Umständen abhängen). Das ist auch der Schluß, zu dem Theoretiker gekommen sind, die sich mit Weißen Löchern beschäftigt haben. Angenommen, ein Weißes Loch hätte sich beim Urknall gebildet, inmitten einer Region des Universums, in der die Zeit normal ausgerichtet war. Einfallende Photonen und andere Störungen würden bald eine Instabilität erzeugen und das Weiße Loch binnen kurzem in ein Schwarzes Loch verwandeln.

Die Uhr zurückstellen

Keines der vorerwähnten Probleme besagt, daß es für benachbarte Regionen des Universums absolut verboten wäre, entgegengesetzte Zeitpfeile zu haben. Das oben beschriebene Szenario des verrückten Labors enthält das erzwungene Nebeneinander zweier solcher Regionen, die mit größter Wahrscheinlichkeit unvereinbar sind und zum Chaos führen. Aber wie ich schon in Kapitel 1 erwähnt habe, hat Boltzmann schon vor über einem Jahrhundert Vermutungen über die Zeitumkehr angestellt, wobei die oben angesprochenen Schwierigkeiten umgangen werden.

Boltzmann erkannte die Schlüsselrolle des Zufalls bei der molekularen Aktivität. In einer Ansammlung chaotisch umherfliegender Teilchen besteht immer eine geringe Wahrscheinlichkeit, daß man ein paar findet, die blind zusammenwirken und vielleicht geordnet so zusammenkommen wie die Billardkugeln. Die Statistik zeigt, daß die Chancen gegen derartige zufällige «Verschwörungen» mit der Zahl der beteiligten Teilchen steigen. So findet man beispielsweise bei zehn Sauerstoffmolekülen, die in einem Kolben umherschwirren, von Zeit zu Zeit zufällig, daß sich alle zehn in der rechten Hälfte des Kolbens befinden und die linke Hälfte leer ist. Normalerweise geschieht das etwa einmal pro Sekunde. Aber bei zwanzig Molekülen müßte man bereits mehrere Minuten auf eine solche Verteilung warten. Wenn man bedenkt, daß ein Liter Luft eine Billiarde Billiarden Moleküle enthält, überrascht es nicht, daß wir derart unwahrscheinliche Ereignisse nicht alle Tage sehen. Wenn man jedoch lange genug wartet, könnte es passieren. Die von Boltzmann begonnene Arbeit, die Willard Gibbs, Einstein und andere fortgeführt haben, bestätigte, daß es auf molekularer Ebene für ganz kurze Zeitspannen immer zu kleinräumigen Umkehrungen kommt. In seinem Aufsatz von 1905 über die Brownsche Bewegung, den Einstein im selben Jahr schrieb wie den Beitrag über die Relativität, untersuchte er, wie ein in einer Flüssigkeit schwebendes kleines Teilchen als Folge des ungleichen molekularen Bombardements seiner Oberfläche umhergestoßen werden kann. Tatsächlich können sich Moleküle auf einer Seite «zusammenrotten» und das Teilchen stärker stoßen als die auf der entfernten Seite und es veranlassen, sich ruckartig zu bewegen. Diese minimalen Bewegungen verraten verborgene Fluktuationen, die in der Flüssigkeit ständig erfolgen und auf das reinste Anzeichen einer Entropieumkehr à la Boltzmann hinauslaufen. Erkennbare Umkehrungen im menschlichen Maßstab sind überaus unwahrscheinlich. Aber wenn das Universum wirklich unendlich alt wäre und sich auch sonst im großen ganzen nicht ändern würde (Boltzmann wußte nicht, daß das Universum sich ausdehnt), müßte es irgendwann zu größeren Zeitumkehrungen kommen.

Ich habe in Kapitel 1 auf Boltzmanns erstaunliche Idee hingewiesen, das Universum habe seine gegenwärtige Ordnung als Folge einer extrem seltenen Fluktuation kosmischer Größenordnung erhalten. Der hier dahinterstehende Gedanke ist der, daß das Universum seit fast ewigen Zeiten in einem trostlosen Zustand ganz dicht beim thermodynamischen Gleichgewicht dahindämmert – die berühmte Wärmetodbedingung –, bei dem es keinen Zeitpfeil gibt und auch sonst kaum etwas Interessantes passiert. Dann und wann regt es sich jedoch ganz zufällig einmal und erzeugt eine spontane Ordnung. Nach einer unendlich langen Zeit, während der zahllose Zufallsfluktuationen in kleinen und mittleren Größenordnungen kommen und gehen, muß schließlich eine Fluktuation von wahrhaft astronomischem Ausmaß erfolgen, ein Zusammenspiel irrwitziger Dimension von zig Billiarden Teilchen, die sich blind zu Sternen, Planeten, Menschen etc. zusammenfügen. In dieser «Aufzieh»-Phase existiert ein Zeitpfeil, der rückwärts weist. Wenn die Fluktuation abgeschlossen ist, geht das Universum wieder dazu über, abzulaufen und allmählich in den normalen Gleichgewichtszustand zurückzukehren, wobei es einen vorwärts weisenden Pfeil hervorruft. Dieses unglaubliche Modell beschreibt eine Art Pseudokreislauf, weil derartige spontane ordnende und störende Ereignisse in der unendlichen Zeitspanne eines ewigen Universums unendlich oft vorkommen.

Ein besonderes Merkmal der Boltzmannschen Zeitumkehrungen ist ihre Eigenschaft, Rücken an Rücken zu stehen. Die Pfeile zeigen *voneinander*

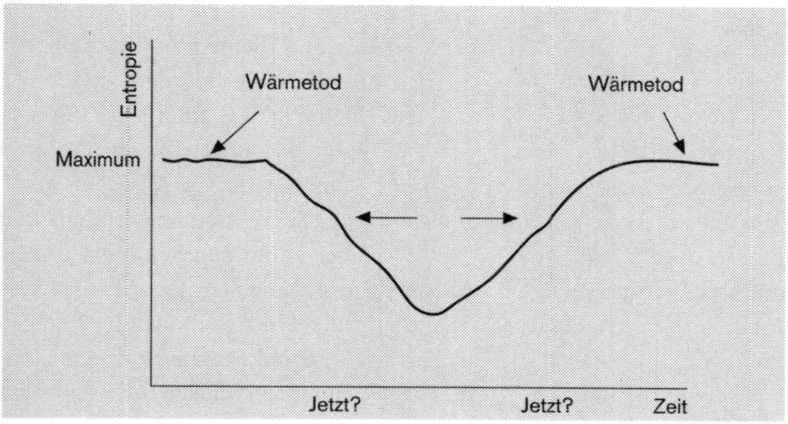

Abb. 10.2 Das Universum mit Entropieantrieb. Die Entropie des Universums bleibt eine Ewigkeit dicht bei ihrem maximalen Wert. Nur gelegentlich erlebt sie eine starke zufällige Fluktuation, die den Einbruch in der Darstellung hervorruft. Die Situation ist zeitsymmetrisch, aber der Zeitpfeil zeigt, anders als im Modell von Gold (dargestellt in Abb. 10.1), vom Symmetriepunkt weg.

weg – d.h., unser Zeitpfeil zeigt in die Zukunft, während die Epoche der umgekehrten Ereignisse in unserer Vergangenheit stattfand (vgl. Abb. 10.2). Das steht im Gegensatz zu Golds Anregung, bei der die rückwärts gerichtete Epoche in unserer *Zukunft* liegt. Das ist ein großer Unterschied, weil kausale Einflüsse bei Boltzmann sich immer von der Region mit umgekehrter Zeit weg bewegen, nicht zu ihr hin, so daß Verwicklungen der schlimmen Art, wie ich sie geschildert habe, vermieden werden.

Aus dem gleichen Grund konnten Fred Hoyle und Jayant Narlikar mit einer Art zeitumkehrendem Kosmos durchkommen, der allerdings nicht, wie bei Boltzmann, irrsinnig lange warten mußte, um allein aus Zufall das Kunststück fertigzubringen.[6] Beim Modell von Hoyle und Narlikar zieht sich das Universum unendlich lange zusammen, erreicht einen Zustand maximaler Verdichtung, macht kehrt (prallt zurück) und dehnt sich dann wieder eine Ewigkeit aus (vgl. Abb. 10.3). Diese Wissenschaftler hatten den Einfall, daß der Zeitpfeil immer vom Rückprallpunkt weg zeigt. Wir befinden uns in der Expansionsphase, und der Zeitpfeil weist in die Zukunft, in der Kontraktionsphase weist er dagegen in die Vergangenheit. Die Situation ist selbstverständlich vollkommen symmetrisch, so daß Be-

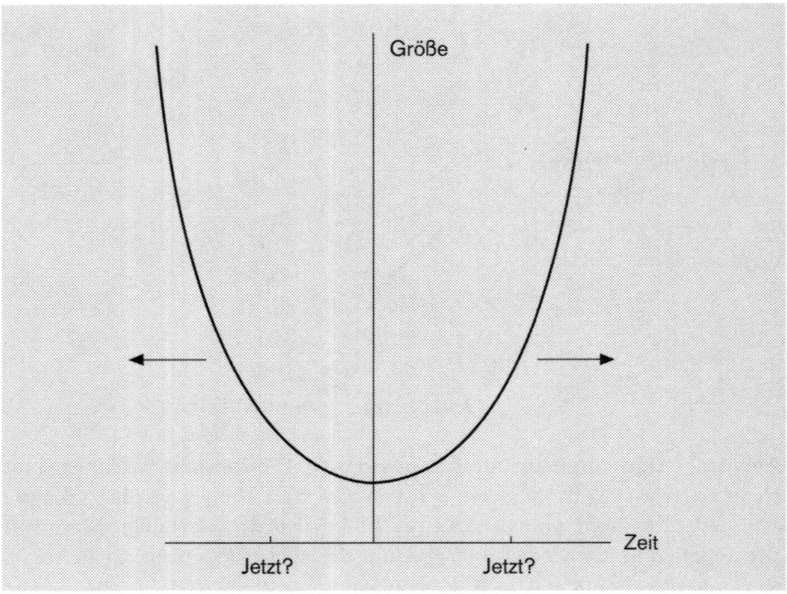

Abb. 10.3 In diesem Modell von Hoyle und Narlikar zieht sich das Universum von unendlicher Größe zusammen, prallt bei einem Minimum zurück und expandiert wieder für unendlich lange Zeit. Die Zeit läuft für uns in der Expansionsphase vorwärts, in der Kontraktionsphase rückwärts (vgl. die Pfeile). Die Situation ist vollkommen zeitsymmetrisch.

griffe wie «expandierend» und «Zukunft» gegen «zusammenziehend» und «Vergangenheit» ausgetauscht werden können. Jedes empfindungsfähige Wesen wird das Universum als expandierend erleben und die Zeit als «vorwärts gehend», egal in welcher Phase es sich befindet. Kausalität schließt jede Kommunikation zwischen Wesen in entgegengesetzt ausgerichteten Phasen aus. Weil alle Fremden der Antiwelt weit zurück in unserer Vergangenheit angesiedelt sind, können sie unsere Zukunft nicht kennen, und daher werden die Probleme, die mit zeitgenössischen zeitumgekehrten Wesen entstehen, vermieden. Ähnlich können auch keine störenden Einflüsse aus der Antiwelt in unsere Welt dringen, weil alle derartigen Einflüsse in unserer weit zurückliegenden Vergangenheit beginnen und sich in bezug zu uns *rückwärts* in der Zeit bewegen, von unserer Zeit weg.

Leider läßt sich von Golds Theorie nicht das gleiche sagen, denn dort prallen die Pfeile frontal aufeinander (Abb. 10.1). In diesem Fall liegt der rückwärts gerichtete Pfeil in unserer Zukunft, und Einflüsse aus unserer Zeit breiten sich kausal vorwärts in der Zeit aus, auf die Antiwelt zu. Das gleiche gilt umgekehrt: Antiwelteinflüsse kommen aus der Zukunft auf uns zu, rückwärts in der Zeit. Wenn diese bedrohlichen Einflüsse eintreffen, beginnt der Ärger, da entgegengesetzt ausgerichtete physikalische Prozesse sich verheddern. Die Meinungen gehen auseinander, ob das entstehende Chaos die Theorie vollkommen ungültig macht, oder ob eine hinreichend kunstvolle Anordnung doch noch alles schön zusammenflicken kann.

Um eine Vorstellung davon zu bekommen, was zusammengeflickt werden muß, betrachten wir den Höhepunkt der Goldschen Theorie – daß der Strahlenfluß von den Sternen sich umkehrt, wenn die Expansion des Universums sich umkehrt. Auch wenn die Thermodynamik der Vermutung Golds eine gewisse Plausibilität verleiht, hält diese Vermutung einer genaueren Prüfung doch kaum stand. Die Schwierigkeit liegt bei der zeitlichen Verzögerung zwischen der Expansion des Universums und dem Fluß von Wärme und Licht durch den Raum. Wenn das Universum sich ab morgen zusammenziehen würde, würde es Milliarden Jahre dauern, bis wir sehen würden, daß die entferntesten Galaxien sich uns nähern, statt sich zu entfernen, weil das Licht für die Durchquerung des Universums so lange braucht. Damit die Wärme von der Sonne auf ein Stichwort hin rückwärts strömen könnte, müßte die Strahlung aus den Tiefen des Weltraums auf der Sonne konvergieren, Milliarden Jahre bevor die Expansion sich in eine Kontraktion umkehrte. Das setzt voraus, daß das Universum einer gewaltigen eingebauten Verschwörung unterliegt, die künftige Ereignisse irgendwie ganz genau vorwegnehmen kann, was doch etwas schwer nachzuvollziehen ist, aber vielleicht ist es nicht unmöglich.

Hawkings größter Fehler

Die oben erwähnten Schwierigkeiten hielten Stephen Hawking nicht davon ab, mit der kosmischen Zeitumkehrung à la Gold herumzuspielen. Er war nicht über das Studium des Verhaltens von Sternlicht darauf gekommen, sondern über die Quantenkosmologie. In Hawkings kosmologischem Lieblingsmodell entsteht das Universum bei einem Urknall, dehnt sich bis zur maximalen Größe aus und zieht sich dann symmetrisch wieder zusammen, um sich in einem finalen «großen Kollaps» auszulöschen. Als Hawking die Quantenmechanik auf dieses Modell in der Art anwandte, wie ich sie in Kapitel 7 beschrieben habe, sah es auf den ersten Blick so aus, als zwängen die Gesetze der Quantenmechanik das Universum automatisch in eine zeitsymmetrische Lösung, nicht nur in seinen großräumigen Bewegungen, sondern auch im mikroskopischen Detail. Hawking räumte jedoch später ein, daß diese Theorie sein «größter Fehler» gewesen sei, und erklärte im September 1991 in Spanien auf einer Tagung, die sich ausschließlich mit der Frage des Zeitpfeils beschäftigte, vor vollem Haus mutig, wie er in die Irre geführt worden war.[7]

Trotz dieses öffentlichen Rückziehers war der Geist aus der Flasche entwichen. James Hartle und der Nobelpreisträger Murray Gell-Mann vom California Institute of Technology erkannten, daß Hawkings Fehler nach einer leichten Abänderung der quantenmechanischen Regeln korrigiert werden konnte und sich tatsächlich ein vollkommen zeitsymmetrisches Universum einführen ließ. Gell-Mann und Hartle sagten nicht, daß das Universum so sein *müsse*, sondern nur, daß es so sein könnte. Es folgte eine lebhafte, aber ziemlich unergiebige Diskussion darüber, ob wir, wenn sie recht hätten, irgend etwas Ungewöhnliches bemerken würden. Könnten wir zum gegenwärtigen Zeitpunkt etwas von der Existenz einer Antiwelt in unserer fernen Zukunft erahnen? Gell-Mann und Hartle meinten, es könnte möglich sein, einige offensichtlich unumkehrbare Prozesse zu bemerken, die sich in Erwartung einer bevorstehenden Umkehr allmählich verlangsamen. Die Halbwertszeiten einiger sehr langlebiger radioaktiver Isotope z.B. könnten vielleicht die «Umkehr der Gezeiten» in zehn Milliarden Jahren erspüren. Der Strahlenfluß hinaus ins All könnte schon jetzt ganz leicht behindert sein. Vielleicht war die Zeit reif, daß Partridge sein Experiment wiederholte.

Eine Zeit für jedermann

Inzwischen hat der Philosoph Huw Price aus Sydney die Physiker bezichtigt, mit «zweierlei Maß» zu messen, und beharrt darauf, daß ein Universum, das sich symmetrisch ausdehnt und zusammenzieht, einen Zeitpfeil haben *müsse*, der sich mit ihm umkehrt, denn wir hätten nicht das Recht, ein zeitliches Äußerstes («den Anfang» oder Urknall) vom anderen («dem Ende» oder großen Kollaps) zu unterscheiden.[8] Was immer wir an physikalischen oder philosophischen Argumenten heranziehen, damit der Zeitpfeil vom Urknall weg und hin zur Zukunft zeigt, das gleiche Argument läßt sich verwenden, damit er vom großen Kollaps in Richtung Vergangenheit weist. Price argumentiert wie folgt: Da die physikalischen Gesetze eine Zeitrichtung nicht von der anderen unterscheiden (die Kaonen einmal beiseite gelassen) und das Universum als Ganzes sich symmetrisch ausdehnt und zusammenzieht, gibt es nichts in der Physik, was «Anfang» und «Ende» markiert.

Die Quantenkosmologie von Hawking, Hartle und Gell-Mann enthält jedoch eine Rücktrittsklausel, die ihr ermöglicht, die Priceschen Fußangeln zu umgehen. Um das zu erklären, muß ich kurz einige sachdienliche Fakten über die Quantenmechanik zusammenfassen. Wir wissen aus Kapitel 7, daß alle Quantensysteme von Hause aus einer Unbestimmtheit unterliegen. Für jedes typische System gibt es viele mögliche Lösungen, viele konkurrierende Wirklichkeiten. Bei den verschiedenen Laserexperimenten, die ich beschrieben habe, hatte ein Photon z.B. die Wahl, welchen Weg es durch eine Geräteanordnung nehmen wollte. Im Fall eines Experiments im Labor sieht der Beobachter immer nur eine spezifische, konkrete Wirklichkeit, die unter den fiktiven Bewerbern ausgewählt wird. Die Messung des Weges, den das Photon nimmt, wird als Resultat also immer nur *entweder* den einen Weg oder den anderen ergeben, niemals beide. Wenn es um das Universum als Ganzes geht, gibt es keinen äußeren Beobachter, weil das Universum alles ist, was es überhaupt gibt. Die Quantenkosmologie sieht sich hier also einem erheblichen Auslegungsproblem gegenüber. Der beliebteste Ausweg ist der anzunehmen, daß *alle* konkurrierenden Wirklichkeiten den gleichen Status genießen. Sie sind keine bloßen «Scheinwelten» oder «potentiellen Wirklichkeiten», sondern «wirklich wirklich» – alle, wie sie da sind. Jede Wirklichkeit entspricht einem gesamten Universum, mit eigenem Raum und eigener Zeit. Diese vielen Universen sind nicht durch Raum und Zeit verbunden, sondern irgendwie «parallel», sie bestehen nebeneinander. Grundsätzlich sind es unendlich viele.

Das Vorhandensein unendlich vieler Universen und unendlich vieler Zeiten bedeutet, daß alles, was im weiten Spektrum der Quantenunbestimmtheit geschehen kann, in mindestens einem der Universen tatsächlich auch geschieht. Ein so reichhaltiges Mosaik an Universen ermöglicht der Theorie nicht nur ein Entweder-Oder, sondern ein Sowohl-Als-auch.

Die quantenmechanische Gesamtentwicklung der ganzen Ansammlung von Universen ist zeitsymmetrisch: Sie unterscheidet den Urknall nicht vom großen Kollaps. Jedes einzelne Universum besitzt im allgemeinen jedoch sehr wohl einen eindeutig definierten Zeitpfeil. Es gibt also Universen, in denen dieser Zeitpfeil «vorwärts» zeigt, und andere, in denen er «rückwärts» zeigt. Keine Richtung wird bevorzugt. Ein ganz, ganz winziger Teil wird auch Umkehrungen à la Gold erleben, die teilweise beides aufweisen. Aber ein zufälliger Beobachter wird sich mit allergrößter Wahrscheinlichkeit in einem Universum mit einem eindeutigen Zeitpfeil wiederfinden und die vergangene Singularität in bezug auf diesen Pfeil als den Urknall (Ursprung) definieren und die Zukunft als den großen Kollaps (Ende) des Universums. Knall und Kollaps werden in den allermeisten Fällen getrennt sein.

Sie werden sich vielleicht fragen, warum wir nur ein Universum sehen, wenn es doch so viele davon gibt. Das erklärt sich durch die Annahme, daß sich, wenn sich ein Universum in, sagen wir, zwei alternative Welten aufteilt, auch die Beobachter aufteilen, wobei jede Kopie seine jeweilige Welt wahrnimmt. Praktisch teilen also die auf atomarer Ebene ständig ablaufenden Quantenprozesse das Universum und den Leser ununterbrochen in unzählige Kopien auf. Und jede Version von Ihnen hält sich rührenderweise für einmalig. So wunderlich das scheinen mag, es ist konsistent mit der Erfahrung, solange die verschiedenen Universen getrennt bleiben. Problematisch wird es allerdings, sobald sie sich überschneiden oder sich gegenseitig stören.

Das führt zu einer zweiten Frage: Ist es möglich, die anderen Universen zu beobachten? Normalerweise lautet die Antwort nein, doch besteht darüber keine Einigkeit. David Deutsch, ein Physiker an der Universität Oxford mit Hang zum Ungewöhnlichen, glaubt, daß grundsätzlich Experimente durchgeführt werden könnten, in denen zwei oder mehr Welten vorübergehend verbunden sind, was physikalischen Einflüssen erlauben würde durchzuschlüpfen.

Was würde geschehen, wenn unser Universum (eines davon!) vorübergehend mit einer der Antiwelten verbunden würde? Würden wir in die Lage versetzt, schemenhaft einen kurzen Blick in die Zukunft zu werfen? Fänden wir vielleicht Gegenstände in unserem Universum, die scheinbar wunderliche Dinge täten (Billardkugeln, die zusammenlaufen), weil ihre Zeitrichtung vorübergehend umgekehrt wäre? Würden wir mit erstaunlichen Zufällen oder unwahrscheinlichen Geschehnissen rechnen, die, unter Zeitumkehr betrachtet, völlig normal wären (etwa ein Kartenspiel, das nach Farbe und Reihenfolge gemischt wird)? Das ist leider etwas für die Science-fiction. Aber manchmal gibt die Science-fiction einen Hinweis auf die harte Wissenschaft, wie das folgende Kapitel zeigt. Unter normalen Umständen würde eine Nahtstelle zwischen zwei Quantenwelten sich nur auf atomarer Ebene auswirken, nicht die übersinnlichen Phänomene hervorrufen, wie gerade beschrieben. Einige Wissenschaftler vermuten jedoch, daß es *vielleicht* Umstände gibt, unter denen eine Vermischung der Quantenwirklichkeiten sich auch auf menschlicher Ebene auf ganz dramatische Weise äußert.

11

Zeitreisen: Fakt oder Phantasie?

Das Problem, das hier ansteht, beunruhigte mich schon zu der Zeit, als ich an der allgemeinen Relativitätstheorie arbeitete.

Albert Einstein

Signale in die Vergangenheit

Wie viele andere habe ich H.G. Wells' Geschichte *Die Zeitmaschine* als Jugendlicher gelesen, und sie hat einen bleibenden Eindruck bei mir hinterlassen. Wahrscheinlich hat sie sogar mit zu meinem Entschluß beigetragen, Wissenschaftler zu werden. Der Prüfstein für ein großes Prosawerk ist, ob es den Zeittest besteht. *Die Zeitmaschine* fällt ganz sicher in diese Kategorie und ist selbst heute noch mit Vergnügen zu lesen, obwohl das Buch 1895 erschienen ist. Auch wenn das ein ganzes Jahrzehnt vor der speziellen Relativitätstheorie war, hat Wells doch mit unheimlicher Genauigkeit einige Aspekte der Einsteinschen Zeit vorweggenommen.

Ich habe schon einige Male darauf hingewiesen, daß vor Einstein Wissenschaftler und Philosophen die Zeit allgemein einfach als *da* betrachteten. Die Physik befaßte sich mit dem Verhalten von Materie und Energie *in* Raum und Zeit. Die Vorstellung, die Zeit zu *manipulieren,* erschien nicht sonderlich sinnvoll. Wells nahm jedoch an, daß eine Maschine, die physikalische Kräfte nutzte, die Zeit verändern könnte, insbesondere, daß die Maschine mit jedem Insassen so durch die Zeit reisen könnte, wie einige Maschinen durch den Raum reisen konnten.

Die Relativitätstheorie stellte die Zeit fest in den Bereich der Physik und verband Raum und Zeit mathematisch exakt mit physikalischen

Kräften und Materie. Von Anfang an war klar, daß die Relativität eine Art Zeitreise zuließ. Der Zeitdilationseffekt, den ich in früheren Kapiteln ausführlich behandelt habe, schließt auch Reisen in die Zukunft ein. Erinnern Sie sich noch an die Abenteuer der Zwillinge Ann und Betty? Betty macht sich auf zu einem Stern, kehrt zurück und stellt fest, daß Ann älter ist als sie. Faktisch ist Betty in Anns Zukunft gereist. Im Grunde könnte Betty, wenn sie relativ zur Erde fast mit Lichtgeschwindigkeit reist, in ferner Zukunft zurückkehren, nachdem auf der Erde Millionen Jahre vergangen und alle Spuren der Menschheit verwischt sind. Auch die Schwerkraft kann die Zeit verlangsamen, so daß Betty dadurch in Anns Zukunft reisen könnte, daß sie in einem stärkeren Gravitationsfeld verweilt. Tatsächlich sind wir alle aufgrund der Schwerkraft der Erde bis zu einem gewissen Grad unwissentlich Zeitreisende. In diesem Sinn ist die Zeitreise also Realität und kann von den Neugierigen in jedem gutausgerüsteten Physiklabor beobachtet werden. Die wirklich interessante Frage lautet jedoch: Kann ein Zeitreisender, der in die Zukunft reist, jemals wieder «zurückkommen»? Es ist alles schön und gut, hohe Geschwindigkeiten oder starke Gravitationsfelder benutzen zu können, um die ferne Zukunft zu erreichen, aber wenn man dann dort gelandet ist, ist der Lack der Zeitreise ein wenig ab.

Aus der Zukunft zurückkommen ist gleichbedeutend mit einer Reise in die Vergangenheit, und in dieser Hinsicht ist die Relativitätstheorie in ihren Voraussagen weit unklarer. Bevor ich darauf eingehe, möchte ich betonen, wie notwendig es ist, klar zwischen der Zeit*umkehr*, wie ich sie im vorangegangenen Kapitel beschrieben habe, und der Zeitreise zu unterscheiden. Im ersteren Fall ist der Zeitpfeil selbst umgekehrt, so daß die Zeit «rückwärts läuft». Bei einer Reise in die Vergangenheit dagegen bleibt die Zeitrichtung unverändert, und es geht irgendwie nur um den Besuch in einer früheren Epoche.

In Kapitel 3 habe ich die Tachyonen erwähnt – hypothetische Teilchen, die sich immer schneller als Licht fortbewegen – und angemerkt, daß «schneller als Licht» auch «rückwärts in der Zeit» bedeuten kann. Ich möchte jetzt erklären, warum das so ist. Angenommen, wir haben eine Pistole, die Teilchen auf ein Ziel schießen kann. Betrachten wir zunächst den Fall gewöhnlicher Kugeln. Erfahrung und normaler Menschenverstand sagen uns, daß die Kugel das Ziel trifft, *nachdem* sie abgefeuert wurde. Wenn wir das Abfeuern der Pistole als Ereignis E_1 bezeichnen und das Auftreffen der Kugel auf dem Ziel als Ereignis E_2, können wir absolut sicher sein, daß die Zeitfolge dieser beiden Ereignisse E_1E_2 ist. Die Relativitätstheorie sagt nun voraus, daß die Zeitdauer zwischen E_1 und E_2 je nach dem Bewegungszustand (oder der gravitativen Situation) des Beobachters schwanken kann. Die Theorie macht jedoch auch deutlich, daß die zeitliche *Reihenfolge* E_1E_2 niemals umgekehrt wird, egal wie sehr das Intervall E_1E_2 sich dehnt oder schrumpft. Die Vorher-nachher-Beziehung wird mit anderen Worten von der Bewegung oder Schwerkraft nicht berührt, die *Zeitdauer* unter Umständen doch.

All das ändert sich, wenn Tachyonen zugelassen werden. Wenn die Kugel tachyonisch ist und sich schneller als das Licht auf das Ziel zubewegt, kann ein Beobachter die Kugel das Ziel treffen sehen, *bevor* die Pistole abgefeuert wird! Nehmen wir beispielsweise an, die Kugel fliege mit doppelter Schallgeschwindigkeit; dann würde jemand, der sich mit, sagen wir, 90 Prozent der Lichtgeschwindigkeit in die gleiche Richtung wie die Kugel bewegt, zuerst das Ziel zerspringen sehen und dann das Abfeuern der Pistole. Die Kugel würde scheinbar vom Ziel rückwärts in den Pistolenlauf fliegen. Jemand, der sich mit halber Lichtgeschwindigkeit in die gleiche Richtung bewegt, würde die Kugel mit unendlicher Geschwindigkeit fliegen sehen, praktisch augenblicklich von der Pistole zum Ziel springen. Bei überlichtschneller Bewegung liegt die Ereigniszeitfolge E_1E_2 nicht mehr fest, sondern kann in bestimmten Bezugssystemen umgekehrt erscheinen, als E_2E_1. In diesen Bezugssystemen scheinen die Tachyonen sich relativ zu normalen physikalischen Prozessen rückwärts in der Zeit zu bewegen.

Die tachyonische Bewegung erfüllt den Traum von H.G. Wells nicht, weil sie nicht zuläßt, daß gewöhnliche Materie der Art, aus der auch der Mensch besteht, in die Vergangenheit reist. Wenn Tachyonen jedoch existieren und uneingeschränkt manipuliert werden können, würde uns das wenigstens in die Lage versetzen, Signale in die Vergangenheit zu schicken, auch wenn wir selbst nicht dorthin reisen könnten. Und so könnten Ann und Betty es bewerkstelligen. Betty befindet sich im Weltraum und fliegt mit 80 Prozent der Lichtgeschwindigkeit zu ihrem Lieblingsstern. Um 12 Uhr mittags auf der Erde sendet Ann Betty ein tachyonisches Signal mit vierfacher Lichtgeschwindigkeit relativ zum Sender auf der Erde. Soweit es Ann betrifft, erreicht das Signal Betty etwas später. Aber Betty sieht die Dinge anders. Aus ihrer Sicht kommt das Signal an, *bevor* Ann es absendet. (Mancher könnte anführen, daß es von Bettys Bezugssystem aus Betty ist, die das Signal an Ann schickt, aber ich möchte nicht bei den semantischen Aspekten dieses diffizilen Szenarios verweilen.) Der nächste Schritt besteht darin, daß Betty antwortet, wobei sie ebenfalls einen tachyonischen Sender benutzt. Angenommen, auch Bettys Tachyonen bewegen sich mit vierfacher Lichtgeschwindigkeit relativ zum Sender, doch diesmal befindet sich der Sender in dem dahinrasenden Raumschiff. Jetzt meint Betty, die Tachyonen treffen ein, nachdem sie abgesandt wurden, während Ann auf der Erde sie empfängt, bevor Betty sie übermittelt hat. Soweit es Ann betrifft, geht das abgesandte Signal in die Zukunft und die Antwort in die Vergangenheit. Durch eine geeignete Abstimmung der Geschwindigkeiten kann die Antwort zurück zur Erde gelangen, bevor das Ursprungssignal übermittelt wird. Diese verwirrende Möglichkeit wurde von Einstein durchaus gesehen und eindeutig pessimistisch beurteilt. In seinem Aufsatz aus dem Jahr 1905 schrieb er, daß höhere Geschwindigkeiten als die des Lichts keine Existenzmöglichkeit hätten. Es war eine Einstellung, die von seinen Kollegen weitgehend geteilt wurde. «Die Festsetzung einer oberen Grenze für die Signalgeschwindigkeit», schrieb Eddington, «ist unser Bollwerk gegen jede Vermengung von Vergangenheit und Zukunft... Wenn man imstande wäre, Botschaften aus dem Hier-Jetzt [schneller als Licht] zu übermitteln, würde dies so bizarre Folgen haben, daß es keinen Sinn hat, sie in Erwägung zu ziehen.»[1]

Für diejenigen, die gern Zahlen einsetzen, hier ein ausführliches Beispiel. Angenommen Betty fliegt um 10 Uhr los, und Ann sendet ihr um 12 Uhr (Erdzeit) das Ursprungssignal mit vierfacher Lichtgeschwindigkeit relativ zur Erde. Da Betty mit 80 Prozent der Lichtgeschwindigkeit fliegt, empfängt sie das Signal um 12.30 Uhr Erdzeit, wo sie bereits zwei Lichtstunden im All ist, in Anns Bezugssystem. Bettys Uhr zeigt selbstverständlich etwas ganz anderes an. Der zweieinhalbstündige Flug von der Erde kommt ihr aufgrund des Zeitdilatationsfaktors von 0,6 nur wie $1^1/_2$ Stunden vor. Die Uhr im Raumschiff zeigt daher 11.30 Uhr. Die Entfernung von der Erde ist, gemessen in Bettys Bezugssystem, ebenfalls anders. Soweit es Betty betrifft, entfernt sich die Erde mit 0,8facher Lichtgeschwindigkeit, so daß ihre eineinhalbstündige Reise eine Entfernung von $0{,}8 \times 1{,}5 = 1{,}2$ Lichtstunden zwischen sie und Ann gebracht hat. Wenn Betty unverzüglich antwortet, schafft ihr Signal, das diesmal in *Bettys* Bezugssystem mit vierfacher Lichtgeschwindigkeit unterwegs ist, die Rückreise in $^3/_8$ Stunden oder $22^1/_2$ Minuten ihrer Zeit und trifft um $11.52^1/_2$ Uhr aus der Sicht von Bettys Bezugssystem auf der Erde ein – d. h. $1^7/_8$ Stunden nach ihrem

Start, wo sie nach ihrem Bezugssystem $1^{1}/_{2}$ Lichtstunden von der Erde entfernt ist. Nach Bettys Bezugssystem geht jedoch die Uhr von *Ann* nach, und zwar um den Faktor 0,6. Die nach Bettys Uhr gesamte Reisezeit von $1^{7}/_{8}$ Stunden wird also zu $1^{7}/_{8} \times 0{,}6 = 1^{1}/_{8}$ Stunden auf Anns Uhr, die demnach $11.07^{1}/_{2}$ Uhr zeigt. Das heißt, das Rücksiganal trifft $52^{1}/_{2}$ Minuten, *bevor* Ann das Ursprungssignal abgeschickt hat, auf der Erde ein.

Besuch in der Vergangenheit

Obwohl Einsteins spezielle Relativitätstheorie unmißverständlich verbietet, daß gewöhnliche Materie und damit auch der Mensch in die Vergangenheit reist, ist die allgemeine Relativitätstheorie in dieser Frage weniger eindeutig. Kurz nach Veröffentlichung der Theorie erklärte Hermann Weyl, daß die Weltlinie eines Menschen – sein Weg in der Raumzeit – in einer Raumzeit mit einer bestimmten gravitativen Anordnung eine Rückwärtsschleife bilden und sich selbst schneiden könnte. Weyl meinte, obwohl ein Teilchen die Lichtgeschwindigkeit *lokal* niemals übertreffen könne, könnte sich seine Zukunft *global* mit seiner Vergangenheit verbinden. Diese Möglichkeit ergibt sich, weil ein Gravitationsfeld die Krümmung der Raumzeit impliziert, und diese Krümmung könnte so stark und ausgedehnt sein, daß eine Raumzeit sich auf neue Arten mit sich selbst verbindet. Um zu erkennen, was mir vorschwebt, betrachten Sie bitte die Abbildung 11.1. Dort ist die Raumzeit auf zwei verschiedene Arten zu einer Schleife gekrümmt. Bei (a) ist der Raum so gekrümmt, daß er sich mit sich selbst verbindet. Hätte das Universum diese Geometrie, könnte ein Beobachter es umrunden und würde zum Ausgangspunkt zurückkehren. Bei (b) ist die Raumzeit dagegen in die Zeitrichtung gekrümmt und verbindet sich in der Vergangenheit mit sich selbst. Bei dieser Anordnung kehrt ein Beobachter, der im Raum einfach in Ruhe bleibt, am Ende zu einem früheren Punkt in der Zeit zurück.

Der Unterschied zwischen dem Zurückgehen in der Zeit durch Bewegung mit Überlichtgeschwindigkeit und durch Krümmung der Raumzeit selbst ist ganz entscheidend und läßt sich am besten mit Hilfe der «Lichtkegel» darstellen. In Kapitel 2 habe ich ein Minkowski-Diagramm (Abb. 2.2) erklärt, in dem Raum und Zeit in ein und derselben Darstellung auftauchen. Ich möchte das hier ein wenig vertiefen. Abbildung 11.2 (a) zeigt ein Minkowski-Diagramm, bei dem zwei Raumdimensionen weggelassen

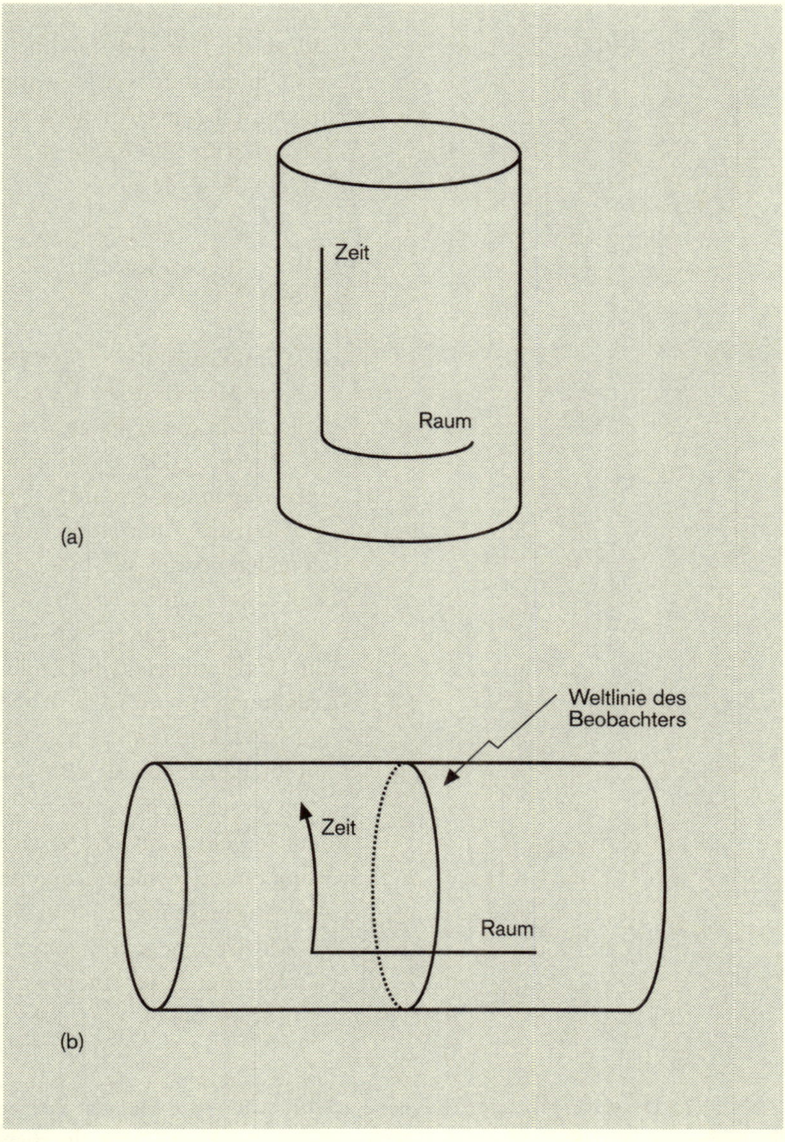

Abb. 11.1 Die Raumzeit in Schleifen. Dargestellt sind eine Raumdimension und die Zeit. Bei (a) ist der Raum zu einer Schleife gekrümmt, was impliziert, daß er in seiner Ausdehnung endlich ist, so daß man das Universum umrunden könnte. Bei (b) ist die Zeit zu einer Schleife gekrümmt. Die Weltlinie eines statischen Beobachters kann «die Zeit umrunden» und sich mit sich selbst verbinden.

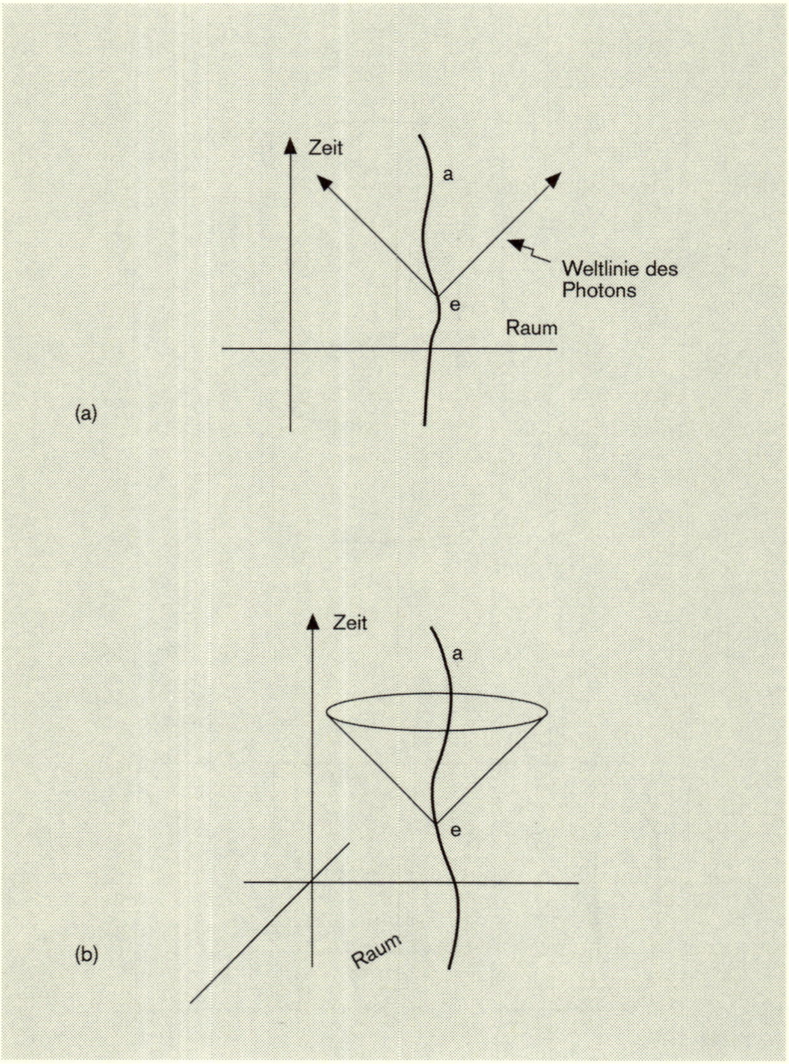

Abb. 11.2 Der Lichtkegel. Der Körper a emittiert in einem Moment e einen Lichtblitz. Photonen breiten sich mit festgelegter Geschwindigkeit in alle Richtungen aus. Bei (a), wo nur eine Raumdimension eingezeichnet ist, reduzieren sich die Weltlinien der Photonen zu zwei Geraden, die die sich nach rechts bzw. links bewegenden Photonen darstellen. Bei (b) sind zwei Raumdimensionen eingezeichnet, und die Weltlinien der Photonen bedecken die Oberfläche eines umgekehrten Kegels – des Lichtkegels.

wurden. Die Zeit ist senkrecht eingetragen, der Raum waagrecht. Außerdem ist die Weltlinie eines typischen Objekts dargestellt. Die Erweiterung in diesem Diagramm besteht darin, daß die Raumzeitwege zweier Lichtimpulse (d.h. die Weltlinien zweier Photonen) aufgenommen wurden, die von a aus in einem Moment e emittiert werden und durch den Raum davonfliegen. Man kann sich dabei einen kurzen Lichtblitz in e denken. Ein Photon strahlt nach rechts ab, das andere nach links, wobei sie einen schrägen, geradlinigen Weg in der Raumzeit ziehen. Die Wege müssen geradlinig sein, weil das Licht sich immer mit derselben Geschwindigkeit ausbreitet. Wählt man als Maßeinheit auf der Raumachse Lichtjahre und auf der Zeitachse Jahre, bilden die Weltlinien der beiden Photonen im Diagramm einen Winkel von 45 Grad. Die Darstellung kann problemlos um eine zusätzliche Raumdimension erweitert werden – vgl. Abbildung 11.2 (b). Der Lichtblitz in e strahlt jetzt in einer horizontalen Ebene Photonen in alle Richtungen ab, nicht mehr nur nach links und rechts. Die Weltlinien all dieser Photonen liegen entlang einem umgekehrten Kegel, dessen Spitze sich in e befindet. Das ist der sogenannte «Lichtkegel». Um die dritte Raumdimension braucht man sich keine Gedanken zu machen.

Wir können imaginäre Lichtkegel zeichnen und dabei bei jedem Ereignis in der Raumzeit beginnen (bei der Spitze) – insbesondere bei jedem Punkt entlang der Weltlinie des Teilchens. Weil die Lichtgeschwindigkeit eine Schranke für Ursache und Wirkung ist, bestimmt die Lichtkegelanordnung die kausalen Eigenschaften der Raumzeit. Es besteht kein Grund zu der Annahme, daß echte Lichtblitze ausgesandt werden, um die Kausalität zu analysieren; ein paar hypothetische Lichtkegel genügen. Die Regel, daß Objekte aus gewöhnlicher Materie die Lichtgeschwindigkeit nicht übertreffen können, läßt sich jetzt bequem darstellen, indem man fordert, daß die Weltlinie des Objekts immer *innerhalb* der Lichtkegel bleibt, die entlang der Weltlinie entstehen. Abbildung 11.3 (a) zeigt die Weltlinie eines umherfliegenden Teilchens und einige Lichtkegel, die sie einschließen. Die Weltlinie vermeidet vorschriftsmäßig eine zu starke Neigung, damit keiner der Kegel durchdrungen wird. Abbildung 11.3 (b) dagegen zeigt das unzulässige Verhalten eines Teilchens, das die Schranke der Lichtgeschwindigkeit durchbricht, so daß einer seiner Lichtkegel verletzt wird. Dazu kommt es, wenn die Steigung der Weltlinie des Teilchens mehr als 45 Grad beträgt, was ein Indiz dafür ist, daß das Teilchen sich schneller als das Licht bewegt. Es gibt also eine grundlegende

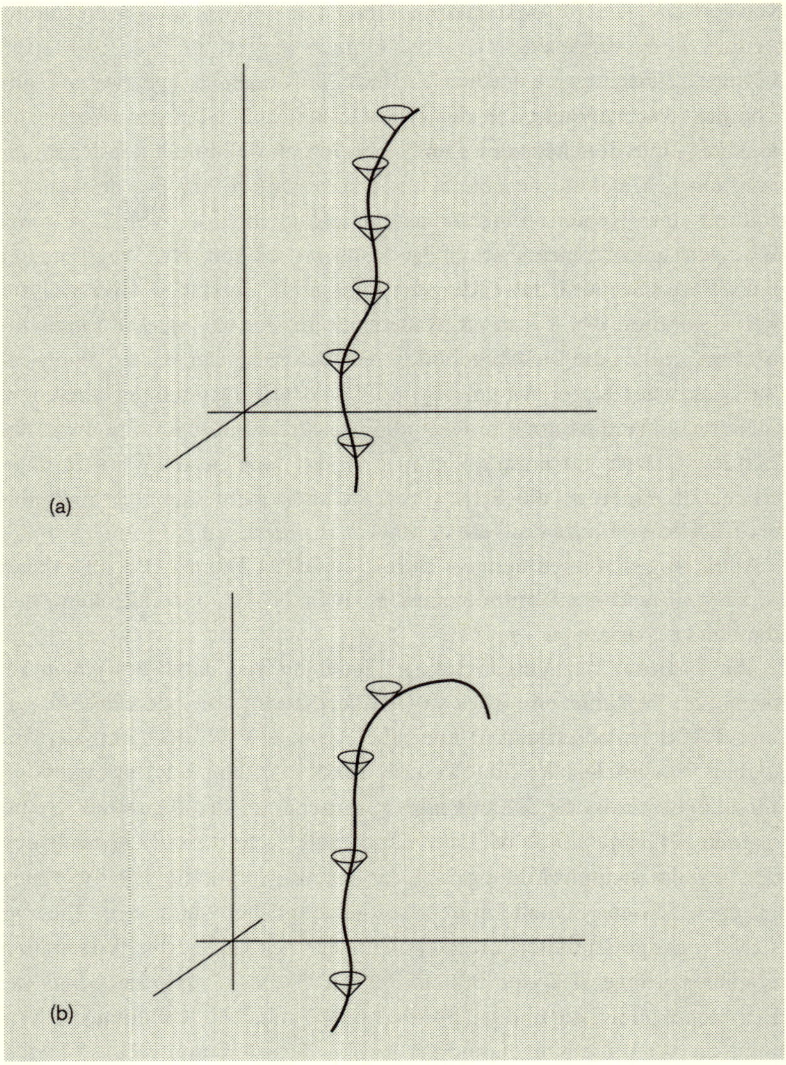

Abb. 11.3 Durch die Lichtbarriere! (a) Die Weltlinie des Teilchens bleibt gemäß der Relativitätstheorie immer innerhalb seines Lichtkegels. (b) Die Weltlinie verhält sich zunächst normal, krümmt sich dann aber stark, was auf eine rasche Beschleunigung auf Geschwindigkeiten jenseits der Lichtgeschwindigkeit hinweist. Die Folge ist, daß die Weltlinie einen Lichtkegel durchbohrt. Sie kann sogar überkippen in die Vergangenheit. Nach der Relativitätstheorie ist ein solches Verhalten nicht möglich.

Relativitätsregel: Die Weltlinien gewöhnlicher Objekte dürfen keinen ihrer Lichtkegel verlassen.

Diese Darstellungen machen deutlich, warum die Fortbewegung mit Überlichtgeschwindigkeit in der Zeit rückwärts führen kann: Würde die Weltlinie eines Teilchens den Lichtkegel durchbohren und sich dann weiter krümmen, könnte sie eine Schleife rückwärts in der Zeit bilden und sich mit einer Region in ihrer eigenen Vergangenheit verbinden. Da wir diese Möglichkeit außer acht lassen, wollen wir uns dem zweiten und plausibleren Szenario zuwenden. Ich habe mich bemüht zu erklären, wie die Gravitation die Raumzeitgeometrie verformt. Ist die Raumzeit gekrümmt, sind es die Lichtkegel auch. Ein Gravitationsfeld kann dann ein Umkippen der Kegel auf eine Seite bewirken. Wenn die Kegel kippen, müssen die Weltlinien materieller Objekte mit ihnen kippen, weil sie die Lichtkegel unter gar keinen Umständen verletzen dürfen. Es kann passieren, daß die Kegel zur Seite kippen; das ist z.B. an der Oberfläche eines Schwarzen Lochs der Fall.

Abbildung 11.4 zeigt mehrere Lichtkegel hintereinander, die allmählich überkippen und der Weltlinie eines Teilchens in ihnen ermöglichen, sich ebenfalls zu krümmen – und zwar so weit, daß sie sich nach unten neigt, in die Richtung der Vergangenheit. Wäre die Raumzeit tatsächlich so, könnte die Weltlinie eine Rückwärtsschleife bilden und sich selbst schneiden, was physikalisch darauf hinausliefe, daß das Objekt seine Vergangenheit besucht. Die Weltlinie könnte sich sogar mit sich selbst verbinden und eine geschlossene Schleife bilden, wobei dann das Objekt zu seinem eigenen vergangenen Selbst wird. Eine ähnliche Situation mit gekippten Lichtkegeln ist in Abbildung 11.5 dargestellt, wo wieder eine Weltlinie eine geschlossene Schleife in der horizontalen Ebene bildet.

Das wichtige an diesen Lichtkegelmustern ist, daß sie die Zeitreise ermöglichen, ohne daß der betroffene materielle Körper irgendwo die Lichtgeschwindigkeit übertritt. Lokal bleibt die Weltlinie immer innerhalb der nahen Lichtkegel, und die Regeln der speziellen Relativität gelten; global jedoch ist die Lichtkegelanordnung derart verzerrt, daß die Weltlinien sich selbst schneiden können. In einem solchen Szenario liegt der Weg in die Vergangenheit darin, mit irgendeiner Raumzeitschleife herumzuziehen; er besteht nicht darin, sich nicht vom Fleck zu rühren und durch frühere Ereignisse «rückwärtszugehen», wie H.G. Wells angedeutet hat. Wir können uns einen fiktiven Zeitreisenden vorstellen, der, ähnlich wie Betty, mit einem Raumschiff eine Rundreise durch das All

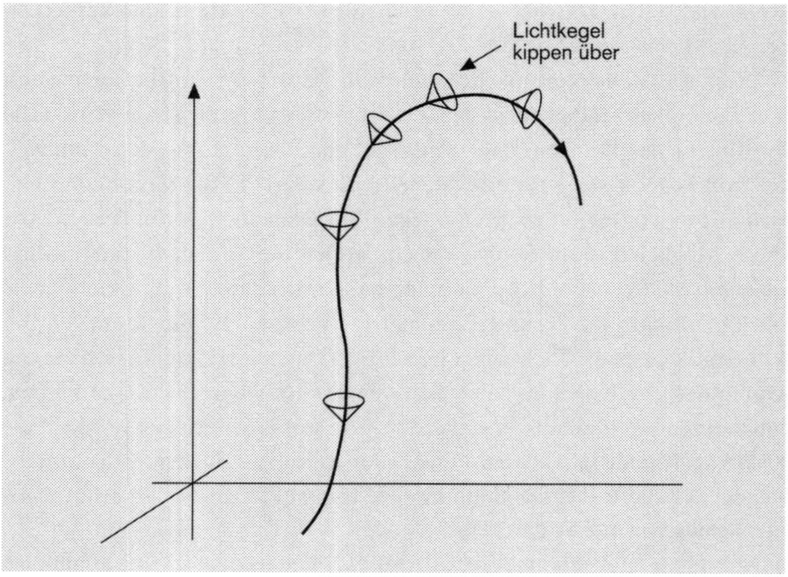

Abb. 11.4 In die Vergangenheit kippen. Die Schwerkraft wirkt auf das Licht ein und kann die Lichtkegel so stark überkippen lassen, daß die Weltlinie eines Teilchens «sich zurückbiegt», was sie in die Vergangenheit führt. Man beachte, daß die Zeit, die durch das Teilchen ausgedrückt wird, ebenfalls überkippt und im Verhältnis zur Zeitkoordinate (die das Bezugssystem eines Beobachters weit vom Gravitationsfeld entfernt darstellt) «in die falsche Richtung läuft» (Pfeil).

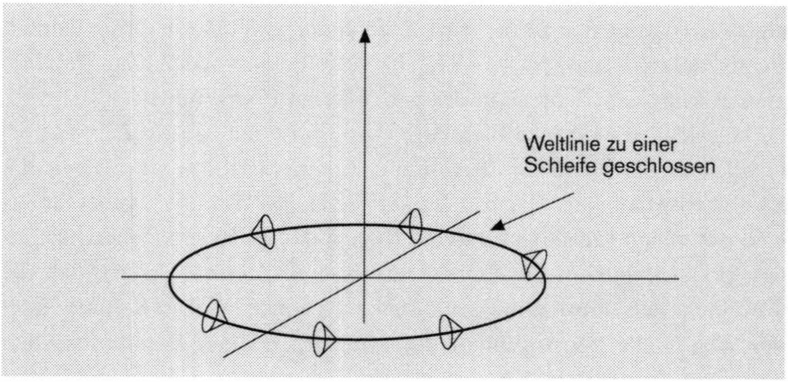

Abb. 11.5 Die Gödelsche Lösung. Kurt Gödel entdeckte, daß die Lichtkegel, wenn das Universum rotiert, auf die gezeigte Art seitwärts kippen können, was der Weltlinie eines Teilchens ermöglichen würde, eine geschlossene Schleife zu bilden.

macht und bei seiner Rückkehr zur Erde feststellt, daß dort eine frühere Zeit herrscht als zum Zeitpunkt seiner Abreise.

So ausgefallen der Gedanke sich selbst schneidender Weltlinien auch sein mag, diese Möglichkeit liegt in Einsteins allgemeiner Relativitätstheorie verborgen. Das erste ausdrückliche Beispiel, das Zeitschleifen enthielt, lieferte der österreichische Mathematiker Kurt Gödel, ein exzentrischer und zurückgezogen lebender Logiker, der neben Einstein am Institute for Advanced Study in Princeton arbeitete. 1949 veröffentlichte Gödel eine ungewöhnliche Lösung der Einsteinschen Feldgleichungen der Gravitation, bei der er eine Lichtkegelanordnung ähnlich der in Abbildung 11.5 beschrieb. Die Gödelsche Lösung ist nicht sehr realistisch, weil sie annimmt, daß das ganze Universum rotiert, was aufgrund der Beobachtungen weitgehend ausgeschlossen ist. Dennoch diente sie dem Nachweis, daß die Relativitätstheorie nichts enthält, was einem Materieteilchen, oder im Prinzip einem Menschen, verbietet, die Vergangenheit zu erreichen – und zurück in die Zukunft zu gehen. Gödel selbst schrieb zu seiner Lösung: «Wenn man mit einem Raumschiff weit genug herumreist, ist es möglich,... in jede Region der Vergangenheit, Gegenwart und Zukunft zu reisen und wieder zurück.»[2]

Nach der Veröffentlichung der Gödelschen Lösung gestand Einstein, daß die Aussicht auf eine Raumzeitgeometrie, die Zeitschleifen erlaubt, ihn von Anfang an beunruhigt habe, schon als er erstmals die allgemeine Theorie formulierte.[3] Er erkannte die physikalischen Probleme und kausalen Widersprüche, die diese Möglichkeit mit sich bringt, ließ jedoch offen, ob Lösungen wie die von Gödel immer aus physikalischen Gründen verworfen werden sollten.

Schwarze Löcher als Zeitmaschinen

In dieser Phase seines Lebenswegs hatte Einstein das Interesse an den Hauptströmungen der Physik größtenteils verloren. In den Kriegsjahren arbeitete er zurückgezogen an seinen eigenen Theorien. Als ausländischer Jude, überzeugter Pazifist und selbstbewußter Intellektueller, der sich für eine Vielzahl politischer Anliegen einsetzte, wurde er von den Sicherheitsbehörden mit Argwohn betrachtet. Auf jeden Fall kam er für die Mitarbeit am Atombombenprojekt nicht in Frage. Bei Kriegsende ging er offiziell in den Ruhestand, behielt jedoch einen Arbeitsplatz am Institut in

Princeton und verbrachte seine Zeit dort und zu Hause. Er nahm zwar gelegentlich an einem Seminar teil und las auch weiterhin die Fachblätter, trug jedoch wenig zu den aufregenden Entwicklungen in der subatomaren Teilchenphysik und der Quantenfeldtheorie bei, die die Physikergemeinde in den Nachkriegsjahren in Atem hielten. Er behielt nur ein oder zwei Mitarbeiter und arbeitete wie besessen an Versuchen, eine vereinheitlichte Feldtheorie aufzustellen, die seine großartige Relativitätstheorie so mit der Quantenphysik vereinte, daß er von seiner Einstellung her nichts zu beanstanden hatte. Das gelang ihm jedoch nicht.

Weil Einstein vor der großen Renaissance seiner allgemeinen Relativitätstheorie starb, hatte er wenig zu den modernen Entwicklungen zu sagen, die zu so ausgefallenen Ideen wie Schwarzen Löchern und Zeitreisen führten. Obwohl seine allgemeine Relativitätstheorie so stark und elegant war, fristete sie jahrzehntelang ein Schattendasein, und das vor allem, weil ihre Voraussagekraft so ungeheuer schwach und sie so schwer zu testen war. Die Gravitationstheorie war das Reservat einiger weniger Spezialisten, die außerdem meistens astronomisch oder kosmologisch interessiert waren. Aber die Nachkriegsentwicklungen änderten das alles. Die Radioastronomie öffnete ein weiteres Fenster zum All. Die Ära der künstlichen Satelliten bot Gelegenheit, das Universum auf Wellenlängen zu beobachten, die von der Erde aus unzugänglich waren, und Verbesserungen bei den Bodenteleskopen und der zunehmende Einsatz elektronischer Computer erhöhten die Möglichkeiten der Astronomen, das Universum sehr genau zu kartieren.

Den Fortschritten bei den Beobachtungen entsprach ein wiederauflebendes Interesse an theoretischen Fragen. Die Möglichkeit von Gravitationswellen wurde allmählich ernst genommen. Die Notwendigkeit, die Gravitationsphysik mit der Quantenmechanik zu kombinieren, regte Wheeler und seine Mitarbeiter zur Untersuchung starker Gravitationsfelder, des Gravitationskollapes und der Raumzeittopologie an. Neue mathematische Verfahren wurden entwickelt, Lehrbücher geschrieben, und etwa ein Jahrzehnt nach Einsteins Tod erblühte die allgemeine Relativität endlich zu einer vollentwickelten Disziplin.

Als rein zufälliges Nebenprodukt dieser Entwicklungen in der Gravitationstheorie wurde von dem neuseeländischen Mathematiker Roy Kerr eine andere Möglichkeit der Zeitreise entdeckt.[4] Sie erwuchs aus der Erforschung der Schwarzen Löcher. Die Schwarzschildsche Lösung hatte viele Jahrzehnte gute Dienste geleistet, war in einer Hinsicht jedoch eindeutig unrealistisch. Ein echter Stern würde zweifellos rotieren, wenn er kollabiert, und niemand kannte die Lösung für Einsteins Gleichungen, die einem rotierenden Schwarzen Loch entsprachen, bis Kerr sie fand.

Außerhalb des Ereignishorizonts ähneln die Eigenschaften der Kerrschen Lösung für das Schwarze Loch im großen ganzen denen im Schwarzschild-Fall, aber das Innere ist ganz anders aufgebaut. Während ein Teilchen (kein Tachyon), das in ein Schwarzschild-Loch fällt, nach kurzer Zeit zwangsläufig auf die zentrale Singularität trifft, kann ein Teilchen, das in ein Kerr-Loch fällt, der Singularität völlig ausweichen. Wohin geht es? Das weiß niemand genau, doch Kerrs Lösung gibt eine mögliche Antwort. So wie Schwarzschilds Lösung auf eine Antiwelt ausgedehnt werden kann – ein anderes Universum, wo die Zeit rückwärts läuft –, dehnt sich Kerrs Lösung auf eine Unendlichkeit anderer Universen aus, sowohl Welten als auch Antiwelten! Außerdem gibt es eine seltsame Region *innerhalb* des Schwarzen Lochs, wo die Lichtkegel wie bei Gödel umkippen und den Weltlinien ermöglichen, geschlossene Schleifen zu bilden.

Zum Pech für angehende Temponauten meinen die meisten Experten, daß die Kerr-Lösung nicht überall im Innern eines wirklichen Schwarzen Lochs anwendbar ist. Ganz abgesehen von ihrer idealisierten mathematischen Form, die einem echten rotierenden Schwarzen Loch ähneln mag oder nicht, erweisen sich das Tor zu den anderen Universen und die Zeitreiseregion, die von dieser Lösung beschrieben werden, als innerlich instabil. Darüber hinaus ist die Singularität im Kerr-Loch «nackt». Das heißt, ein Beobachter in der inneren Region kann sie sehen. Die Singularität in einem Schwarzschild-Loch liegt dagegen in der Zukunft aller Beobachter: Sie wissen nicht, daß sie da ist, bis sie auf sie stoßen. Eine nackte Singularität ist viel furchteinflößender. Erinnern wir uns, Singularitäten sind Ränder oder Grenzen, wo Raum und Zeit aufhören zu existieren. Weil die Gesetze der Physik dort zusammenbrechen, ist es unmöglich zu wissen, was aus einer Singularität herauskommen könnte. Solange die Singularität verborgen bleibt, brauchen wir uns nicht allzu sehr um sie zu kümmern, aber eine nackte Singularität könnte die Ereignisse auf unbekannte Art beeinflussen und Versuche, irgendwelche physikalischen Schlüsse zu ziehen, zu einem gewagten Unterfangen machen.

1974 entdeckte der Physiker Frank Tipler noch eine andere Zeitreisenlösung für Einsteins Gleichungen unter Einschluß der Rotation, diesmal mit einem Zylinder auf Materie.[5] Die Zeitreisenregion liegt dicht an der Oberfläche des Zylinders. Weil es beim Tipler-Modell keine Singularitäten gibt, erscheint es etwas physikalischer als das Beispiel von Kerr. Es ist jedoch nicht ohne Probleme. Besonders bemerkenswert ist, daß die Lösung einen unendlich langen Zylinder beschreibt – eine offensichtliche Fiktion. Außerdem muß der Zylinder, damit Zeitschleifen entstehen, sich mit rasender Geschwindigkeit um seine Achse drehen und läuft Gefahr, durch die Zentrifugalkraft zerrissen zu werden, wenn er nicht aus Material besteht, das erheblich dichter als Kernmaterie ist. Alles in allem ist ganz und gar nicht klar, ob im Fall eines realistischeren rotierenden Objekts Zeitschleifen entstehen würden.

Wurmlöcher und Strings

Keines der oben erwähnten Hindernisse hat die Science-fiction-Autoren abgehalten, sich mit Begeisterung auf das Thema Zeitreise zu stürzen. Nach Wells' bahnbrechendem Roman haben viele Schriftsteller Spekulationen über den Bau von Zeitmaschinen unter Einsatz ungewöhnlicher Materiezustände oder von Gravitationsfeldern angestellt. Es war tatsächlich ein Roman, der die einzige systematische Untersuchung der Zeitreise in der Geschichte der Wissenschaft ausgelöst hat. In einer tempogeladenen Geschichte mit dem Titel *Contact* legt Carl Sagan eine Erzählung von fremden Wesen vor, die eine Radiobotschaft zur Erde senden, die Einzelheiten über den Bau einer phantastischen Maschine enthält.[6] Die Wissenschaftler, die die Maschine bauen, können mit ihr sehr schnell zum Zentrum der Galaxie reisen. Das gelingt ihnen, nicht weil sie sich schneller als Licht bewegen, sondern weil sie durch ein sogenanntes Wurmloch im Weltraum reisen.

Der Begriff «Wurmloch» wurde von John Wheeler geprägt, von dem auch schon das Schwarze Loch stammt. In den fünfziger Jahren befaßte Wheeler sich mit der Möglichkeit, daß zwei Punkte im Raum auf mehr als einem Weg verbunden werden könnten. In seiner ursprünglichen Form ist der Gedanke in Abbildung 11.6 wiedergegeben, die den Raum im Sinn eines zweidimensionalen Blattes darstellt. a und b sind zwei Punkte im Raum. Um auf normalem Weg von a nach b zu gelangen, würde man der gepunkteten Linie folgen. Aber es könnte ein Tunnel oder eine Röhre (das Wurmloch) existieren, die einen alternativen Weg bieten (die gestrichelte Linie). Die Möglichkeit, daß *zwei* Wege dieselben Punkte im Raum

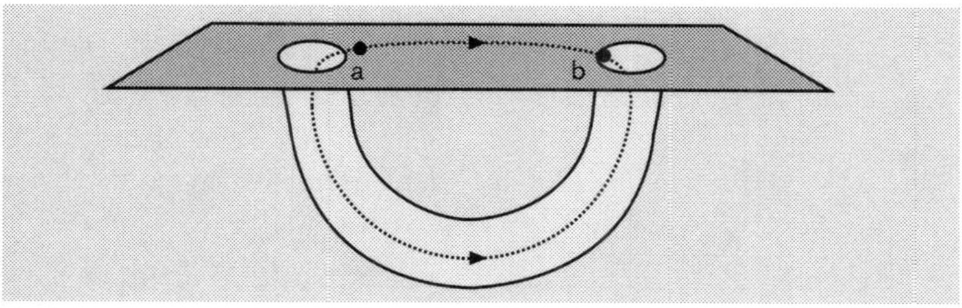

Abb. 11.6 Wurmloch im Raum. Zwei Punkte a und b können auf einem Weg durch den «normalen» Raum verbunden werden (gestrichelte Linie), oder auf einem Weg, der sich durch das Wurmloch schlängelt (gestrichelte Linie). Die beiden Wege können sich in der Länge sehr unterscheiden. In der Zeichnung sieht der Weg durch das Wurmloch länger aus, er kann jedoch unter Umständen deutlich kürzer sein.

verbinden, ist ein weiteres Beispiel dafür, wie die Raumzeit in der allgemeinen Relativität vielleicht weit genug gekrümmt wird, um sich mit sich selbst zu verbinden und so die Möglichkeit von Schleifen sowohl im Raum als auch in der Zeit zu schaffen.

Wie zu sehen, scheint der Wurmlochweg länger zu sein, aber das liegt daran, daß meine Zeichnung weitgehend symbolisch ist. (Erinnern wir uns, daß Raumzeitdiagramme Entfernungen stark verzerren können.) Eine sorgfältige mathematische Untersuchung zeigt, daß Wurmlöcher die Entfernung von a nach b tatsächlich *abkürzen* können. Das wird verständlicher, wenn das Diagramm umgebogen wird, wie in Abbildung 11.7 dargestellt, so daß das Wurmloch jetzt wie eine Art kurze Röhre erscheint. Erstaunlicherweise hat Einstein diese Art der Geometrie in einer Arbeit vorweggenommen, die er Mitte der dreißiger Jahre zusammen mit Nathan Rosen durchgeführt hat. Aus diesem Grund wird ein Wurmloch manchmal auch «Einstein-Rosen-Brücke» genannt. Es kann geschehen, daß ein Astronaut durch das Wurmloch *schneller* von a nach b kommt als das Licht auf dem «normalen» Weg. Dadurch, daß der Astronaut das Licht auf diese Weise hinter sich läßt, kann er auch rückwärts in der Zeit reisen.

Wenn wir das Wurmloch in eine Zeitmaschine verwandeln wollen, müssen wir seine Öffnungen als etwas wie unsere Zwillinge Ann und Betty betrachten. Das eine Ende (Betty) muß (irgendwie!) relativ zum anderen Ende (Ann) fast auf Lichtgeschwindigkeit beschleunigt, dann gestoppt

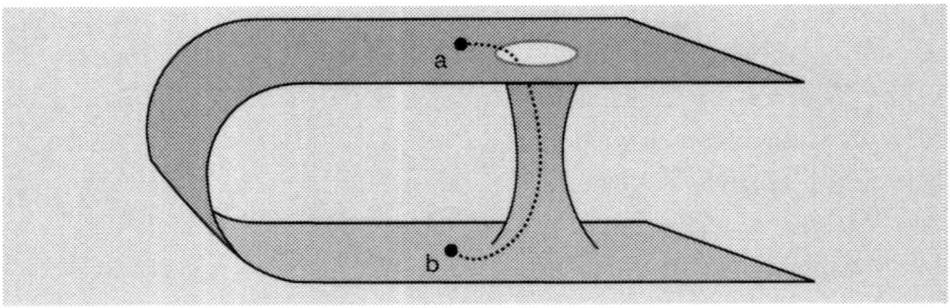

Abb. 11.7 Abkürzung durch den Raum. Wird der Raum aus Abb. 11.6 umgebogen, streckt sich das Wurmloch und läßt eher auf einen kürzeren Weg zwischen a und b schließen.

und wieder zurück beschleunigt werden. Die bewegte Öffnung würde dann irgendwann in der Zukunft der ruhenden Öffnung zurückkehren, und zwischen den beiden Enden des Wurmlochs würde eine dauernde Zeitdifferenz geschaffen. Um in die Vergangenheit zu reisen, muß ein Astronaut in der richtigen Richtung durch das Wurmloch fliegen und dann mit hoher Geschwindigkeit durch den «gewöhnlichen» Raum zum Ausgangspunkt zurückkehren, wobei eine geschlossene Schleife im Raum entsteht. Wenn die Umstände entsprechend sind, bildet seine Weltlinie ebenfalls eine geschlossene Schleife in der Zeit.

Um zu untersuchen, ob dieser phantastische Sachverhalt physikalisch möglich oder nur eine überspannte Spekulation ist, haben Kip Thorne und seine Mitarbeiter am Caltech ein umfangreiches Forschungsprogramm in Angriff genommen.[7] Sie ließen sich bei ihrer Arbeit von der Tatsache leiten, daß im Zusammenhang mit Schwarzen Löchern bereits eine Art Wurmloch bekannt war. Wie ich in Kapitel 10 erwähnt habe, verbindet eine idealisierte Erweiterung des Schwarzschildschen Schwarzen Lochs unser Universum mit einem anderen, in dem die Zeit rückwärts läuft. Räumlich hat die Brücke, die die beiden Universen verbindet, die Gestalt eines Tunnels oder Wurmlochs wie in Abbildung 11.7. Erinnern wir uns jedoch, daß es für ein Teilchen aus gewöhnlicher Materie nicht möglich ist, das Schwarzschildsche Wurmloch zu durchqueren und in dem anderen Universum herauszukommen. Dazu müßte es sich mit Überlichtgeschwindigkeit bewegen.

Der Grund für die Beschränkung beim Durchqueren des Schwarzschildschen Wurmlochs liegt darin, daß das Wurmloch in diesem Modell nicht statisch ist, wie dargestellt, sondern sich tatsächlich einmal kurz öffnet und dann wieder schließt. Das geschieht so schnell, daß einfach nicht genug Zeit für ein Teilchen (oder einen Astronauten) bleibt durchzuschlüpfen, bevor es sich wieder schließt und alles darin dem Vergessen anheimfallen läßt. Das Team von Thorne dachte sich geschickt einen Weg aus, den Schlund so lange offen zu halten, damit etwas hindurchschlüpfen kann. In ihrem Fall schwebte ihnen allerdings ein Wurmloch vor, das eine Region des Raums nicht mit einem anderen Universum verbindet, sondern (nach Sagan) mit einem anderen Teil unseres eigenen Universums, wie in Abbildung 11.7 dargestellt.

Um das Wurmloch gegen seine natürliche Neigung zum Kollaps abzustützen, zog Thorne einen anderen von H.G. Wells' Lieblingen heran – die Antigravitation. Physikalisch bedeutet Antigravitation irgendeine Substanz oder ein Feld, das gravitativ abstößt statt anzuziehen. Alle normalen Zustände der Materie sind anziehend, so daß die Forscher auf irgendeinen exotischen Zustand verfallen mußten. Sie kamen wie von selbst zur Quantenphysik, jenem Füllhorn für Exotisches. Ganz versteckt in der physikalischen Literatur gab es einige mathematische Untersuchungen, die andeuten, wie bestimmte besondere Quantenzustände in ganz begrenztem Umfang Antigravitation erzeugen können. Manchmal geschieht das, weil die Energie des Quantenfelds hier und dort negativ werden kann. Energie impliziert Masse, negative Energie ergibt also negative Masse und Antigravitation – in der Theorie.

Noch eine andere Möglichkeit bot sich für die Quantenantigravitation an. In der allgemeinen Relativität ist *Druck* wie die Masse eine Gravitationsquelle. Die meisten Menschen wissen nicht, daß Druck Schwerkraft erzeugt, und zwar aus dem einfachen Grund, weil ihre Wirkung normalerweise minimal ist. Bei einem Körper wie der Erde trägt der innere Druck nicht mehr als ein Milliardstel zu seiner Oberflächenschwerkraft bei (was das Gewicht des einzelnen um nicht einmal ein Milligramm erhöht). Aber exotische Quantenzustände können einen so hohen Druck haben, daß ihre gravitative Anziehung an die ihrer Masse heranreicht. Unter gewissen Umständen kann dieser Druck nicht nur extrem hoch sein, sondern auch negativ – was Antigravitation impliziert. Diese Möglichkeiten griffen Thorne und seine Mitarbeiter auf und untersuchten einige stark idealisierte Wurmlochlösungen, bei denen der Tunnel durch Quantenantigravitation offen gehalten wird. Dabei stellten sie fest, daß die Lösungen mit der uns bekannten Physik verträglich waren. Ihre Anfangsforschung hat eine Flut von Beiträgen zu diesem Thema ausgelöst, und die indirekten Folgen werden weiter untersucht.

Inzwischen hat Richard Gott von der Universität Princeton eine ganz anders geartete Zeitmaschine vorgeschlagen, bei der sogenannte «kosmische Strings» eine Rolle spielen.[8] Einige Kosmologen haben mit dem Gedanken gespielt, daß direkt nach dem Urknall, als das Universum außerordentlich heiß und dicht war, die verschiedenen vorhandenen Quantenfelder sich so zu Knoten und Geflechten verknüpften, daß extrem schmale, fadenartige Röhren aus konzentrierter Feldenergie entstanden. Diese Röhren oder kosmischen Strings können sich nicht ohne weiteres «entflechten» und wären irgendwo als Überreste gelandet, vielleicht bis zum heutigen Tag. Der Suche der Astronomen nach kosmischen Strings war bisher jedoch kein Erfolg beschieden.

Die gravitativen Eigenschaften der kosmischen Strings sind äußerst eigenartig. Eine Schleife aus Strings gravitiert im wesentlichen so wie jeder andere Körper, aber ein gerader Abschnitt übt keine direkte Gravitationskraft aus, auch wenn jeder Kilometer soviel Masse wie die Erde enthalten kann. Gerade Strings wirken aber immer noch auf das Licht ein, so daß sie die kausale Struktur der Raumzeit beeinflussen. Gott fand heraus, daß, wenn zwei unendlich lange parallele kosmische Strings mit hoher Geschwindigkeit voneinander fortfliegen, die Lichtkegel so weit kippen, daß die Weltlinien der Teilchen Rückwärtsschleifen in die Vergangenheit bilden können. Natürlich ist Gotts Szenario reine Phantasie. Es krankt daran, daß die Strings so geformt sein müssen, daß sie zu dem geforderten Modell und der Bewegung passen, und auch an anderen physikalischen Schwierigkeiten, die mit der unendlichen Ausdehnung der Strings zusammenhängen.

Das Fazit aus diesem jüngsten Wust an Arbeiten über die Zeitreise lautet, daß die physikalischen Gesetze offensichtlich nichts enthalten, was ihrer Realisierung *grundsätzlich* im Wege stände, auch wenn in allen untersuchten Beispielen Zeitschleifen nur dadurch erreicht werden können, daß Materie und Energie äußerst extrem und phantasievoll manipuliert werden. Dennoch, begnügen wir uns im Moment damit, daß eine Zeitmaschine im Prinzip gebaut (oder in der Natur entdeckt) werden könnte. Was hätte das für Folgen?

Widerspruch

Jeder, der kritisch das Buch *Die Zeitmaschine* gelesen oder den Film *Zurück in die Zukunft* gesehen hat, wird mitbekommen haben, daß eine Reise in die Vergangenheit oder auch nur die Möglichkeit, ein Signal in die Vergangenheit zu senden, eine Flut von Rätseln und Widersprüchen auslöst. Am bekanntesten ist das Großmutter- oder Großvaterparadoxon. Angenommen, ein Zeitreisender würde zurück in die Vergangenheit gehen und seine Großmutter umbringen. Der besagte Reisende wäre folglich nie geboren worden. Aber dann hätte er den Mord gar nicht begehen können, wozu er doch hätte geboren sein müssen... Wie man es auch dreht, es bleibt immer ein unentwirrbarer Widerspruch.

Der Widerspruch tritt auf, weil der gegenwärtige Zustand der Welt durch die Vergangenheit *bestimmt* wird. Eine Veränderung der Vergangenheit wird daher wahrscheinlich Probleme aufwerfen, weil sie einen eskalierenden Dominoeffekt haben kann, der sich unkontrollierbar und unentwirrbar in das Geflecht der Gegenwart webt. Schon ein einziges subatomares Teilchen, das in der Zeit zurückgeschickt wird, könnte den Gegenwartszustand der Welt gewaltig verändern. Das Teilchen könnte z.B. Teil eines verschlüsselten Signals sein, das im Empfänger eine größere Reaktion auslöst. Oder es könnte den Weg der Evolution ändern. (Ein einziges Aufeinandertreffen zwischen einem kosmischen Strahlenteilchen und einem DNA-Molekül kann eine entscheidende Mutation bewirken.) Aber welchen Sinn kann man einer *veränderten* Vergangenheit zuschreiben, oder gar einer veränderten Gegenwart? Der Gegenwartszustand der Welt ist so, wie er ist, er kann nicht in irgend etwas anderes verwandelt werden. Die Fragen, die in diesen Überlegungen stecken, gehen über die rein wissenschaftliche Phantasie hinaus. Die Gesetze des Universums müssen per definitionem eine in sich schlüssige Wirklichkeit beschreiben. Wenn die Zeitreise unausweichlich zu unauflösbaren Widersprüchen führt, kann sie im Rahmen der physikalischen Gesetze nicht zugelassen werden. Sollten wir in dem Fall feststellen, daß unsere besten aktuellen Theorien die Reise in die Vergangenheit zulassen, wenn auch unter äußerst gekünstelten und unrealistischen Umständen, sind die Theorien möglicherweise suspekt.

Das Paradoxon wird umgangen, wenn die kausalen Schleifen in sich widerspruchsfrei sind. Dann wäre es so, daß die Handlungen des Zeitreisenden bereits in das deterministische Netz eingebaut sind, das Vergangenheit und Gegenwart verbindet. Der Reisende, der einen Käfer zerdrückt und die Evolution verändert, tut das auf eine Art, die genau die biologischen Umstände der Welt herstellt, aus der er gekommen ist. Aber Großmütter umbringen geht nicht. Das würde den freien Willen doch wohl stark einschränken, aber es ist offenbar nichts logisch Abzulehnendes an dem Gedanken kausaler Schleifen, die Vergangenheit und Zukunft widerspruchsfrei durchziehen.

Das Großmutterparadoxon ist letztlich nur eins von vielen Problemen, die sich aus der Möglichkeit von Reisen in die Vergangenheit ergeben. Der Zeitreisende könnte z.B. auf eine frühere Kopie von sich treffen, so daß es ihn also zweimal gäbe! Dieser verwirrende Zustand der Verdoppelung könnte allein dadurch erreicht werden, daß man eine einzige Sekunde in der Zeit zurückgeht. Durch Wiederholung ließe sich jederzeit eine unbegrenzte Zahl von Kopien des Zeitreisenden herstellen (erinnern wir uns an Feynmans sich im Zickzack bewegendes Elektron, das sich im Universum vervielfältigt). Obwohl hier kein logischer Widerspruch vorliegt, läßt uns der Gedanke an die unbegrenzte Vervielfältigung von Objekten schwindeln und macht einigen geschätzten Gesetzen der Physik den Garaus (etwa dem Energieerhaltungssatz).

David Deutsch, der Fachmann für die Viele-Welten-Theorie, die ich im letzten Kapitel erwähnt habe, hat eine eingehende Untersuchung über die Zeitreisenrätsel und ihre möglichen Lösungen vorgenommen.[9] Er hat auf ein noch irritierendes Rätsel als das Großmutterparadoxon hingewiesen, das die wissenschaftliche Vernunft bis an die Grenzen strapaziert. Denken wir uns das Beispiel eines Zeitreisenden von 1995, der das Jahr 2000 besucht und von einer überwältigenden neuen Lösung der Einsteinschen Gleichungen erfährt, die eine unbekannte Wissenschaftlerin mit Namen Amanda Brainy in der Ausgabe der *Physical Review* jenes Jahres veröffentlicht hat. Der Reisende kehrt in sein Jahr zurück, eine Kopie der Lösung im Gepäck, und sucht die junge Amanda auf, die, wie sich herausstellt, im ersten Semester Physik an der Universität seiner Heimatstadt studiert. Er setzt sich hin und unterrichtet sie in Relativität und zeigt ihr schließlich die neue Lösung, die sie brav unter ihrem Namen im Jahr 2000 in der *Physical Review* veröffentlicht. Das Problem an dieser kleinen Geschichte ist: Woher kam das Wissen für die neue Lösung? Wer hat die Entdeckung gemacht? Amanda nicht; sie hat die Lösung von dem Zeitreisenden erfahren. Aber er auch nicht; er hat lediglich ihren Aufsatz in der Zeitschrift kopiert. Obwohl die Geschichte in sich völlig schlüssig ist, hinterläßt sie bei uns doch ein Gefühl der Hilflosigkeit und Unzufriedenheit. Wichtige neue Informationen über die Welt können doch nicht einfach *von allein entstehen*, oder?

Die physikalischen und philosophischen Probleme mit der Zeitreise sind derart horrend, daß Stephen Hawking eine «Chronologieschutz-Hypothese» angeregt hat, dank der die Natur immer einen Weg findet zu verhindern, daß Wurmlöcher und andere Einrichtungen in die Vergangenheit reisen können.[10] Auf diese Weise, so Hawking, kann das Universum für Historiker sicher gemacht werden. Es besteht keine generelle Einigkeit darüber, ob ein Chronologieschutz gültig ist, und wenn, ob er in der bestehenden Physik enthalten ist oder etwas Neues erfordert. Alle bekannten Beispiele der Zeitreise haben pathologische Züge, die sie in der Praxis unphysikalisch oder instabil machen würden. Aber ohne einen Grundsatz, der *sämtliche* Raumzeiten mit Schleifen ausschließt, besteht immer die Möglichkeit, daß irgendein cleverer Forscher mit einem physikalisch realistischen Beispiel daherkommt, wie man schneller ist als die Uhr – und damit durchkommt.

Ein wackeliges Argument, das häufig gegen die Zeitreise vorgebracht wird, lautet, daß unsere Nachkommen, wenn sie jemals herausfinden, wie man es macht, zurückkommen und uns besuchen. Da wir diese Temponauten nicht sehen, können wir beschließen, daß es sie nie geben wird. Stephen Hawking benutzte diese Argumentation, um seine Hypothese vom Chronologieschutz zu untermauern, und erklärte, daß «wir nicht von Touristenhorden aus der Zukunft überrannt worden sind». Die meisten Zeitmaschinen, die bisher diskutiert worden sind, lassen allerdings keine Reisen in eine Zeit zu, die vor dem Bau der Maschine liegt; wenn wir also heute eine Maschine bauen würden, könnten wir nicht zurückreisen und beispielsweise die Schlacht auf dem Lechfeld miterleben. Und auch unsere Nachkommen könnten uns mit einer solchen Maschine nicht besuchen. Nur wenn eine uralte, fremde Zivilisation uns eine alte Zeitmaschine schenken würde oder wenn die Natur spontan das erforderliche Wurmloch in der weit zurückliegenden Vergangenheit geschaffen hätte, könnten wir Zeiten besuchen, die vor der unseren liegen. Das Nichtvorhandensein von Reisenden aus der Zukunft läßt sich deshalb nicht dazu verwenden, Zeitreisen völlig auszuschließen. Das stärkste Argument gegen einen Besuch in der Vergangenheit ist zweifellos das Großmutterparadoxon, und man hat sich viele Gedanken darüber gemacht, wie man es umgehen könnte. Ein Ausweg wäre, den Viele-Welten-Gedanken zu bemühen, den ich in Kapitel 10 angeschnitten habe. Wenn viele ähnliche parallele Welten existieren, könnte es sein, daß ein Besuch in der Vergangenheit Sie in eine frühere Epoche zurückbringt, aber keine Epoche Ihrer Welt, sondern einer sehr ähnlichen Quantenversion. Der mörderische Temponaut stellt dann fest, daß er ein Ebenbild der Großmutter eines seiner parallelen Selbst getötet hat, was seine künftige Welt nicht berührt. Diese geschickte Lösung setzt voraus, daß wir auf makroskopischer Ebene Quantenwelten mischen und anpassen können, was dem Temponauten ermöglichen würde, hinüber in eine parallele Wirklichkeit zu treten und wieder zurück, nachdem er sie erheblich verändert hat. Mir kommt das wie eine sehr phantasievolle Fortschreibung der Viele-Welten-Hypothese vor. Auf jeden Fall wird die ganze Frage des Verhaltens von Quantenteilchen in einer Welt, in der Zeitschleifen möglich sind, noch intensiv erforscht.

Die Wirkung der Widersprüche um die Zeitreise geht eher auf ihren verwirrenden psychologischen Effekt zurück als auf irgendeine logische Verschrobenheit. Der Mensch ist darauf geeicht, sich die Zeit als etwas vorzustellen, das fließt wie ein Fluß. Und dann erscheint es rätselhaft, wieso ein Zeitreisender in die Vergangenheit segeln kann. Wie kann er immer stromab gleiten, nur um sich dann stromaufwärts wiederzufinden, ohne aus dem Fluß zu steigen und sich in einem Auto mit zurücknehmen zu lassen? Der Gedanke, in einer geschlossenen Schleife durch den Zeitstrom zu gleiten, gibt den gleichen in die Irre führenden Schock wie ein Bild von Escher. Am Ende des Romans von Wells macht sich der Erzähler Gedanken über das Schicksal des Zeitreisenden, der aus unerklärlichen Gründen von seiner letzten Reise nicht zurückgekommen ist: «Vielleicht wandert er eben jetzt – wenn ich mir diese Vermutung gestatten darf – über ein von Plesiosauriern bevölkertes oolithisches Korallenriff oder am Ufer eines einsamen Salzsees der Triasperiode.»[11] Das «Jetzt» verrät hier das entscheidende zeitliche Zwiedenken; es ist, als ginge unsere Zeit irgendwie mit dem Reisenden in der Maschine, einer Art Tributpflichtigem des Zeitflusses des 20. Jahrhunderts, der sich rückwärts windet durch die Ewigkeit und sich vereint mit dem Zeitfluß der Trias. Doch das ist absurd. Die Trias ist nicht *jetzt*, sie ist *damals*. Oder doch nicht?

12

Aber welche Zeit haben wir denn nun?

Wie ein ewig dahinfließender Strom trägt die Zeit all ihre Söhne fort.

Isaac Watts

Kann die Zeit wirklich fließen?

Im Fernsehen gibt es eine berühmte englische Komikserie, *Monty Python's Flying Circus*, die sich u. a. über australische Philosophen lustig macht. Philosophen geben generell ein gutes Ziel für Humoristen ab, vielleicht weil sie häufig Standpunkte zu vertreten scheinen, die den meisten Menschen als ausgemacht lächerlich erscheinen. Wahrscheinlich haben die Philosophen seit Plato über die Zeit tatsächlich mehr Unsinn geschrieben als über jedes andere Thema. Einer der wenigen jedoch, der nach allgemeiner Ansicht etwas Vernunft in die Spekulationen über das Wesen der Zeit gebracht hat, ist Jack Smart, ein australischer Philosoph. Da er viele Jahre seines Lebens an der Universität von Adelaide gelehrt hat, empfinde ich eine gewisse Verwandtschaft.

Ich lernte Jack Smart kennen, als er Anfang der siebziger Jahre Großbritannien besuchte und an der Universität Newcastle eine anspruchsvolle Vorlesung über Quantenphysik und Zeit hielt. Seine Ausführungen wurden immer wieder von einem pedantischen Wissenschaftler unterbrochen, der offenbar fixiert auf die Streitfrage (aus der Quantenmechanik) war, daß materielle Objekte nicht «wirklich da» sind. Jack ist ein höflicher und liebenswerter Mensch, aber irgendwann ging ihm der Gaul durch: «Ich wünschte mir, *Sie* wären nicht da!» erklärte er, und die Unterbrechungen hörten auf.

Smart hatte einmal geschrieben: «Das Gerede über den Fluß der Zeit oder das Fortschreiten des Bewußtseins ist eine gefährliche Metapher, die man nicht wörtlich nehmen sollte.»[1] Mit anderen Worten, den «Strom» oder «Fluß» der Zeit gibt es nicht wirklich. Das mag so unsinnig erscheinen wie die Behauptung, daß materielle Objekte nicht wirklich da sind, doch Smart befindet sich diesmal auf sicherem Grund. Ich habe schon dargelegt, wie die Relativitätstheorie zum Gedanken der Blockzeit und dem Bild von der Zeit als der vierten Dimension führt, die einfach «mit einem Mal ausgebreitet ist». Seit Einstein lehnen die Physiker im allgemeinen die Ansicht ab, daß Ereignisse «geschehen», im Gegensatz zum bloßen *Bestehen* im vierdimensionalen Raumzeit-Kontinuum.

Nicht nur die Physiker haben Schwierigkeiten, die Zeit vergehen zu lassen. Jahrhundertelang haben die Philosophen sich bemüht, diesen schwerfaßbaren Fluß zu bändigen. Ein Ozean voll Tinte ist für dieses Thema verbraucht worden, doch der Fluß der Zeit ist so rätselhaft wie eh und je. So rätselhaft, daß Philosophen wie Smart zu dem Schluß gezwungen wurden, daß es gar keinen Fluß der Zeit gibt. Alles spielt sich sozusagen nur im Kopf ab. «Sicher *empfinden* wir, daß die Zeit dahinfließt», räumt Smart ein, aber seiner Meinung nach «erwächst diese Empfindung aus einer metaphysischen Verwirrung.» Er glaubt sogar, daß sie nur eine «Illusion» ist.

Was für eine Illusion könnte das sein? Hier hilft eine grobe Analogie. Wenn man sich schnell im Kreis dreht und dann stoppt, «dreht» die Welt «sich weiter». Das Schwindelgefühl vermittelt den Eindruck, daß das Universum in Bewegung ist – tatsächlich in einem Zustand der Rotation. Sie wissen natürlich, daß es das nicht ist. Sie brauchen nur intensiv auf die Wand Ihres Zimmers zu blicken, um zu *sehen*, daß es das nicht ist. Rein verstandesmäßig kann man die Bewegung wegdenken. Aber man hat immer noch das *Gefühl*, als würde sich die Welt bewegen. Vielleicht ist der Fluß der Zeit auch nur ein Gefühl, und es schwindet einfach dahin, wenn wir den harten Blick der Rationalität auf die Ereignisse in der Welt richten.

Das unwirkliche Verstreichen der Zeit hat von Anfang an ganz oben auf der Tagesordnung der Philosophen gestanden. Parmenides glaubte schon vor zweitausend Jahren, sich des Gedankens der dahinfließenden Zeit entledigt zu haben, als er urteilte, daß jeder Wandel unmöglich sei. Sein Gedankengang war einfach der, daß, da alles ist, was es ist, und nicht sein kann, was es nicht ist, nichts von dem, was es ist, zu dem werden kann, was es nicht ist. Aus dem Nichts kann nichts hervorgehen, und «sein» ist ganz in sich. Es gibt keine Halbheiten, sagte Parmenides, keinen Zustand des Teilweise-Seins oder Teilweise-Nichtseins, in dem ein Objekt den Prozeß des Werdens durchläuft. Ähnlich verschroben dachte Zenon von Elea, der erklärte, daß jede *Bewegung* unmöglich sei, da ein sich scheinbar bewegender Gegenstand in jedem gegebenen Augenblick der Zeit in Wirklichkeit statisch ist. Zenon machte sich auch Gedanken über einen fliegenden Pfeil und erklärte, daß der Pfeil auf seiner Bahn in jedem Augenblick einen und nur einen Ort einnimmt. Da er in einem bestimmten Moment nicht mehr als einen Ort einnehmen könne, müsse er in dem Moment still stehen. Und da dieser Sachverhalt in jedem einzelnen Augenblick gilt, könne es keine irgendwie geartete Bewegung geben. Die Welt sei erstarrt!

Diese angesehene Tradition, die Zeit oder den Wandel auf philosophischer Grundlage wegzudiskutieren, hat sich bis in die Neuzeit erhalten. Um die Jahrhundertwende erklärte der bebrillte Metaphysiker und atheistische Kirchgänger John McTaggart aus Cambridge, die Vorstellung von der Zeit stecke so voller Widersprüche, daß es mehr Sinn mache anzunehmen, daß die Zeit überhaupt nicht existiere![2] Eindrücke von der Zeitlichkeit, so McTaggart, seien reine Erfindungen des Menschen. Er kam zu dem eindrucksvollen Schluß, die Zeit sei unwirklich, indem er argumentierte, daß die gleitende Aufteilung der Zeit in Vergangenheit, Gegenwart und Zukunft absolut unverträglich mit den festen Daten sei, die man den Ereignissen zuweisen könne. Die Unvereinbarkeit eines bewegten Jetzt und einer statischen Zeitkoordinate faßte Jack Smart brillant in die entwaffnende Frage: «Wie schnell fließt die Zeit?» Jeder von uns kennt die Antwort: eine Sekunde pro Sekunde. Das heillose Durcheinander der Metaphern wird mit einem Schlag deutlich. Geschwindigkeit ist definiert als die Entfernung, die pro Zeiteinheit zurückgelegt wird. Wie kann die Zeit etwas «in der Zeit» zurücklegen?

Ein Unterhaltungsschriftsteller namens J.W. Dunne veröffentlichte 1927 ein populäres Buch mit dem Titel *An Experiment with Time*, in dem er behauptete, das Problem gelöst zu haben, wie man die Zeit zum Fließen bringen könne.[3] Geschickt zog er eine zweite Zeitdimension als Maßstab heran, an dem die Geschwindigkeit der ersten gemessen werden konnte. Leider gibt es keinen wissenschaftlichen Beweis für mehr als eine Zeit, so daß Dunnes Beweisführung doch eigens für diesen Fall bestimmt schien. Sie wirft außerdem das Problem auf, wie die zweite Dimension zeitlich gemessen werden soll, worauf Dunne allerdings vorbereitet war, denn er führte eine dritte und dann eine vierte ein und so fort – ein Faß ohne Boden.

Aber ohne eine Zeit zum Messen der Zeit, wie kann die Zeit da vorankommen? Smart erinnert uns an das Bild vom Fluß, «der uns unerbittlich in die Zukunft trägt auf den großen Wasserfall zu, unseren Tod». Statt jedoch unbarmherzig auf diesem Zeitstrom davongetragen zu werden, können wir uns auch als Betrachter sehen, die am Ufer sitzen und erleben, wie die Ereignisse der Zukunft uns entgegentreiben, und die der Gegenwart in die Vergangenheit entschwinden. Doch Smart tut solches Gerede als unverständlich ab. «Was ist dieses ‹wir› oder ‹ich›? Es ist nicht der ganze Mensch von der Geburt bis zum Tod, das ganze Raumzeit-Wesen. Und es ist auch keine spezielle Zeitphase dieses Menschen», weil wir in jeder Zeitphase dieses gleiche Gefühl haben, obwohl Ereignisse, die in einer Zeitphase unseres Lebens als «in der Zukunft» betrachtet werden, in einer späteren Phase als «in der Vergangenheit» betrachtet werden. Da ein Ereignis einfach ist, was es ist, kann es nicht «in» *beidem* sein, der Vergangenheit und der Zukunft. Diese Zeitkategorien sind somit offenbar bedeutungslos.

Nachdem Smart erklärt hatte, daß der Fluß der Zeit eine Illusion sei, gibt er zu, daß «es eine eigenartige und geistig beunruhigende Illusion ist». Was verursacht sie? Ist es eine Art zeitliche Benommenheit verbunden mit Erinnerung, oder der Fluß der Informationen durch das Gehirn? Das Problem, gerade diese Illusion zu erklären, liegt darin, daß es die Illusion einer Absurdität zu sein scheint. Nicht nur, daß unsere Sinne uns in die Irre führen. Wir haben anscheinend einen starken Eindruck von etwas, aber von einem Etwas, das keinerlei Sinn ergibt, wenn man es näher betrachtet!

Das Märchen vom Vergehen

David Park ist Physiker und Philosoph am Williams College in Massachusetts und interessiert sich, seit er denken kann, für eine Zeit, die, wie auch er meint, nicht vergeht. Für Park ist das Vergehen der Zeit weniger eine Illusion als ein Märchen, «weil es keine Sinnestäuschung enthält... Man kann kein Experiment durchführen und hinterher unzweideutig sagen, ob die Zeit vergeht oder nicht.»[4] Das ist fraglos ein eindrucksvolles Argument. Denn welche Realität kann man schließlich einem Phänomen beimessen, das experimentell niemals nachgewiesen werden kann? Ja, man weiß nicht einmal, wie man sich den experimentellen Nachweis des

Zeitflusses *denken* könnte. Da die Geräte, das Labor, der Experimentator, die Techniker, die Menschheit generell und das Universum als Ganzes offensichtlich im selben unentrinnbaren Fluß gefangen sind, wie kann man da einen Teil des Universums «in der Zeit anhalten», um den Fluß zu registrieren, der im restlichen Universum weiterströmt? Es ist so, wie wenn man sagt, daß das ganze Universum sich mit derselben Geschwindigkeit durch den Raum bewegt – oder, um die Analogie noch deutlicher zu machen, daß der *Raum* sich durch den Raum bewegt. Wie kann eine solche Aussage jemals geprüft werden?

Angenommen, Sie treffen einen Fremden, der behauptet, keine Vorstellung von dem zu haben, was Sie mit Fluß der Zeit meinen. Wie könnten Sie es beschreiben? Was würden Sie sagen, um ihn von der Existenz dieses Flusses zu überzeugen? Oh, werden Sie vielleicht entgegnen, die Erfahrung des Ablaufs der Zeit ist ein wesentlicher Bestandteil der Empfindung! Ein Wesen, das keine Vorstellung vom Vergehen der Zeit hätte, wäre kein echtes, intelligentes Wesen wie wir. Er/sie/es könnte sich nicht einmal vernünftig mit uns verständigen.

Es trifft zu, daß ein großer Teil der menschlichen Besorgnisse dem Ablauf der Zeit gilt: unsere Hoffnungen und Ängste, unsere Sehnsüchte, unser Sinn für das Schicksal. Von den großen Werken der Religion und Literatur bis hin zur Organisation unseres Alltagslebens ist das ganze Streben des Menschen ein Ringen, das inszeniert wird auf dem Fluß der Zeit. Doch das sind subjektive und emotionale Aspekte des Lebens. Wenn es um die wirklich objektiven Eigenschaften der Welt geht, erscheint der Hinweis auf den Fluß der Zeit überflüssig. Wir können uns mit dem Fremden tatsächlich verständigen. Sicher, wir finden es praktisch, vom Ablauf der Zeit zu sprechen, wenn wir uns über Ereignisse in der objektiven Welt unterhalten, aber wir müssen das nicht.

Ich möchte ein Beispiel dafür nennen, wie wir unsere auf das Fließen kaprizierte Sprache befreien können. Die Meteorologen gehören zu den größten Gewohnheitsbenutzern einer Terminologie, die Zeitfluß-Begriffe verwendet. Typische Beispiele sind: «Der Sommer bringt wärmeres Wetter», oder «Der Regen wird bis Donnerstag aufhören». Vielleicht kommt diese Praxis daher, daß Wettersysteme sich über den Globus bewegen, sich aber auch mit der Zeit an festen Orten entwickeln, so daß eine Neigung besteht, unbewußt zwischen Hinweisen auf Bewegung im Raum und Bewegung in der Zeit zu wechseln, oder gar die Dinge bewußt unklar zu lassen. «Es kommt stürmisches Wetter auf» kann entweder so etwas heißen wie «Von Süden zieht eine Sturmfront auf» oder «Über der Stadt entwickelt sich wahrscheinlich morgen ein Sturmtief».

Betrachten wir eine vom Fließen heimgesuchte Aussage: «Erst letzten Donnerstag hat das Wetteramt vorausgesagt, daß es am Samstag schön würde, aber als der Tag dann kam, regnete es nur noch stärker, und erst als strahlend der Sonntagmorgen kam, wußte ich, daß das Schlimmste vorbei war.» Auch wenn diese formlose Beschreibung einer Abfolge von Ereignissen lebhaft die notwendigen Informationen vermittelt, ist in der folgenden Auflistung von Ereignissen im wesentlichen, wenn auch etwas trockener, genau das gleiche enthalten: Donnerstag: Das Wetteramt gibt eine Prognose heraus, die für Samstag schönes Wetter voraussagt. Freitag: Es regnet. Samstag: Es regnet stark. Sonntag: Die Sonne scheint. Man beachte, daß ich durchwegs im Präsens gesprochen habe, eine praktische Art, Datumsbezeichnungen und Wetterzustände aufeinander abzustimmen. Strenggenommen ist kein einziges Verb erforderlich, um diese Abstimmung festzuhalten: Wir können uns vorstellen, einfach Tagebucheintragungen zu lesen. Das Wesentliche der Botschaft, das wir diesem knappen Bericht entnehmen, ist das gleiche wie die Originalversion, nur daß im letzteren Fall nichts «geschieht» oder sich ändert, es «kommt» kein Tag oder «bringt» schönes Wetter.

Fliegt der Zeitpfeil?

Viele werfen Zeitablauf und Zeitpfeil durcheinander. Das ist aufgrund der Metapher verständlich. Pfeile fliegen schließlich – so wie es angeblich auch die Zeit tut. Pfeile werden aber auch als feste Zeiger benutzt, wie beim Kompaß, wo sie den Norden anzeigen, oder bei der Wetterfahne, wo sie die Windrichtung angeben. In diesem letzteren Sinn werden Pfeile auch im Zusammenhang mit der Zeit verwendet. In Kapitel 9 habe ich die tastenden Versuche der Physiker erwähnt, den Zeitpfeil dingfest zu machen. Die Eigenschaft, die dieser Pfeil beschreibt, ist nicht der *Fluß* der Zeit, sondern die Asymmetrie oder Schlagseite der physikalischen Welt in der Zeit, der Unterschied zwischen den Zeitrichtungen Vergangenheit und Zukunft.

Die Zeit braucht nicht von der Vergangenheit in die Zukunft zu fließen, um eine Zeitsymmetrie aufzuzeigen. Um zu erkennen, warum, denken Sie an einen Film über einen typischen unumkehrbaren Prozeß: ein Ei, das auf den Boden fällt und zerbricht. Angenommen der Film wird in Einzelbilder zerschnitten, und die Bilder werden willkürlich vertauscht. Vor die mühselige Aufgabe gestellt, sie wieder in die richtige Reihenfolge zu bringen, hätten die meisten Menschen wohl kaum Schwierigkeiten, die ursprüngliche Abfolge mehr oder weniger wiederherzustellen. Wir vermuten, daß Bilder von intakten Eiern an den Anfang gehören und Bilder mit zerbrochenen Schalen ans Ende. Die Asymmetrie der Abfolge wird bei der Prüfung offensichtlich; es ist nicht unbedingt notwendig, den Film *laufen* zu lassen und die «Entwicklung» der geordneten Ereignisse anzusehen, um den Zeitpfeil zu erkennen. Dieser Pfeil hat nichts mit dem *Film* zu tun, er ist eine strukturelle Eigenschaft der Einzelbilder in ihrer Gesamtheit. Der Pfeil oder die Asymmetrie ist genauso da, wenn die Bilder einfach in der richtigen Reihenfolge aufeinandergelegt werden, wie wenn sie wieder zusammengeklebt und im Projektor abgespielt werden.

Ich habe an der Verschmelzung des Zeitflusses und des Zeitpfeils genausoviel Schuld wie alle anderen. In den vorangegangenen Kapiteln habe ich ungerührt davon gesprochen, daß die Zeit im Raum schneller läuft, oder daß sie in einem anderen Teil des Universums rückwärts fließt. Ds geschah aus stilistischem Opportunismus. Daß die «Zeit im Raum schneller läuft», bedeutet in Wirklichkeit, daß die Dauer zwischen zwei Ereignissen, gemessen mit einer Uhr im Raum, etwas größer ist als die, die mit einer Uhr auf der Erde gemessen wird. Das Zeitintervall zwischen den Ereignissen ist der entscheidende Punkt, nicht irgendeine geheimnisvolle zeitliche Bewegung, mit der die Welt von einem Ereignis zum nächsten rast. Ähnlich bedeutet «rückwärts fließende Zeit» einfach nur, daß der Zeitpfeil sich umkehrt.

Selbstverständlich schließt die Existenz eines Zeitpfeils einen Zeitfluß nicht aus. Logischerweise muß jedoch die Zeit, wenn sie denn fließt, das nicht in die vom Pfeil angegebene Richtung tun. Die Zeit könnte von der Zukunft zur Vergangenheit fließen, und ein Beobachter würde die Ereignisse dann in Bezug zu unserer Erfahrung der Welt «rückwärts ablaufen» sehen. Wenn der Zeitfluß dagegen ausschließlich im Kopf erfolgt, wird seine Ausrichtung wahrscheinlich mit dem Zeitpfeil übereinstimmen, weil der Pfeil die Ausrichtung der thermodynamischen Prozesse im Gehirn bestimmt. Wenn das so ist, dann ist die Aussage, die Zeit fließt rückwärts, wenn sich der Zeitpfeil umkehrt, faktisch korrekt, wenn man damit meint, daß die Zeit rückwärts zu fließen *scheint*.

Das sprachliche Kuddelmuddel wird durch den Gebrauch der Begriffe

«Vergangenheit» und «Zukunft» noch größer, die ebenfalls eine doppelte Bedeutung haben, wie ich in Kapitel 9 schon erwähnt habe. Einstein machte ein für allemal Schluß mit den absoluten Kategorien *die* Vergangenheit, *die* Gegenwart und *die* Zukunft, doch Vergangenheit und Gegenwart haben in der Relativitätstheorie immer noch eine gewisse Bedeutung. Es ist z.B. immer noch möglich zu sagen, daß ein Ereignis später als ein anderes stattgefunden hat, das Ereignis A könnte also in der Zukunft des Ereignisses B liegen. Diese Aussage hat nichts damit zu tun, ob das Ereignis A oder B tatsächlich «geschieht»: Die zeitliche Beziehung zwischen A und B ist eine zeitlose Eigenschaft und ohne Verbindung zum Bestehen eines Jetzt, oder welcher Zeitpunkt nach der Entscheidung eines bestimmten Menschen «jetzt» im Verhältnis zu A und B ist. Wie ich in Kapitel 9 betont habe, können wir sagen, daß der Zeitpfeil (aufgrund einer Übereinkunft) «in die Zukunft» weist, ohne damit zu implizieren, daß es eine Zeit*region «die* Zukunft» gibt, genauso wie wir mit der Aussage, daß ein Kompaßpfeil (-nadel) «nach Norden» zeigt, meinen, daß er auf einen bestimmten Ort weist – *den* Norden. Der Zeitpfeil und die Kompaßnadel zeigen eine *Richtung* an – in der Zeit bzw. im Raum.

Warum jetzt?

Es ist nicht nur der zeitliche Fluß, der uns narrt. Der Zeitablauf wird häufig als das Fortschreiten «des Jetzt» *durch* die Zeit betrachtet. Wir können uns die Zeitdimension wie eine Schicksalslinie ausgezogen vorstellen, und einen bestimmten Augenblick – «jetzt» –, der als kleiner leuchtender Punkt herausgehoben ist. Mit «fortschreitender Zeit» bewegt sich auch das Licht auf der Zeitlinie stetig weiter auf die Zukunft zu. Es muß wohl nicht betont werden, daß die Physiker nichts davon in der objektiven Welt finden können: Kein kleines Licht, keine bevorrechtigte Gegenwart, keine Bewegung die Zeitlinie hinauf.

Wohin ist das Jetzt entschwunden? Als kleiner Junge war ich zutiefst erschrocken, als meine Mutter mir erzählte, daß ich, wenn sie meinen Vater nicht kennengelernt hätte, gar nicht geboren worden wäre. Darauf war ich noch nie gekommen. Natürlich hätte sie 1946 ein Kind bekommen können, aber dieses Kind wäre nicht *ich* gewesen – sondern irgend jemand anders! Was dann? Mein Kindheitsempfinden, daß «sie es schon richtig macht», ließ mich annehmen, daß ich dann in einer anderen Zeit geboren worden wäre und andere Eltern gehabt hätte. Aber wann? Nachts lag ich wach und grübelte. Warum lebte ich *jetzt* und nicht in einer anderen geschichtlichen Epoche? Ich hätte mich doch ohne weiteres im alten Rom wiederfinden können, oder im 25. Jahrhundert. Vorausgesetzt, daß ich leben *muß*, was, so fragte ich mich verunsichert, bestimmt, *wann* ich lebe? Für mich bedeutet «jetzt» die Zeit, in der ich lebe und die Welt erlebe. Warum ist es also das Jetzt des 20. Jahrhunderts? Mit anderen Worten, warum ist es «jetzt» *jetzt*? Ist irgend etwas Besonderes an *diesem* Jetzt – *meinem* Jetzt –, im Gegensatz zu anderen Jetzt, etwa dem des 25. Jahrhunderts? Werden im 25. Jahrhundert Leute, die sich Gedanken machen, auch fragen, was an *ihrem* Jetzt so besonders ist?

Natürlich nur, wenn dann niemand mehr da ist.

Ah! Könnte das erklären, warum ich *jetzt* lebe... weil ich *damals* nicht leben konnte? Oder alles auf den Kopf gestellt, könnte die Tatsache, daß ich jetzt lebe, etwas Unangenehmes über die menschliche Spezies im 25. Jahrhundert beinhalten?

Brandon Carter, ein britischer Astrophysiker, der in Frankreich lebt, hatte zu dem Thema etwas zu sagen. Unter den Astrophysikern ist Carter berühmt für seine Arbeit über Schwarze Löcher. Andere kennen seinen Namen im Zusammenhang mit etwas, das «anthropisches Prinzip» genannt wird. Es besagt ganz einfach, daß die Welt, die wir sehen, nicht so sein kann, daß sie intelligente Wesen verbietet. Da wir sehen, daß wir hier *sind* und denken, überrascht es nicht, daß wir eine Welt betrachten, die sich im Einklang mit unserer Existenz befindet. Es könnte kaum anders sein. In dieser Form ist das anthropische Prinzip nichtssagend. Aber es wird interessanter, wenn wir berücksichtigen, daß einige Aspekte dessen, was wir beobachten, vielleicht nicht typisch für das Ganze sind. Unser Ort im Weltraum z.B. ist wohl kaum typisch. Das Universum ist größtenteils entweder ein Vakuum oder ein dünnes Gas, doch wir leben auf einem massiven Planeten. Die meisten Planeten sind sehr heiß oder kalt, unser Planet dagegen ist ausgeglichen. Daran ist nichts Geheimnisvolles: Die Existenz bewußter biologischer Organismen erfordert besondere Umstände, wie einen massiven Planeten mit ausgeglichenen Temperaturen. Wir hätten uns irgendwo nicht sehr viel anders entwickeln können. Es kann auch sein, daß unsere Sonne oder die Milchstraße auf irgendeine Art besonders ist (dafür liefern die Beobachtungen jedoch keine Beweise). Wenn, dann wäre das ein Grund dafür, warum wir in *diesem* Teil des Universums leben und nicht in einem anderen.

Von der Erkenntnis, daß unser Ort im All untypisch ist, ist nur ein kleiner Schritt zum gleichen Schluß über unseren Ort in der Zeit. Vielleicht leben wir in dieser Epoche, weil unser Leben in anderen unmöglich wäre? Der amerikanische Astrophysiker Robert Dicke hat vor vielen Jahren darauf hingewiesen, daß das Leben (zumindest so, wie wir es kennen) bestimmte Elemente braucht, z. B. Kohlenstoff, und es ist unwahrscheinlich, daß es sie gleich nach dem Urknall schon gegeben hat.[5] Kohlenstoff hat es am Anfang nicht gegeben, er wird im Innern der Sterne erzeugt. Die Sterne können ihren Kohlenstoff auf verschiedene Arten in den Weltraum speien, am spektakulärsten bei Supernova-Explosionen, und der Kohlenstoff wird so ständig in neue Generationen von Sternen und Planeten rückgeführt. Dicke überlegte, daß es mindestens so viel Zeit erfordern würde, wie eine Sterngeneration zum Werden und Vergehen braucht, bis biologisches Leben sich entwickeln könnte. Nachdem ein paar Sterngenerationen vergangen waren, würden Sterne andererseits nach und nach selten werden, und klimatisch gemäßigte Planetensysteme wie das Sonnensystem wären eine Sache der Vergangenheit. Daraus folgt, daß unser Dasein in dieser Epoche (etwa in der zweiten oder dritten Sterngeneration des großen kosmischen Dramas) ziemlich typisch ist – und keine Überraschung.

Auf einem denkwürdigen Treffen der Royal Society 1983 in London brachte Brandon Carter sein Thema «Warum jetzt?» einen entscheidenden (und nach Meinung vieler, absurden) Schritt weiter. Stellen Sie sich alle Menschen vor, die jemals gelebt haben werden, sagte er. Falls die Menschheit ihre gegenwärtigen Probleme überlebt und noch Tausende oder gar Millionen Jahre existiert, werden fast alle Menschen, die jemals leben, weit voraus in unserer Zukunft leben. Wir, die wir am Ende des 20. Jahrhunderts leben, wären demnach höchst untypische Menschen. Aber welchen Grund haben wir anzunehmen, daß wir Menschen vom Ende des 20. Jahrhunderts – bloße Zufallsgestalten in der gewaltigen Menschheitsgeschichte – etwas *Besonderes* sind? Keinen. Also: Die Annahme, daß die Menschheit noch sehr lange lebt, ist fragwürdig. Falls wir wirklich typisch sind, ist die Menschheit verloren und zum Untergang verurteilt.

Vielleicht weil diese apokalyptische Vohersage in einem wirklich pessimistischen Ton vorgetragen und durch, wie ich mich erinnere, beinahe unerkennbare Dias beeinträchtigt wurde, stieß sie damals auf weitgehend taube Ohren. Carter selbst trieb den Gedanken nicht voran, meinte je-

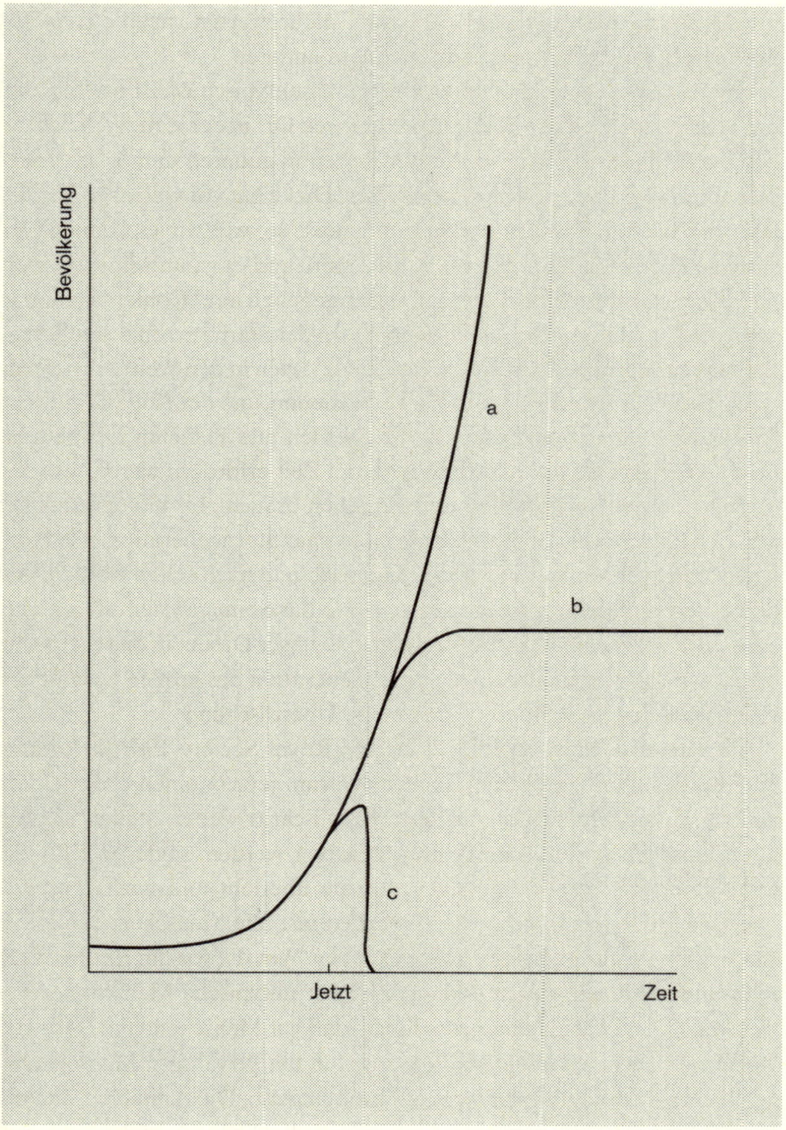

Abb. 12.1 Baldiger Untergang? Die Kurven zeigen drei alternative Annahmen für das Bevölkerungswachstum auf der Erde. Das gemeinsame Merkmal ist die starke Bevölkerungszunahme im 20. Jahrhundert. Unsere Existenz zu dieser Zeit ist atypisch, es sei denn, Kurve c trifft zu, nach der die Bevölkerungsexplosion bald umschlagen würde, etwa durch eine plötzliche Katastrophe.

doch, daß die Kommandanten von Atom-U-Booten gut daran täten, darüber nachzudenken.

Die verwegene Konfrontation mit diesem quälenden Warum-lebe-ich-jetzt durch Carter ließ meine Ratlosigkeit aus Kindheitstagen wiederaufleben. Sehen Sie sich die drei Kurven in Abbildung 12.1 an. Sie zeigen drei möglich Szenarien für die Zukunft der Menschheit auf der Grundlage alternativer Hochrechnungen des Bevölkerungswachstums. Bei (a) nimmt die Weltbevölkerung bis in die ferne Zukunft zu. Es ist schwer zu erkennen, wie das ohne rasche Besiedlung anderer Planeten möglich sein soll. Bei (b) nimmt die Weltbevölkerung stark zu und bleibt dann konstant, bei vielleicht zwanzig Milliarden. Bei (c) erreicht die Weltbevölkerung bei einer Zahl ihren Gipfel, die nicht wesentlich über der heutigen liegt, und geht dann drastisch zurück. Alle drei Kurven zeigen unsere eigene ungefähre Position («jetzt»), die sich mit dem starken Anstieg der Weltbevölkerung gegen Ende des 20. Jahrhunderts deckt. Interessant ist die Feststellung, daß aufgrund dieses sich beschleunigenden Bevölkerungswachstums etwa 10 Prozent der Menschen, die bisher gelebt haben, heute (jetzt) leben.

Es wird beim ersten Blick klar, daß das Leben auf diesem steilen Anstieg in den Szenarien (a) und (b) äußerst untypisch ist, im Fall (c) jedoch recht typisch. Das läßt vermuten, daß (c) der wirklichen Verteilung der Menschen sehr nahe kommt, und sagt voraus, daß der Gipfel wahrscheinlich in nicht allzu ferner Zukunft erreicht wird. Der anschließende drastische Bevölkerungsrückgang kann auf verschiedene Arten erfolgen – durch einen Atomkrieg, Krankheiten, eine Umweltkatastrophe, einen Asteroidenaufschlag etc.

Die meisten Menschen tun Carters Argumentation mit einem geringschätzigen Achselzucken ab. Wie können wir die Zukunft freier Menschen aus fiktiven Kurven und Wahrscheinlichkeitsüberlegungen ableiten? Diese künftigen Menschen sind noch nicht einmal auf der Welt. Wie können wir ihre Beobachtungen (z.B. 25. Jahrhundert-Jetzt) – oder vielleicht ihre Nichtbeobachtungen – mit *unseren* Beobachtungen *jetzt* (z.B. bei *diesem* Jetzt) gleichstellen? Wir leben schließlich *wirklich* jetzt, sie sind noch gar nicht da, oder?

Egal, wer aufmerksam das Kapitel 2 gelesen hat, weiß, daß dies ein schwacher Einwand ist. Einstein hat die Vorstellung von einem universellen Jetzt zerpflückt und den Weg zur «Gesamtzeit» gewiesen, in der alle Ereignisse – Vergangenheit, Gegenwart und Zukunft – gleich wirklich sind. Für den Physiker *sind* Menschen des 25. Jahrhunderts «da» (oder nicht, falls Kurve (c) in Abb. 12.1 eine korrekte Darstellung ist). Sie sind da – *in der Zukunft!*

Obwohl Carter sich wegen dieser Weltgerichts-Argumentation genierte (er nahm sie in die veröffentlichte Fassung seines Vortrags nicht auf[6]), hat der kanadische Philosoph John Leslie ausführlich darüber geschrieben.[7] Leslie vergleicht die Ansammlung aller Menschen, die je gelebt haben werden, mit Zählkugeln in einer riesigen fiktiven Urne. Für jeden von uns gibt es dort eine Zählkugel, auf der unser Name steht. Das Schicksal greift mit mächtiger Hand in die Urne und holt eine Kugel nach der anderen heraus und den Betreffenden damit ins Leben. Wir wissen, daß bisher etwa vierzig Milliarden Kugeln gezogen worden sind (heute leben etwa 5,5 Milliarden Menschen). Können wir aufgrund des vorhandenen Materials alles über die Zahl der Kugeln sagen, die noch in der Urne sind? Carter und Leslie meinen ja und erklären, daß eine sehr viel größere Zahl als die bisher gezogene unwahrscheinlich ist.

Um zu sehen warum, wollen wir die Zahlen auf normales Urnenmaß reduzieren und ein einfaches praktisches Experiment durchführen. Angenommen, man zeigt Ihnen eine Urne und sagt, es gäbe zwei Möglichkeiten: (i) Die Urne enthält zehn Kugeln (Carters pessimistische Version), und (ii) die Urne enthält tausend Kugeln. Sie wissen nicht, ob (i) oder (ii) zutrifft, aber man sagt Ihnen, daß in beiden Fällen eine Kugel Ihren Namen trägt. Sie werden gebeten, auf (i) oder (ii) zu tippen. Da überhaupt keine Anhaltspunkte vorliegen, ist es reine Glückssache. Nehmen wir an, Sie sind skeptisch hinsichtlich (i) und meinen, die Chancen stehen 50 zu 1 dagegen. Jetzt werden nacheinander die Kugeln gezogen, und bereits beim dritten Zug erscheint eine Kugel mit Ihrem Namen. Man fragt Sie, ob Sie Ihre Wette korrigieren möchten. Selbstverständlich wollen Sie das! Sie hatten voll auf die Urne mit den tausend Kugeln gesetzt, und die Kugel mit Ihrem Namen wurde bereits beim dritten Versuch gezogen. Die Wahrscheinlichkeit dafür ist bei einer Urne mit zehn Kugeln sehr viel größer als bei tausend Kugeln. Angesichts dieser neuen Beweislage gibt es eine bekannte Formel zur Berechnung der bedingten Wahrscheinlichkeit, die «Bayessche Regel». Bei den obigen Zahlen ergibt sich jetzt eine Wahrscheinlichkeit von zwei Drittel dafür, daß (i) richtig ist und damit zweimal so wahrscheinlich wie (ii).

Die Bayessche Regel ist ein Standardverfahren für die Zuweisung von Wahrscheinlichkeiten bei konkurrierenden Hypothesen, wenn nur begrenzt Informationen vorliegen. Nach Leslies Ansicht können wir sie auf den Fall der großen Menschenurne anwenden, und angesichts der Tatsache, daß «unsere Kugeln» bereits relativ früh gezogen worden sind, können wir wohl annehmen, daß Carter recht hat und der Jüngste Tag bald da ist.

Unterstützung erhält der Gedanke vom Jüngsten Gericht aus einer ungewöhnlichen Ecke. Ist es nicht seltsam, fragte Carter, daß das «Jetzt» etwa in die Zeit fällt, wo die Sonne die Mitte ihres Lebens erreicht hat? Wäre die Evolution nur ein bißchen langsamer abgelaufen, hätten wir es nie rechtzeitig geschafft. Die Sonne hätte stetig ein paar Milliarden Jahre gebrannt; auf der Erde wäre Leben entstanden und hätte sich ansatzweise entwickelt, um dann mit dem Todeskampf unseres Sterns ausgelöscht zu werden, bevor irgendein empfindungsfähiges Wesen hätte auftauchen und sich beunruhigen können. Weil die Vorgänge der biologischen Evolution weitgehend zufällig sind und keine erkennbare Verbindung zu den Prozessen haben, die bestimmen, wie schnell die Sonne altert, scheint es keinen physikalischen Zusammenhang zwischen der Lebenszeit der Sonne und dem Zeitmaßstab der Evolution zu geben. Die Tatsache, daß diese langen Zeiträume dennoch offenbar nur um einen Faktor von etwa zwei voneinander abweichen, erscheint höchst eigenartig.

Carter erklärt das «zufällige Zusammentreffen» dieser beiden anscheinend voneinander unabhängigen Zeitmaßstäbe und bedient sich dabei eines eigenartigen Gedankens. Offensichtlich, so argumentiert er, müssen intelligente Wesen wie wir äußerst unwahrscheinlich sein – so unwahrscheinlich, daß man wirklich mit einer enormen Zeitspanne für ihre Entwicklung rechnen würde. Das heißt jedoch nicht, daß sie nicht früher auftreten *können* (denn offensichtlich haben sie es getan) – ein sehr seltener Zufallsprozeß kann zufällig immer eher eintreten, trotz geringer Chancen –, aber wahrscheinlich dauert es eher länger als kürzer, daß eine seltene Folge von Ereignissen eintritt.

Um das zu verdeutlichen, möchte ich noch ein Spielbeispiel bringen. Sie sollen mit drei Würfeln drei Einsen werfen, irgendwann danach drei Zweien und irgendwann danach drei Dreien. Diese unwahrscheinliche Dreierkombination entspricht einem unwahrscheinlichen Schritt in der Evolution des Menschen (z.B. dem Aufkommen der Intelligenz). Sie haben insgesamt fünfzig Würfe. Wahrscheinlich werden Sie die gewünschte Folge überhaupt nicht würfeln, wenn aber doch, werden die drei Dreien eher gegen Ende der Serie geworfen als zu Beginn, damit die maximale

Zahl an Würfen für die Einser- und Zweierkombination ausgenutzt wird. Denn die Chancen, drei Einsen, Zweien und Dreien mit den *ersten* drei Würfen zu würfeln, sind weit geringer, als wenn man die gesamten fünfzig Würfe zur Verfügung hat.

Dieses Beispiel, auf die Evolution des Menschen angewandt, besagt: Wenn es in unserer Entwicklung *n* unwahrscheinliche Schritte gibt, werden wir wahrscheinlich um so näher am «Ende der Versuchsreihe», sprich Jüngstes Gericht, liegen, je größer die Zahl *n* ist. Nun könnten einige Biologen behaupten, daß *n* nur eins oder zwei sei. Wenn das stimmt, ist die seltsame Tatsache, daß sich die Spanne der menschlichen Existenz als (bis zum Faktor zwei) identisch mit der der gesamten Lebenserwartung der Sonne erweist, gut erklärt. Andererseits könnte man das zufällige Zusammentreffen von Sonnenalter und Menschheitsdasein vergessen, den Gedanken auf den Kopf stellen und annehmen, daß *n* sehr groß ist. Tatsächlich glauben die meisten Biologen, daß *n* eine große Zahl ist – daß es eine ganze Menge unwahrscheinlicher Zufälle gegeben hat auf dem Weg zum *Homo sapiens*. Sollten sie recht haben, stehen wir wahrscheinlich kurz vor dem Jüngsten Gericht. Carter konnte eine auf der Wahrscheinlichkeitstheorie basierende praktikable Formel dafür liefern, wie lange wir noch rechnen können zu überleben. Zur Berechnung dieser Restzeit teilen wir die gesamte erwartete Lebensdauer der Sonne (sagen wir zehn Milliarden Jahre) durch $n + 1$. Wenn *n* eine Million ist, können wir mit nicht mehr als etwa zehntausend Jahren rechnen, bis wir auf die eine oder andere Weise vernichtet werden.

Wenn Sie an Carters Beweisführung glauben, brauchen Sie sich weiter keine Gedanken zu machen, warum sie ein Mensch sind und jetzt leben, kein kleines grünes Männchen in der Andromeda-Galaxie in hundert Millionen Jahren. Höchstwahrscheinlich gibt es keine derartigen Wesen, weder grüne noch andere. Auch wenn die Möglichkeit irgendwelcher niederer Lebensformen an anderen Orten bleibt, lassen alle Überlegungen doch vermuten, daß intelligentes Leben auf die Erde und diese Zeitspanne beschränkt ist – was uns eine einmalige und unwahrscheinliche Gelegenheit in Raum und Zeit bietet, die wir durch einen glücklichen Zufall erleben.

Doch *jetzt* zu etwas ganz anderem...

13

Experimente mit der Zeit

Die Zeit reiset in verschiedenem Schritt mit verschiedenen Personen. Ich will Euch sagen, mit wem die Zeit den Paß geht, mit wem sie trabt, mit wem sie galoppiert und mit wem sie still steht.

William Shakespeare

Wie lange dauert die Gegenwart?

Bisher habe ich über das «Jetzt» geschrieben, als ob es buchstäblich ein Moment der Zeit wäre, aber die menschlichen Fähigkeiten sind natürlich nicht unendlich genau. Es ist stark vereinfachend anzunehmen, daß physikalische und geistige Ereignisse im Gleichschritt einhergehen und der Strom der «tatsächlichen Momente» in der Welt draußen und der Strom ihrer bewußten Wahrnehmung absolut synchron sind. Die Filmindustrie ist auf das Phänomen angewiesen, daß das, was uns wie ein Film vorkommt, in Wirklichkeit eine Abfolge von Standbildern ist, die mit einer Geschwindigkeit von fünfundzwanzig Bildern pro Sekunde durch den Projektor laufen. Die Übergänge bemerken wir gar nicht. Offensichtlich erstreckt sich das «Jetzt» unserer bewußten Wahrnehmung über mindestens $^{1}/_{25}$ Sekunde.

Die Psychologen sind sogar überzeugt, daß es um einiges länger dauern kann. Nehmen wir das vertraute Ticktack der Uhr. Eigentlich macht die Uhr überhaupt nicht «ticktack», sondern «ticktick», wobei jedes Tick den gleichen Laut erzeugt. Es geht nur darum, daß unser Bewußtsein zwei aufeinanderfolgende Ticks zu einem einzigen Ticktack-Erlebnis macht – aber nur, wenn zwischen den einzelnen Ticks weniger als etwa drei Sekunden liegen. Eine große Pendeluhr macht nur «tack... tack... tack», während ein kleiner Wecker aufgeregt «ticktackticktack...» macht. Zwei bis drei Sekunden ist offenbar die Dauer, über die unser Geist ankommende Sinnesdaten zu einem einheitlichen Erlebnis zusammenfaßt, was sich auch im Aufbau der Musik und Dichtung widerspiegelt. In seinem Essay «The Dimension of the Present Moment» schreibt der tschechische Dichter Miroslav Holub, daß in 73 Prozent aller deutschen Gedichte das laute Lesen einer Zeile zwei bis drei Sekunden dauert – die elementaren «Klang-Bytes» werden ganz bewußt der Geschwindigkeit der geistigen Funktionen angepaßt. Längere Gedichtzeilen werden mit einer kleinen unbewußten Pause in der Zeilenmitte gelesen. Ich bin sicher, daß man bei englischen Gedichten das gleiche feststellen würde. «In diesem Sinn», schreibt Holub, «dauert unser Ich drei Sekunden. Alles andere ist entweder Hoffnung oder ein unangenehmer Vorfall.»[1]

Andererseits können Menschen einige bewußte Aufgaben sicher in sehr viel kürzerer Zeit bewältigen, etwa beim Autofahren plötzlich auf die Bremse steigen. Beim Klavierspielen bewegen sich die Finger mit einer das Auge verwirrenden Geschwindigkeit als Reaktion auf eine Gesamtvorstellung «der Melodie»: Der Spielende ist sich der Befehle für die einzelnen Bewegungen nicht bewußt. Vielleicht gibt es viele «Jetzt» unterschiedlicher Dauer, je nachdem, was wir gerade machen. Wir müssen der Tatsache ins Auge sehen, daß, zumindest im Fall des Menschen, der einzelne, der die subjektive Zeit erlebt, kein perfekter, strukturloser Beobachter ist, sondern ein komplexer, vielschichtiger und vielseitiger Geist. Verschiedene Ebenen unseres Bewußtseins erleben die Zeit vielleicht völlig verschieden. Das ist offensichtlich bei der Reaktionszeit so. Vielleicht haben Sie schon einmal das etwas entnervende Erlebnis gehabt, ein oder zwei Momente, bevor Sie das Telefon tatsächlich klingeln hören, aufzuspringen. Das Schrillen ruft über das Nervensystem eine Reflexwirkung hervor, die sehr viel prompter ist als die Empfindung des Hörens.

Es ist Mode geworden, bestimmte Eigenschaften wie die Sprechfähigkeit der linken Gehirnhälfte zuzuordnen, während andere, wie das Musikverständnis, zu Prozessen gehören, die in der rechten Hälfte ablaufen. Aber warum sollten beide Gehirnhälften eine gemeinsame Zeit erleben? Und warum sollte das Unterbewußtsein die gleiche geistige Uhr benutzen wie das Bewußtsein? Es wird gelegentlich behauptet, daß Träume im Vergleich zu entsprechenden Wacherlebnissen sehr schnell «ablaufen», wenn ich bisher auch keinen überzeugenden experimentellen Nachweis dafür kenne. Trotzdem sind bestimmte Geisteszustände eindeutig mit veränderten Übertragungsgeschwindigkeiten verbunden. Der Neurologe Oliver Sacks erzählte mir, daß er einmal vollkommen geistesabwesend viele Stunden geschwommen sei, aber in dem Glauben war, es sei nur etwa eine Stunde vergangen; er war völlig erschöpft dem Wasser entstiegen. Sensorische Deprivation kann auch den Eindruck von Zeitintervallen erheblich verändern. Meditationspraktiker behaupten, daß sie die Wahrnehmung des Zeitflusses mehr oder weniger aufheben können, indem sie sich von weltlichen Ereignissen lösen.

Die Psychologen haben einige einfallsreiche Wege entdeckt, das menschliche «Jetzt» aufzudecken. Vergegenwärtigen wir uns, wie wir die ruckartigen Filmbilder zu einem glatten, stetigen, bewußten Strom zusammenfügen. Das ist unter dem Begriff «Phi-Phänomen» bekannt. Das Wesentliche beim Phi wird durch ein Experiment in einem abgedunkelten Raum deutlich, bei dem in schneller Folge kurz zwei kleine Punkte beleuchtet werden, die geringfügig auseinander liegen.[2] Die Versuchsteilnehmer berichten nicht, eine Folge von Punkten zu sehen, sondern nur einen Punkt, der ständig hin und her springt. Normalerweise werden die Punkte im Abstand von 50 Millisekunden 150 Millisekunden lang beleuchtet. Offensichtlich «füllt» das Gehirn die 50-Millisekunden-Lücke «aus». Vermutlich erfolgt diese «Halluzination» oder Ausschmückung nach dem Ereignis, denn bis der zweite Lichtblitz aufleuchtet, kann der Versuchsteilnehmer nicht wissen, daß das Licht sich «vermutlich» bewegen wird. Das deutet darauf hin, daß das menschliche Jetzt zeitlich nicht mit dem optischen Reiz übereinstimmt, sondern etwas verzögert ist, was dem Gehirn die Zeit gibt, eine plausible Fiktion dessen zu bilden, was einige Millisekunden vorher geschehen ist.

In einer modifizierten Version des Experiments ist der erste Punkt rot, der zweite grün. Das bereitet dem Gehirn offensichtlich Schwierigkeiten. Wie soll es die beiden getrennten Erfahrungen – roter Punkt, grüner Punkt – reibungslos zusammenfügen? Indem es die Farben übergangslos miteinander mischt? Indem es wartet, bis der optische grüne Reiz eintrifft, bevor es umschaltet? Oder noch anders? Die Versuchspersonen sehen, wie sie berichten, daß der Punkt in der Mitte der imaginären Bahn abrupt die Farbe wechselt, und können sogar genau angeben, wo. Dieses Ergebnis wirft die Frage auf, wie der Versuchsteilnehmer offensichtlich die «richtige» Farbe sieht, *bevor* der grüne Punkt beleuchtet wird. Ist das eine Art Präkognition? Der Philosoph Nelson Goodman schrieb, als er dieses gespenstische Phänomen kommentierte, ahnungsvoll: «Der Zwischenzustand wird rückblickend erzeugt, entsteht erst, nachdem der zweite Blitz aufleuchtet, und wird in der Zeit rückwärts projiziert.»[3] In seinem Buch *Consciousness Explained* erklärt der Philosoph Daniel Dennett, die Illusion des Farbwechsels könne vom Gehirn erst wirklich erzeugt werden, nachdem der grüne Punkt erscheint. «Aber wenn der zweite Punkt bereits ‹bewußt erlebt› worden ist, wäre es dann nicht zu spät für die Illusion des Farbwechsels zwischen dem bewußten Erleben des roten Punktes und dem des grünen Punktes?»[4]

Jetzt sehen Sie es, jetzt nicht

Der gesunde Menschenverstand legt nahe, daß das Gehirn bei dem Experiment mit den zwei Punkten wartet, bis es den grünen Punkt sieht, dann «zurückgeht» und den Übergang einsetzt und «dem bewußten Menschen» schließlich das geglättete, bearbeitete Paket als ein in sich geschlossenes Ganzes vorsetzt, kurz nachdem alles «tatsächlich passiert ist». Dennett nennt diese Erklärung das «Stalinistische Modell» und vergleicht es mit einem Zensor im Rundfunkstudio, der eine Schleife in das Aufnahmeband einbaut, die die Übertragung ein paar Sekunden verzögert, um Mißliebiges ausblenden zu können. Das Problem ist, daß es vom Beginn des Experiments bis zum Aufleuchten des grünen Lichts zweihundert Millisekunden dauert, und das reicht, um eine «Lücke im Film» zu erkennen (die Zeit entspricht etwa fünf Einzelbildern in einem echten Film). Selbstverständlich können Menschen noch viel schneller auf optische Reize reagieren, wenn sie darauf vorbereitet sind. So kann die Versuchsperson z.B. einen Knopf drücken und damit signalisieren, daß sie den roten Punkt wahrgenommen hat, bevor der grüne Punkt erscheint. Es ist daher schwer zu erkennen, wie das Bewußtsein dazu gebracht werden kann, so lange die «Zeit zu markieren».

Dennett hat noch eine andere Erklärung – die Orwellsche. Hier erlebt der Betreffende zuerst bewußt den roten Punkt, dann den grünen, aber eine Art eingebaute Zensur, die eins und eins addiert, aber nicht zwei herausbekommt, bearbeitet den ursprünglichen Ereignisbericht weiter und ersetzt ihn durch einen mit einer geglätteten Bahn. Das hat zur Folge, daß die unerwünschte ursprüngliche Erinnerung gelöscht wird, sobald die Beleuchtung unterbrochen wird, und durch die bearbeitete Version mit einer durchgehenden Bahn ersetzt wird.

Wem die Orwellsche Erklärung zu phantastisch erscheint, der betrachte eine andere Reihe mit Experimenten, über die Dennett berichtet. In diesem Fall wird für die Versuchsperson ein Bild (eine Kreisscheibe) beleuchtet – kurz, aber doch lange genug, daß sie es aufnehmen und richtig wiedergeben kann. Wenn kurz darauf ein zweites Bild gezeigt wird (ein Ring, der die Stelle umschließt, an der vorher die Scheibe zu sehen war), löscht es die Wahrnehmung (oder zumindest die Erinnerung an die Wahrnehmung) des ersten Bildes aus, fast so als beschlösse das Gehirn beim Aufnehmen des zweiten Bildes, das erste zu zensieren.

Sowohl die Stalinistische wie die Orwellsche Erklärung beruhen auf der normalen Vorstellung, daß es einen «Sitz des Bewußtseins» gibt – etwas, das wie ein Zuschauer in einem Kino irgendwo in unserem Gehirn hockt –, der mit einem bearbeiteten Strom von Sinneseindrücken gefüttert wird, einschließlich der zeitlichen Manipulationen. Bei dieser Sichtweise, die auf René Descartes' Dualismus Geist/Gehirn zurückgeht, sieht man etwas «geschehen», wenn das Gehirn (nach der richtigen Verarbeitung der Daten) «dir» – dem Betrachter – «das fertige Produkt präsentiert». Bei dieser Sichtweise kann man eine klare Linie in der Zeit ziehen: bei dem Augenblick, in dem die Daten «in dein Bewußtsein treten». Dieses Bild vom Bewußtsein wird heute leider fast total angezweifelt. Dennett z.B. sieht das Bewußtsein lieber im Sinne eines Mehrfachentwurf-Modells, wie er es nennt, mit mehreren Verarbeitungs- und Korrekturfunktionen, die die eingehenden Daten ständig parallel klären und aktualisieren und als Folge davon die zeitlichen Beziehungen verwischen. In dieser Theorie gibt es kein Kino, keine Show, keinen Zuschauer und keinen Sitz des Bewußtseins, wo «dir» zu irgendeinem Zeitpunkt ein wirkliches Ereignis bewußt wird, das in der Welt draußen «gerade passiert» ist. Statt dessen wirst «du» samt deinem Bewußtsein vom Strom der Ereignisse in einer bestimmten Zeitfolge durch das Zusammenfließen dieser vielen parallelen Ströme der Datenverarbeitung geschaffen.

Dennett wendet sich gegen die Stalinistische Vorstellung, daß bestimmte Daten ohne unser Wissen im Gehirn kreisen, womöglich manipuliert werden und schließlich in irgendeinen vorbereiteten Kreislauf gelangen, wo wir uns ihrer bewußt werden. Ähnlich vernichtend äußert er sich über die Orwellsche Sicht, nach der Daten manchmal in unser Bewußtsein gelangen, nur um komplett wieder entfernt zu werden, so daß die Informationen, kaum daß sie eingegangen sind, auch schon wieder verschwinden. Bewußtes Bewußtsein, sagt Dennett, ist nicht die Übermittlung von (möglicherweise bearbeiteten) Daten an ein mythisches Subjekt (Geist), sondern ist die Summe aller Datenströme. «Das Gehirn muß sich wirklich nicht die Mühe machen und irgend etwas ‹einbauen›», schreibt er, «denn es sieht niemand zu.»[5]

Wenn das Gehirn nicht irgendein Projektor ist, der für einen Zuschauer (Sie, das bewußte Subjekt) «eine Schau abzieht», dann löst sich das Problem der Projektion «in der Zeit rückwärts», wie Goodman es ausdrückte, einfach in Wohlgefallen auf. In der Mehrfachentwurfs-Theorie gibt es nichts so Eindeutiges wie eine Eins-zu-eins-Übereinstimmung zwischen physischen und geistigen Ereignissen. Die Person baut aus mehreren Informationsströmen (Entwürfe), die ständig überarbeitet und sogar zurückgezogen werden, eine Geschichte von der Welt auf. Jeder Strom kann seine eigene Zeitlinie haben, parallel zur Zeitlinie der objektiven Ereignisse. Es kann des öfteren vorkommen, daß eine Informationszeitlinie für ein paar Millisekunden relativ zu anderen Informationszeitlinien oder zur «objektiven Zeit» eine «Rückwärtsschleife» bildet und den Bearbeitungsprozeß dadurch noch weiter verfeinert. Das Ergebnis ist die zwingende Illusion einer glatten, in sich geschlossenen Meta-Geschichte, die einem individuellen Betrachter geboten wird.

Zeit einsetzen

Dennett berichtet auch von einem Experiment, bei dem das Gehirn zeitliche Spielchen mit dem Berührungssinn zu machen scheint. Die Versuchsperson trägt eine Vorrichtung, die in bestimmter Reihenfolge und schnell hintereinander leichte Schläge auf den Arm austeilt: ein paar Schläge auf das Handgelenk, dann ein paar auf den Ellbogen und dann auf die Schulter. Die Versuchspersonen berichten, gespürt zu haben, wie leichte Schläge in gleichmäßigen Abständen den Arm hinaufwandern, wie von einem kleinen Tier, das den Arm hinaufhüpft. Mit anderen Worten, einige Schläge werden *zwischen* den Kontaktpunkten empfunden, etwa auf dem Unterarm. Wiederum stehen wir vor dem Rätsel, woher das Gehirn weiß, daß es nach dem Schlag auf das Handgelenk einen Schlag auf den Ellbogen aufnimmt, damit es den falschen Eindruck erzeugen kann, dazwischen einen Schlag auf den Unterarm erhalten zu haben. Ist das ein Fall von Rückwärtsverursachung? Nein, sagt Dennett, lediglich ein weiteres Beispiel für Parallelverarbeitung, bei der verschiedene Protokolle der Ereignisfolge durch das Gehirn strömen, bearbeitet, verglichen und verworfen und zum Schluß verschmolzen werden, so daß die Illusion entsteht.

Daß während der ganzen Zeit irgendeine Integration der parallelen Datenströme im Gehirn erfolgen muß, wird aus der Tatsache ersichtlich, daß Nervenimpulse aus verschiedenen Körperbereichen zu verschiedenen Zeitpunkten im Gehirn eintreffen. Diese Impulse sind relativ langsam, aber unter Umständen hängt unser Leben davon ab, schnell zu reagieren. Bei Aufgaben wie der Koordination zwischen Hand und Auge kann sich das Gehirn nicht den Luxus leisten, einige Impulse in einer Art Ausweichbucht zu parken, während es auf die Ankunft anderer Impulse wartet, um dann Synchronismus herzustellen. Unter diesem Zeitdruck muß das Gehirn ständig «den Ereignissen voraus» sein und ein Bild einer manchmal erstaunlichen Welt schaffen auf der Grundlage bruchstückhafter Informationen, die einer dauernden Überprüfung unterliegen. Es besteht unter Umständen eine handfeste biologische Notwendigkeit für eine Umkehr der Reihenfolge, in der die Sinnesdaten eingehen, und der zeitlichen Reihenfolge, die der Betreffende ableitet.

Oft genannt werden in diesem Zusammenhang die neurochirurgischen Experimente von Benjamin Libet an der University of California.[6] Bei Gehirnoperationen ist der Patient normalerweise bei Bewußtsein. Libet nutzte die Gelegenheit und brachte Elektroden am freigelegten Gehirn an. Durch elektrische Reizung der Großhirnrinde konnte er in der Hand des Patienten ein Kribbeln erzeugen. Bei dem Experiment brachte Libet auch an der Hand selbst Elektroden an, so daß er die Aussagen des Patienten vergleichen konnte, wenn sowohl Hand als auch Großhirnrinde gereizt wurden.

Im ersten Teil des Experiments stellte Libet fest, daß das eigentliche Kribbeln bis zu einer halben Sekunde nach der Reizung der Hand oder der Großhirnrinde einsetzte, obwohl das Signal nur etwa zehn Millisekunden zum Gehirn braucht. Die Ergebnisse des zweiten Teils des Experiments waren noch erstaunlicher. Libet versuchte, linke Hand und linke Großhirnrinde gleichzeitig zu reizen. Letzteres erzeugte ein Kribbeln in der *rechten* Hand, so daß die Patienten also ein Kribbeln in beiden Händen spürten und auch berichten konnten, welche Hand zuerst zu kribbeln schien. Man könnte nun annehmen, da die Großhirnrinde dem «Sitz des Bewußtseins» etwas näher liegt als die Hand, daß das durch die Gehirnreizung ausgelöste Kribbeln in der rechten Hand früher empfunden wurde als das durch die Reizung der Hand ausgelöste Kribbeln in der linken Hand. Doch die zeitliche Reihenfolge war genau umgekehrt! Die Patienten spürten das Kribbeln definitiv zuerst in der linken Hand. Selbst als die Hand etwas später gereizt wurde als das Gehirn, war die Reihenfolge umgekehrt.

Libet erklärte diese unerwarteten Ergebnisse wie folgt: Wenn die Haut gereizt wird, wird die etwa eine halbe Sekunde später erlebte Empfindung «in der Zeit zurückverwiesen» dahin, wo sie tatsächlich erfolgte, während bei der Reizung der Großhirnrinde keine derartige Rückverweisung stattfindet. Deshalb scheint es so, als ob die Haut zuerst gereizt würde, während es in Wirklichkeit umgekehrt ist. Eine naive Auslegung des Experiments ist die, daß wir uns zumindest einiger Ereignisse erst eine halbe Sekunde später bewußt werden, als sie tatsächlich geschehen – d. h. das persönliche «Jetzt» geht eine halbe Sekunde «nach», und die wahrgenommene Welt ist in Wirklichkeit eine Art Wiederholung.

Libets Arbeit läßt vermuten, daß eine deutliche Verzögerung dann eintritt, wenn der Betreffende passiver Beobachter ist. Eine ähnliche Verzögerung scheint es zu geben, wenn die Gehirntätigkeit in die andere Richtung geht – d. h. wenn jemand sich aus freien Stücken zu einer Handlung entschließt. Am Kopf angebrachte Elektroden können Hirnwellen aufzeichnen und Ausschläge registrieren, die mit willkürlichen Bewegungen zusammenhängen, etwa dem Krümmen eines Fingers. Ein deutsches Forschungsteam unter Leitung von H.H. Kornhuber hat festgestellt, daß Gehirnzellen in einigen Fällen bis zu einer Sekunde oder mehr vor dem Beginn der physischen Bewegung aktiv werden.[7] Es ist fast so, als wüßte Ihr Gehirn einige Augenblicke, bevor Sie sich dazu entscheiden, was «Sie» machen wollen! Oder das Gehirn nimmt zumindest etwas in Angriff, bevor Sie denken, sich dazu entschlossen zu haben. Dieser vorausgehende elektrische Impuls ist von dem Philosophen Karl Popper und dem Neurophysiologen Sir John Eccles «Bereitschaftspotential» genannt worden. Beide erklären in einem Rückgriff auf den Descartesschen Dualismus, es werde von einem nichtmateriellen Geist hervorgerufen, der das Gehirn irgendwie anrege, seinen Befehl zu geben.[8]

Roger Penrose, der sich mit den Experimenten von Libet und Kornhuber beschäftigt hat, weist darauf hin, daß sie, zusammen und auf den ersten Blick, etwas recht Verblüffendes implizieren.[9] Vorausgesetzt, daß das Bewußtsein über eine halbe Sekunde nachhinkt und Handlungen bis zu eine Sekunde oder länger brauchen, um das Gehirn «startklar» zu machen, sieht es so aus, als ob ein Mensch nicht in weniger als ein paar Sekunden bewußt auf ein Ereignis reagieren könnte. Das widerspricht eindeutig den Erfahrungen. Der Mensch kann nötigenfalls in Sekundenbruchteilen auf einen Reiz reagieren. Aber das könnte bedeuten, daß man bei so schnellen Reaktionen wie ein Automat handelt und nur meint, seinem bewußten Willen zu folgen. Oder unsere Vorstellungen von der Zeit und dem menschlichen Willen sind, da sie offensichtlich so eng verwoben sind, sehr viel differenzierter, als das vereinfachte Bild oben vermuten läßt.

Das Zeitbewußtsein unterscheidet sich vom Bewußtsein anderer physischer Eigenschaften wie räumliche Größe oder Form in einer wesentlichen Hinsicht. Wenn wir eine Form sehen, etwa ein Quadrat, ist die elektrische Aktivität in unserem Gehirn nicht etwa quadratisch geformt. In unserem Kopf ist kein kleines Quadrat auf eine Leinwand projiziert, die der Betreffende betrachten könnte. Vielmehr erzeugt ein kompliziertes Muster aus elektrischer Aktivität (irgendwie!) die Empfindung «Quadrat». Das heißt, das Quadrat wird durch ein elektrisches Muster dargestellt. Wir dürfen nicht das Muster der Darstellung mit der wahrgenommenen Form verwechseln; die Darstellung hat *nicht* das gleiche Muster wie der Gegenstand. Wenn es jedoch um die Zeit geht, wird die Sache komplizierter. Unser erster Gedanke ist, daß eine zeitliche Folge von Ereignissen in der Welt draußen in unserem Gehirn durch eine entsprechende zeitliche Folge elektrischer Impulse dargestellt wird. Das wäre die zeitliche Entsprechung zum «kleinen Quadrat», wobei das Muster der elektrischen Aktivität die Folge der Ereignisse «da draußen» nachvollzieht. Doch die Tatsache, daß das Gehirn ein nichtsynchrones Gewirr von Signalen empfängt, aus denen es einen konsistenten Eindruck von Zeit erstellt, läßt auf anderes schließen. Es kann durchaus sein, daß die elektrischen Muster im Gehirn, die die Zeitfolgen darstellen, ganz anders sind als die *tatsächliche* Zeitfolge der Ereignisse, die sie darstellen.[10]

In dieser Hinsicht ist jedoch etwas Besonderes an der Zeit. Erstens gibt es tatsächlich Fälle, wo die elektrische Folge im Gehirn die zeitliche Ereignisfolge offenbar ansatzweise widerspiegelt. So kann z.B. die Bewegung eines Gegenstands von links nach rechts durch das Gesichtsfeld selbst bei sehr kurzer Dauer von der umgekehrten Bewegung unterschieden werden. Zweitens ist das bewußte Individuum nicht nur ein passiver Beobachter, sondern Handelnder. Die eingehenden Signale dienen nicht nur zu unserer Information, sondern sollen uns auch zum Handeln bewegen: Sie haben ursächliche Wirkung. Nervensignale sind etwas Physikalisches und unterliegen als solche den Gesetzen der Physik. Die zeitliche Reihenfolge der *physikalischen* Ereignisse ist wichtig: Wir können uns erst nach Sinnesinformationen richten, wenn wir sie haben. Das «Aussuchen» der Zeitabläufe sollte also besser nicht zu lange dauern, sonst könnte uns ein Ast auf den Kopf fallen, während wir die Situation noch abwägen. Daraus folgt, daß der «gegenwärtige Augenblick» des Menschen, der jetzt in all seiner psychologischen und physiologischen Komplexität offengelegt ist, nicht länger als Sekundenbruchteile dauern kann.

Subjektive Zeit

Wie immer man diese faszinierenden Experimente erklärt (und es gibt sicher mehrere Erklärungen dafür), die meisten Psychologen sind sich darin einig, daß der Entwurf eines klaren Zeitkonzepts eine höhere geistige Tätigkeit ist. Es ist denkbar, daß nur der Mensch eine so weitentwickelte Vorstellung von der Zeitlichkeit hat. Natürlich müssen einige der grundlegenden Aspekte zeitlicher Erfahrung auch vielen Tieren bekannt sein und sich von den verschiedenen inneren biologischen Uhren herleiten, die die organischen Aktivitäten regeln. Der Biologe Stephen Jay Gould hat auf die interessante Tatsache hingewiesen, daß diese Uhren, und damit auch das Lebens*tempo*, stark von der Körpergröße abhängen:

> «Von frühester Kindheit werden wir darauf getrimmt, die absolute Newtonsche Zeit als den einzig gültigen Maßstab einer rationalen und objektiven Welt zu betrachten. Wir unterwerfen ihr alle Dinge. Wir drängen ihnen das Maß unserer gleichmäßig schlagenden Küchenuhr auf. Wir bewundern die Schnelligkeit der Maus und finden Nilpferde langsam und träge. Dennoch lebt jedes dieser beiden Tiere mit der seiner eigenen biologischen Uhr angemessenen Geschwindigkeit.
> Kleine Säugetiere bewegen sich schneller, verbrennen ihre Energien rascher und leben kürzer. Große Säugetiere dagegen leben mit würdevoller Langsamkeit länger. Gemessen an ihrer eigenen inneren Uhr, leben Säugetiere verschiedener Größenordnung ungefähr gleich lang.»[11]

Das Tempo der Aktivität, auf das hier angespielt wird, umfaßt die Atemfrequenz, den Herzschlag und den Nahrungsstoffwechsel. Diese Funktionen weisen präzise mathematische Gesetzmäßigkeiten hinsichtlich des Körpergewichts und auch der Lebenserwartung auf. Das Herz einer Maus schlägt demnach um einiges schneller als Ihr eigenes, hört aber wahrscheinlich nach zwei, drei Jahren auf zu schlagen. Die interessante Frage lautet, *empfindet* die Maus die ihr zugedachten zwei Jahre wie wir unsere siebzig? Anders ausgedrückt, «läuft» die psychologische Zeit für Mäuse und Menschen unterschiedlich schnell ab?

Ich habe in Kapitel 8 erklärt, daß die Antwort darauf eher von der Geschwindigkeit des Denkens als von Körperreflexen oder Muskelfunktionen abhängt. Soweit ich weiß, haben alle Säugetiere in etwa die gleiche «Geschwindigkeit des Denkens» (gemessen am Tempo der Nerventätigkeit), so daß die arme alte Maus offenbar wirklich nur ein kurzes, wenn auch hektisches Leben hat. Das gleiche gilt unter Umständen nicht für einen intelligenten Computer wie das Supergehirn von Tipler, das weit schneller als das eines Menschen arbeiten könnte, oder für einen Außerirdischen, dessen Stoffwechsel- und Nervenprozesse vielleicht ganz anders ablaufen. Wenn das subjektive Zeitempfinden des Außerirdischen von der Geschwindigkeit abhängt, mit der Informationen verarbeitet werden, wie Tipler und Dyson annehmen (vgl. Kap. 8), dann gilt: Je schneller die Verarbeitung, desto mehr Gedanken und Wahrnehmungen erlebt der Außerirdische pro Zeiteinheit – und desto schneller scheint die Zeit zu vergehen. Diese Annahme verwendet Robert Forward auf unterhaltsame Weise in seinem Science-fiction-Roman *Dragon's Egg*, der die Geschichte einer Gemeinschaft intelligenter Wesen erzählt, die auf einem Neutronenstern leben.[12] Diese kompakten Außerirdischen nutzen nukleare statt chemische Prozesse, um ihr Dasein zu erhalten. Weil Kernreaktionen viel schneller ablaufen als chemische Reaktionen, verarbeiten die Neutronenwesen Informationen sehr schnell. Eine Minute auf der Zeitskala der Menschen entspricht bei den Außerirdischen mehreren Jahren. In der Geschichte ist die Gemeinschaft auf dem Neutronenstern noch ziemlich primitiv, als die Menschen erstmals Kontakt zu ihr aufnehmen, sie entwickelt sich jedoch vor ihren Augen und überholt die Menschen binnen kurzem.

So attraktiv diese einfache Sicht der psychologischen Zeit auch sein mag, ist sie doch zweifellos eine starke Vereinfachung. Subjektive Zeiteindrücke sind eindeutig mehr als nur ein Maß für das Tempo der Gehirntätigkeit, wie die Experimente des Psychologen Stuart Albert aus Philadelphia beweisen. Er schloß Freiwillige in einen Raum ein, in dem die Wanduhr entweder mit doppelter oder halber Geschwindigkeit ging, ohne die Versuchspersonen zu informieren.[13] Interessanterweise merkten sie von der Täuschung überhaupt nichts: Ihre geistigen Funktionen paßten sich automatisch dem erhöhten oder reduzierten Tempo an. Man testete z.B. die Erinnerung und stellte fest, daß sie bei der beschleunigten Gruppe schneller nachließ als bei der verlangsamten. Schätzungen der Zeitdauer wurden ähnlich korrigiert, bei den «schnellen» Versuchspersonen heruntergestuft und bei den «langsamen» herauf. Auch wenn unsere grundlegenden geistigen und physiologischen Funktionen von ziemlich genauen neurologischen und chemischen Uhren in uns geregelt werden, hat es doch den Anschein, als hätten diese Uhren keine große Beziehung zum zeitlichen Bewußtsein an sich. Ich glaube, daß unser bewußtes Erleben der Zeit mehr mit einem Gefühl der persönlichen Identität zu tun hat – eine Vorstellung, die sehr viel später aufkam als die einfacheren biologischen und kognitiven Zyklen, zusammen mit der Sprache, der Kunst und der Kultur. Es ist daher um so erstaunlicher, daß diese komplexe und differenzierte Vorstellung – Zeit – eine so große Rolle bei der objektiven Beschreibung des Universums spielen sollte. Die Mathematik und die Zeit sind die beiden großen Abstraktionen, die die Wissenschaft, wie wir sie kennen, angestoßen haben. Beide sind Erzeugnisse des höheren menschlichen Denkvermögens. Wie erstaunlich, daß diese hochgradig sekundären Vorstellungen eine so ergiebige Anwendung auf die elementaren Prozesse der Natur finden sollten. Galilei, Newton und Einstein machten die Zeit zum zentralen begrifflichen Pfeiler, um den herum sie ein wissenschaftliches Bild der physikalischen Wirklichkeit schufen. Und dennoch, wenn wir in uns hineinhorchen, um die Grundlage des zeitlichen Erlebens zu finden, enden wir immer nur mit Rätseln und Widersprüchen.

Der japanische Philosoph Masanao Toda hat das Rätsel der enormen wissenschaftlichen Nützlichkeit der Zeit beredt in Worte gefaßt:

> «Niemand kann anscheinend behaupten zu wissen, was Zeit ist. Dennoch gibt es diesen mutigen Menschenschlag, die Physiker, die diesen schwerfaßbaren Begriff zu einem der Grundsteine ihrer Theorie machten, und die Theorie funktionierte wunderbarerweise. Als eine der früheren Gestalten der Sippe mit Namen Albert Einstein seine Zauberformel vor sich hinmurmelte, die da lautete, ‹Verbinde Zeit und Raum so, daß nichts sich schneller bewegen kann als mit Lichtgeschwindigkeit, dann ist Masse gleich Energie›, siehe, da explodierten die Atome mit großem Getöse.»[14]

Einsteins Zeit ist sicher ein Teil der Wahrheit. Aber ist es die ganze Wahrheit? Toda zum Beispiel meint nein:

> «Es besteht kein Zweifel, daß es den Physikern gelungen ist, einige wirklich wichtige Zutaten der Zeit in ihrer Kapsel mit dem Etikett *t* einzufangen, aber genauso fest steht, daß dies nicht die ganze Zeit ist, die in ihrer Kapsel eingeschlossen ist. Unsere Eingebung sagt uns, daß die Zeit etwas ist, das fließt im Gegensatz zur physikalischen Zeit, die eingefroren ist.»

Die Hintertür zu unserem Geist

Dadurch, daß die Physiker sich die Zeit aneigneten und sie zu einem bloßen mathematischen Parameter abstrahierten, haben sie ihr viel von ihrem ursprünglichen, menschlichen Gehalt geraubt. Die Physiker sagen meistens, «Uns gehört die *reale* Zeit – und alles, was es wirklich gibt. Die Fülle der menschlichen psychologischen Zeit leitet sich ausschließlich von subjektiven Faktoren her und hat mit den inneren Eigenschaften der realen physikalischen Zeit nichts zu tun», und dann widmen sie sich wieder ihrer Arbeit und dem Alltagsleben, eingetaucht in die komplexe menschliche Zeit wie wir alle.

Sollten wir die Erfahrungen des Menschen mit der Zeit einfach als eine Sache nur für die Psychologen abtun? Hat die Zeit eines geänderten Bewußtseinszustands überhaupt keine Bedeutung für Newton oder Einstein? Sagt unser Eindruck vom Fluß der Zeit oder die Unterteilung der Zeit in Vergangenheit, Gegenwart und Zukunft uns gar nichts darüber, wie die Zeit *ist*, im Gegensatz dazu, wie sie uns wirrköpfigen Menschen lediglich erscheint?

Als Physiker bin ich mir durchaus bewußt, wie sehr die Eingebung uns in die Irre führen kann. Schließlich legt die Eingebung auch nah, daß die Sonne sich um die Erde dreht. Aber als Mensch finde ich es unmöglich, das Gefühl aufzugeben, daß die Zeit fließt und der gegenwärtige Augenblick vorübergeht. Das ist dafür, wie ich die Welt erlebe, etwas so Grundlegendes, daß ich mich kaum damit abfinden kann, es nur als Illusion oder falsche Wahrnehmung anzusehen. Mir scheint, daß es einen sehr wichtigen Aspekt der Zeit gibt, den wir bei unserer Beschreibung der physikalischen Welt bisher übersehen haben.

Mit diesem Unbehagen stehe ich sicher nicht allein da. Viele Physiker meinten, es sollte irgendeinen geschickten physikalischen Prozeß geben, der «die Zeit fließen läßt» oder zumindest scheinbar fließen. Die Wissenschaftler sind geteilter Meinung, ob der betreffende Prozeß allgemeiner Natur ist, der dem Universum als Ganzem einen Zeitfluß vermittelt, oder nur etwas auf das Gehirn des Menschen Beschränktes, das uns das Gefühl gibt, die Zeit gehe vorbei. Prigogine z. B. gehört zur ersten Gruppe und meint, die traditionellen Gesetze über die Bewegung der Materieteilchen, die zeitinvariant sind, seien falsch und sollten durch leichte Abänderungen ersetzt werden, die auf ganz elementarer Ebene eine zeitliche Ausrichtung einbauen.[15] In der zweiten Gruppe finden sich Physiker wie Penrose, die dabei bleiben, daß die Antwort in der Quantenphysik und den noch geheimnisvollen Gehirnprozessen liegt, die die Vorgänge, die Welt zu beobachten, begleiten.[16]

Diese eifrige Suche nach einem «fehlenden Glied» zwischen der fließenden, subjektiven Zeit und dem erstarrten Zeitblock der Physiker ist ganz und gar nicht neu. Wir haben gesehen, wie die griechischen Philosophen den Unterschied hervorgehoben haben zwischen dem *Sein* – die Eigenschaft dauerhafter Existenz – und dem *Werden* – die Eigenschaft des Wandels oder Fließens in physikalischen Systemen. In den zwanziger Jahren erklärte Arthur Eddington, unser Eindruck vom Werden, von einer fließenden Zeit, sei so stark und so zentral für unsere Erfahrung, daß er *etwas* in der objektiven Welt entsprechen müsse: «Ich habe unmittelbare Kenntnis vom Sein, weil ich selber bin, und ich habe unmittelbare Kenntnis vom Werden, weil ich selber werde. Es ist gleichsam das ureigentliche Ego von allem, was da *ist* und *wird*.»[17] Eddington meinte, daß wir Zeit auf zwei ganz verschiedene Arten erleben. Erstens durch unsere Sinne, genauso wie wir räumliche Beziehungen wahrnehmen. Aber es gibt auch noch eine zweite Art, so etwas wie eine geheime «Hintertür» zu unserem Geist, die uns in die Lage versetzt, Zeit direkt zu empfinden, tief in unserer Seele:

> «Wenn ich die Augen schließe und meinen Blick nach innen wende, so empfinde ich mich als dauernd, nicht aber als ausgedehnt. Es ist dies unmittelbare Zeitgefühl, das wir unabhängig von den zeitlichen Bemühungen der äußeren Ereignisse in uns selber haben, welches so besonders charakteristisch für die Zeit ist. Im Gegensatz dazu erfassen wir den Raum immer als etwas Äußerliches.»[18]

In neuerer Zeit hat auch Roger Penrose ganz ähnlich wie Eddington über die «innere Zeit» geschrieben:

> «Mir scheint, daß es erhebliche Diskrepanzen gibt zwischen dem, was wir hinsichtlich des Flusses der Zeit bewußt empfinden, und dem, was unsere (wunderbar genauen) Theorien über die Wirklichkeit der physikalischen Welt sagen. Diese Diskrepanzen müßten uns doch eigentlich etwas Grundsätzliches über die Physik sagen, das vermutlich unseren bewußten Wahrnehmungen zugrunde liegen müßte...»[19]

So hängt der Fluß der Zeit, der für unsere Erfahrungen etwas so Elementares ist, wie ein Damoklesschwert über uns. Einige, wie Jack Smart, sähen es am liebsten, wir würden ihn unter den Teppich kehren, ihn als einen Sprachmißbrauch wegdefinieren oder einfach als eine Illusion abtun. Aber ich muß Eddington und Penrose zustimmen, daß uns dann etwas Wichtiges von der Physik der Zeit und unserer Wahrnehmung davon entginge. In unserem Körper gibt es kein eindeutiges «Zeitorgan» in dem Sinn, wie wir Seh- und Hörorgane besitzen. Aber es *gibt* tief im menschlichen Bewußtsein ein inneres Zeitgefühl – eine Hintertür –, das eng mit unserem Gefühl der persönlichen Identität und unserer unerschütterlichen Überzeugung zusammenhängt, daß die Zukunft noch «offen» ist, noch durch unser bewußtes Handeln geformt werden kann.

Es ist eine Ironie, daß Einsteins Zeit, nachdem sie den Beobachter in eine zentrale Rolle gebracht hat, keine Vorkehrungen für das persönliche Erleben des Fließens oder des Gefühls für Vergangenheit, Gegenwart und Zukunft trifft. In dieser Hinsicht unterscheidet sie sich kaum von der Zeit Newtons oder Laplaces. Wie Laplace war auch Einstein im Grunde ein Determinist. Ihm war die Quantenphysik mit ihrer Unbestimmtheit und ihrem Indeterminismus höchst zuwider. Aber wie ich in Kapitel 1 dargelegt habe, ist eine deterministische Welt eine Welt, in der die Zukunft bereits in der Gegenwart enthalten ist und niemals etwas wirklich Neues geschieht. In einer solchen Welt ist die Unterteilung der Zeit in Vergangenheit, Gegenwart und Zukunft eine sinnlose Übung, weil der Zustand des Universums in einem bestimmten Augenblick schon alle Informationen über die Zustände in späteren Augenblicken enthält. Die «Entfaltung» der Zukunft ist nichts weiter als das Ausrechnen der reinen Logik durch die mathematischen Gesetze der Dynamik. Wie Laplace selbst schon 1819 bemerkte, hätte ein superintelligentes Wesen mit vollständigen Kenntnissen über ein deterministisches Universum kein Gefühl für den Fluß der Zeit: «Die Zukunft und die Vergangenheit wären ihm gleichermaßen gegenwärtig.»[20] Einsteins Zeit ist trotz ihrer begrenzten Beobachterabhängigkeit immer noch dem Laplaceschen Determinismus verhaftet, einem starren Geflecht aus Ursache und Wirkung, in dem das Schicksal der Welt eingeprägt ist in das Gefüge der Natur, seit es Menschen gibt.

Wenn wir Einsteins Relativitätstheorie mit dem Beginn der Neuzeit der Physik gleichsetzen, dann behaupte ich, daß die moderne Physik das Rätsel Zeit nicht lösen wird. Aber vielleicht die postmoderne Physik. Zwei Forschungsbereiche machen einen vielversprechenden Eindruck. Der eine ist die Chaostheorie, der andere die Quantentechnik. Beide führen eine Art von Indeterminismus in die Natur ein. Ein chaotisches System ist ein System, das, obwohl in einem strengen mathematischen Sinn deterministisch, dennoch so empfindlich auf winzige Störungen reagiert, daß eine sinnvolle langfristige Vorhersage ausgeschlossen ist. Die geringsten Störungen verstärken sich wieder und wieder, bis sie die Berechenbarkeit des Systems aufheben; sein Verhalten ist weitgehend zufällig. Die Chaostheorie erklärt, daß viele physikalische Systeme chaotisch sind, einige jedoch, wie das menschliche Gehirn, «am Rand des Chaos» arbeiten, eine faszinierende und falschverstandene Form, die Neues und Offenheit mit geordnetem Wirken verbindet und dem System gestattet, eine Fülle alternativer Zustände zu erkunden, ohne in die Anarchie abzugleiten. Das enthält offenbar einige Elemente des freien menschlichen Willens.

Die Quantenphysik weist, wie die Relativität, dem Beobachter ebenfalls eine zentrale Rolle zu, allerdings auf eine insgesamt signifikantere Art. Die Beobachtung dient in der Quantenphysik dazu, einen andernfalls unbestimmten und unsicheren physikalischen Zustand zu konkretisieren. Wie ich erklärt habe, beinhalten Quantenzustände generell mehrere sich überschneidende Phantomwirklichkeiten. Genauer gesagt, sind diese alternativen Welten Bewerber um die Wirklichkeit – mehr statistische Erwartungen als wirklich existierende physikalische Universen –, die zu einer diffenzierten Mischung verschmolzen sind. Solange nicht beobachtet wird, entwickelt sich dieses Gebräu aus einander überlagerten Welten als ein Ganzes, aber sobald wir Ereignisse im Quantenbereich *untersuchen*, sehen wir eine spezifische, konkrete Wirklichkeit, keine geisterhafte Überlagerung von Welten. Dieses «Zusammenfallen» mehrfacher Möglichkeiten, statistischer Erwartungen, zu einer einzigartigen Aktualität ist bis heute eines der großen ungelösten Rätsel der Physik.

Viele Wissenschaftler bleiben hartnäckig dabei, daß die «Konkretisierung» der Quantenwirklichkeit nicht das geringste mit dem Geist zu tun habe, andere behaupten dagegen, das Geheimnis des «Zusammenfallens» und das des Bewußtseins seien innig miteinander verbunden. Eddington und Bondi z. B. und Philosophen wie Hans Reichenbach und Gerald Whitrow haben erklärt, der Fluß der Zeit oder das Phänomen des «Werdens» habe seine Wurzeln in diesem Quantenprozeß des «Zusammenfallens». Hermann Bondi schreibt dazu:

> «Der Fluß der Zeit hat keine Bedeutung im logisch fixierten Muster, das die deterministische Theorie verlangt, denn die Zeit ist lediglich eine Koordinate. In einer Theorie mit Unbestimmtheit jedoch verwandelt der Ablauf der Zeit die statistischen Erwartungen in reale Ereignisse.»[21]

Roger Penrose, John Eccles und andere haben eine Erklärung für den Fluß der Zeit im Arbeiten des menschlichen Gehirns selbst gesucht und die kühne Behauptung aufgestellt, einige Gehirnprozesse seien elementar und quantenmechanischer Natur. Auch wenn in diesem Stadium kaum handfeste experimentelle Beweise für eine solche Theorie vorliegen, weist sie der Forschung doch einen faszinierenden Weg.

Versuche, den Fluß der Zeit mit Hilfe der Physik zu erklären, statt ihn mit Hilfe der Philosophie wegzudefinieren, gehören wahrscheinlich zu den aufregendsten gegenwärtigen Entwicklungen in der Erforschung der Zeit. Einige Aufklärung des geheimnisvollen Flusses würde mehr als alles andere dazu beitragen, das unergründlichste aller wissenschaftlichen Rätsel zu entwirren – die Natur des Menschen selbst. Solange wir den Fluß der Zeit nicht richtig verstehen oder unanfechtbare Beweise dafür haben, daß er tatsächlich eine Illusion ist, wissen wir nicht, wer wir sind oder welche Rolle wir im großen kosmischen Drama spielen.

14

Die unvollendete Revolution

Was siehst du sonst im finstern Abgrund der Zeit?

William Shakespeare

David Deutsch hat einmal gesagt, die Geschichte der Wissenschaft sei die Geschichte der Übernahme von Fragen der Philosophie durch die Physik. Das Wesen der Bewegung z.B., die Struktur des Kosmos und die Existenz von Atomen waren anfangs rein intellektuelle Behauptungen, die von griechischen Philosophen diskutiert wurden. Heute sind sie physikalischer Standard. Selbst die Geometrie, die man einst dem rein platonischen Reich idealisierter mathematischer Formen zurechnete, wurde eine experimentelle Wissenschaft samt der allgemeinen Relativitätstheorie. Das Bewußtsein steht vielleicht als nächstes Thema auf der Liste.

Das Wesen der Zeit war eines der zentralen Grundthemen der frühen philosophischen Denker und beherrschte jahrhundertelang das gelehrte Streitgespräch. Die Geheimnisse der Zeit griffen jedoch weit über die Philosophie hinaus auf die Religion und die Politik und schließlich auf die Wissenschaft über, wo die Zeit dreihundert Jahre lediglich als etwas begrifflich «Gegebenes» behandelt wurde, das seiner subjektiven Beigaben beraubt war. 1905 entriß Einstein die Zeit der Philosophie und gab ihr einen Platz im Herzen der Physik. Plötzlich wurde sie etwas Physikalisches, das Gesetzen und Gleichungen unterlag und zu experimentellen Untersuchungen herausforderte. Heute, fast einhundert Jahre danach, ist unser Verständnis von der Zeit enorm gewachsen, aber die Einsteinsche Revolution war eindeutig nur der Anfang. Wir haben bei der Lösung des Rätsels Zeit noch einen langen Weg vor uns.

Welches sind nun die großen, unbeantworteten Fragen in der unendlichen Geschichte der Zeit? Im folgenden meine ganz persönliche Auflistung eines Dutzends von Rätseln, die einer Lösung harren (nicht in der Reihenfolge ihrer Bedeutung).

1. Tachyonen: Können wir sie ausschließen?

Die spezielle Relativitätstheorie ist bis ins letzte ausgetestet worden und offenbar unangreifbar. Aber die Tachyonen stellen ein Problem dar. Obwohl die Theorie sie zuläßt, sind sie mit einigen unangenehmen Eigenschaften ausgestattet. Die Physiker würden sie am liebsten ein für allemal ausschließen, ihnen fehlt jedoch ein überzeugender Beweis für die Nichtexistenz der Teilchen. Solange sie ihn nicht erbringen, können wir nicht sicher sein, daß nicht doch plötzlich ein Tachyon entdeckt wird.

2. Schwarze Löcher: Gibt es sie wirklich?

Die aufregendste Vorhersage der allgemeinen Relativitätstheorie ist ohne Frage das Schwarze Loch, aber wir warten auf die definitive Bestätigung, daß im wirklichen Universum unendliche Raumzeitkrümmungen existieren. Die Astronomen suchen fieberhaft, und das Beweismaterial für Schwarze Löcher wächst. Ich persönlich wäre überrascht, wenn es sie nicht gäbe. Wenn es sie gibt, kommt ein Schwarm Fragen auf uns zu. Gibt es im Zentrum aller Schwarzen Löcher wirklich ein Ende der Zeit – eine Singularität? Können Schwarze Löcher Tunnel oder Brücken zu anderen Universen bilden oder gar Wurmkanäle, die sich in unser Universum zurückwinden? Was geschieht mit der Materie, die in sie hineinstürzt? Gibt es so etwas wie Weiße Löcher?

3. Zeitreisen: Nur eine Phantasterei?

Die Erforschung exotischer Raumzeiten, die vielleicht Reisen in die Vergangenheit erlauben, wird weiterhin aktiv betrieben werden. Bisher ist die Lücke in den uns bekannten Physikgesetzen, die Zeitreisen zuläßt, sehr schmal. Realistische Zeitreisenzenarios sind bisher nicht bekannt. Aber hier gilt das gleiche wie bei den Tachyonen: Solange kein Gegenbeweis erbracht ist, bleibt die Möglichkeit offen. Und solange das der Fall ist, werden uns Widersprüche plagen.

4. Quantenfragen

Das Reich der Quanten ist ein Wunderland sonderbarer und verblüffender Zeiträtsel. Die Zeit spielt eine elementare Rolle in der Quantenphysik, geht jedoch auf eine Art in die Theorie ein, die zu weiterer Verwirrung führt. Die Relativität der Zeit paßt nicht recht in das Quantenbild einer Welt, in der Übergänge und die «Kokretisierung» oder der meßbare «Kollaps» eines Systems zu bestimmten Zeitpunkten abrupt zu erfolgen scheint. Probleme gibt es, wenn Quantenzustände sich über größere räumliche Bereiche mischen und gleichzeitig Beobachtungen gemacht werden. Messungen der Zeit selbst sind schwierig, weil Uhren physikalische Gegenstände sind, auf die die Quantenunbestimmtheit einwirkt.

5. Ist die Zeit nur ein Fossil?

Die Schwierigkeiten sind besonders akut, wenn es darum geht, die Quantenmechanik auf die Gravitation anzuwenden, denn dann unterliegt auch das Raumzeitkontinuum der Quantenunbestimmtheit. Die Fachleute sind sich nicht einig, ob es notwendig ist, eine Art «Mutterzeit» festzulegen, ein natürliches Maß für Veränderungen in einer physikalisch unsicheren Welt, oder die Zeit für überhaupt nicht existent zu erklären. Das Geheimnis der dahinschwindenden Zeit läßt manche Physiker daran denken, daß die Zeit als elementare physikalische Größe abzuschaffen ist, ein Gedanke, der anderen frevelhaft und absurd erscheint. Wäre es denkbar, daß wir nach jahrtausendelanger Beschäftigung mit der Zeit am Ende feststellen, daß sie als Grundbestandteil der Wirklichkeit gar nicht wirklich existiert, sondern nur eine angenäherte Eigenschaft eines bestimmten Quantenzustands ist, der zufällig vom Urknall übriggeblieben ist?

6. Der Ursprung der Zeit

Die modische Theorie, daß die Zeit mit dem Urknall entstanden ist, wirft alle möglichen (unter Umständen unbeantwortbaren) Fragen über Kausalität, Gott und die Ewigkeit auf. Wenn die Zeit schon vor dem Urknall existiert hat, müssen wir erklären, welche physikalischen Prozesse diesem dramatischen und gewaltigen Ereignis vorausgegangen sind, und wie es verursacht wurde. Wenn das Universum schon immer da war, bekommen wir außerdem größere Schwierigkeiten mit dem Zeitpfeil. Wenn die Zeit dagegen wirklich beim Urknall «angeschaltet» wurde, vielleicht als eine Folge von Quantenprozessen, stehen wir vor einigen genauso schwierigen Fragen. Wenn der Prozeß einmalig war, kann er dann in irgendeinem Sinn als natürlich angesehen werden (im Gegensatz zu übernatürlich?) Wenn er nicht einmalig war und Raumzeiten einfach so entstehen können, sind wir dann gezwungen, an unendlich viele Universen und unendlich viele Zeiten zu glauben?

7. Das Alter des Universums

Das Alter des Universums, jenes heikle Problem, ist an die Spitze der Tagesordnung zurückgekehrt. Nimmt man die Messungen über die Expansionsgeschwindigkeit des Universums, die Ergebnisse des COBE-Satelliten und die realistischen Annahmen über die dunkle Materie zusammen und für bare Münze, kommt man zu dem widersinnigen Schluß, daß es im All Objekte gibt, die älter als das Universum sind. Sollte das zutreffen, wackelt die gesamte Urknalltheorie. Man hat hier und da etwas daran gedreht, um das Problem vom Tisch zu bekommen, denn die Beobachtungen sind noch ziemlich vage. All das soll sich jedoch ändern. Jetzt, wo das Hubble-Teleskop voll einsatzfähig ist, dürfte es nicht mehr allzu lange dauern, bis wir eine sehr viel genauere Zahl für die Hubble-Konstante haben (die gegenwärtige Expansionsgeschwindigkeit). Wenn ein Wert von mehr als 70 herauskommt, wird es kritisch. Achten Sie auf Meldungen in den Medien!

8. Der kosmologische Term: Trugschluß oder Triumph?

So entsetzt viele Wissenschaftler über den kosmologischen Term in Einsteins Gleichungen sind, besteht doch kein Grund, ihn auszuschließen.

Wenn die bevorstehenden Beobachtungen das Problem des Zeitmaßstabs bestätigen, dann bietet Einsteins größter Fehler eine spektakuläre und gebrauchsfertige Möglichkeit, die Urknalltheorie zu bewahren. Wird der kosmologische Term für diesen Zweck nicht gebraucht, beweist das dennoch nicht, daß es ihn nicht gibt. Das Problem der kosmologischen Konstante (ist sie null, und wenn ja, warum?) bedarf noch der Lösung.

9. Über die Standardtheorie hinaus?

Nur wenige Physiker glauben, daß Einsteins allgemeine Relativitätstheorie das letzte Wort über die Zeit ist. Ganz abgesehen von den Schwierigkeiten, sie mit der Quantenmechanik zu vereinen, bestehen Zweifel, ob sie für alle Fälle bis hin zur Raumzeitsingularität oder unter exotischen Umständen gilt, wo Zeitschleifen drohend ins Spiel kommen. Supergenaue Tests der Theorie mit sich rasant verbessernden Uhren sind wahrscheinlich der beste Weg, ihre Grenzen zu erkennen. Vor allem die Möglichkeit, ob mehr als ein universeller Zeitmaßstab existiert, muß geprüft werden. Falls es mehrere Zeiten gibt, sind die Folgen für die Kosmologie und die Problematik der Altersbestimmung des Universums enorm.

10. Der Zeitpfeil

Das Geheimnis des Zeitpfeils ist das älteste Problem der Wissenschaft bezüglich des Wesens der Zeit, noch älter als die Relativitätstheorie. Es hängt aufs engste mit der Frage über den Ursprung und das mögliche Ende des Universums zusammen. Die meisten Wissenschaftler sind sich einig, daß die Quellen der Asymmetrie – d. h. die Ausrichtung der Zeit – sich letztlich bis zur Kosmologie und dem großräumigen Verhalten des Universums zurückverfolgen läßt, aber die genaue Art der Verbindung ist nach wie vor unklar und umstritten. Die Theorie, daß es Raumzeitregionen gibt, in denen die Zeit «rückwärts geht», oder daß das gesamte Universum zeitsymmetrisch oder gar in der Zeit zyklisch ist, hat immer noch Anhänger. Es bleibt genügend Raum für weitere Untersuchungen – und Meinungsverschiedenheiten.

11. Verletzung der Zeitsymmetrie

Die Entdeckung, daß Kaonen die Zeitumkehrsymmetrie brechen, hat die Suche nach T-Verletzungen in anderen Bereichen der Teilchenphysik angeregt, bisher allerdings ohne Erfolg. Die Suche nach elektrischen Dipolmomenten im Neutron und in verschiedenen Molekülen verspricht, das Rätsel zu lösen, wie die Symmetrie Vergangenheit-Gegenwart verletzt wird und welche Auswirkungen dies in der Kosmologie hat.

12. Der Fluß der Zeit: Geist oder Materie?

Meiner Meinung nach birgt die eklatante Kluft zwischen physikalischer und subjektiver oder psychologischer Zeit das größte ungelöste Rätsel. Experimente mit der menschlichen Zeitwahrnehmung stehen erst am Anfang; wir müssen noch viel lernen darüber, wie das Gehirn die Zeit darstellt und wie sich das zu unserer Ansicht über den freien Willen verhält. Der überwältigende Eindruck, daß die Zeit fließt, sich bewegt, ist ein tiefes Geheimnis. Hängt es mit Quantenprozessen im Gehirn zusammen? Spiegelt es ein objektives reales Zeitmaß «da draußen» in der Welt der materiellen Objekte wider, das wir schlicht übersehen haben? Oder entpuppt sich der Fluß der Zeit am Ende als ein rein geistiges Konstrukt – eine Illusion oder Täuschung?

Ich persönlich glaube, daß wir uns einem entscheidenden Augenblick in der Geschichte nähern, in dem unser Wissen von der Zeit einen weiteren großen Sprung vorwärts machen wird. Einstein hat uns ein großes Erbe hinterlassen. Er hat uns gezeigt, daß die Zeit ein Teil der physikalischen Welt ist, und uns eine wunderbare Theorie geschenkt, die Zeit, Raum und Materie verknüpft. Das ganze 20. Jahrhundert hindurch haben Wissenschaftler die Auswirkungen der Einsteinschen Zeit erforscht, theoretisch und experimentell. Dabei haben sie einige beunruhigende und bizarre Möglichkeiten aufgedeckt, von denen sich viele als richtig erwiesen haben. Sie sind jedoch auch auf große Hindernisse für ein restloses Verständnis der Zeit gestoßen, die darauf hindeuten, daß Einsteins Revolution unvollendet geblieben ist. Ich glaube, ihre Vollendung wird sich für die Wissenschaft als eine der großen Herausforderungen des 21. Jahrhunderts erweisen.

Nachwort

Albert Einstein starb am 18. April 1955. Sein Gesundheitszustand hatte sich seit einem Jahrzehnt ständig verschlechtert. Die Jahre nach dem Krieg verbrachte er am Institute for Advanced Study in Princeton, wo er relativ abgeschieden lebte und arbeitete. Auf Fotografien ist ein etwas trauriger und müder Blick zu erkennen. Obwohl er in Princeton eine vertraute Gestalt war, zog er sich immer mehr von seinen Kollegen zurück. Er zeigte wenig Interesse an den aufregenden Entdeckungen der Teilchenphysik der frühen 50er Jahre und blieb eisern bei seiner ablehnenden Haltung gegenüber der Quantenmechanik. Seine Hauptbeschäftigung war die Suche nach einer einheitlichen Feldtheorie, die die verschiedenen Grundkräfte in einem einzigen mathematischen System zusammenfaßt und das Auftreten der Unbestimmtheit in der Natur ausschließt.

Bis zu seinem Tod blieb Einstein dem Zionismus und weltpoltischen Fragen verbunden. 1952 wurde ihm von Ben-Gurion offiziell die Präsidentschaft Israels angeboten, die er jedoch ablehnte. Sein lebenslanger Pazifismus und seine Abscheu vor dem Bau der Atombombe ließen ihn zu einem ruhelosen Kämpfer für die Ächtung der Kernwaffen und für eine Versöhnung mit der Sowjetunion werden.

Nach dem Tod seiner zweiten Frau Elsa bestand Einsteins Familie in Princeton nur noch aus seiner Schwester, die 1951 starb, seiner Stieftochter und seiner getreuen Assistentin Helen Dukas. Als der alternde Wissenschaftler am 12. April 1955 zusammenbrach, war es Helen, die sich um ihn kümmerte. Ein halbes Jahrhundert hatte der einflußreichste Wissenschaftler der Menschheit die Welt mit seinem sprühenden Geist in Atem gehalten. Jetzt war dieses Kapitel der Geschichte abgeschlossen. Der Mann, der der Welt gezeigt hatte, daß die Zeit dehnbar ist, hatte seine eigene Zeit erfüllt.

Anmerkungen

Einführung

1. Aurelius Augustinus, *Bekenntnisse*, Reclam, Stuttgart, 1989, S. 314.

Kapitel 1: Eine ganz kurze Geschichte der Zeit

1. Lukrez, *Über die Natur der Dinge*, Aufbau, Berlin, 1957, S. 42.
2. Angelus Silesius, *Cherubinischer Wandersmann*, Hanser, München, 1949, S. 28.
3. Plato, *Timaios*, Rowohlt Taschenbuch Verlag, Hamburg, 1959, S. 160.
4. Augustinus, *Bekenntnisse*, S. 313.
5. E.W. Barnes, *Scientific Theory and Religion*, Cambridge University Press, Cambridge, 1933, S. 620.
6. Lama Anagarika Govinda, *Foundations of Tibetan Mysticism*, Samuel Weiser, New York, 1969, S. 116.
7. R. Reyna, «Metaphysics of Time in Indian Philosophy and Its Relevance to Particle Science», in: *Time in Science and Philosophy*, Hrsg. J. Zeman, Academia, Prag, 1971, S. 238.
8. Ebenda, S. 233–34.
9. W.E.H. Stanner, «The Dreaming», in: *Traditional Aboriginal Society*, Hrsg. W.H. Edwards, Macmillan, Melbourne, 1987, S. 225.
10. J.B. Priestley, *Man and Time*, Aldus Books, London, 1964, S. 141.
11. M. Eliade, *Der Mythos der ewigen Wiederkehr*, Diederichs, Düsseldorf, 1953, S. 5.
12. Ebenda, S. 59.
13. J.W. Ong, «Evolution, Myth and Poetic Vision», in: *The Enigma of Time*, Hrsg. P.T. Landsberg, Adam Hilger, Bristol, 1982, S. 220.
14. H. Quill, *John Harrison: The Man Who Found Longitude*, John Baker Publishers, London, 1966, S. 6.
15. I. Newton, *Mathematische Grundlagen der Naturwissenschaft*, zitiert nach: H. Weyl, *Philosophie der Mathematik und Naturwissenschaft*, Oldenburg, München, Wien, 1982, S. 130.
16. I. Prigogine, «The Rediscovery of Time», in: *Science and Complexity*, Hrsg. S. Nash, Science Reviews, Northwood, Middlesex, 1985, S. 11.
17. Charles Darwin, *Die Entstehung der Arten*, Reclam, Stuttgart, 1963, S. 677.
18. Friedrich Nietzsche, *Die fröhliche Wissenschaft*, 3. Buch, 125.
19. Philo, in: *Quod Deus Immutabilis Sit* 6:32, Hrsg. L. Cohn und P. Wendland, Macmillan, London, 1896, Bd. 2, S. 63.
20. F. Hoyle, *October the First Is Too Late*, Heinemann, London, 1966, S. 75–82.

Kapitel 2: Zeit für einen Wechsel

1. Albert Einstein, *Zur Elektrodynamik bewegter Körper*, in: H.A. Lorentz, A. Einstein, H. Minkowski, *Das Relativitätsprinzip*, Wissenschaftliche Buchgesellschaft, Darmstadt, 1958, S. 26.
2. Zitiert nach: I. Rosenthal-Schneider, *Reality and Scientific Truth*, Wayne State University Press, Detroit, 1980, S. 74.
3. A. Pais, *«Raffiniert ist der Herrgott...»*, Friedr. Vieweg & Sohn, Braunschweig/Wiesbaden, 1986, S. 135.
4. H. Dingle, *Science at the Crossroads*, Martin Brian & O'Keefe, London, 1972, S. 143.
5. Ebenda, S. 17.

6. Ebenda.
7. Ebenda.
8. Zitiert nach: A.A. Mendilow, *Time and the Novel*, Peter Nevill, New York, 1952, S. 72.
9. Arthur Schopenhauer, *Parerga und Paralipomena II*, in: Sämtliche Werke, Bd. V, Suhrkamp Taschenbuch, Frankfurt, 1986. S. 334.
10. Aurelius Augustinus, *Bekenntnisse*, Reclam, Stuttgart, 1989, S. 314.
11. Zitiert nach: R. Skinner, *Relativity for Scientists and Engineers*, Dover, New York, 1982, S. 27.
12. W. Blake, *Jerusalem*.
13. T.S. Eliot, *Burnt Norton*, in: Ausgewählte Gedichte, Suhrkamp, Frankfurt, 1951, S. 95.
14. Zitiert nach: Julian Schwinger, *Einsteins Erbe. Die Einheit von Raum und Zeit*, Spektrum der Wissenschaft, Heidelberg, 1987, S. 64.
15. C.H. Hinton, «What Is the Fourth Diemension?», *Scientific Romances*, Swan Sonnenschein, London, 1884, S. 34.
16. Ebenda
17. Hermann Weyl, *Philosophie der Mathematik und Naturwissenschaften*, Oldenbourg, München, 1976.
18. Eliot, *Burnt Norton*, S. 85.
19. H. Weyl, *Philosophie der Mathematik*.
20. Zitiert nach: P.A. Schilpp, Hrsg., *The Philosophy of Rudolf Carnap*, Open Court, La Salle, Ill., 1963, S. 37.

Kapitel 3: Zeitmaschinen

1. Albert Einstein, *Zur Elektrodynamik bewegter Körper*, in: H.A. Lorentz, A. Einstein, H. Minkowski, *Das Relativitätsprinzip*, Wissenschaftliche Buchgesellschaft, Darmstadt, 1958, S. 36 f.
2. R.A. Ford, *The Perpetual Motion Mystery: A Continuing Quest*, Lindsay Publications, Bradley, Ill., 1987, S. 41.
3. Zitiert in: J.R. Brown, *The Laboratory of the Mind*, Routledge, London, 1991, Kap. 5.
4. Zitiert nach: A. Pais, *«Raffiniert ist der Herrgott...»*, Friedr. Vieweg & Sohn, Braunschweig/Wiesbaden, 1986, S. 456.

Kapitel 4: Schwarze Löcher: Tore zum Ende der Zeit

1. *Philosophical Transactions of The Royal Society*, London, Bd. 74 (1784), S. 35.
2. *Monthly Notices of the Royal Astronomical Society*, Bd. 80 (1920), S. 96.
3. Zitiert in: J. Winokur, *The Portable Curmudgeon*, NAL Books, New York, 1987, S. 157.
4. W. Israel, «Dark Stars: The Evolution of an Idea», in: *300 Years of Gravitation*, S.W. Hawking und W. Israel, Hrsg., Cambridge University Press, Cambridge, 1987, S. 206.
5. *Annals of Mathematics*, Bd. 40 (1939), S. 922.
6. A.S. Eddington, *Space, Time and Gravitation*, Cambridge University Press, Cambridge, 1920, S. 98.
7. *Physical Review*, Bd. 56 (1939), S. 455.
8. Israel, «Dark Stars», S. 231.
9. L. Landau und E.M. Lifshitz, *Statistical Physics*, Pergamon, London, 1958, S. 343.
10. *Philosophical Magazine*, Bd. 39 (1920), S. 626.
11. K.S. Thorne, *Black Holes and Timewarps*, Norton, New York, 1994, S. 255.
12. Ebenda, S. 239.

Kapitel 5: Der Anfang der Zeit: Wann genau war das?

1. Aurelius Augustinus, *Der Gottesstaat*, Bd. 1, Schöningh, Paderborn, 1979, S. 715/717.
2. H. Bondi, *Cosmology*, Cambridge University Press, Cambridge, 1952, S. 165.

3. Zitiert nach: Michael White und John Gribbin, *Einstein: A Life in Science*, Simon & Schuster, London, 1993, S. 203.
4. W. McCrea, «Personal Recollections: Some Lessons for the Future», in: *Modern Cosmology in Retrospect*, R. Bertoni, R. Balbinot, S. Bergia und A. Messina, Hrsg., Cambridge University Press, Cambridge, 1990, S. 207.

Kapitel 6: Einsteins größter Triumph?

1. Vgl. J. Trefil, «Dark Matter», in: *Smithsonian*, Juni 1993, S. 27.
2. *Nature*, Bd. 346 (1990), S. 810.
3. S.W. Hawking, «The Cosmological Constant», *Philosophical Transactions of The Royal Society*, London, A, Bd. 310 (1983), S. 303.
4. S. Weinberg, *Dreams of a Final Theory*, Random House, New York, 1992, S. 224.

Kapitel 7: Quantenzeit

1. M.O. Scully et al., in: *Nature*, Bd. 351 (1991), S. 111.
2. P.G. Kwait et al., in: *Physical Review A*, Bd. 45 (1992), S. 7729.
3. X.Y. Zhou et al., in: *Physical Review Letters*, Bd. 67 (1991), S. 318.
4. R.Y. Chiao, P.G. Kwait und A.M. Steinberg, «Faster Than Light?», in: *Scientific American* (August 1993), S. 38.
5. C. Isham, «God, Time and the Creation of the Universe», in: *Explorations in Science and Theology*, Hrsg. E. Winder, RSA, London, 1993, S. 58.

Kapitel 8: Imaginäre Zeit

1. Briefwechsel Leibniz-Clarke, 4. Papier, Abschnitt 15.
2. Zu den Antinomien Kants vgl. Immanuel Kant, *Die Kritik der reinen theoretischen Vernunft*, in: *Die drei Kritiken*, Kröner, Stuttgart, 1956, S. 163 f.
3. F. Tipler, *The Physics of Immortality*, Doubleday, New York, 1994.
4. F. Dyson, «Time Without End: Physics and Biology in an Open Universe», in: *Reviews of Modern Physics*, Bd. 51 (1979), S. 447.

Kapitel 9: Der Zeitpfeil

1. W. Ritz und A. Einstein, in: *Physikalische Zeitschrift*, Bd. 10 (1909), S. 323.
2. J.A. Wheeler und R.P. Feynman, «Interaction with the Absorber as the Mechanism of Radiation», in: *Reviews of Modern Physics*, Bd. 17 (1945), S. 157.
3. R.B. Partridge, «Absorber Theory of Radiation and the Future of the Universe», in: *Nature*, Bd. 244 (1973), S. 263.
4. P.L. Csonka, «Causality and Faster Than Light Particles», in: *Nuclear Physics*, Bd. 21 (1970), S. 436.
5. P.J. Nahin, *Time Machines*, American Institute of Physics, New York, 1993, S. 225.
6. M. Gardner, «Can Time Go Backward», in: *Scientific American*, Bd. 216, Nr. 1 (1967), S. 6.
7. H. Berlioz, *Almanach des Lettres Françaises et Etrangères,* Nachdruck in: Larousse des Citations françaises et Etrangères, Larousse, Paris, 1976, S. 68.1
8. *International Journal of Theoretical Physics*, Bd. 3 (1970), S. 1.

Kapitel 10: Rückwärts in der Zeit

1. Plato, *Der Staatsmann*, Phaidon, Wien, 1925, S. 403 f.
2. T. Gold, «The Arrow of Time», in: *Time*, Hrsg. S.T. Butler und H. Messel, Shakespeare Head Press Proprietary, Sydney, 1965, S. 159.
3. Ebenda, S. 161.
4. M. Gardner, «Can Time Go Backward», in: *Scientific American*, Bd. 216, Nr. 1 (1967), S. 2.

5. N. Wiener, *Kybernetik*, Econ, Düsseldorf/Wien, 1963, S. 69.
6. F. Hoyle und J.V. Narlikar, «Time Symmetric Electrodynamics and the Arrow of Time», in: *Proceedings of The Royal Society*, London, Bd. A 277 (1964), S. 1.
7. S. Hawking, «The No-Boundary Condition and the Arrow of Time», in: *The Physical Origins of Time Asymmetry*, Hrsg. J.J. Halliwell, J. Perez-Mercader und W.H. Zurek, Cambridge University Press, Cambridge, 1994, S. 346.
8. H. Price, «Cosmology, Time's Arrow, and That Old Double Standard», in: *Time's Arrows Today*, Hrsg. S. Savitt, Cambridge University Press, Cambridge, 1994, o.S.

Kapitel 11: Zeitreisen: Fakt oder Phantasie?

1. A.S. Eddington, *Das Weltbild der Physik», Friedr. Vieweg & Sohn, Braunschweig 1931, S. 62.*
2. *Reviews of Modern Physics*, Bd. 21 (1949), S. 447.
3. Zitiert in Ebenda.
4. *Physical Review Letters*, Bd. 11 (1963), S. 237.
5. *Physical Review D*, Bd. 9 (1974), S. 2203.
6. C. Sagan, *Contact*, Simon & Schuster, New York, 1985.
7. K.S. Thorne, *Black Holes and Timewarps*, Norton, New York, 1994.
8. *Physical Review Letters*, Bd. 66 (1991), S. 1126.
9. *Physical Review D*, Bd. 44 (1991), S. 3197.
10. *Physical Review D*, Bd. 46 (1992).
11. H.G. Wells, *Die Zeitmaschine*, Deutscher Bücherbund, Stuttgart, 1979, S. 122.

Kapitel 12: Aber welche Zeit haben wir denn nun?

1. J.J.C. Smart, «Time and Becoming», in: *Time and Cause*, Hrsg. P. van Inwagen, Reidel, Dordrecht, 1980, S. 3-15.
2. J.E. McTaggart, «The Unreality of Time», in: *Mind*, Bd. 17 (1908), S. 457.
3. J.W. Dunne, *An Experiment with Time*, Faber & Faber, London, 1927.
4. D. Park, «The Myth of the Passage of Time», in: *Studium Generale*, Bd. 24 (1971), S. 20.
5. *Nature*, Bd. 192 (1961), S. 440.
6. B. Carter, «The Anthropic Principle and Its Implications for Biological Evolution», in: *Philosophical Transactions of the Royal Society of London A*, Bd. 310 (1983), S. 347.
7. J. Leslie, «Time and the Anthropic Principle», in: *Mind*, Bd. 101 (1992), S. 403.

Kapitel 13: Experimente mit der Zeit

1. M. Holub, *The Dimension of the Present Moment and Other Essays*, Hrsg. David Young, Faber & Faber, London, 1990, S. 6.
2. Für eine ausführliche Darstellung vgl. z. B. D.C. Dennett, *Consciousness Explained*, Little, Brown, London, 1991, Kap. 5, 6.
3. N. Goodman, *Ways of Worldmaking*, Harvester, Sussex, 1983, S. 73–74.
4. Dennett, *Consciousness Explained*, S. 115.
5. Ebenda, S. 127.
6. B. Libet, E.W. Wright jr., B. Feinstein, D.K. Pearl, «Subjective Referral of the Timing for a Conscious Sensory Experience», in: *Brain*, Bd. 102 (1979), S. 193.
7. L. Deeke, B. Grotzinger, H.H. Kornhuber, «Voluntary Finger Movements in Man: Cerebral Potentials and Theory», in: *Biological Cybernetics*, Bd. 23 (1976), S. 99.
8. K. Popper und J. Eccles, *The Self and Its Brain*, Springer International, New York, 1977.
9. R. Penrose, *The Emperor's New Mind*, Oxford University Press, Oxford, 1989.
10. Dennett, *Consciousness Explained*, Kap. 5, 6.
11. S.J. Gould, *Der Daumen des Panda*, Suhrkamp, Frankfurt, 1989, S. 314.
12. R. Foreword, *Dragon's Egg*, Ballantine, New York, 1992, S. 251.

13. S. Albert, «Subjective Time», in: *The Study of Time III*, Hrsg. J.T. Fraser, N. Lawrence, D. Park, Springer, New York, 1978, S. 269.
14. M. Toda, «Time and the Structure of Human Cognition», in: *The Study of Time II*, Hrsg. J.T. Fraser, N. Lawrence, Springer, Berlin, 1975, S. 314.
15. I. Prigogine, *From Being to Becoming*, Freeman, San Francisco, 1980
16. Penrose, *Emperor's New Mind.*
17. A.S. Eddington, *Das Weltbild der Physik*, Friedr. Vieweg & Sohn, Braunschweig, 1931, S. 101.
18. Ebenda, S. 55 f.
19. Penrose, *Emperor's New Mind*, S. 304.
20. P.S. Laplace, *A Philosophical Essay on Probabilities*, Dover, New York, 1951, S. 4 (Erstveröffentlichung 1819).
21. H. Bondi, «Relativity and Indeterminacy», in: *Nature*, Bd. 169 (1952), S. 660.

Literaturhinweise

Aveni, A.: *Rhythmen des Lebens. Eine Kulturgeschichte der Zeit*, Klett-Cotta, Stuttgart 1991.

Barrow, J.: *Die Natur der Natur. Die philosophischen Ansätze der modernen Kosmologie,* Spektrum, Kusterdingen 1993.

Clark, R.: *Albert Einstein*, Heyne, München 1976.

Coveney, P., und Highfield, R.: *Anti-Chaos. Der Pfeil der Zeit in der Selbstorganisation des Lebens*, Rowohlt, Reinbek 1992.

Davies, P.: *Am Ende ein neuer Anfang. Die Biographie des Universums*, Ullstein, Berlin 1984.

–: *Gott und die moderne Physik*, Bertelsmann, Bielefeld 1986.

–: Prinzip Chaos. *Die neue Ordnung des Kosmos,* Goldmann, München 1991.

Davies, P., Gribbin, J.: *Auf dem Weg zur Weltformel*, Byblos, Berlin 1993.

Eliade, M.: *Der Mythos der ewigen Wiederkehr*, Diederichs, Düsseldorf 1953.

Flood, R., und Lockwood, M.: *The Nature of Time*, Basil Blackwell, Oxford 1986.

Fraser, J.T.: *Die Zeit. Auf den Spuren eines vertrauten und doch fremden Phänomens*, dtv, München 1992.

Gould, S.J.: *Die Entdeckung der Tiefenzeit*, Hanser, München 1990.

Gribbin, J.: *Jenseits der Zeit. Experimente mit der 4. Dimension*, Bettendorf, Bad Homburg 1994.

Hawking, S.W.; *Eine kurze Geschichte der Zeit*, Rowohlt, Reinbek 1988.

Highfield, R., und Carter, P.: *The Private Lives of Albert Einstein*, Faber&Faber, London 1993.

Landsberg, P.: *The Enigma of Time*, Adam Hilger, Bristol, Eng., 1982.

Luminet, J.P.: *Black Holes*, Cambridge University Press, Cambridge 1992.

Norbert, E.: *Über die Zeit*, Suhrkamp, Frankfurt/M. 1988.

Pais, A.: *Raffiniert ist der Herrgott... Albert Einstein. Eine wissenschaftliche Biographie*, Vieweg, Wiesbaden 1986.

Penrose, R.: *The Emperor's New Mind.* Oxford University Press, Oxford 1989.

Prigogine, I.: *Vom Sein zum Werden*, Piper, München 1992.

Reichenbach, H.: *Philosophie der Raum-Zeit-Lehre*, Vieweg, Wiesbaden 1977 (aus: *Gesammelte Werke*, 9 Bde., 1977–1993).

Thorne, K.S.: *Black Holes and Time Warps* Norton, New York 1994.

Weyl, H.: *Raum, Zeit, Materie*, Springer, Berlin 1993.

Wheeler, J.A.: *Gravitation und Raumzeit*, Spektrum, Kusterdingen 1991.

White, M., und Gribbin, J.: *Einstein: A Life in Science*, Simon & Schuster, London, New York 1993.

Whitrow, G.J.: *Die Erfindung der Zeit*, Junius, Hamburg 1991.

Will, C.: *Und Einstein hatte doch recht*, Springer, Berlin 1989.

Winfree, A.: *The Timing of Biological Clocks*, Freeman, San Francisco 1987.

Zeh, H.D.: *Die Physik der Zeitrichtung*, Springer, Berlin 1984.

*Personen- und Sachregister**

* Kursivierte Seitenangaben verweisen auf Graphiken im Text